Optique géométrique

Alexandre April

JFD
Éditions

Optique géométrique
Alexandre April

© 2017 Les Éditions JFD inc.

Catalogage avant publication de Bibliothèque et Archives nationales du Québec et Bibliothèque et Archives Canada

April, Alexandre

Optique géométrique

ISBN 978-2-924651-42-1

1. Optique géométrique – Manuels d'enseignement supérieur.

QC381.A67 2017   535'.32   C2017-940742-2

Les Éditions JFD inc.
CP 15 Succ. Rosemont
Montréal (Québec) H1X 3B6
Téléphone : 514-999-4483
Courriel : info@editionsjfd.com
www.editionsjfd.com

ISBN 978-2-924651-42-1

Dépôt légal : 4e trimestre 2017
Bibliothèque et Archives nationales du Québec
Bibliothèque et Archives Canada

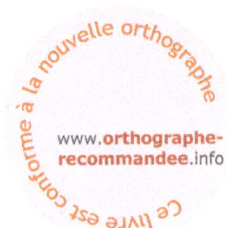

www.**orthographe-
recommandee**.info

Ce livre est conforme à la nouvelle orthographe

Imprimé au Québec, Canada

Table des matières

Chapitre 1 : Bases de l'optique géométrique

Chapitre 2 : Réflexion et miroirs plans

Chapitre 6 : Dioptres sphériques

Chapitre 7 : Lentilles minces

Chapitre 8 : Systèmes optiques centrés

Avant-propos

Contenu

Cet ouvrage porte sur les principes physiques liés à l'optique géométrique. La loi de la réflexion et celle de la réfraction sont les lois de base qui constituent la charpente de ce manuel; les différents chapitres s'articulent autour des conséquences de ces deux lois fondamentales. Lorsque le sujet s'y prête, des applications en optique ophtalmique sont présentées, ce qui permet de contextualiser les apprentissages à faire et d'établir des liens avec la profession d'opticien. Par exemple, le chapitre 7 culmine avec l'étude des principaux défauts de l'œil (la myopie et l'hypermétropie) et des moyens pour les corriger (l'utilisation appropriée de lentilles convergentes ou divergentes). Sauf à la section 1.1 où est présentée sommairement la nature de la lumière, il n'est jamais question de la nature ondulatoire de la lumière.

Le chapitre 1 définit les éléments de base qui s'appliquent à tous les autres chapitres subséquents. Les chapitres 2 à 7 présentent les différents systèmes optiques que l'opticien doit connaitre (miroirs, prismes, dioptres et lentilles minces). Le chapitre 8, qui est facultatif, complète l'étude de l'optique géométrique en généralisant les idées construites dans les chapitres précédents; il donne les outils permettant de considérer n'importe quel système optique (dans le domaine paraxial) comme un tout, sans avoir à analyser le parcours de la lumière à travers chacun de ses constituants.

Niveau mathématique

Les compétences mathématiques requises sont l'algèbre élémentaire, la géométrie plane et la trigonométrie. Dans des problèmes d'imagerie, il n'est pas rare que soient à résoudre des systèmes de deux équations à deux inconnues. À d'autres occasions, la résolution d'équations quadratiques est quelquefois nécessaire. Des rappels sur les sujets mathématiques utilisés dans cet ouvrage sont fournis à l'annexe A. L'étudiant qui présente des lacunes sur le plan des compétences en mathématiques est vivement invité à commencer l'étude de l'optique géométrique par celle de l'annexe A. Cette dernière est bâtie comme tous les autres chapitres : elle contient notamment les mêmes rubriques et propose une série d'exercices permettant de vérifier sa compréhension.

Mises en évidence

Les équations fondamentales, les définitions importantes et les concepts essentiels sont placés sur une trame plus foncée pour faciliter le repérage. Les nombreuses conventions de signes, indispensables dans l'étude de l'optique géométrique, sont clairement établies et aisément repérables au moyen d'une icône comprenant un signe de plus ou moins (voir l'icône ci-contre). Plusieurs mises en garde sont mises en évidence dans le texte, afin d'attirer l'attention du lecteur sur les erreurs courantes commises par les étudiants ou sur certaines subtilités qu'il faut garder à l'esprit. Ces mises en garde sont placées dans des encadrés intitulés « Attention! », que l'on peut facilement retrouver grâce à son icône comportant un point d'exclamation (voir l'icône ci-contre).

Structure

Naturellement, chaque paragraphe du texte commence toujours avec une idée principale, les détails en lien avec cette idée étant donnés dans le reste du paragraphe. Dans cet esprit, les équations importantes sont d'abord présentées, puis démontrées (à la manière d'un théorème mathématique pour lequel la conclusion précède toujours la preuve). Le fait d'éviter de présenter en premier lieu une longue démonstration mathématique menant à l'équation que l'on cherche permet de mettre l'accent sur l'importance du résultat plutôt que sur sa preuve. Il n'en reste pas moins que la démonstration des équations demeure importante pour comprendre, entre autres, les conditions de validité de ces équations.

Figures et légendes

Plusieurs figures (photographies libres de droits et schémas faits par l'auteur) apparaissent dans le texte sans légende, près des idées qu'elles appuient. En fait, puisque ces figures sont une partie intégrante du texte, celui-ci tient justement lieu de légende. Lorsque les figures possèdent une légende, cette dernière est une phrase complète qui véhicule un message : au lieu de *décrire* la figure, la légende *explique* ce que la figure signifie. Par exemple, au lieu de se lire « Système de deux éléments optiques formant une image », une légende se lira plutôt « L'image formée par le premier élément optique d'un système devient l'objet pour le deuxième élément optique. »

Aperçus et révisions

Au début de chaque chapitre se trouve une rubrique « Aperçu » qui présente le contenu du chapitre. Cet aperçu remplace le traditionnel résumé de fin de chapitre et permet au lecteur, avant de lire le texte détaillé, d'avoir une vue d'ensemble du chapitre, puisque l'aperçu tient en général sur moins de deux pages. Après la lecture du chapitre, l'aperçu — à la manière d'un résumé — permet également à l'étudiant de réviser rapidement la matière. De plus, à chaque fin de chapitre se trouve une rubrique « Révision » où sont énoncés sous forme de questions les objectifs qui doivent être atteints suite à l'étude du chapitre. Un étudiant capable de répondre aisément par l'affirmative à chacune des questions de la rubrique « Révision » sait qu'il a atteint les objectifs principaux du chapitre.

Exemples

Dans le corps du texte, de nombreux exemples (identifiés par l'icône ci-contre) viennent illustrer les notions expliquées. Ces exemples servent aussi à montrer aux étudiants comment utiliser les concepts et comment appliquer les équations de base. Tous les exemples présentent la même structure : bilan des données, schéma de la situation (lorsque c'est pertinent), principes physiques employés (souvent des équations), calculs et énoncé de la réponse. Il est fortement suggéré que cette même méthode de résolution de problèmes soit également appliquée aux exercices et aux problèmes fournis à la fin de chacun des chapitres. Les contextes présentés dans les exemples et le niveau de difficulté de ces exemples se veulent similaires à ceux des exercices de fin de chapitre.

Résolution de problèmes

Il est essentiel de confronter sa compréhension des notions de base à des questions conceptuelles et à des problèmes numériques. Dans le corps du texte se trouvent quelques encadrés intitulés « Testez votre compréhension » (identifiés par l'icône ci-contre comprenant une flèche) qui fournissent des questions simples et souvent qualitatives, permettant au lecteur de vérifier si sa lecture lui a permis de bien cerner les concepts. Chaque chapitre se termine par une série de « Questions », d'« Exercices » et de « Problèmes ». À la manière des rubriques « Testez votre compréhension », les questions visent à vérifier la maitrise des définitions fondamentales et des concepts de base. Les exercices sont des problèmes de niveau moyen nécessitant des calculs ou des tracés de rayons visant à mettre les connaissances de l'étudiant à l'épreuve. Si les exercices servent de réchauffement, les problèmes sont des mises en situation plus élaborées, de niveau de difficulté quelquefois plus élevé, nécessitant une maitrise plus approfondie des concepts. Afin de pouvoir s'autoévaluer, les réponses aux questions, aux exercices et aux problèmes sont fournies à la suite de ces problèmes.

Note à l'étudiant

La physique (en particulier l'optique) est passionnante. Il est vrai qu'étudier la physique, comme toute autre matière scolaire, nécessite d'investir du temps et de l'énergie : il faut réfléchir, analyser, investiguer, travailler, s'exercer, questionner… Cependant, l'effort exigé pour s'approprier les principes physiques est largement récompensé par la satisfaction d'avoir relevé un défi peu banal : repousser les limites de sa propre ignorance quant aux règles qui expliquent le comportement de la lumière.

Il est beaucoup plus rentable en temps et en énergie de prendre la peine de comprendre un concept de physique en profondeur plutôt que d'apprendre par cœur toutes ses applications et ses conséquences. Mémoriser une multitude de cas particuliers est bien peu utile si l'on a une compréhension solide des principes fondamentaux capables de les expliquer. Ainsi, un étudiant qui maitrise bien les concepts de base pourra les réutiliser avec succès dans des situations nouvelles au lieu d'être pris au dépourvu devant des situations différentes de celles qu'il est familier de rencontrer dans les exemples résolus ou dans les exercices qu'il a solutionnés.

La lecture seule du texte ne suffit pas pour atteindre une bonne compréhension des concepts et des principes physiques. Il est important de faire une lecture active, en surlignant les idées importantes et faisant des annotations dans la marge. De plus, il est primordial de bien comprendre le sens précis des mots employés. Par exemple, en lisant le mot « image », on doit se poser la question *Qu'est-ce qu'une image?* et s'assurer d'être en mesure de fournir une réponse claire et précise à cette question.

Plus que tout, il est important de mettre sa compréhension à l'épreuve, en répondant aux Questions, en effectuant les Exercices et en résolvant les Problèmes à la fin des chapitres. Il est normal de rencontrer des difficultés en tentant de les solutionner. Pour surmonter ces embuches, il faut relire, réfléchir, questionner et essayer de nouveau! Ce n'est qu'au prix de ces efforts soutenus que l'on réussit à maitriser les concepts étudiés. Mais au terme de son étude, on se rend compte que la physique constitue un magnifique défi et une source intarissable de plaisir intellectuel.

Introduction

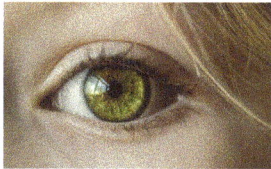

L'œil est un formidable système optique capable de concentrer la lumière et de produire des images, ultimement traitées par le cerveau. Pouvant voir à différentes distances et dans des conditions d'éclairage très variées, l'œil est une véritable merveille physiologique (figure ci-contre). Il est assimilable à un globe approximativement sphérique dont le diamètre vaut environ 28 mm. La lumière incidente sur l'œil traverse d'abord la cornée (la membrane externe transparente), puis une substance transparente appelée humeur aqueuse, ensuite le cristallin (une lentille biconvexe souple), et enfin une autre substance transparente appelée humeur vitrée avant d'aboutir sur la rétine (l'écran au fond de l'œil où se forme l'image).

En dépit de la complexité de sa structure, on peut modéliser optiquement l'œil par une lentille mince baignant entre l'air et l'humeur vitrée. Bien que ce système optique soit relativement simple, plusieurs notions de base sont requises pour comprendre le fonctionnement d'un tel système. L'objectif de cet ouvrage est de fournir, pas à pas, tous les éléments nécessaires pour bâtir conceptuellement une lentille. Au terme de l'étude l'optique géométrique présentée dans ce manuel, nous serons en mesure de décrire optiquement l'œil avec une remarquable précision.

Même si l'œil est extrêmement sophistiqué, il n'est pas rare que l'œil présente des troubles de la vue, tels que la myopie ou l'hypermétropie. Heureusement, il est possible de corriger efficacement ces troubles de la vue en plaçant devant l'œil une lentille[1] dont les propriétés sont judicieusement ajustées (figure ci-contre). Ainsi, la compréhension du comportement de la lumière traversant une lentille fournira en plus les outils nécessaires pour décrire le fonctionnement des orthèses visuelles.

Dans cet ouvrage, nous exposons les principes physiques fondamentaux en lien avec la branche de l'optique appelée *optique géométrique*. Chaque chapitre présente, avec un degré de difficulté croissant, différents systèmes optiques :

- Chapitre 1 : Bases de l'optique géométrique

- Chapitre 2 : Réflexion et miroirs plans

- Chapitre 3 : Miroirs sphériques

- Chapitre 4 : Réfraction et dioptres plans

- Chapitre 5 : Prismes

- Chapitre 6 : Dioptres sphériques

- Chapitre 7 : Lentilles minces

- Chapitre 8 : Systèmes optiques centrés

---

[1] À l'origine, le mot « lentille » (qui vient du latin *lenticula*) désignait uniquement la légumineuse d'origine asiatique. Les premières orthèses visuelles étaient appelées « lentilles de verre », car leur forme biconvexe ressemblait à celle de la légumineuse. Les premières orthèses visuelles pour les hypermétropes ont fait leur apparition vers 1280, alors que les orthèses visuelles pour les myopes n'ont été mises au point qu'environ cent ans plus tard.

Dans le premier chapitre, nous établissons les notions de base sur lesquelles s'assoient tous les autres chapitres. Aux deuxième et troisième chapitres, nous étudions le phénomène de la réflexion et les systèmes optiques basés sur la réflexion comme les miroirs plans et sphériques. Au quatrième chapitre, nous introduisons le phénomène de la réfraction sur lequel s'appuient tous les chapitres qui suivent. Au cinquième chapitre, nous examinons le comportement de la lumière qui traverse un prisme. Au sixième chapitre, nous analysons l'important cas du dioptre sphérique, qui est l'élément constitutif d'une lentille. Puis, au septième chapitre, nous amorçons notre étude d'un système optique important pour l'opticien : la lentille mince, capable de modéliser optiquement l'œil simplement ainsi que les orthèses visuelles servant à corriger les troubles de la vue. Le huitième chapitre, dont l'étude est facultative, complète l'étude de l'optique géométrique paraxiale et pousse plus loin plusieurs notions étudiées dans les chapitres 6 et 7 afin de fournir un formalisme efficace permettant d'analyser des systèmes optiques centrés tels que l'œil représenté par ses multiples constituants.

Réseau de concepts

Le réseau de concepts suivant met en relation les différents thèmes principaux abordés dans cet ouvrage. Les sujets en haut du réseau (en bleu) concernent les bases de l'optique géométrique; les sujets au centre à gauche (en rouge) se rapportent à la réflexion; les sujets au centre à droite (en vert) portent sur la réfraction et les sujets en bas (en jaune) sont en lien avec le sujet général de l'imagerie. Un tel réseau permet d'établir les liens entre les thèmes; en outre, on constate que le sujet de l'imagerie en est un qui touche à l'ensemble des systèmes optiques, qu'ils s'appuient sur la loi de la réflexion ou sur celle de la réfraction.

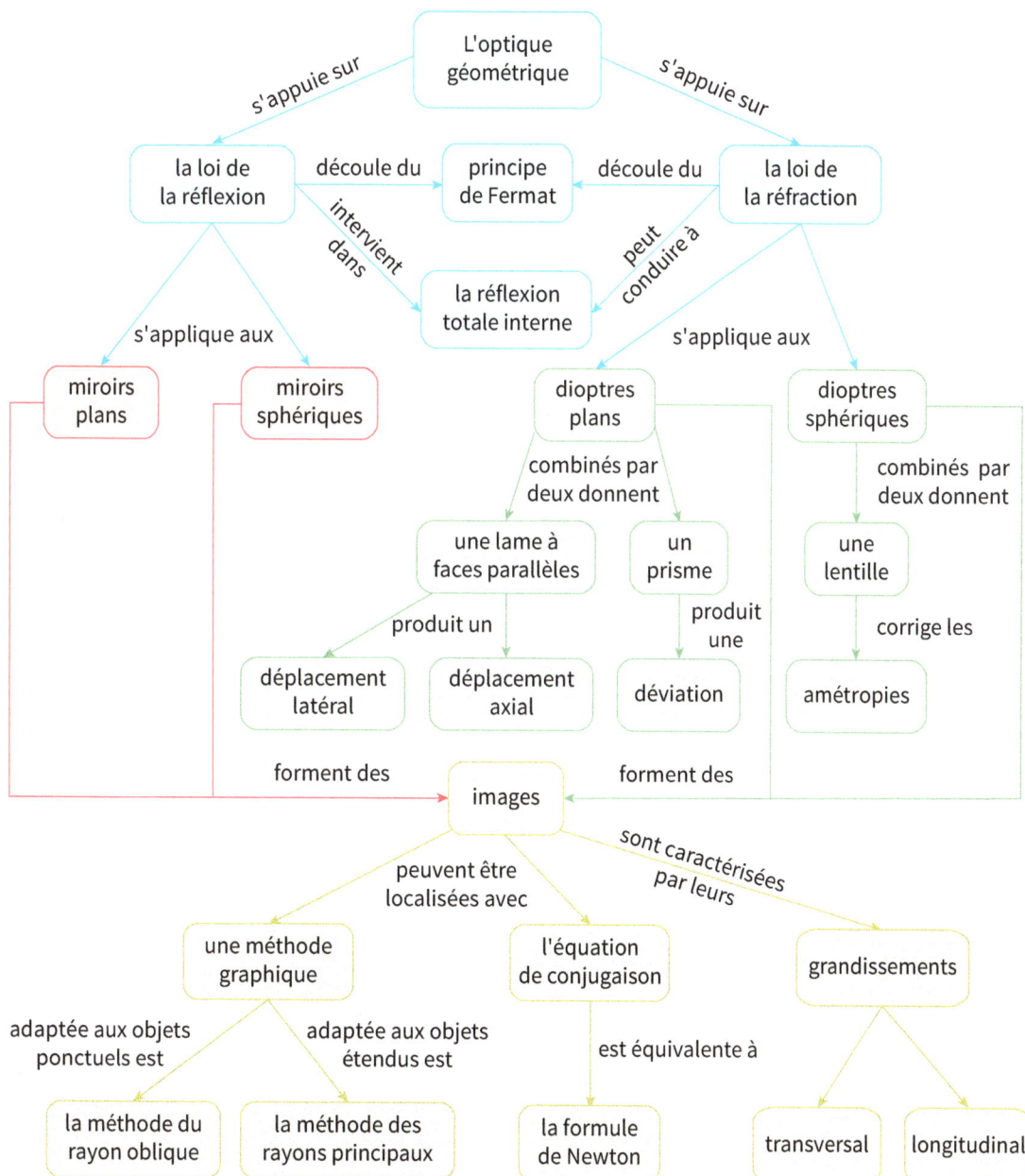

1 | Bases de l'optique géométrique

Un objectif d'appareil photo comme celui illustré ci-dessus est un instrument d'optique capable de faire dévier la lumière à de multiples reprises afin de produire une image nette sur la pellicule photographique ou sur le capteur photosensible de l'appareil. Ce système optique est constitué de plusieurs lentilles judicieusement placées les unes par rapport aux autres. Comment, à partir d'un objet, cet objectif peut-il former une image nette? Dans ce chapitre, nous jetons les bases de l'optique géométrique afin d'être ultimement en mesure de répondre à cette question.

Aperçu du chapitre 1

Lumière et matière

Un rayon lumineux est une construction de l'esprit qui sert à représenter un faisceau de lumière infiniment mince et qui indique la direction de propagation de la lumière. La vitesse de la lumière dans le vide est une constante fondamentale de la nature et elle vaut approximativement $c = 3 \times 10^8$ m/s. Dans un milieu transparent autre que le vide, la lumière voyage avec une vitesse v inférieure à c. Un milieu transparent est caractérisé son indice de réfraction n, défini par :

$$n = \frac{c}{v} \quad .$$

Par exemple, l'indice de réfraction de l'air vaut approximativement 1, celui de l'eau vaut 1,33 et celui du verre vaut environ 1,5.

Lois de l'optique géométrique

L'optique géométrique est fondée sur trois principes de base :

1. La lumière se propage en ligne droite dans un milieu homogène;

2. Les rayons lumineux n'interagissent pas entre eux;

3. La trajectoire des rayons lumineux obéit aux lois de la réflexion et de la réfraction.

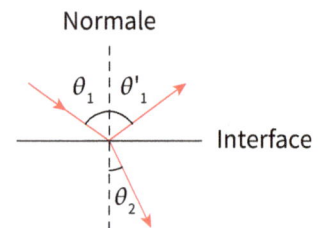

Lorsqu'un rayon lumineux est incident sur une interface séparant deux milieux transparents d'indices de réfraction différents, un rayon est réfléchi selon la loi de la réflexion :

$$\theta'_1 = \theta_1,$$

où θ'_1 est l'angle de réflexion et θ_1 est l'angle d'incidence (tous deux mesurés par rapport à la normale à l'interface) et un rayon est réfracté d'après la loi de Snell–Descartes :

$$n_1 \sin\theta_1 = n_2 \sin\theta_2,$$

où θ_2 est l'angle de réfraction (mesuré par rapport à la normale), n_1 est l'indice de réfraction du milieu où se trouve le rayon incident et n_2 est l'indice de réfraction du milieu où se trouve le rayon réfracté. Le plan d'incidence est le plan formé par le rayon incident et la normale à l'interface au point d'incidence.

Le principe de réversibilité (aussi appelé loi du retour inverse) stipule que le trajet suivi par la lumière pour aller d'un point à un autre est indépendant du sens de propagation de la lumière.

Principe de Fermat

Le principe de Fermat affirme que, pour passer d'un point à un autre, la lumière emprunte toujours le trajet qui prend le moins de temps. Ce principe général permet en outre de retrouver les lois de la réflexion et de la réfraction.

Survol des systèmes optiques

Un système optique est un élément capable de faire dévier les rayons lumineux. Les systèmes optiques se divisent en deux grandes catégories : les surfaces réfléchissantes (miroirs plans et sphériques) et les surfaces réfringentes. Parmi ces dernières, on retrouve, par ordre de complexité : le dioptre plan, la lame à faces parallèles, le prisme, le dioptre sphérique et la lentille mince.

Formation d'images

On appelle les rayons incidents ceux qui arrivent sur un système optique alors qu'on appelle les rayons émergents ceux qui quittent le système optique (figure suivante). Un objet est le point de rencontre des rayons incidents sur le système optique, alors que l'image est le point de rencontre des rayons émergents du système optique. Les rayons incidents divergent d'un objet réel alors qu'ils convergent vers un objet virtuel. Les rayons émergents d'un système optique convergent sur une image réelle alors qu'ils divergent d'une image virtuelle. La distance p entre l'objet et le système optique est positive si l'objet est réel et elle est négative si l'objet est virtuel; la distance p' entre l'image et le système optique est positive si l'image est réelle et elle est négative si l'image est virtuelle. Lorsqu'un système optique est constitué de plusieurs éléments optiques successifs, l'image formée par un élément optique devient l'objet pour le suivant.

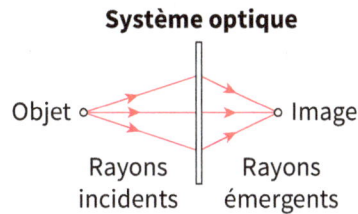

Système optique

Objet ○ ——→ ○ Image

Rayons incidents   Rayons émergents

1.1 Lumière et matière

Qu'est-ce que la lumière? Aussi simple cette question puisse-t-elle paraitre, sa réponse n'est pas évidente et a fait l'objet, au fil des siècles derniers, de plusieurs débats. La lumière est-elle un flux de particules? Ou bien est-elle une onde? À la fin du 17e siècle, deux écoles de pensées s'affrontaient : pour certains, la lumière était faite de particules (appelées corpuscules); pour d'autres, elle était constituée d'ondes. Le modèle corpusculaire de la lumière a fini par s'imposer durant tout le 18e siècle. Puis, au début du 19e siècle, des phénomènes lumineux pouvant être mieux expliqués à l'aide d'une théorie ondulatoire de la lumière ont incité les scientifiques à considérer la lumière comme étant une onde. Enfin, au début du 20e siècle, des expériences ont obligé les scientifiques à admettre que la lumière en fait constituée de particules, aujourd'hui appelées photons.

Il n'est toutefois pas nécessaire de connaitre la nature même de la lumière pour expliquer certains phénomènes lumineux et pour apprécier toute la beauté de plusieurs de ses manifestations. Il y a en effet beaucoup à dire sur l'optique et on constate vite qu'il s'agit d'une branche de la physique aussi passionnante d'un point de vue théorique qu'utile sur le plan pratique. Pour décrire de nombreux phénomènes optiques, il suffit souvent de se limiter à l'optique dite géométrique, qui consiste à représenter la lumière par des rayons lumineux, sans se préoccuper de la nature de la lumière. Dans cette section, nous passons d'abord brièvement en revue les grandes lignes des théories sur l'optique qui se sont développées au fil des époques. Ensuite, nous donnons la vitesse de la lumière dans le vide. Enfin, nous définissons une caractéristique optique importante de la matière : l'indice de réfraction.

1.1.1 Nature de la lumière

L'optique est l'une des plus vieilles branches de la physique. On relève qu'en Mésopotamie, 4000 ans avant J.-C., les Sumériens utilisaient, semble-t-il, des loupes. Ils auraient également utilisé des miroirs pour dévier la lumière, puisqu'on a retrouvé des miroirs métalliques dans les tombeaux des Égyptiens. L'optique revendique même les mesures expérimentales enregistrées les plus anciennes de la physique : à Alexandrie au deuxième siècle après J.-C., Ptolémée (90–168) a noté l'angle de réfraction en fonction de l'angle d'incidence pour une interface air-eau.[1]

Au temps de Démocrite, de Platon et d'Euclide, entre 460 et 250 avant J.-C., on imaginait que les rayons lumineux émanaient de l'œil pour aller « reconnaitre » les objets avant de revenir vers l'œil pour informer l'observateur de ce qu'ils avaient détecté. Pour les savants de l'époque, il semblait s'agir d'une évidence : après tout, les yeux fermés, on ne voit rien puisque les rayons de lumière ne peuvent plus sortir des yeux ! Mais le philosophe grec Aristote (384–322 avant J.-C.) questionnait cette description du comportement de la lumière : pourquoi ne voit-on pas dans l'obscurité ? Aristote préférait plutôt concevoir l'œil comme un « récepteur » et non

---

[1] Il en sera question plus en détail au chapitre 4.

comme un « émetteur » de lumière; autrement dit, selon lui, l'œil n'émet pas les rayons de lumière; en fait, il les reçoit. Autour de 1000 après J.-C., le savant arabe Ibn al-Haytham (965–1040), aussi connu sous le nom d'Alhazen, a étudié minutieusement la lumière et la vision, apportant une contribution majeure au domaine de l'optique. Ce savant supportait l'idée que les rayons de lumière ont leur origine dans les objets eux-mêmes et non dans les yeux. Selon Alhazen, la lumière est issue des objets et se propage sous la forme de rayons rectilignes pouvant être réfléchis et réfractés. Le meilleur argument d'Alhazen appuyant le fait que la lumière voyage des objets vers les yeux, et non l'inverse, est le suivant : lorsqu'on regarde une source dont la luminosité est très intense (par exemple le Soleil), les yeux brulent, ce qui permet de conclure que la lumière quitte l'objet avant d'entrer dans les yeux, qu'elle blesse. Dans son traité d'optique écrit entre 1015 et 1021, Alhazen aborde plusieurs sujets dont les miroirs plans et courbes, les lentilles, l'oeil et la vision, les couleurs et la *camera obscura* (une boite noire percée d'un minuscule trou appelé sténopé). L'approche expérimentale et mathématique d'Alhazen fera autorité dans le domaine de l'optique pendant cinq siècles.

De grands progrès en optique sont survenus au 17e siècle lorsque Galilée (1564–1642) a essayé, entre autres, de mesurer la vitesse de la lumière. Toutefois, la question de la nature de la lumière persistait depuis l'Antiquité : la lumière était-elle faite de particules ou d'ondes? Isaac Newton (1642–1727) a proposé une théorie corpusculaire de la lumière dans son ouvrage *Opticks* en 1675 (publié en 1704), tandis que Christiaan Huygens (1629–1695) a réussi en 1678 à démontrer que seule une théorie ondulatoire de la lumière pouvait expliquer les propriétés connues de la lumière. Fort de sa notoriété, Newton a néanmoins imposé sa théorie corpusculaire dans la communauté scientifique durant tout le 18e siècle. L'explication de phénomènes comme l'interférence et la diffraction de la lumière a toutefois fait triompher le modèle ondulatoire au 19e siècle. En effet, une première confirmation expérimentale de la nature ondulatoire de la lumière a d'abord été donnée dès 1801 par Thomas Young (1773–1829), avec sa célèbre expérience des deux fentes éclairées par une source lumineuse. D'autres travaux suivirent, entre autres, par Augustin Fresnel (1788–1827) qui a fourni en 1818 un solide formalisme mathématique capable de décrire correctement les phénomènes lumineux en considérant la lumière comme une onde.

Réfractaire à la théorie ondulatoire de la lumière proposée par Fresnel, Siméon Poisson (1781–1840) a tenté en 1818 de mettre en exergue une absurdité de la théorie de Fresnel : selon cette dernière, si un obstacle circulaire est éclairé par une source de lumière, une petite tache lumineuse devrait être observée en plein centre de la région d'ombre sur un écran d'observation éloigné. Cette prédiction, selon Poisson, était farfelue et devrait donc discréditer la théorie ondulatoire de Fresnel. François Arago (1786–1853) a toutefois réussi à démontrer expérimentalement l'existence de cette tache, qui sera nommée ironiquement « la tache de Poisson ». Bien malgré lui, Poisson a permis à la théorie ondulatoire de la lumière de triompher! Mais le modèle ondulatoire de la lumière n'a été accepté par l'ensemble de la communauté scientifique qu'après l'expérience cruciale de Léon Foucault (1819–1868). D'après le modèle corpusculaire, la lumière se propage plus rapidement dans l'eau que dans l'air; or, selon le modèle ondulatoire, elle doit voyager plus lentement dans l'eau que dans l'air. Pour trancher la question, Foucault a mesuré en 1850 la vitesse de la lumière dans l'eau… pour constater qu'elle était inférieure à celle dans l'air, confirmant ainsi un résultat que seul le modèle ondulatoire de la lumière prévoit. Ainsi, la lumière se comporte bel et bien comme une onde. Mais une onde de quelle nature, plus précisément?

En 1865, James Clerk Maxwell (1831–1879) a élaboré une théorie électromagnétique, confirmée par l'expérience une vingtaine d'années plus tard par Heinrich Hertz (1857–1894). Les quatre relations fondamentales de l'électromagnétisme sont appelées les équations de Maxwell. La théorie de Maxwell a notamment permis de prouver théoriquement l'existence des ondes électromagnétiques (les ondes radio, les microondes, les ultraviolets et les rayons X sont des exemples d'ondes électromagnétiques). Plus encore, la théorie de Maxwell a également permis de prédire leur vitesse de propagation. La valeur numérique de la vitesse théorique des ondes électromagnétiques prédite par les équations de Maxwell (qui était, avec la précision des mesures de l'époque, de $3{,}11 \times 10^8$ m/s) était remarquablement en accord avec la valeur expérimentale de la vitesse de la lumière, obtenue par Hippolyte Fizeau (1819–1896) en 1849 (qui était de $3{,}13 \times 10^8$ m/s). Maxwell était convaincu que la proximité de ces deux valeurs numériques n'était pas une coïncidence. Le fait que la valeur de la vitesse de la lumière soit si près de celle de la vitesse des ondes électromagnétiques a fourni à Maxwell un argument de poids pour affirmer que la lumière est en fait une onde électromagnétique. En 1887, Hertz a fait la démonstration expérimentale que les ondes radio (une sorte d'onde électromagnétique) existent bel et bien. Il devenait clair que la lumière visible était un type d'onde électromagnétique.

Au début du 20e siècle, l'étude du rayonnement du corps noir et celle de l'effet photoélectrique ont amené des scientifiques tels que Max Planck (1858–1947) et le célèbre Albert Einstein (1879–1955) à reconsidérer la nature corpusculaire de la lumière. Pour expliquer l'effet photoélectrique, il devenait évident que la lumière était en fait constituée de particules, qui seront appelées *photons* à partir de 1926. Robert Millikan (1868–1953), qui refusait l'idée que la lumière puisse être constituée de photons, a travaillé pendant 10 ans, entre 1905 et 1915, pour réaliser des expériences capables d'en réfuter l'existence. Ses résultats étaient sans équivoque et contraires à ses attentes : la lumière est bel et bien constituée de photons. | Photon

Aujourd'hui, malgré les succès de la théorie ondulatoire de la lumière, les expériences les plus raffinées montrent que *la lumière est faite de particules*. Par exemple, il existe des sources de lumière pouvant émettre des photons un à la fois ainsi que des détecteurs capables de mesurer la présence d'un seul photon. Comment le modèle ondulatoire peut-il si bien décrire le comportement de la lumière alors que la lumière est en fait constituée de particules? Selon la théorie la plus récente de la lumière, basée sur l'électrodynamique quantique, il faut réinterpréter les solutions aux équations de Maxwell, non plus comme le champ électrique d'une onde électromagnétique, mais comme une amplitude de probabilité de présence qui permet de prédire avec quelle probabilité les photons ont de chance d'arriver à tel ou tel point de l'espace. Ainsi, les photons ont collectivement le comportement d'une onde, un peu comme les molécules d'eau contenues dans l'océan forment collectivement des vagues.

L'optique géométrique consiste à étudier la propagation de la lumière au moyen de rayons lumineux, sans égard à la nature de la lumière. Dans le cadre de l'optique géométrique, le comportement de la lumière peut être adéquatement décrit par des rayons obéissant aux règles de la géométrie. À partir de maintenant, nous ne nous préoccuperons plus de la nature de la lumière et nous nous contenterons de décrire la lumière avec le concept de rayons lumineux. | Optique géométrique

1.1.2 Sources lumineuses et rayons lumineux

Pour étudier les phénomènes lumineux, on a nécessairement besoin d'une source de lumière. Les sources de lumière sont nombreuses et variées : on n'a qu'à penser au Soleil, à la flamme d'une chandelle, à une ampoule électrique, à une lampe de poche, à un pointeur laser, à une diode électroluminescente, etc. La lumière issue de ces sources est incidente sur les corps qui nous entourent. Une fraction de cette lumière incidente est réfléchie par la surface du corps, une autre fraction est absorbée par le corps et, si le corps est transparent comme le verre, une autre fraction est transmise dans le corps. Lorsque nous regardons un corps, c'est la lumière qu'il réfléchit que nous voyons. Une source lumineuse ou un corps éclairé envoie généralement de la lumière dans toutes les directions, mais une certaine quantité de cette lumière est précisément dirigée vers nos yeux, ce qui nous permet de les voir.

Un rayon lumineux est une construction de l'esprit qui sert à représenter un faisceau de lumière infiniment mince et qui indique la direction de propagation de la lumière. Ainsi, on peut imaginer qu'une source de lumière, comme la flamme d'une chandelle, émet des rayons lumineux | Rayon lumineux dans toutes les directions. Une source de lumière plus sophistiquée, le laser, émet quant à lui un groupe de rayons lumineux pratiquement parallèles entre eux, définissant une direction de propagation bien définie.

1.1.3 Vitesse de la lumière

La valeur de la vitesse de la lumière dans le vide, considérée comme une constante universelle depuis l'élaboration de la théorie de la relativité d'Albert Einstein (1879–1955), a été définie en 1983 par le Bureau international des poids et mesures (cette valeur sert maintenant à définir le mètre, l'une des sept unités fondamentales). La vitesse de la lumière dans le vide est une constante fondamentale de la nature et elle a une valeur exacte :

Vitesse de la lumière dans le vide

$$c = 299\,792\,458 \text{ m/s} \ . \tag{1.1}$$

Le symbole c pour désigner la vitesse de la lumière dans le vide vient du mot latin *celer*, qui signifie « vite ». Pour se donner une idée de l'ordre de grandeur de la vitesse de la lumière dans le vide, mentionnons que la lumière réfléchie par la Lune met environ une seconde pour nous parvenir et que la lumière émise par le Soleil met environ huit minutes pour nous parvenir (la distance qui nous sépare de la Lune est de $3{,}84 \times 10^5$ km et celle qui nous sépare du Soleil est de $1{,}50 \times 10^8$ km). Dans tout cet ouvrage, nous allons utiliser la valeur approchée suivante pour la vitesse de la lumière dans le vide :

$$c \approx 3{,}00 \times 10^8 \text{ m/s} \ . \tag{1.2}$$

Avant le 17e siècle, on croyait que la lumière se propageait instantanément. En effet, la vitesse de la lumière est si grande que rien dans la vie de tous les jours ne peut laisser croire qu'elle n'est pas infinie. Toutefois, dès 1638, l'astronome et physicien italien Galileo Galilei (1564–1642), dit Galilée, doute que la vitesse de la lumière soit infinie et il fait une expérience simple et rudimentaire pour le démontrer. Galilée et son assistant, munis chacun d'une lanterne qu'on peut voiler, se placent à une grande distance l'un de l'autre. Galilée dévoile sa lanterne et l'assistant devait faire de même au moment où il apercevrait la lumière. Galilée tente de mesurer le temps écoulé entre le moment où il découvre sa lanterne et celui où il aperçoit la lumière de la lanterne de son assistant. Une fois ce temps mesuré, il suffirait de diviser le double de la distance séparant Galilée de son assistant par ce temps pour obtenir la vitesse de la lumière... mais en vain. On sait en effet de nos jours que Galilée essayait en fait de mesurer un temps d'environ 7 µs, ce qui est largement plus petit que le temps de réaction le plus rapide. Galilée arrive néanmoins à la conclusion que la propagation de la lumière n'est peut-être pas instantanée, mais elle est certainement très rapide.

La vitesse de la lumière est tout simplement trop grande pour être mesurée avec la méthode de Galilée. Pour mesurer un intervalle de temps plus grand, et donc plus facilement mesurable, la lumière doit parcourir des distances très grandes, comme des millions de kilomètres. Les mesures astronomiques étaient donc toutes désignées. La première mesure réussie de c a été effectuée par l'astronome danois Ole Römer (1644–1710), en 1676. À partir de nombreuses observations précises de la variation de la période de Io, l'un des satellites de Jupiter, Römer a pu déduire une première valeur mesurée de 2×10^8 m/s pour la vitesse de la lumière.

Ce résultat est très approximatif, notamment en raison du fait que les distances planétaires étaient mal connues à l'époque, mais l'ordre de grandeur est correct. Dans les années qui ont suivi, plusieurs scientifiques (Fizeau, Foucault, Michelson, pour ne nommer que ceux-là) ont mesuré la vitesse de la lumière, avec des techniques de plus en plus sophistiquées et avec de plus en plus de précision (tableau 1.1).

	Tableau 1.1	Quelques mesures sélectionnées de la vitesse de la lumière, effectuées par différents expérimentateurs depuis Galilée

Année	Expérimentateurs	Vitesse de la lumière ($\times 10^8$ m/s)	Incertitude ($\times 10^8$ m/s)
1676	Ole Römer	2	?
1726	James Bradley	3,01	?
1849	Armand Fizeau	3,13	?
1862	Léon Foucault	2,980	± 0,005
1879	Albert Michelson	2,999 1	± 0,000 5
1926	Albert Michelson	2,997 96	± 0,000 04
1947	Essen, Gorden-Smith	2,997 92	± 0,000 03
1958	Keith Davy Froome	2,997 925	± 0,000 001
1973	Evenson *et al.*	2,997 924 57	± 0,000 000 01
1983	—	2,997 924 58	aucune

En commençant par les mesures de Römer en 1676, la vitesse de la lumière a été mesurée au moins 163 fois, en utilisant une grande variété de techniques, par plus de 100 expérimentateurs. En 1983, plus de 300 ans après la première tentative sérieuse pour la mesurer, la vitesse de la lumière dans le vide a été définie comme étant égale à la valeur donnée par l'équation (1.1).

1.1.4 Indice de réfraction

C'est un fait expérimental : la vitesse de propagation de la lumière dans un milieu autre que le vide est inférieure à la vitesse de la lumière dans le vide. De manière générale, la vitesse de la lumière dans un milieu transparent est d'autant plus faible que le milieu est dense. Un milieu transparent est caractérisé par une quantité n appelée indice de réfraction, défini par le rapport entre la vitesse de la lumière dans le vide et celle dans ce milieu :

$$n = \frac{c}{v} \; , \qquad (1.3)$$

Indice de réfraction

où c est la vitesse de la lumière dans le vide et v est la vitesse de la lumière dans le milieu considéré. On déduit donc que l'indice de réfraction du vide est égal à un (car $v = c$ dans le vide) et qu'il est toujours supérieur à un dans tout autre milieu de propagation. Bien que l'indice de réfraction de l'air soit supérieur à un, il est si près de un (il vaut environ 1,0003) qu'on considère en pratique que $n = 1$ dans l'air. À titre d'exemples, l'indice de réfraction de l'eau vaut 1,33, celui du verre vaut environ 1,5 (sa valeur précise dépend du type de verre) et celui du diamant vaut 2,42.

Exemple 1.1	La lumière dans le verre

Sachant que le verre crown léger 6 vaut 1,47, combien de temps faut-il à la lumière pour parcourir une distance de 5 cm dans ce type de verre?

Solution

Les données sont $n = 1,47$ (l'indice de réfraction du verre), $c = 3,00 \times 10^8$ m/s et $x = 0,05$ m (la distance parcourue dans le verre); l'inconnue que l'on cherche est t, le temps requis pour parcourir la distance x. À partir de la définition de l'indice de réfraction, on calcule la vitesse de propagation de la lumière dans ce verre :

$$n = \frac{c}{v} \quad \Rightarrow \quad v = \frac{c}{n} = \frac{3,00 \times 10^8 \text{ m/s}}{1,47} = 2,04 \times 10^8 \text{ m/s}.$$

On constate effectivement que la vitesse de la lumière dans le verre est inférieure à la vitesse de la lumière dans le vide donnée par l'équation (1.2). La vitesse est définie comme étant la distance parcourue divisée par le temps requis pour parcourir cette distance; on a la relation :

$$v = \frac{x}{t} \quad \Rightarrow \quad t = \frac{x}{v} = \frac{0,05 \text{ m}}{2,04 \times 10^8 \text{ m/s}} = 2,45 \times 10^{-10} \text{ s}.$$

La lumière met donc $2,45 \times 10^{-10}$ s à parcourir les 5 cm de verre crown léger 6. Cette valeur de temps est incroyablement petite; ceci est attribuable au fait que la vitesse de la lumière est très grande.

1.2 Lois de l'optique géométrique

L'étude de la lumière avec l'optique géométrique est une manière d'analyser le comportement de la lumière sans avoir à se préoccuper de la nature de la lumière. L'optique géométrique est fondée sur trois principes de base :

Principes de base de l'optique géométrique

1. La lumière se propage en ligne droite dans un milieu homogène.

2. Les rayons lumineux n'interagissent pas entre eux.

3. La trajectoire des rayons lumineux obéit aux lois de la réflexion et de la réfraction.

C'est en raison du premier principe que l'on peut parler de rayons lumineux (figure ci-contre). Découlent aussi de ce premier principe les ombres aux contours très nets obtenues en plaçant un obstacle devant une source de lumière. Plus important encore dans notre vie quotidienne, toute notre manière de nous orienter dans le monde dans lequel nous vivons repose sur l'hypothèse que la lumière se propage en ligne droite.

Pour comprendre la portée du deuxième principe, considérons deux faisceaux laser qui se croisent : si on observe sur un écran la tache lumineuse produite par le premier laser, on constate qu'elle n'est pas modifiée par la présence ou l'absence du deuxième laser. Ainsi, il n'y a pas de « collision » entre les deux rayons lumineux.

Les lois de la réflexion et de la réfraction évoquées dans le troisième principe seront énoncées plus loin dans cette section. Essentiellement, ces lois fournissent la direction de propagation des rayons lumineux lorsqu'ils sont déviés par des systèmes optiques.

Avec ces trois principes, nous pouvons expliquer le comportement de la lumière dans de nombreux composants optiques, comme les miroirs, les prismes et les lentilles, ce que nous allons faire dans les chapitres suivants. Par contre, il existe de nombreux phénomènes lumineux qui ne peuvent pas être expliqués avec l'optique géométrique. D'une part, certains phénomènes nécessitent une théorie ondulatoire pour correctement les analyser, par exemple l'interférence et la diffraction de la lumière. D'autre part, la lumière doit plutôt être vue comme un flux de photons pour adéquatement décrire ce qu'on appelle l'effet photoélectrique et pour comprendre les mécanismes d'émission et d'absorption de la lumière. Les phénomènes lumineux qui requièrent le modèle ondulatoire de la lumière (tels que l'interférence) ou qui nécessitent de considérer la lumière comme un flux de photons (comme l'interaction lumière-matière) ne sont pas abordés ici. Dans le présent manuel, nous nous restreignons à l'étude de phénomènes lumineux pouvant être analysés à l'aide des lois de l'optique géométrique.

1.2.1 Loi de la réflexion et loi de la réfraction

Considérons un rayon lumineux incident sur l'interface qui sépare deux milieux d'indices de réfraction différents (figure 1.1). Prenons le cas où l'indice de réfraction n_1 du milieu où se trouve le rayon incident est plus faible que l'indice de réfraction n_2 du second milieu (par exemple, lorsque le rayon se propage dans l'air et qu'il rencontre un bloc de verre).

Figure 1.1

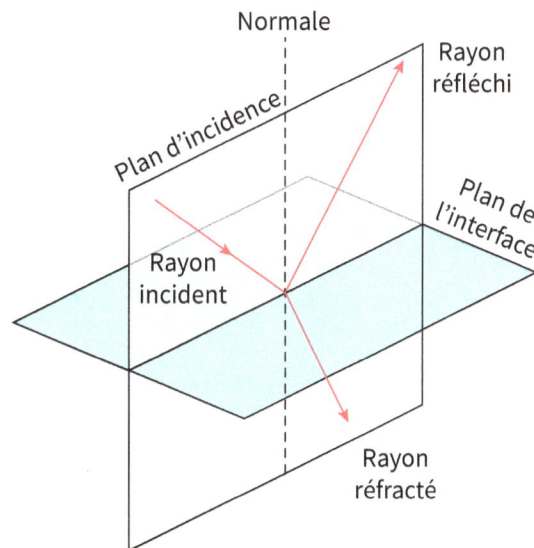

Lorsqu'un rayon est incident sur l'interface entre deux milieux d'indices de réfraction différents, un rayon est réfléchi et un rayon est réfracté.

C'est un fait expérimental : on observe un rayon réfléchi dans le premier milieu et un rayon transmis dans le second milieu. On appelle *point d'incidence* le point d'intersection entre le rayon incident et l'interface entre les deux milieux. La droite perpendiculaire à l'interface qui passe par le point d'incidence s'appelle la *normale*. Les lois de la réflexion et de la réfraction font intervenir la notion de *plan d'incidence*, qui se définit comme suit.

Point d'incidence

Normale

Le plan d'incidence est le plan formé par le rayon incident et la normale à l'interface au point d'incidence.

Définition : plan d'incidence

Définissons aussi les angles suivants, tous mesurés par rapport à la normale (figure ci-dessous) :

- θ_1 est l'angle d'incidence;
- θ_1' est l'angle de réflexion;
- θ_2 est l'angle de réfraction.

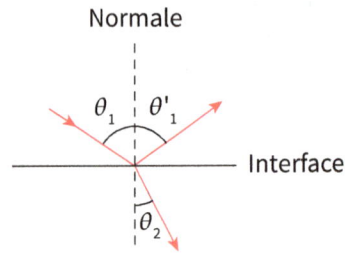

Attention!	Les angles sont mesurés par rapport à la normale

On ne saurait trop insister sur le fait que tous les angles sont mesurés par rapport à la normale passant par le point d'incidence. Par exemple, si jamais l'angle que fait le rayon incident est mesuré par rapport à l'interface, il importe de considérer l'angle complémentaire comme étant l'angle d'incidence.

Testez votre compréhension 1.1	Angle de réflexion

Un rayon lumineux est réfléchi par un miroir plan (figure ci-dessous). Que vaut l'angle de réflexion?

Les angles d'incidence, de réflexion et de réfraction sont reliés par les lois de la réflexion et de la réfraction.

Loi de la réflexion

Le rayon réfléchi est dans le plan d'incidence, et l'angle de réflexion θ_1' et l'angle d'incidence θ_1 sont égaux :

$$\theta_1' = \theta_1 . \tag{1.4}$$

Loi de la réfraction

Le rayon réfracté est dans le plan d'incidence, et l'angle de réfraction θ_2 et l'angle d'incidence θ_1 sont reliés par :

$$n_1 \sin\theta_1 = n_2 \sin\theta_2 , \tag{1.5}$$

où n_1 est l'indice de réfraction du milieu où se trouvent les rayons incident et réfléchi et n_2 est l'indice de réfraction du milieu où se trouve le rayon réfracté. L'équation (1.5) se nomme la loi de Snell–Descartes. Nous analyserons en détail cette loi importante au chapitre 4.

1.2.2 Principe de réversibilité

Le principe de réversibilité, aussi appelé loi du retour inverse, rend compte du fait que, si le sens de propagation d'un rayon lumineux est inversé, la lumière décrira le même trajet. De façon plus formelle, ce principe s'énonce comme suit :

Principe de réversibilité

Le trajet suivi par la lumière pour aller d'un point à un autre est indépendant du sens de propagation de la lumière.

Prenons l'exemple simple d'un rayon lumineux incident sur un miroir plan (figure ci-dessous). Le rayon part du point A, rencontre le miroir au point d'incidence I et se dirige finalement vers le point B (flèche pleine); le rayon incident fait un angle θ avec la normale au point I et le rayon réfléchi fait le même angle θ avec la normale, en vertu de la loi de la réflexion. Si on inverse le sens de propagation de la lumière, le rayon réfléchi devient alors un rayon incident, partant du point B, qui rencontre le miroir au point I (flèche double). Ainsi, ce nouveau rayon incident définit le même plan d'incidence que précédemment. Conséquence de la loi de la réflexion, le nouveau rayon réfléchi passe par le point A. Bref, en inversant le sens de propagation de la lumière, le rayon lumineux retrace le même chemin.

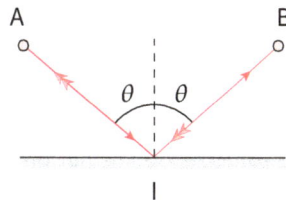

Le principe de réversibilité s'applique non seulement au miroir plan mais aussi à tous les systèmes optiques. La figure 1.2 illustre la conséquence du principe de réversibilité dans le cas d'un prisme, d'un miroir courbe et d'une lentille; un sens de propagation est indiqué avec des flèches pleines et le sens inverse est indiqué avec des flèches doubles.

Figure 1.2

Prisme   Miroir courbe   Lentille

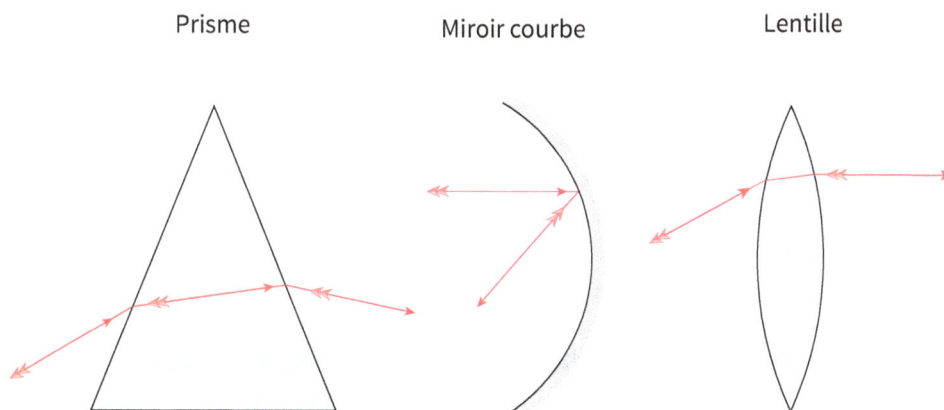

Selon le principe de réversibilité, la lumière parcourt le même trajet, peu importe son sens de propagation.

1.3 Principe de Fermat

Les deux lois de l'optique géométrique (ainsi que le principe de réversibilité) peuvent être obtenues à partir d'une hypothèse fondamentale, que l'on appelle le principe de Fermat. L'idée de base de ce principe a été introduite par Héron d'Alexandrie, un ingénieur et mathématicien grec du premier siècle après J.-C., selon qui la lumière se propage entre deux points en empruntant le chemin le plus court. Ainsi, lorsque la lumière se propage entre deux points dans un milieu homogène, elle décrit donc une ligne droite entre ces deux points, ce qui est conforme à l'expérience. Le principe de Héron permet également de retrouver la loi de la réflexion.

Vers 1660, le mathématicien français Pierre de Fermat (voir la figure précédente) a généralisé le principe de Héron, pour être également capable de retrouver la loi de la réfraction. Fermat a plutôt supposé que la lumière emprunte le chemin qui minimise le *temps* de parcours, et non la *longueur* du parcours. Ainsi, le principe de Fermat s'énonce ainsi[2] :

Principe de Fermat

> Pour passer d'un point A à un point B, la lumière emprunte toujours le trajet qui prend le moins de temps.

Le principe de Héron est simplement un cas particulier du principe de Fermat lorsque le milieu est homogène.

Testez votre compréhension 1.2	Principe de réversibilité
Comment pouvez-vous utiliser le principe de Fermat pour en déduire le principe de réversibilité (la loi du retour inverse) ?	

1.3.1 Loi de la réflexion

Le principe de Fermat permet de démontrer la loi de la réflexion. Supposons qu'un rayon de lumière passe du point A au point B après une réflexion sur une surface réfléchissante plane (figure ci-dessous). Le rayon rencontre le miroir en un point quelconque (le point J sur la figure). La question est de savoir où doit être placé le point J pour que la lumière passe du point A au point B le plus rapidement possible, après une réflexion sur le miroir. Puisque la vitesse de propagation de la lumière est la même pour le rayon incident que pour le rayon réfléchi (il n'y a pas de changement de milieu), alors le chemin qui prend le moins de temps est aussi celui qui est le plus court.

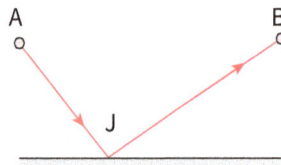

Afin de trouver le trajet qui minimise la distance parcourue, considérons un point B' qui est derrière le miroir (figure 1.3). La droite passant par B et B', perpendiculaire au miroir plan, coupe la surface du miroir au point C. Le point B' est tel que les longueurs BC et B'C sont égales. Par symétrie, la longueur du trajet AJB est égale à celle du trajet AJB'. Le trajet le plus court pour passer du point A au point B' est bien entendu la ligne droite; ainsi le point de rencontre entre le rayon incident et le miroir (le point d'incidence I) est colinéaire avec A et B'. Puisque les triangles BCI et B'CI sont semblables, alors on déduit que les angles α et γ sont égaux. De plus, puisque les angles α et β sont opposés par le sommet, ils sont égaux. Donc, $\alpha = \beta = \gamma$. Enfin, puisque β et γ sont les angles complémentaires de θ et de θ', respectivement, alors il s'ensuit que $\theta = \theta'$, c'est-à-dire que l'angle d'incidence est égal à l'angle de réflexion.

---

[2] La capacité de la lumière de « choisir » le chemin qui minimise le temps de parcours peut sembler magique. Le fait de prendre le chemin qui prend le moins de temps ne nécessite-t-il pas de l'information au sujet des autres trajets? Dans les faits, la lumière voyage selon tous les autres chemins possibles, mais les contributions de ces autres chemins s'annulent entre elles, ne laissant que les contributions qui sont au voisinage de celle qui s'avère minimiser la durée du trajet. Une pleine compréhension de ce principe nécessite l'électrodynamique quantique, une théorie qui dépasse le cadre de cet ouvrage. Ici, nous nous contenterons de voir le principe de Fermat comme n'étant qu'une formulation mathématique des caractéristiques du comportement de la lumière. En effet, ce principe n'est pas la *cause* de la direction de propagation de la lumière; il ne fait que *décrire* correctement les observations expérimentales.

Figure 1.3

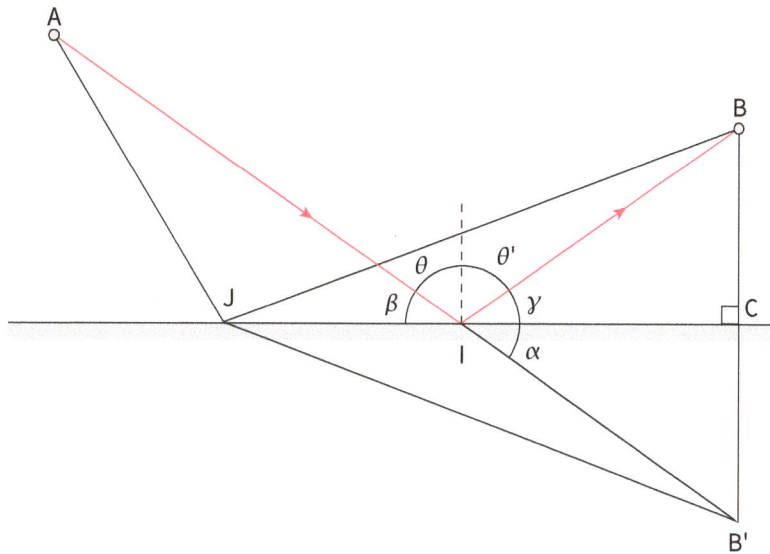

Pour minimiser le temps de parcours, un rayon incident sur une surface réfléchissante fait le même angle par rapport à la normale que le rayon réfléchi.

Illustrons le principe de Fermat appliqué à la réflexion avec l'exemple 1.2 suivant.

Exemple 1.2 | La réflexion et le principe de Fermat

Dans la situation représentée à la figure ci-dessous, vérifiez que la loi de la réflexion est cohérente avec le principe de Fermat. On considère que la lumière se propage dans le vide.

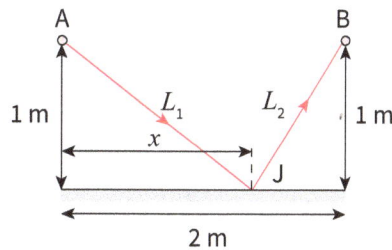

Solution

Considérons un rayon lumineux issu du point A se dirigeant vers le point B, en passant par le point d'incidence J, comme l'illustre la figure ci-dessus. On cherche la position x du point d'incidence J qui permet à la lumière de passer du point A au point B en le moins de temps possible. Calculons le temps t nécessaire pour se rendre de A à B en exploitant le théorème de Pythagore pour exprimer les longueurs L_1 et L_2 :

$$t = t_1 + t_2 = \frac{L_1}{c} + \frac{L_2}{c} = \frac{\sqrt{1^2 + x^2} + \sqrt{1^2 + (2-x)^2}}{3 \times 10^8} \quad .$$

La durée t dépend uniquement de la variable x. Nous allons faire varier x et calculer la durée t correspondante (voir le tableau ci-dessous).

x (m)	t ($\times 10^{-8}$ s)
0,50	0,97360
0,80	0,94756
0,90	0,94399
0,95	0,94310
0,99	0,94282
1,00	**0,94281**
1,01	0,94282
1,05	0,94310
1,10	0,94399
1,20	0,94756
1,50	0,97360
2,00	1,07869

À la lumière de ce tableau de résultats, on constate que la valeur de x correspondant au temps le plus petit est 1 m. Comme le montre la figure ci-dessous, lorsque le point d'incidence J est situé à $x = 1$ m, alors l'angle d'incidence vaut $\theta_1 = 45°$, car

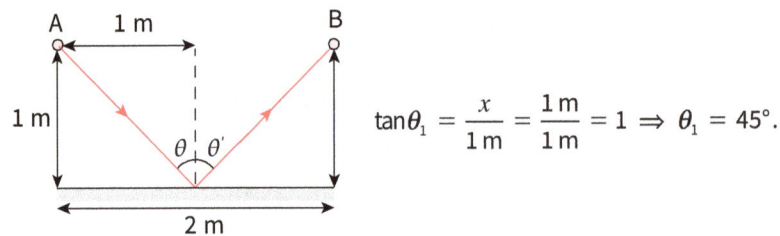

$$\tan\theta_1 = \frac{x}{1\,\text{m}} = \frac{1\,\text{m}}{1\,\text{m}} = 1 \Rightarrow \theta_1 = 45°.$$

De plus, l'angle de réflexion vaut $\theta_1' = 45°$, car

$$\tan\theta_1' = \frac{2\,\text{m} - x}{1\,\text{m}} = \frac{2\,\text{m} - 1\,\text{m}}{1\,\text{m}} = 1 \Rightarrow \theta_1' = 45° \ .$$

Ainsi, $\theta_1' = \theta_1$, conformément à la loi de la réflexion.

1.3.2 Loi de Snell–Descartes

Le principe de Fermat permet également de retrouver la loi de la réfraction. Considérons un rayon lumineux qui part du point A dans le milieu d'indice de réfraction n_1 et qui se rend au point B dans le milieu d'indice de réfraction n_2 (figure ci-contre). Le rayon incident rencontre l'interface entre les deux milieux d'indices de réfraction différents au point J, qui est quelconque. La question est de savoir où doit se situer ce point d'incidence pour que le trajet de la lumière soit de durée minimale. Illustrons maintenant le principe de Fermat appliqué à la réfraction avec l'exemple qui suit.

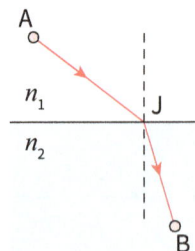

Exemple 1.3	La réfraction et le principe de Fermat

E

Dans la situation représentée à la figure ci-dessous, vérifiez que la loi de Snell–Descartes est cohérente avec le principe de Fermat. On suppose que le point A est dans l'air ($n_1 = 1$) et que le point B est dans un verre d'indice de réfraction $n_2 = 1{,}5$.

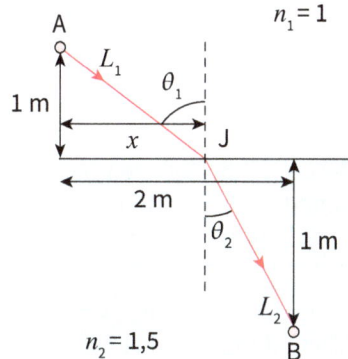

Solution

Un rayon provenant du point A se dirige vers le point B, en passant par le point d'incidence J, comme le montre la figure ci-dessus. Dans le milieu 1, la lumière se propage à la vitesse de la lumière dans le vide ($v_1 = c = 3 \times 10^8$ m/s) alors que, dans le milieu 2, la lumière se propage à la vitesse $v_2 = c/n_2 = 3 \times 10^8$ m/s / $1{,}5 = 2 \times 10^8$ m/s. On veut déterminer la position x du point d'incidence J qui minimise le temps nécessaire à la lumière pour passer de A à B. En utilisant le théorème de Pythagore pour exprimer les longueurs L_1 et L_2, on calcule le temps t nécessaire pour se rendre de A à B :

$$t = t_1 + t_2 = \frac{L_1}{v_1} + \frac{L_2}{v_2} = \frac{\sqrt{1^2 + x^2}}{3 \times 10^8} + \frac{\sqrt{1^2 + (2-x)^2}}{2 \times 10^8} \quad .$$

Faisons varier x et calculons le temps t correspondant (voir le tableau ci-dessous).

x (m)	t ($\times 10^{-8}$ s)
1,20	1,16100
1,30	1,15704
1,35	1,15635
1,36	**1,15632**
1,37	1,15633
1,40	1,15658
1,50	1,15994

Dans le tableau de résultats, on constate que la valeur de x associée au temps le plus petit est 1,36 m. Ainsi, quand le point d'incidence J est situé à $x = 1{,}36$ m, le sinus de l'angle d'incidence vaut :

$$\sin\theta_1 = \frac{x}{L_1} = \frac{x}{\sqrt{1^2 + x^2}} = \frac{1{,}36}{\sqrt{1^2 + 1{,}36^2}} = 0{,}806 \quad .$$

Quant à lui, le sinus de l'angle de réfraction vaut :

$$\sin\theta_2 = \frac{2-x}{L_2} = \frac{2-x}{\sqrt{1^2+(2-x)^2}} = \frac{2-1,36}{\sqrt{1^2+(2-1,36)^2}} = 0,539 \cdot$$

De là, on déduit que :

$$\frac{\sin\theta_1}{\sin\theta_2} = \frac{0,806}{0,539} = 1,5 = \frac{n_2}{n_1} \quad \Rightarrow \quad n_1\sin\theta_1 = n_2\sin\theta_2,$$

ce qui constitue la loi de Snell–Descartes. Cet exemple n'est pas la preuve de cette loi; il s'agit d'un exemple d'application du principe de Fermat, qui illustre que la loi de Snell–Descartes est bien cohérente avec le principe de Fermat.

Dans le but de trouver le chemin qui prend le moins de temps pour aller du point A au point B, analysons deux trajets : le trajet AIB qui respecte la loi de Snell–Descartes ($n_1\sin\theta_1 = n_2\sin\theta_2$) et le trajet AJB qui est quelconque (figure 1.4). Il suffit de démontrer que le trajet AJB dure nécessairement plus longtemps que le trajet AIB. Traçons d'abord deux segments de droite : HI, qui est perpendiculaire à AI, ainsi que JK, qui est perpendiculaire à BI. Puis, traçons le segment de droite H'J qui est perpendiculaire à HI. Le trajet AIB peut se décomposer en trois parties (AI, IK et KB); de même, le trajet AJB se divise en deux trois segments (AH, HJ et JB). Nous allons comparer la durée de ces parties de trajet deux à deux.

Figure 1.4

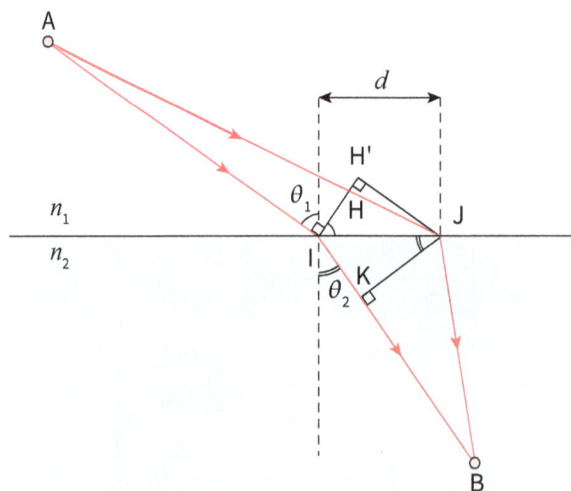

Pour minimiser le temps de parcours, la lumière fait un trajet tel que les angles d'incidence et de réfraction respectent la loi de Snell–Descartes.

- Le segment de droite AH (l'hypoténuse du triangle AIH) est plus long que AI (l'une des cathètes du triangle AIH); puisqu'il s'agit du même milieu de propagation, la vitesse de la lumière est la même et, donc, parcourir AH dure plus longtemps que parcourir AI.

- Le segment JB (l'hypoténuse du triangle BJK) est plus long que KB (l'une des cathètes du triangle BJK); encore ici, comme il s'agit du même milieu de propagation, la vitesse de la lumière est la même, ce qui veut dire que parcourir JB dure plus longtemps que parcourir KB.

- Il reste à comparer les parties HJ et IK. Le segment HJ (l'hypoténuse du triangle HH'J) est plus long en distance que H'J (l'une des cathètes du triangle HH'J) et, donc, plus long en temps. Comparons les durées de parcours H'J et IK. De la figure ci-dessus, on déduit que H'J = $d\sin\theta_1$ et IK = $d\sin\theta_2$, où d est la distance entre les points I et J. En utilisant la relation entre les angles ($n_1\sin\theta_1 = n_2\sin\theta_2$) ainsi que de la définition de l'indice de réfraction ($n = c/v$), on peut calculer le rapport des distances :

$$\frac{\text{H'J}}{\text{IK}} = \frac{\sin\theta_1}{\sin\theta_2} = \frac{n_2}{n_1} = \frac{v_1}{v_2} \quad \Rightarrow \quad \frac{\text{H'J}}{v_1} = \frac{\text{IK}}{v_2} \ .$$

La vitesse étant définie par la distance parcourue divisée par l'intervalle de temps pour parcourir cette distance, on constate que la précédente équation signifie que la durée du trajet H'J est égale à la durée du trajet IK. Par conséquent, on conclut que parcourir HJ prend plus de temps que parcourir IK.

Chacune des parties du trajet AJB durant plus longtemps que son homologue du trajet AIB, on peut affirmer que le trajet AJB dure plus longtemps que le trajet AIB. Or, le point J est arbitraire, ce qui fait que n'importe quel trajet prend plus de temps à faire que celui qui respecte la condition $n_1\sin\theta_1 = n_2\sin\theta_2$. En somme, il faut que la loi de Snell–Descartes soit respectée pour que le principe de Fermat soit vérifié.

Le principe de Fermat appliqué à la loi de la réfraction est analogue au problème du sauveteur tentant de sauver une victime en train de se noyer (on suppose que la vitesse du baigneur en péril est nulle). Imaginons que le sauveteur sur le plage situé au point A cherche à rattraper le plus rapidement possible la victime dans l'eau située au point B. La vitesse v_1 du sauveteur lorsqu'il court sur la plage est plus grande que la vitesse v_2 du sauveteur lorsqu'il nage dans l'eau. Pour cette raison, le sauveteur a intérêt à entrer dans l'eau au point I (qui respecte la loi de la réfraction) s'il veut minimiser le temps de son trajet pour passer du point A au point B.

1.4 Survol des systèmes optiques

Les principes de l'optique géométrique (en particulier la propagation rectiligne de la lumière dans un milieu homogène et les lois de la réflexion et de la réfraction) permettent d'analyser des systèmes optiques plus ou moins complexes. Avant d'aller plus loin, définissions ce qu'on entend par système optique :

Un système optique est un système capable de faire dévier les rayons lumineux.

Définition : système optique

Afin de se donner un avant-gout des chapitres qui suivent, nous présentons brièvement dans cette section la marche des rayons lumineux à travers différents systèmes optiques. On peut grossièrement diviser les systèmes optiques selon qu'ils ont des surfaces réfléchissantes ou des surfaces réfringentes.

1.4.1 Surfaces réfléchissantes

Bien que pratiquement toutes les surfaces qui nous entourent sont des surfaces qui réfléchissent la lumière, contentons-nous pour l'instant de considérer qu'une surface réfléchissante est un miroir. Comme son nom l'indique, un miroir plan (comme celui de la salle de bains) est une surface réfléchissante plane. C'est le système optique le plus simple; on peut prédire le comportement de la lumière qui est incidente sur lui en appliquant la loi de la réflexion. Par conséquent, un faisceau de rayons parallèles incident sur un miroir plan avec un certain angle d'incidence par rapport à la normale est réfléchi en un faisceau de rayons parallèles qui fait le même angle par rapport à la normale (figure ci-contre).

Miroir plan

Miroirs
sphériques

Un miroir sphérique est une calotte sphérique réfléchissante creuse (comme le creux d'une cuillère) ou bombée (comme une boule de Noël métallique). Les miroirs sphériques, contrairement aux miroirs plans, ont la capacité de faire converger ou diverger les rayons lumineux. En effet, si un faisceau de rayons parallèles est incident sur un miroir concave (creux), on remarque que les rayons réfléchis se croisent tous en un point appelé foyer (figure ci-dessous, à gauche). Localement, les rayons réfléchis respectent la loi de la réflexion, en tenant compte de la normale aux différents points d'incidence. Si le faisceau de rayons parallèles est incident sur un miroir convexe (bombé), les rayons réfléchis divergent et ne se croiseront donc jamais, contrairement au cas précédent. Néanmoins, ce sont les prolongements des rayons réfléchis qui se croisent tous en un point derrière le miroir (figure ci-dessous, à droite). Localement, les rayons réfléchis respectent également la loi de la réflexion, en tenant compte de la normale aux différents points d'incidence.

Miroir concave **Miroir convexe**

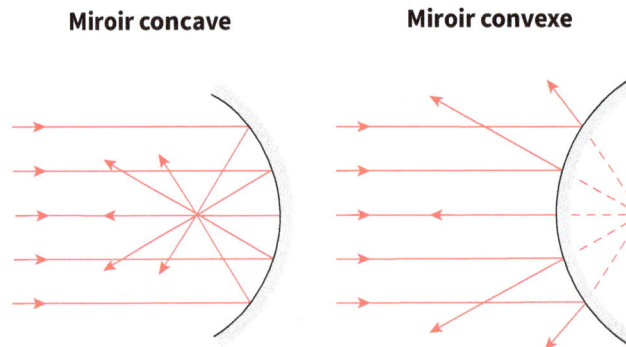

1.4.2 Surfaces réfringentes

Dioptre

La surface de séparation entre deux milieux transparents d'indices de réfraction différents s'appelle un dioptre. Lorsque la lumière est incidente sur un dioptre, une fraction de l'énergie lumineuse est réfléchie (retournée dans le premier milieu) et le reste de l'énergie est réfracté dans le deuxième milieu. Prenons par exemple une succession de deux dioptres plans parallèles séparés par une cer-

Lame à
faces parallèles

taine distance, ce qu'on appelle une lame à faces parallèles. Le rayon émergent de la lame à faces parallèles est parallèle au rayon incident sur elle; toutefois, son prolongement n'est pas confondu avec le rayon incident : il y a un déplacement latéral attribuable à la réfraction (figure ci-dessus). On observe aussi deux rayons réfléchis d'intensité relativement faible – un pour chacun des deux dioptres – qui respectent la loi de la réflexion.

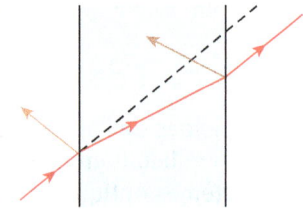

Prisme

Considérons maintenant une succession de deux dioptres plans formant un angle quelconque entre eux : un prisme. Le rayon émergent du prisme est dévié par rapport au rayon incident, c'est-à-dire qu'il existe un angle entre les prolongements des rayons incident et émergent (figure ci-contre). La déviation se fait toujours vers la base du prisme, considérant que le prisme est fait

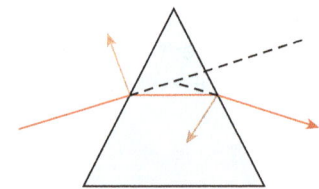

d'un matériau dont l'indice de réfraction plus grand que celui du milieu ambiant. Ici encore, on observe deux rayons réfléchis de faible intensité, à chaque face du prisme, qui vérifient la loi de la réflexion.

Lentilles
minces

Une lentille est une succession de deux dioptres sphériques; on considérera qu'elle est faite de verre et qu'elle baigne dans l'air. Une lentille convergente (comme une loupe) a un centre plus épais que ses bords tandis qu'une lentille divergente (comme les verres correcteurs d'un myope) a un centre plus mince que ses bords. À l'instar des miroirs sphériques, les lentilles sont capables de faire converger ou diverger les rayons lumineux; la différence est que les premiers utilisent la réflexion alors que les deuxièmes utilisent la réfraction. Si un faisceau de rayons parallèles est incident sur une lentille convergente, les rayons émergents se rencontrent en un point appelé foyer image (figure ci-dessous, à gauche). Aux deux faces courbes de la lentille, chaque rayon obéit à la loi de la réfraction, en tenant compte de la normale aux différents points d'incidence. Si le faisceau de rayons parallèles est incident sur une lentille divergente, les rayons émergents — comme son nom l'indique — divergent et ne se rencontreront jamais. Or, les prolongements des rayons émergents se croisent en un point (figure ci-dessous, à droite). Encore là, les rayons respectent la loi de la réfraction à chaque face de la lentille.

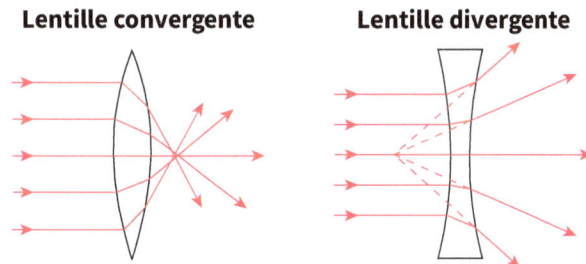

Lentille convergente   **Lentille divergente**

1.4.3 Progression des systèmes optiques

Dans les prochains chapitres, nous allons explorer différents systèmes optiques, tant sur le plan de la propagation de la lumière que sur le plan de la formation d'images (nous définissons la notion d'imagerie à la section 1.5). En commençant avec l'étude du miroir plan, nous examinerons chacun de ces systèmes dans un ordre tel que le degré de complexité du système suivant sera plus grand que celui du précédent (figure 1.5).

Figure 1.5

Miroir plan   Miroir sphérique   Dioptre plan   Lame à faces parallèles   Prisme   Dioptre sphérique   Lentille

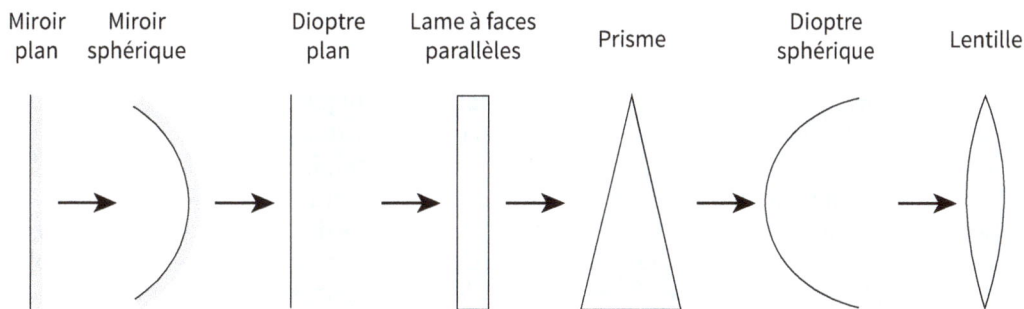

Tout au long de cet ouvrage, nous allons ajouter un niveau de complexité aux systèmes optiques pour culminer avec la lentille mince et les associations de lentilles.

Après avoir analysé le miroir plan (chapitre 2), nous nous pencherons sur le miroir sphérique, qui est un miroir auquel on ajoute une courbure (chapitre 3). Le simple ajout de cette courbure modifie notamment de manière draconienne les caractéristiques de l'image formée par le système, comparativement au miroir plan. Puis, nous explorerons les systèmes optiques basés sur la réfraction : les dioptres. Nous étudierons d'abord un seul dioptre plan (chapitre 4, section 4.2). Ensuite, nous en ajouterons un deuxième, parallèle au premier, pour former une lame à faces parallèles (chapitre 4, section 4.3). Par la suite, nous inclinerons ce deuxième dioptre par rapport au premier pour générer un prisme (chapitre 5). Puis, nous reviendrons à un seul dioptre, mais en lui ajoutant une courbure pour former un dioptre sphérique (chapitre 6). Ici encore, l'ajout de la courbure au dioptre lui confère la capacité de former des images très différentes de celles formées par un dioptre plan. Ensuite, nous juxtaposerons un deuxième dioptre sphérique au premier pour construire l'un des systèmes optiques les plus importants : la lentille mince (chapitre 7). Finalement, nous analyserons des systèmes optiques qui consistent en une succession de plusieurs dioptres ou lentilles (chapitre 8). Notons toutefois que l'étude du chapitre 8, plus complexe, reste facultative. En effet, les outils amassés dans les chapitres 1 à 7 suffisent pour analyser n'importe quel système optique dans le cadre de l'optique géométrique.

1.5 Formation d'images

Les rayons lumineux provenant d'un objet peuvent entre autres aller rencontrer des obstacles ou des systèmes optiques. La lumière qui frappe les obstacles est alors plus ou moins diffusée ou absorbée, ce qui nous permet de voir les corps qui nous entourent, puisqu'ils sont éclairés. Les rayons incidents sur un système optique sont quant à eux déviés, comme ceux qui rencontrent un miroir ou un dioptre. On peut aussi concevoir des systèmes optiques plus complexes — comme des prismes, des lentilles ou des associations de lentilles telles que l'objectif d'un appareil photographique — qui font dévier les rayons lumineux à de multiples reprises. En quittant le système optique, les rayons lumineux produisent généralement une image de l'objet, c'est-à-dire une distribution lumineuse qui ressemble à l'objet.

Dans cette section, nous définissons d'abord formellement ce qu'on entend par *objet* et *image*, nous verrons ensuite qu'il existe deux catégories d'objets (réel et virtuel) et deux catégories d'images (réelle et virtuelle) et nous présenterons une convention de signes pour les distances objet et image. Puis, nous décrirons brièvement l'œil et nous explorerons la perception de la lumière par un observateur. Enfin, nous présenterons une limite importante, appelée *limite paraxiale*, dont nous nous servirons régulièrement dans de nombreux systèmes optiques, à commencer par le miroir sphérique que nous étudierons dès le chapitre 3.

1.5.1 Objet et image

Une source ponctuelle de lumière (une ampoule électrique ou une flamme de taille négligeable) est une source de rayons lumineux et constitue ce qu'on appelle un objet ponctuel réel. Les rayons lumineux émis par l'objet réel divergent, c'est-à-dire qu'ils sont de plus en plus distancés les uns des autres à mesure que l'on s'éloigne de l'objet réel (figure ci-dessous). L'objet n'est pas nécessairement une source qui crée de la lumière; il peut être un corps qui réfléchit de la lumière ambiante. Par exemple, la Lune par une nuit claire *n'émet pas* de la lumière; elle ne fait que réfléchir la lumière du Soleil. Un objet (qu'il émette de la lumière ou qu'il en réfléchisse) dont la taille n'est pas négligeable peut être considéré comme un assemblage d'objets ponctuels : chaque point de l'objet étendu constitue un objet ponctuel (figure ci-dessus).

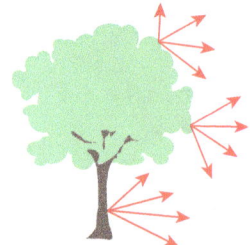

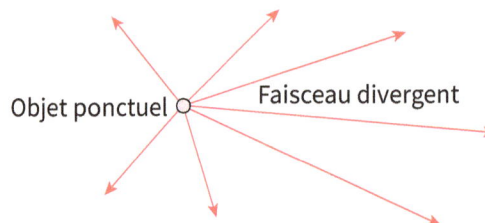

Objet ponctuel O   Faisceau divergent

On appelle les *rayons incidents* ceux qui arrivent sur un système optique alors qu'on appelle les *rayons émergents* ceux qui quittent le système optique (figure 1.6). Un rayon lumineux issu d'un objet traverse le système optique et se propage jusqu'à ce qu'il rencontre un autre rayon provenant du même endroit de l'objet, mais ayant suivi un trajet différent; ces deux rayons se rencontrent pour former une image. Formellement, on définit l'objet et l'image comme suit.

Définitions : objet et image ponctuels

Un objet est le point de rencontre des rayons incidents sur le système optique, alors que l'image est le point de rencontre des rayons émergents du système optique.

Figure 1.6

Système optique

Objet o————→————o Image

Rayons incidents   Rayons émergents

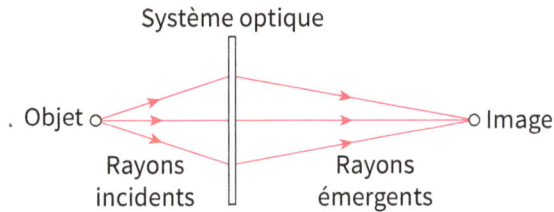

Le point de rencontre des rayons incidents définit l'objet associé à un système optique, alors que le point de rencontre des rayons émergents définit l'image formée par le système optique.

Attention!	Objet et image : des mots au sens très précis

La définition de l'objet et celle de l'image sont de la plus haute importance, puisque ces notions reviendront continuellement dans tous les chapitres qui suivent. Il est donc extrêmement important de savoir identifier l'objet et l'image pour n'importe quel système optique.

Comme dans le cas de l'objet de la figure 1.6, les rayons lumineux issus d'un objet qu'on dit réel forment un faisceau divergent et les rayons émergents qui génèrent une image dite réelle forment un faisceau convergent. Il est possible de projeter une image réelle sur un écran, comme une feuille de papier, car l'énergie lumineuse passe réellement par le point de rencontre des rayons émergents. Par exemple, le projecteur d'une salle de cinéma produit une image réelle, qui est projetée sur l'écran géant et qui peut être observée par les spectateurs. Dans plusieurs applications, on cherche à enregistrer la présence d'une image réelle, par exemple sur la pellicule d'un appareil photographique ou sur les capteurs d'un détecteur électronique. Probablement le détecteur d'images réelles le plus important pour nous est la rétine de notre œil, sur laquelle est projetée l'image formée par le système optique que constitue notre œil (nous en reparlerons plus en détail à la section 1.5.2).

Les rayons lumineux issus d'un objet virtuel forment un faisceau convergent de lumière sur le système optique. Seul un système optique peut produire un objet virtuel pour un système optique subséquent. Par exemple, sur la figure ci-dessous, les rayons convergents produits par une lentille convergente sont incidents sur un miroir plan; par conséquent, le point de rencontre des rayons incidents sur le miroir constitue un objet virtuel pour le miroir.

Image réelle projetée sur un écran

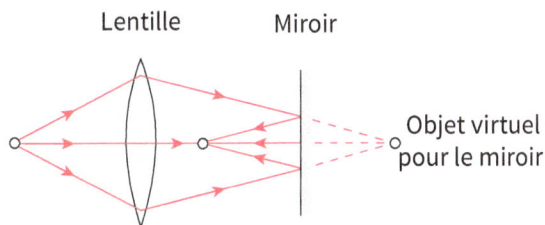

Lentille   Miroir

Objet virtuel pour le miroir

Les rayons émergents qui génèrent une image virtuelle forment un faisceau divergent de lumière. Puisque des rayons émergents divergents ne peuvent jamais se rencontrer, ce sont leurs prolongements qui se rencontrent; le point de rencontre de ces prolongements des rayons émergents forme une image qu'on qualifie de virtuelle. Il est capital de constater qu'il n'y a pas réellement de lumière là où se forme une image virtuelle (les prolongements des rayons sont en quelque sorte des « rayons virtuels »). Contrairement à l'image réelle, il est impossible de capter une image virtuelle sur un écran ou sur un détecteur, puisque les rayons de lumière ne passent pas réellement par la position de l'image virtuelle. L'image de votre visage produite par un miroir plan, comme celui de la salle de bains, est un bon exemple d'image virtuelle : tandis que les rayons émergents (les rayons réfléchis) sont du même côté que les rayons incidents, l'image de votre visage est derrière le miroir, là où aucune lumière ne peut se rendre.

Ainsi, on distingue deux natures pour les objets et les images : les natures réelle et virtuelle. On peut systématiquement reconnaitre la nature des objets et des images en analysant la convergence ou la divergence des rayons incidents et émergents (figure 1.7) :

Nature des objets et des images

Les rayons incidents divergent d'un objet réel (OR) alors qu'ils convergent vers un objet virtuel (OV). Les rayons émergents d'un système optique convergent sur une image réelle (IR) alors qu'ils divergent d'une image virtuelle (IV).

Figure 1.7

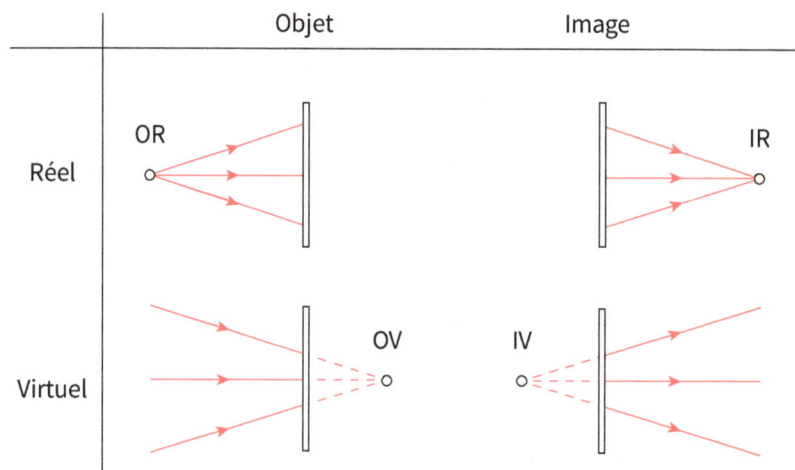

La nature des objets et des images dépend de la convergence ou de la divergence des rayons incidents sur le système optique et de ceux émergeant de lui.

Dans des schémas de tracé de rayons comme ceux de la figure 1.7, les rayons lumineux sont représentés par des traits pleins et le sens de propagation de la lumière est indiqué avec des têtes de flèche. Les prolongements de rayons sont quant à eux représentés par des lignées tiretées et ne comportent aucune flèche.

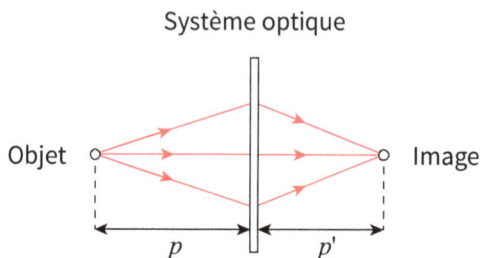

Pour localiser l'objet et l'image, on mesure la distance de l'objet et de l'image par rapport au système optique. La distance objet est notée p, alors que la distance image est notée p' (figure précédente). Pour que l'ensemble des relations qui seront établies dans cet ouvrage soient valides pour les différentes situations qui peuvent se présenter, il devient très utile d'introduire une convention de signes pour les distances objet et image, selon la nature des objets et des images :

Distance objet et distance image

Convention de signes 1.1	Distances objet et image

La distance objet p est positive si l'objet est réel et elle est négative si l'objet est virtuel. La distance image p' est positive si l'image est réelle et elle est négative si l'image est virtuelle.

Testez votre compréhension 1.3	Distances objet et image

Considérons un élément optique (E) qui fait dévier des rayons lumineux, comme l'illustre la figure ci-dessous. On considère que « 1 carreau = 1 cm ». Quelles sont les distances objet et image? Quelles sont la nature de l'objet et celle de l'image? Justifiez vos réponses.

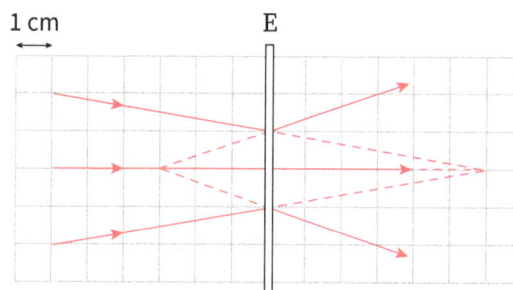

Il n'est pas rare que la lumière doive traverser une succession d'éléments optiques. On n'a qu'à penser à la lumière voyageant dans l'objectif d'un appareil photographique et qui traverse plusieurs lentilles consécutives (voir la figure ci-dessous). Même l'œil peut être considéré optiquement comme une succession d'éléments optiques. En principe, il est relativement facile de traiter ces systèmes complexes : il s'agit d'analyser un élément optique à la fois. Pour illustrer le propos, considérons un objet réel O_1 placé devant un système de deux éléments optiques (figure 1.8). L'image I_1 formée par l'élément E_1 devient l'objet O_2 pour l'élément E_2. En effet, les rayons qui émergent de l'élément E_1 et qui se rencontrent au point I_1 continuent de se propager en ligne droite jusqu'à ce qu'ils soient incidents sur l'élément E_2. Autrement dit, l'image I_1 (le point de rencontre des rayons émergents de l'élément E_1) et l'objet O_2 (le point de rencontre des rayons incidents sur l'élément E_2) correspondent au *même* point. On peut aussi tirer cette conclusion avec le raisonnement suivant : les rayons lumineux que reçoit l'élément E_2 semblent tous provenir de l'image I_1; ainsi, du point de vue de l'élément E_2, la situation est exactement la même que s'il n'y avait pas l'élément E_1 et qu'un objet O_2 était placé à la position de l'image I_1.

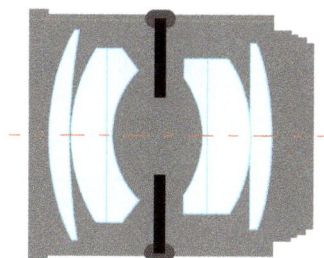

Figure 1.8

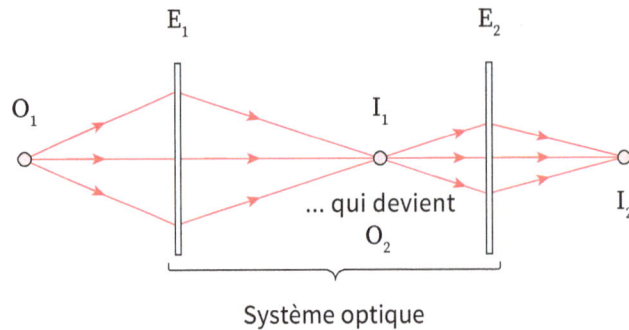

L'image formée par le premier élément d'un système optique joue le rôle d'objet pour le deuxième élément du système.

En généralisant cette approche, on peut affirmer :

Système constitué de plusieurs éléments

L'image formée par un élément optique devient l'objet pour l'élément optique suivant.

Les rayons émergeant du dernier élément du système optique se rencontrent en un point qui définit l'image finale formée par le système optique pris dans son ensemble.

Attention! | Objet et image ne sont pas synonymes de distance objet et distance image

Le fait que l'image formée par un premier élément optique devienne l'objet pour un deuxième élément optique *ne signifie pas* que la distance image p_1' pour le premier élément est égale à la distance objet p_2 pour le deuxième. Pour trouver la relation correcte entre p_2 et p_1', il faut faire un schéma clair de la situation et établir géométriquement cette relation.

Testez votre compréhension 1.4 | Système de deux éléments optiques

Considérons deux éléments optiques (E_1 et E_2) en cascade qui font dévier des rayons lumineux, comme l'illustre la figure ci-dessous (« 1 carreau = 1 cm »).

a) Quelles sont la distance objet p_1 et la distance image p_1' pour l'élément E_1 ?

b) Quelles sont la distance objet p_2 et la distance image p_2' pour l'élément E_2 ?

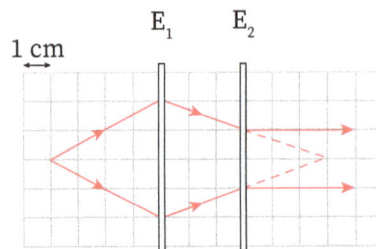

À première vue, il peut paraitre contradictoire de dire que l'on peut voir ou photographier une image virtuelle, comme notre reflet dans un miroir plan, alors qu'une image virtuelle ne peut pas être projetée sur un écran, sur un détecteur ou sur la rétine. Il faut se rendre compte que l'image virtuelle produite par le miroir plan joue le rôle de l'objet pour l'élément optique que constitue l'œil ou l'objectif de l'appareil photographique. Ainsi, l'œil ou l'appareil photo produit une image réelle qui, elle, peut être projetée sur la rétine de l'œil ou sur la pellicule de l'appareil photo (figure ci-dessous). Lorsqu'une image est observée ou enregistrée, il faut donc être conscient que l'observateur possède l'ultime élément optique qui produit l'image finale — réelle — qui peut être détectée ou enregistrée.

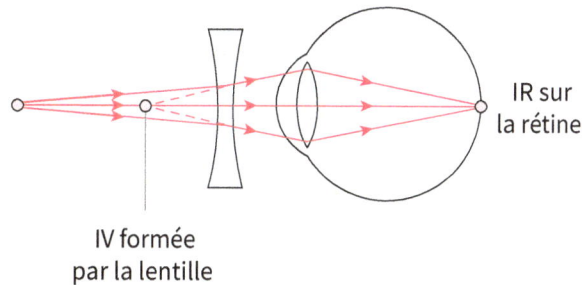

IR sur la rétine

IV formée par la lentille

Exemple 1.4 Système de trois éléments optiques

L'emplacement de l'objet ou de l'image de trois éléments optiques E_1, E_2 et E_3 successifs est indiqué sur la figure ci-dessous. Construisez d'abord deux rayons lumineux voyageant de gauche à droite en respectant les données (les rayons incidents et émergents sont tracés en traits pleins fléchés tandis que les prolongements le sont en pointillés sans flèche). Déterminez la nature de l'objet et celle de l'image pour chaque élément.

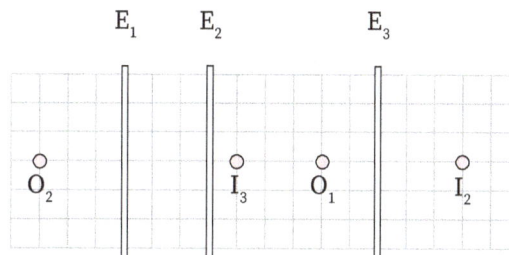

Solution

Pour réaliser le tracé de rayons demandé, il est préférable de considérer un seul élément optique à la fois. Considérons d'abord l'élément E_1. On connait la position de l'objet O_1 : les rayons incidents sur E_1 doivent donc se diriger vers O_1. Or, l'élément E_1 fait dévier les rayons de lumière; par conséquent, derrière E_1, ce sont les prolongements des rayons incidents sur E_1 qui se rencontrent au point O_1. Le tracé de rayons commence donc comme suit :

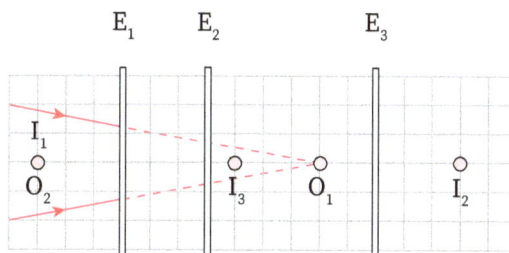

Il faut maintenant représenter les rayons émergents de l'élément E_1. Les rayons émergents se croisent au point I_1, l'image formée par E_1. Or, on ne dispose pas directement de l'information sur la position de I_1. Toutefois, on sait où se trouve l'objet O_2 pour l'élément E_2. Rappelons que l'image formée par E_1 devient l'objet pour E_2. Ainsi, le point O_2 correspond au point I_1, comme le suggère la figure précédente. Ainsi, on peut tracer les rayons émergents de E_1 (les prolongements de ces rayons se rencontrant au point I_1) à partir de là où sont rendus les rayons lumineux dans le plan de l'élément E_1 :

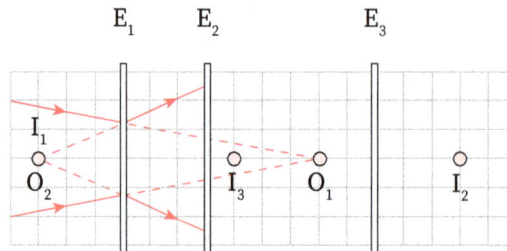

À ce stade-ci, les rayons associés à E_1 sont complétés. Nous allons désormais ignorer E_1 et nous concentrer sur E_2. Les rayons émergents de l'élément E_1 continuent en ligne droite (car le milieu entre E_1 et E_2 est homogène) jusqu'à ce qu'ils rencontrent l'élément E_2; ces rayons incidents sur E_2 proviennent bien de l'objet O_2. Il reste à tracer les rayons émergents de E_2 : ils doivent simplement se diriger vers le point I_2, l'image formée par E_2 (ce sont leurs prolongements qui se rencontrent au point I_2 au-delà de l'élément E_3). Le tracé de rayons évolue donc pour devenir :

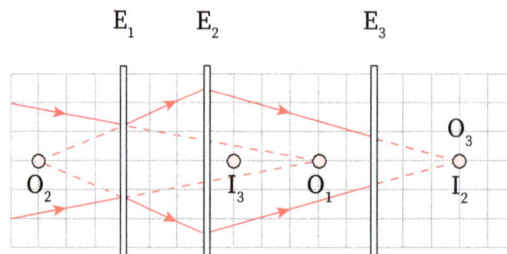

Les rayons associés à E_2 étant complétés, on ignore l'élément E_2 pour nous concentrer finalement sur l'élément E_3. Les rayons incidents sur E_3 convergent vers un point qui, par définition, correspond à O_3, l'objet pour E_3. Ceci est cohérent avec le fait que l'image formée par E_2 devient l'objet pour E_3. Il ne reste plus qu'à tracer les rayons émergents de E_3, lesquels semblent provenir du point I_3, l'image formée par E_3. Le tracé de rayons complet est donc :

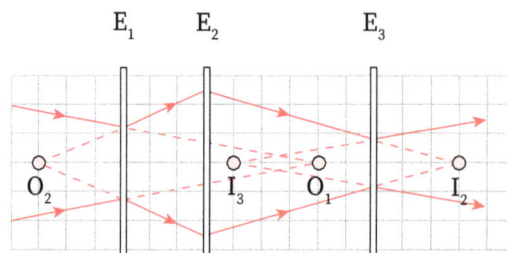

On termine en affirmant que :

- O_1 est un objet virtuel, car les rayons incidents sur E_1 sont convergents.

- I_1 est une image virtuelle, car les rayons émergents de E_1 sont divergents.

- O_2 est un objet réel, car les rayons incidents sur E_2 sont divergents.

- I_2 est une image réelle, car les rayons émergents de E_2 sont convergents.

- O_3 est un objet virtuel, car les rayons incidents sur E_3 sont convergents.

- I_3 est une image virtuelle, car les rayons émergents de E_3 sont divergents.

Exemple 1.5	Rôles et natures de différents points

Des rayons lumineux sont déviés par trois éléments optiques E_1, E_2 et E_3 successifs (voir la figure ci-dessous). Déterminez le rôle (objet ou image) et la nature (réelle ou virtuelle) de chacun des points **A**, **B** et **C** pour chaque élément optique, ainsi que les distances objet et image correspondantes.

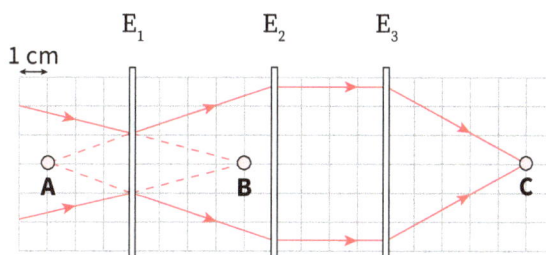

Solution

Le point **A** est le point de rencontre des rayons émergents de l'élément E_1 : ce point est donc l'image virtuelle pour E_1, car les rayons émergents de E_1 sont divergents. Le point **A** est aussi le point de rencontre des rayons incidents sur l'élément E_2 : ainsi, ce point est également l'objet réel pour E_2, car les rayons incidents sur E_2 sont divergents. (On remarque que l'image pour l'élément E_1 correspond bien à l'objet pour l'élément E_2, comme prévu.) Le point **B** est le point de rencontre des rayons incidents sur l'élément E_1 : ce point est donc l'objet virtuel pour E_1, car les rayons incidents sur E_1 sont convergents. Enfin, le point **C** est le point de rencontre des rayons émergents de l'élément E_3 : ce point est par conséquent l'image réelle pour E_3, car les rayons émergents de E_3 sont convergents. Les rayons émergents de E_2 et les rayons incidents sur E_3 sont parallèles entre eux : l'image pour E_2 ainsi que l'objet pour E_3 sont donc tous deux situés à l'infini. Les distances objet et image sont les suivantes (en respectant la convention de signes) :

$$p_1 = -4 \text{ cm} \qquad p_2 = 8 \text{ cm} \qquad p_3 = \infty \qquad p'_1 = -3 \text{ cm} \qquad p'_2 = \infty \qquad p'_3 = 5 \text{ cm}$$

1.5.2 Perception des images par l'œil

Lorsqu'on observe un objet, une petite partie de la lumière qu'il émet ou qu'il réfléchit parvient à l'œil de l'observateur. Il est important de réaliser que l'objet envoie de la lumière dans toutes les directions (ou presque, selon les conditions d'éclairage) et que ce sont uniquement les rayons qui se dirigent précisément vers l'observateur qui lui permettront de voir l'objet (figure ci-contre). Si l'observateur se déplace de côté, ce sera un autre groupe de rayons qui pénétrera dans son œil.

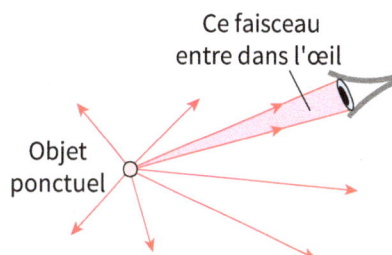

Ce faisceau entre dans l'œil

Objet ponctuel

Si le système optique est de bonne qualité, l'image d'un objet parait aussi vraie à un observateur que l'objet lui-même. Par exemple, un observateur qui vous regarde par le biais d'un miroir plan propre peut ne pas savoir qu'il regarde en fait votre reflet – c'est-à-dire votre image. C'est d'ailleurs pour cette raison que le magicien peut tirer profit des miroirs plans pour tromper l'œil de ses spectateurs… Les deux situations représentées à la figure 1.9 sont équivalentes du point de vue de l'observateur : le fait que les rayons qui pénètrent dans l'œil proviennent de l'objet ou de son image n'importe pas.

Figure 1.9

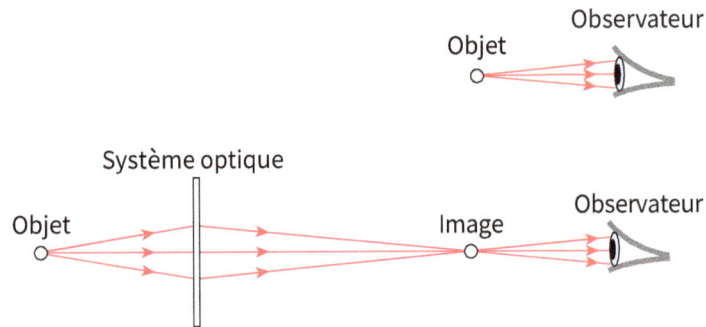

Qu'il voie l'image d'un objet ou l'objet lui-même, l'observateur perçoit la même chose puisqu'il reçoit les mêmes rayons lumineux.

L'œil L'œil est un formidable système optique, constitué entre autres de la cornée et du cristallin, qui permet globalement de produire des images projetées normalement sur la rétine – l'écran situé dans le fond de l'œil (figure ci-contre). Le système de focalisation de l'œil a une géométrie variable (principalement le cristallin) qui lui permet de produire des images nettes d'objets situés à différentes distances de l'œil. L'intervalle de positions objet devant l'œil qui engendrent une vision nette est désigné sous le nom de *domaine de vision distincte* et, à l'œil nu, il s'étend de la position du point appelé *punctum proximum* (point rapproché, en latin) jusqu'à la position du *punctum remotum* (point éloigné, en latin). Pour un œil normal et standardisé, le punctum proximum est situé à 25 cm, alors que le punctum remotum est situé à l'infini.

Domaine de vision distincte

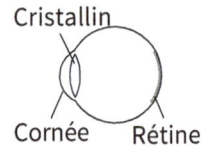

Ce qui distingue une vision nette d'une vision floue est la position de l'image dans l'œil : si l'image est exactement sur la rétine, l'image que le cerveau a à interpréter est nette, alors que si l'image est devant ou derrière la rétine, l'image est floue. Si l'objet est plus près de l'œil que le punctum proximum, l'image de l'objet est formée derrière la rétine, et ce, même si le cristallin est bombé au maximum (1re rangée de la figure 1.10) : la tache de lumière est la rétine donne une vision floue car aucune image nette ne peut être interprétée par le cerveau. Si l'objet est situé au punctum proximum, le cristallin doit être bombé au maximum (les muscles ciliaires ont alors une action maximale) pour obtenir une image nette située sur la rétine (2e rangée de la figure 1.10). C'est la distance objet la plus petite engendrant une vision nette; néanmoins, l'effort d'accommodation requis est très fatigant et ne peut être maintenu que sur une courte période de temps. Si l'objet est entre le punctum proximum et le punctum remotum (ce dernier étant normalement situé à l'infini), le cristallin doit être moins bombé que dans le cas précédent pour former une image sur la rétine (3e rangée de la figure 1.10). Si l'objet est à l'infini (en pratique, très éloigné comme une montagne au loin ou une étoile), les rayons qui pénètrent dans l'œil sont quasi parallèles entre eux et le cristallin doit être bombé au minimum (les muscles ciliaires sont alors relâchés) pour obtenir une vision nette (4e rangée de la figure 1.10); l'absence d'effort d'accommodation implique que la vision nette peut se faire sans fatigue oculaire. Enfin, si les rayons pénétrant dans l'œil sont convergents (ces rayons peuvent être engendrés au préalable par un système optique comme une lentille convergente qui produit un objet virtuel pour l'œil), l'image est formée devant la rétine, même si le cristallin est bombé au minimum; il en résulte une vision brouillée (5e rangée de la figure 1.10).

Figure 1.10

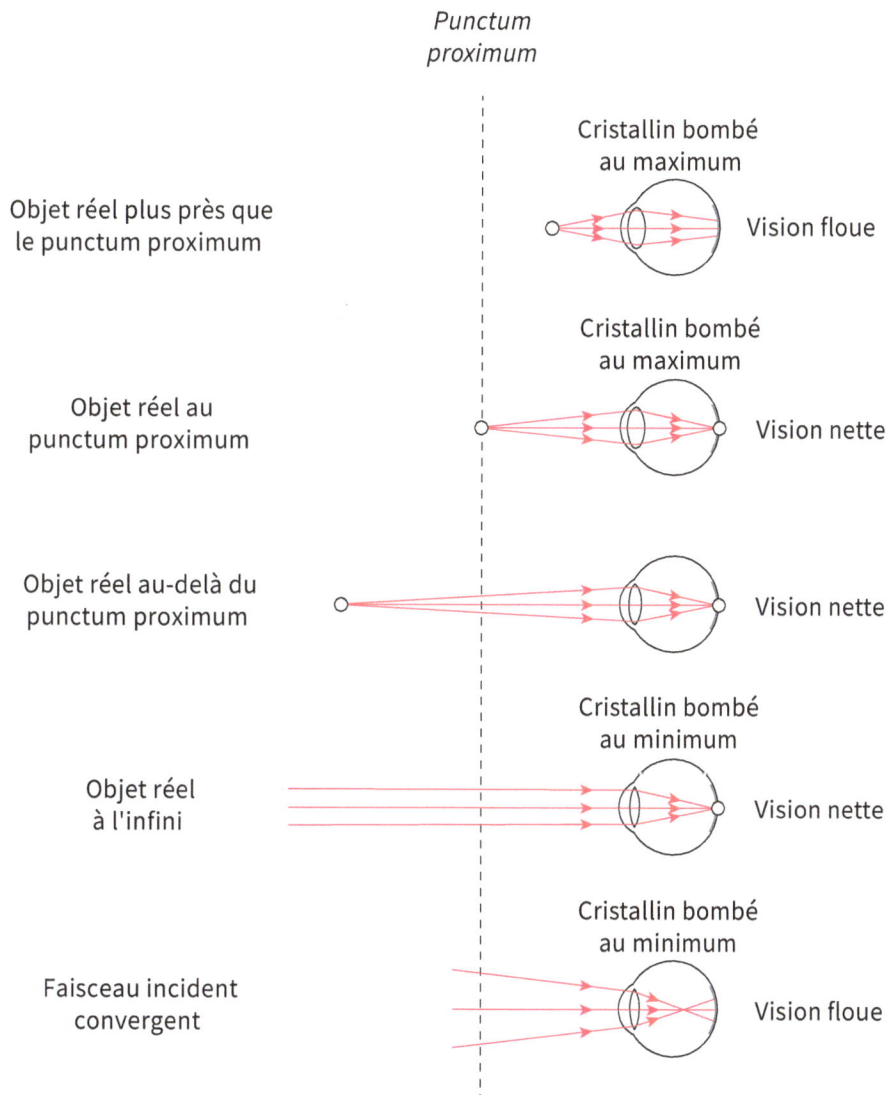

La vision d'un œil normal dépend de la position de l'objet. (Les distances ne sont pas à l'échelle.)

1.5.3 Limite de l'optique paraxiale

L'imagerie est directement liée à la notion de stigmatisme. On dit d'un système optique qu'il est stigmatique si, d'un objet ponctuel, il produit une image ponctuelle (voir la figure 1.6). Dans un tel cas, on parle de stigmatisme rigoureux. Certains systèmes sont rigoureusement stigmatiques pour tout point (c'est le cas du miroir plan), mais le stigmatisme rigoureux est rare en pratique. Dans certaines conditions, les systèmes optiques couramment utilisés, comme les miroirs sphériques et les lentilles minces, font correspondre à un point objet une tache image

Stigmatisme

Points
conjugués

presque ponctuelle; dans ce cas-ci, on parle de stigmatisme approché. Si, pour un système optique donné, A est l'objet et A' est l'image, alors on dit que A et A' sont deux points *conjugués* par rapport au système optique (que le stigmatisme soit rigoureux ou approché). D'ailleurs, toute relation entre les positions de A et A' par rapport au système optique est appelée *équation de conjugaison*.

En optique géométrique, la limite paraxiale est très importante, car il arrive très souvent que ce soit seulement dans cette limite qu'on réussisse à obtenir un stigmatisme approché satisfaisant. Pour aborder la limite paraxiale, il importe de définir ce qu'on entend par axe optique (figure ci-dessous) :

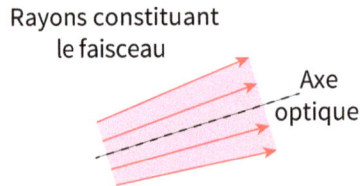

Définition :
axe optique

L'axe optique est l'axe moyen du groupe de rayons qui forment un faisceau de lumière.

On le constate, l'axe optique appartient au faisceau de lumière et non à un système optique. Le faisceau étant formé de plusieurs rayons, chacun d'entre eux fait un angle plus ou moins grand par rapport à l'axe optique. Le rayon central est confondu avec l'axe optique (par définition) et fait donc un angle nul avec l'axe optique. À l'opposé, le rayon le plus éloigné de l'axe optique (appelé le rayon marginal) forme avec lui l'angle le plus grand, noté α sur la figure ci-contre.

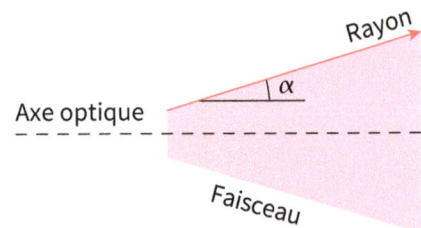

Rayon paraxial

La limite paraxiale consiste à se contenter de faisceaux dont l'angle maximal des rayons du faisceau par rapport à l'axe optique (l'angle α) est suffisamment petit. Il est généralement accepté qu'un angle puisse être considéré « suffisamment petit » s'il est inférieur à 10°. Lorsque l'angle α est petit, on dit que le faisceau est paraxial et que les rayons qui constituent le faisceau sont des rayons paraxiaux.

Lorsqu'on envoie un faisceau sur un système optique, le faisceau peut arriver à incidence oblique. Sur la figure ci-dessous, l'axe optique du faisceau incident fait un angle θ avec la normale au sommet du système optique. Définissons ce qu'on entend par sommet d'un système optique.

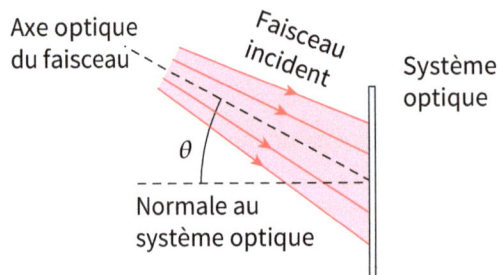

Définition :
sommet d'un
système optique

Le sommet d'un système optique est le point de rencontre de l'axe optique du faisceau avec la surface du système optique.

On constate que le sommet d'un système n'est pas une caractéristique propre du système, car elle dépend de l'axe optique du faisceau incident sur lui.

Il est crucial de distinguer l'angle α (l'angle que font les rayons marginaux par rapport à l'axe optique) et l'angle θ (l'angle d'incidence de l'axe optique du faisceau par rapport à la normale au sommet du système optique). Un faisceau peut donc être paraxial même si θ est très grand; il suffit que α soit inférieur à 10° pour que le faisceau soit paraxial.

Sauf dans le cas du miroir plan, l'étude de la formation d'images avec des faisceaux incidents dont l'axe optique fait un angle non nul avec la normale au sommet du système optique est plus complexe et fait généralement intervenir des aberrations telles que l'*astigmatisme des faisceaux obliques*. Dans tout cet ouvrage, lorsque nous cherchons à déterminer et à caractériser l'image produite par un système optique, nous nous limiterons (sauf dans le cas du miroir plan) à l'analyse de faisceaux arrivant sur les systèmes optiques à incidence normale (figure ci-dessous) ou quasi normale, c'est-à-dire lorsque l'angle θ est nul ou très petit, de l'ordre de quelques degrés seulement.

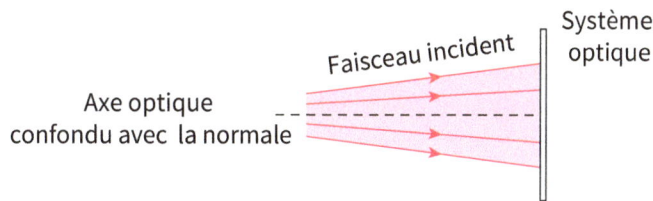

Pour pouvoir appliquer l'approximation paraxiale, il est nécessaire que la largeur du faisceau incident sur le système optique soit faible par rapport aux dimensions caractéristiques du système. En effet, même si le faisceau incident sur le système optique est paraxial, il peut arriver que le faisceau émergeant du système soit quant à lui non paraxial, si le système est particulièrement convergent ou divergent (figure 1.11). En pratique, on ne considérera donc que des rayons lumineux qui font un petit angle avec l'axe optique et qui ont une hauteur relativement faible par rapport à l'axe optique.

Figure 1.11

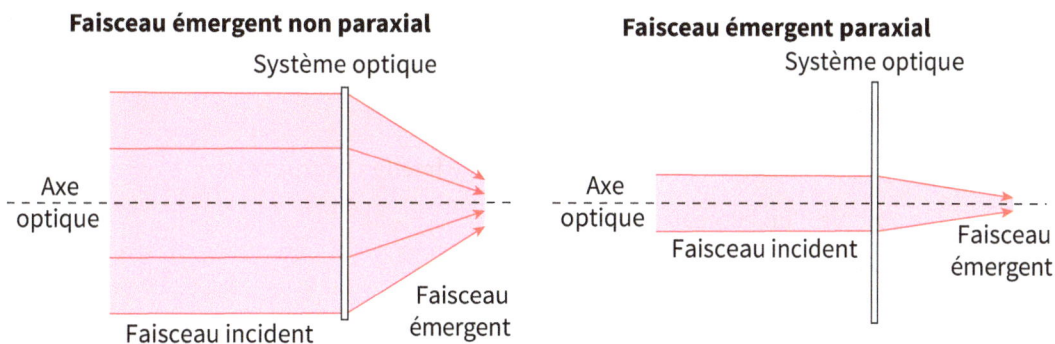

Un faisceau est paraxial dans tout le système optique si l'angle et la hauteur, par rapport à l'axe optique, de tous les rayons se propageant dans le système sont petits.

Dans la pratique, si le faisceau incident est large, on peut bloquer l'accès des rayons non paraxiaux au système optique. En effet, si la dimension transversale du système optique est faible ou si un diaphragme bloque les rayons incidents éloignés de l'axe optique, alors seuls des rayons paraxiaux émergeront du système optique (figure 1.12). Dans l'un ou l'autre des cas, l'approximation paraxiale sera donc vérifiée et la qualité des images formées par le système optique sera améliorée.

Figure 1.12

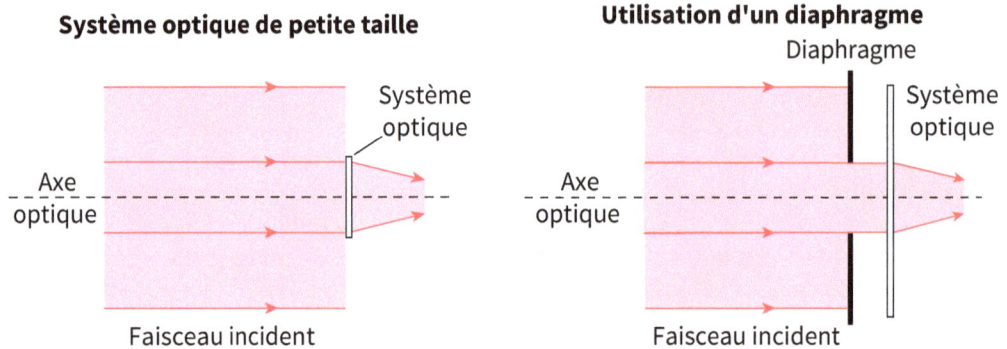

Système optique de petite taille

Système optique

Axe optique

Faisceau incident

Utilisation d'un diaphragme

Diaphragme

Système optique

Axe optique

Faisceau incident

Seuls des rayons paraxiaux sont impliqués dans un système optique si ce dernier a une petite taille ou si on place un diaphragme pour bloquer la propagation des rayons non paraxiaux ou qui peuvent le devenir après leur passage dans le système.

Révision

L'objectif global de ce chapitre est d'être en mesure d'utiliser les concepts d'objet et d'image pour analyser des schémas illustrant la propagation de la lumière dans un système optique comportant un ou plusieurs éléments. Spécifiquement, vous devriez être capable de répondre aux questions suivantes, ce qui vous permettra de vérifier que vous avez atteint les objectifs pédagogiques de ce chapitre.

Pouvez-vous définir :

- l'indice de réfraction d'une substance?
- le concept de rayon lumineux?
- les angles d'incidence, de réflexion et de réfraction?
- le plan d'incidence?
- la notion de système optique?
- les concepts d'objet (réel et virtuel) et d'image (réelle et virtuelle)?
- l'axe optique d'un faisceau de lumière?
- l'approximation paraxiale?

Connaissez-vous :

- la valeur (approximative) de la vitesse de la lumière dans le vide?
- les principes de l'optique géométrique?
- la loi de la réflexion?
- la loi de la réfraction?
- le principe de Fermat?
- le principe de réversibilité (loi du retour inverse)?
- la convention de signes associée aux distances objet et image?

Êtes-vous en mesure de :

- calculer la durée du trajet de la lumière à partir de la distance qu'elle parcourt?

- déterminer, sur un schéma illustrant le trajet de la lumière dans un système optique, le rôle et la nature d'un point par rapport à un élément optique donné?

- construire correctement des rayons lumineux et leurs prolongements sur un schéma montrant des éléments optiques et les objets et les images qui leur correspondent?

- utiliser le fait que l'image formée par un élément optique devient l'objet pour le suivant?

Légende :

« Définir » : vous devez être en mesure de donner un énoncé à l'aide de mots seulement.
« Connaitre » : vous devez connaitre par cœur le concept ou le principe.
« En mesure de » : vous devez être capable de faire les exemples, exercices et problèmes en lien avec cet objectif.

Questions

Q1.   Comment définit-on l'indice de réfraction d'une substance transparente?

Q2.   Vrai ou faux? Dans certaines situations, la vitesse de la lumière dans un matériau transparent peut être supérieure à la vitesse de la lumière dans le vide.

Q3.   Calculez la vitesse de propagation de la lumière dans le diamant ($n = 2,42$).

Q4.   Énoncez en mots le principe de Fermat.

Q5.   La lumière se propage-t-elle toujours en ligne droite?

Q6.   Définissez ce qu'est un système optique.

Q7.   Dans le contexte de l'optique géométrique, définissez les mots suivants : (a) objet; (b) image.

Q8.   Comment qualifie-t-on les rayons incidents qui définissent (a) un objet *réel*; (b) un objet *virtuel*?

Q9.   Comment qualifie-t-on les rayons émergents qui définissent (a) une image *réelle*; (b) une image *virtuelle*?

Q10.   L'image formée sur la rétine de l'œil doit être réelle. Comment se fait-il que l'on puisse observer une image qui est virtuelle (comme celle formée par le miroir plan d'une salle de bains)?

Q11.   À l'aide d'un écran, comment peut-on vérifier si une image est réelle ou virtuelle?

Q12.   Faites le schéma d'une situation dans laquelle l'image réelle formée par un premier élément optique devient un objet virtuel pour un deuxième.

Q13.   Lorsqu'il regarde un objet à travers une lentille (des verres correcteurs, par exemple), un observateur a-t-il l'impression que la lumière provient directement de l'objet? Expliquez.

Q14.   Définissez en mots le *punctum proximum* et le *punctum remotum* d'une personne.

Exercices

1.1 Lumière et matière

E1.	Sachant que la distance entre la Terre et le Soleil est de $1,5 \times 10^{11}$ m, combien de temps (en minutes) met la lumière du Soleil à nous parvenir? Rappelons que la vitesse est définie comme étant la distance parcourue divisée par le temps requis pour parcourir cette distance.

E2.	Une année-lumière (a.l.) est une unité de longueur, souvent utilisée en astronomie, qui correspond à la distance parcourue par la lumière dans le vide en une année.

   a)	À combien de mètres une a.l. correspond-elle?

   b)	La galaxie d'Andromède est située à environ 2,55 millions d'années-lumière du Soleil. À combien de kilomètres est-elle située du Soleil?

E3.	Par une nuit noire de 1638, Galilée et un assistant, chacun muni d'une lanterne, se placèrent à une distance de 1 km l'un de l'autre. Galilée dévoila sa lanterne durant un court instant; lorsqu'il aperçut le signal lumineux de Galilée, l'assistant renvoya un signal identique.

   a)	En négligeant le temps de réaction de l'assistant, quel est l'intervalle de temps écoulé pour pour que le signal lumineux effectue l'aller-retour?

   b)	Si le temps de réaction est généralement de l'ordre de 0,1 seconde, expliquez pourquoi cette expérience ne permet pas une mesure concluante de la vitesse de la lumière.

E4.	La dispersion est le phénomène selon lequel la vitesse de propagation de la lumière dans un milieu transparent est différente pour toutes les couleurs. Si les indices de réfraction d'un certain type de verre sont $n_V = 1,54$ pour le violet et $n_R = 1,52$ pour le rouge, quelles sont les vitesses de la lumière pour chacune de ces couleurs dans ce verre?

E5.	Une lame de microscope a une épaisseur de 1 mm et un indice de réfraction de 1,49. Si un rayon laser arrive à incidence normale sur cette lame, quelle est la durée du trajet de la lumière dans la lame?

1.3 Principe de Fermat

E6.	Pour aller du point **A** au point **B** dans un milieu homogène, on utilise trois trajets différents (voir la figure ci-dessous). Le trajet 1 est composé de deux segments de droite perpendiculaires, le trajet 2 est une ligne droite et le trajet 3 est une trajectoire en forme de quart de cercle dont le centre de courbure est situé au point **C**. On considère que « 1 carreau = 1 m ».

   a)	Quelle est la longueur en mètres de chacun des trajets? On rappelle que la circonférence d'un cercle de rayon R vaut $2\pi R$.

   b)	En allant à la vitesse de la lumière dans le vide, déterminez la durée de chaque trajet. Quel trajet correspond à la durée la plus courte?

   c)	D'après le principe de Fermat, quel trajet la lumière emprunterait-elle pour aller du point **A** au point **B**?

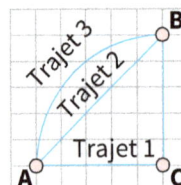

E7. Pour aller du point **A** au point **B** dans un milieu homogène, on utilise trois trajets différents (voir la figure ci-dessous). Tous les trajets sont composés de deux segments de droite : les trajets 1, 2 et 3 passent par les points **C**, **D** et **E**, respectivement. On considère que « 1 carreau = 1 m ».

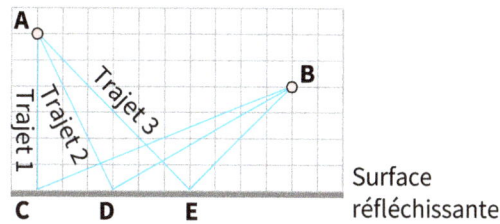

a) Quelle est la longueur de chacun des trajets?

b) En allant à la vitesse de la lumière dans le vide, déterminez la durée de chaque trajet. Quel trajet correspond à la durée la plus courte?

c) D'après le principe de Fermat, quel trajet la lumière emprunterait-elle pour aller du point **A** au point **B**?

d) Quels sont les angles d'incidence et de réflexion d'un rayon lumineux qui emprunte le trajet permis selon le principe de Fermat? Les angles obtenus sont-ils en accord avec la loi de réflexion?

E8. Pour aller du point **A** au point **B** en traversant la surface plane qui sépare deux milieux homogènes transparents d'indices de réfraction différents, on utilise trois trajets différents (voir la figure ci-dessous). L'indice de réfraction du milieu où se trouve le point **A** est $n_i = 1$ (i pour incident) et celui du milieu où se trouve le point **B** est $n_r = 1{,}58$ (r pour réfracté). Les trajets 1 et 3 sont composés de deux segments de droite et ils passent par les points **C** et **E**, respectivement. Le trajet 2 est une ligne droite passant par le point **D**. On considère que « 1 carreau = 1 m ».

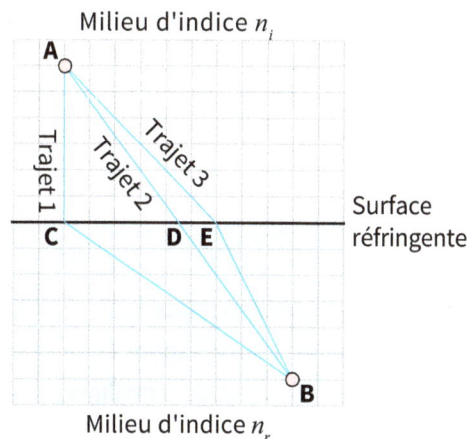

a) Quelle est la vitesse de propagation de la lumière dans chacun des deux milieux?

b) En allant à la vitesse de la lumière (différente dans chaque milieu), déterminez la durée de chaque trajet pris dans son ensemble. Quel trajet correspond à la durée la plus courte?

c) D'après le principe de Fermat, quel trajet la lumière emprunterait-elle pour aller du point **A** au point **B**?

d) Quels sont l'angle d'incidence θ_i et l'angle de réfraction θ_r d'un rayon de lumière qui emprunte le trajet permis selon le principe de Fermat? Les angles obtenus sont-ils en accord avec la loi de Snell–Descartes $n_i \sin\theta_i = n_r \sin\theta_r$?

1.5 Formation d'images

E9. Une lentille divergente fait dévier des rayons lumineux (voir la figure ci-dessous).

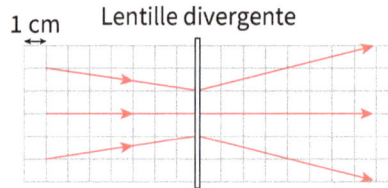

1 cm — Lentille divergente

a) Construisez les prolongements des rayons incidents et émergents, puis localisez l'objet et l'image.

b) Quelles sont les distances objet et image?

c) Quelles sont la nature de l'objet et celle de l'image? Justifiez vos réponses.

E10. Un miroir courbe forme l'image d'un objet (voir la figure ci-dessous). La lumière incidente sur le miroir se propage de gauche à droite et celle réfléchie par le miroir, de droite à gauche.

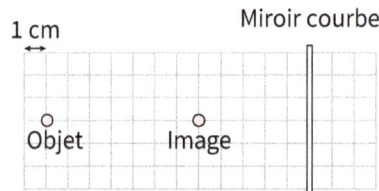

1 cm — Miroir courbe — Objet — Image

a) Quelles sont les distances objet et image?

b) Construisez des rayons incidents sur le miroir et les rayons réfléchis correspondants.

c) Quelles sont la nature de l'objet et celle de l'image? Justifiez vos réponses.

E11. Un miroir plan forme une image (voir la figure ci-dessous). La lumière réfléchie par le miroir se propage de droite à gauche.

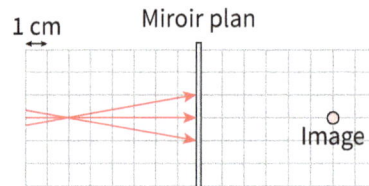

1 cm — Miroir plan — Image

a) Quelles sont les distances objet et image?

b) Construisez les rayons réfléchis correspondant aux rayons incidents illustrés.

c) Quelles sont la nature de l'objet et celle de l'image? Justifiez vos réponses.

E12. Des rayons lumineux émergent d'une lentille (voir la figure ci-dessous). La lumière incidente sur la lentille se propage de gauche à droite.

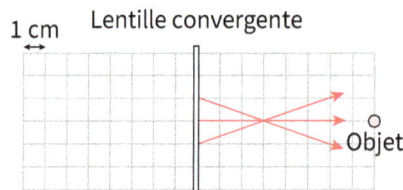

1 cm — Lentille convergente — Objet

a) Quelles sont les distances objet et image?

b) Construisez les rayons incidents correspondant aux rayons émergents illustrés.

c) Quelles sont la nature de l'objet et celle de l'image? Justifiez vos réponses.

E13. Des rayons lumineux émergent d'un dioptre (voir la figure ci-dessous). La lumière incidente sur le dioptre se propage de gauche à droite.

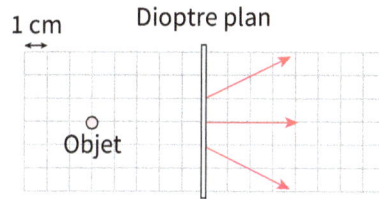

1 cm — Dioptre plan — Objet

a) Quelles sont les distances objet et image?

b) Construisez les rayons incidents correspondant aux rayons émergents illustrés.

c) Quelles sont la nature de l'objet et celle de l'image? Justifiez vos réponses.

E14. Un miroir courbe forme une image (voir la figure ci-dessous). La lumière réfléchie par le miroir se propage de droite à gauche.

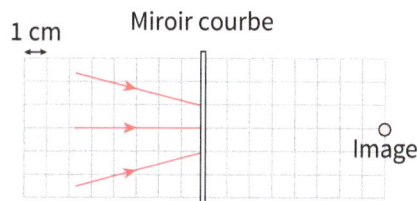

1 cm — Miroir courbe — Image

a) Quelles sont les distances objet et image?

b) Construisez les rayons réfléchis correspondant aux rayons incidents illustrés.

c) Quelles sont la nature de l'objet et celle de l'image? Justifiez vos réponses.

E15. Un philatéliste observe un timbre avec une loupe. Le timbre est à une distance $p_1 = 5$ cm de la loupe et forme une image à $p_1' = -40$ cm. Le philatéliste place son œil à 10 cm de la loupe.

a) Schématisez cette situation.

b) Quelle est la nature de l'objet pour l'œil du philatéliste?

c) Quelle est la distance objet pour l'œil?

E16. Les lunettes d'une personne hypermétrope forment d'un objet réel situé à 5 m une image réelle située à 36 cm des lunettes. La distance entre les lunettes et l'œil est de 2 cm.

a) Faites le schéma de la situation.

b) Déterminez la nature de l'objet pour l'œil.

c) Déterminez la distance objet pour l'œil.

Problèmes

P1. Des rayons lumineux sont déviés par trois éléments optiques E_1, E_2 et E_3 successifs (voir les schémas ci-dessous). Déterminez d'abord le rôle (objet ou image) et la nature (réelle ou virtuelle) de chacun des points **A**, **B**, **C** et **D** (s'il y a lieu) pour chaque élément optique. Déterminez ensuite les distances objet (p_1, p_2 et p_3) et image (p_1', p_2' et p_3') pour chaque élément optique, en respectant la convention de signes.

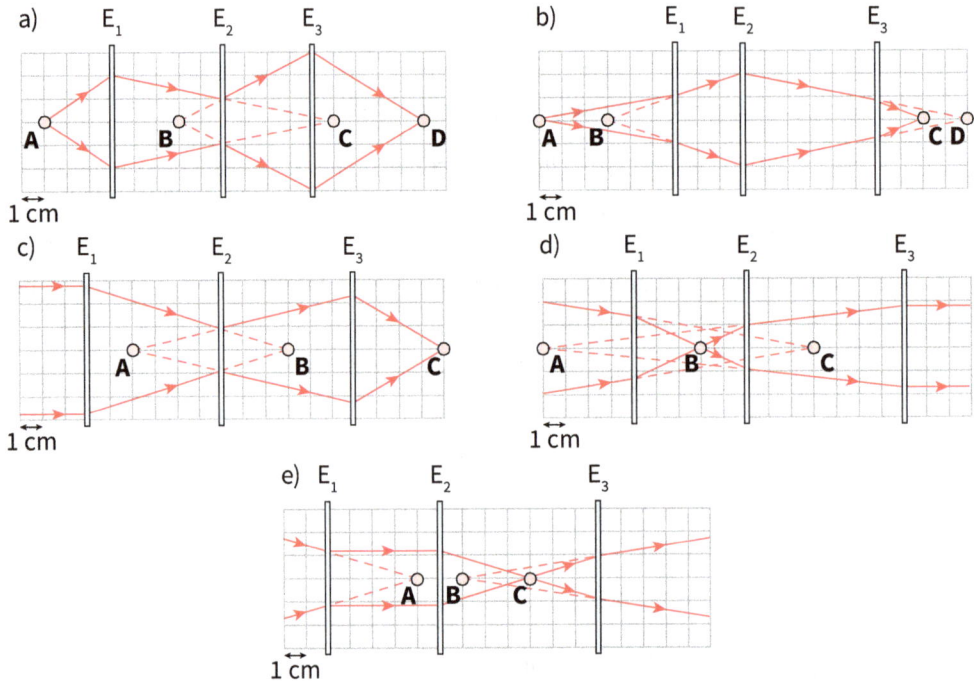

P2. L'emplacement de l'objet ou de l'image de trois éléments optiques E_1, E_2 et E_3 successifs est indiqué sur les schémas ci-dessous. Construisez d'abord deux rayons lumineux voyageant de gauche à droite en respectant les données (les rayons incidents et émergents sont tracés en traits pleins fléchés tandis que les prolongements le sont en pointillés sans flèche). Déterminez la nature de l'objet et celle de l'image pour chaque élément.

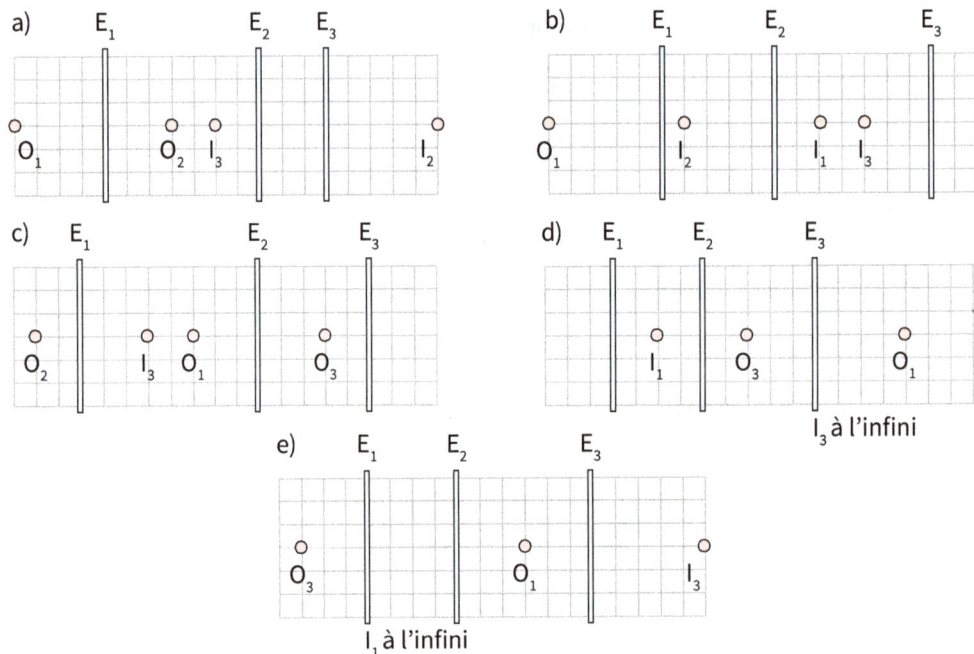

Réponses aux Tests de compréhension

1.1 70°.

1.2 Si, pour passer d'un point A à un point B, la lumière emprunte le chemin qui minimise le temps de parcours, alors le trajet doit être le même (en sens inverse) pour passer du point B au point A, conformément au principe de réversibilité. Si les trajets n'étaient pas les mêmes, cela voudrait dire que l'un d'entre eux prendrait plus de temps que l'autre, ce qui contredit le principe de Fermat.

1.3 $p = -6$ cm (objet virtuel) et $p' = -3$ cm (image virtuelle) : les prolongements des rayons incidents se croisent à 6 cm *derrière* le système optique, tandis que les prolongements des rayons émergents se croisent à 3 cm *devant* le système optique. L'objet est virtuel car les rayons incidents sont convergents, alors que l'image est virtuelle car les rayons émergents sont divergents.

1.4 (a) $p_1 = 4$ cm (objet réel pour E_1) et $p_1' = 6$ cm (image réelle pour E_1). Le point de rencontre des rayons incidents sur l'élément E_1 est 4 cm devant E_1 et le point de rencontre des rayons émergents de l'élément E_1 est 6 cm derrière E_1. (b) $p_2 = -3$ cm (objet virtuel pour E_2) et p_2' = infini. Le point de rencontre des prolongements des rayons incidents sur l'élément E_2 est 3 cm *derrière* E_2 et les rayons émergents de E_2 sont parallèles entre eux (se rencontrent à l'infini).

Réponses aux Questions, aux Exercices et aux Problèmes

Questions

Q1. L'indice de réfraction d'une substance transparente est le rapport entre la vitesse de la lumière dans le vide et celle dans la substance transparente.

Q2. Faux.

Q3. $1,24 \times 10^8$ m/s.

Q4. Pour aller d'un point à un autre, la lumière emprunte toujours le chemin qui prend le moins de temps.

Q5. Non. Lorsqu'elle rencontre une surface réfléchissante ou réfringente, la lumière est en général déviée.

Q6. Un système optique est un élément capable de faire dévier les rayons lumineux. Un miroir et une lentille sont deux exemples de système optique.

Q7. (a) Un objet est le point de rencontre des rayons incidents sur un système optique. (b) Une image est le point de rencontre des rayons émergeant d'un système optique.

Q8. (a) Les rayons incidents *divergent* d'un objet réel. (b) Les rayons incidents *convergent* vers un objet virtuel.

Q9. (a) Les rayons émergents *convergent* vers une image réelle. (b) Les rayons émergents *divergent* d'une image virtuelle.

Q10. Une image virtuelle (par exemple celle produite par un miroir plan) devient l'objet pour l'œil qui, lui, produit une image *réelle* localisée sur sa rétine.

Q11. Si une image peut être projetée sur un écran, c'est que l'image est réelle; une image virtuelle ne peut pas être projetée sur un écran.

Q12. Voir le schéma ci-dessous. L'important sur ce schéma est que les rayons émergents de E_1 soient convergents et que les rayons incidents sur E_2 soient aussi convergents.

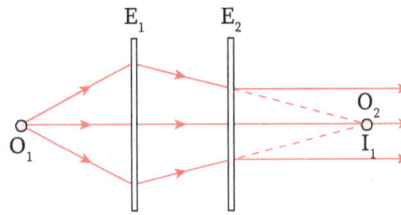

Q13. Non. L'observateur observe en fait l'*image* formée par la lentille; cette image devient l'objet pour l'œil.

Q14. Le punctum proximum est le point le plus rapproché de l'œil où peut être placé un objet pour qu'il soit vu avec netteté à l'œil nu; le punctum remotum est le point le plus éloigné de l'œil où peut être placé un objet pour qu'il soit vu distinctement à l'œil nu.

Exercices

E1. 8 minutes et 20 secondes.

E2. (a) $9{,}46 \times 10^{15}$ m (soit environ 10 000 milliards de km). (b) $2{,}41 \times 10^{19}$ km.

E3. (a) $6{,}67$ µs. (b) Le temps qui cherche à être mesuré est largement inférieur au temps de réflexe des expérimentateurs. Ainsi, l'incertitude sur la mesure est beaucoup trop grande pour que la mesure soit significative.

E4. $v_V = 1{,}95 \times 10^8$ m/s et $v_R = 1{,}97 \times 10^8$ m/s.

E5. $4{,}97 \times 10^{-12}$ s.

E6. (a) trajet 1 : 10 m; trajet 2 : 7,07 m; trajet 3 : 7,85 m. (b) trajet 1 : $3{,}33 \times 10^{-8}$ s; trajet 2 : $2{,}36 \times 10^{-8}$ s; trajet 3 : $2{,}62 \times 10^{-8}$ s. Le trajet 2 est celui qui correspond à la durée la plus courte. (c) Le trajet 2.

E7. (a) trajet 1 : 16,8 m; trajet 2 : 14,8 m; trajet 3 : 14,1 m. (b) trajet 1 : $5{,}60 \times 10^{-8}$ s; trajet 2 : $4{,}93 \times 10^{-8}$ s; trajet 3 : $4{,}70 \times 10^{-8}$ s. Le trajet 3 est celui qui correspond à la durée la plus courte. (c) Le trajet 3. (d) Les angles d'incidence et de réflexion sont tous deux de 45°; l'angle d'incidence et celui de réflexion sont égaux, conformément à la loi de la réflexion.

E8. (a) $v_i = 3{,}00 \times 10^8$ m/s et $v_r = 1{,}90 \times 10^8$ m/s. (b) trajet 1 : $7{,}69 \times 10^{-8}$ s; trajet 2 : $6{,}45 \times 10^{-8}$ s; trajet 3 : $6{,}36 \times 10^{-8}$ s. Le trajet 3 est celui qui correspond à la durée la plus courte. (c) Le trajet 3. (d) $\theta_i = 45°$ et $\theta_r = 26{,}6°$. Oui, on a $n_i \sin\theta_i = n_r \sin\theta_r$.

E9. (b) $p = -7$ cm et $p' = -4$ cm. (c) L'objet est virtuel car les rayons incidents sont convergents; l'image est virtuelle car les rayons émergents sont divergents.

E10. (a) $p = 12$ cm et $p' = 5$ cm. (c) L'objet est réel car les rayons incidents sont divergents; l'image est réelle car les rayons émergents sont convergents.

E11. (a) $p = 6$ cm et $p' = -6$ cm. (c) L'objet est réel car les rayons incidents sont divergents; l'image est virtuelle car les rayons émergents sont divergents.

E12. (a) $p = -8$ cm et $p' = 3$ cm. (c) L'objet est virtuel car les rayons incidents sont convergents; l'image est réelle car les rayons émergents sont convergents.

E13. (a) $p = 5$ cm et $p' = -2$ cm. (c) L'objet est réel car les rayons incidents sont divergents; l'image est virtuelle car les rayons émergents sont divergents.

E14. (a) $p = -4$ cm et $p' = -8$ cm. (c) L'objet est virtuel car les rayons incidents sont convergents; l'image est virtuelle car les rayons émergents sont divergents.

E15. (b) réelle. (c) 50 cm.

E16. (b) virtuelle. (c) −34 cm.

Problèmes

P1.

a) **A** : OR_1, **B** : IV_2 et OR_3, **C** : IR_1 et OV_2, **D** : IR_3.

$p_1 = 3$ cm $p'_1 = 10$ cm $p_2 = -5$ cm $p'_2 = -2$ cm $p_3 = 6$ cm $p'_3 = 5$ cm

b) **A** : OR_1, **B** : IV_1 et OR_2, **C** : IR_3, **D** : IR_2 et OV_3.

$p_1 = 6$ cm $p'_1 = -3$ cm $p_2 = 6$ cm $p'_2 = 10$ cm $p_3 = -4$ cm $p'_3 = 2$ cm

c) **A** : IV_2 et OR_3, **B** : IR_1 et OV_2, **C** : IR_3.

$p_1 = \infty$ $p'_1 = 9$ cm $p_2 = -3$ cm $p'_2 = -4$ cm $p_3 = 10$ cm $p'_3 = 4$ cm

d) **A** : IV_2 et OR_3, **B** : IR_1 et OR_2, **C** : OV_1.

$p_1 = -8$ cm $p'_1 = 3$ cm $p_2 = 2$ cm $p'_2 = -9$ cm $p_3 = 16$ cm $p'_3 = \infty$

P2.

a)
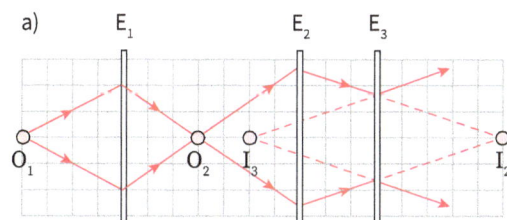

b)
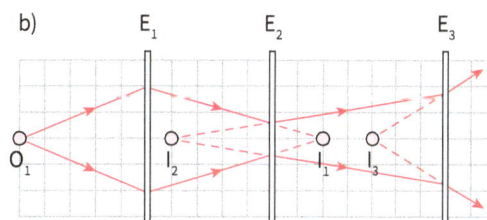

c)
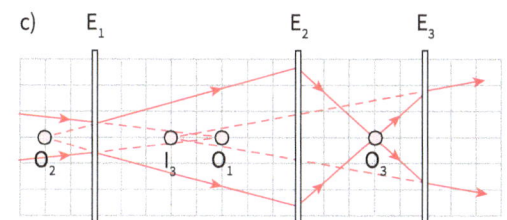

d)
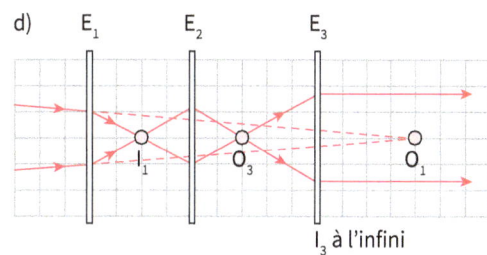

I_3 à l'infini

2 | Réflexion et miroirs plans

Cette photo montre que la surface de l'eau, lorsqu'elle est calme, peut réfléchir la lumière à la manière d'un miroir. La lumière ambiante incidente sur la montagne est réfléchie dans toutes les directions. Une partie des rayons se dirige directement vers l'observateur (le photographe) et une autre partie est réfléchie sur l'eau avant de se diriger vers l'observateur. Cette lumière réfléchie forme l'image de la montagne, d'autant plus nette que la surface de l'eau est plane (sans vaguelettes). Quelles sont les caractéristiques de l'image formée par une surface réfléchissante plane comme la surface du lac Bow? Dans ce chapitre, nous examinons entre autres en détail la formation d'images par un miroir plan.

Aperçu du chapitre 2

Loi de la réflexion

Lorsque des rayons parallèles entre eux sont incidents sur une surface rugueuse, ils sont réfléchis dans toutes les directions. Lorsque ces rayons parallèles entre eux sont incidents sur une surface lisse (comme un miroir plan), il se produit une réflexion spéculaire où tous les rayons sont réfléchis dans une même direction. Si un rayon de lumière rencontre une surface réfléchissante avec un angle d'incidence θ par rapport à la normale, l'angle de réflexion θ' par rapport à la normale est donné par la loi de réflexion :

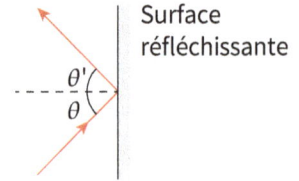

$$\theta' = \theta .$$

Aussi, le rayon réfléchi se situe dans le plan d'incidence, c'est-à-dire le plan contenant le rayon incident et la normale à l'interface.

Image formée par un miroir plan

Le miroir plan est le seul qui présente un stigmatisme rigoureux, c'est-à-dire qu'il est capable d'engendrer des images qui sont de parfaites répliques des objets. L'image d'un objet, formée par un miroir plan, est située de l'autre côté du miroir à une distance du miroir égale à la distance de l'objet par rapport au miroir :

$$p' = -p .$$

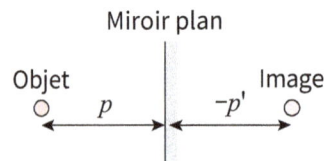

où p est la distance entre l'objet et le miroir et p' est la distance entre l'image et le miroir. L'image formée par un miroir plan est toujours de nature opposée à l'objet correspondant : si l'un est réel, l'autre est virtuelle, et vice versa. L'image d'un objet étendu a les mêmes dimensions, tant transversalement que longitudinalement, que celles de l'objet. Toutefois, la gauche et la droite sont inversées.

Trajectoire des rayons réfléchis par un miroir plan

On définit le champ d'un miroir comme étant la région où se trouve l'ensemble des rayons lumineux qui convergent vers l'image de l'œil tout en interceptant le miroir. Autrement dit, il désigne la région où se trouvent les objets pouvant être vus par un observateur par l'intermédiaire du miroir. La déviation δ est définie par l'angle entre le rayon réfléchi et le trajet qu'aurait suivi le rayon incident s'il n'avait pas été réfléchi (voir la figure ci-dessous, à gauche). Cet angle de déviation peut être obtenu en appliquant la loi de la réflexion. Pour un rayon lumineux incident fixe, la rotation d'un miroir d'un angle α autour d'un pivot engendre la rotation du rayon réfléchi d'un angle qui vaut le double de l'angle de rotation du miroir, c'est-à-dire $\beta = 2\alpha$ (voir la figure ci-dessous, à droite).

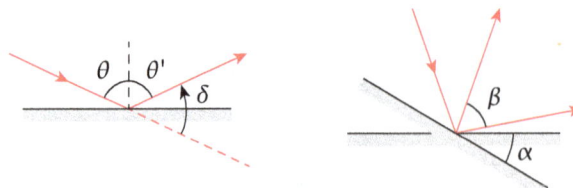

Dans le cas où un rayon de lumière subit deux réflexions successives par des miroirs plans formant un angle α entre eux, la déviation vaut (voir la figure ci-dessous) :

$$\delta = 360° - 2\alpha \ .$$

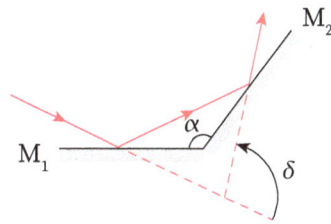

Si deux miroirs plans verticaux sont perpendiculaires entre eux ($\alpha = 90°$) et que le rayon circule dans un plan horizontal, alors la direction du rayon réfléchi final est la même que celle du rayon incident, mais de sens opposé ($\delta = 180°$) : c'est le principe du rétroréflecteur.

Lorsqu'un objet est placé devant plus d'un miroir plan, plusieurs images sont formées. Pour localiser les images formées par une association de miroirs plans, il suffit d'exploiter le principe de base selon lequel l'image formée par l'un des miroirs devient l'objet pour le second. Le nombre d'images est d'autant plus grand que l'angle entre les deux miroirs plans est petit.

2.1 Loi de réflexion

Tout le monde a déjà vu et utilisé un miroir plan, ne serait-ce que dans la salle de bains. En employant un miroir plan, nous utilisons, consciemment ou non, la loi de la réflexion. Cette dernière est l'une des deux lois fondamentales de l'optique géométrique, l'autre étant la loi de la réfraction, qui sera étudiée en détail à partir du chapitre 4. Dans cette section, nous allons décrire plus en détail le phénomène de la réflexion et présenter une méthode graphique de construction du rayon réfléchi par une surface réfléchissante comme celle d'un miroir plan.

2.1.1 Réflexions diffuse et spéculaire

Comme nous l'avons vu au chapitre 1, la loi de la réflexion stipule que l'angle de réflexion est égal à l'angle d'incidence. Cette loi avait déjà été énoncée par Héron d'Alexandrie, au premier siècle après J.-C. Il a fallu attendre à l'an 1000 après J.-C. environ pour que Ibn Al-Haytham (965–1039), un savant arabe, souligne que le rayon réfléchi est dans le plan d'incidence (c'est-à-dire le plan formé par le rayon incident et la normale au miroir). Considérons un rayon lumineux qui rencontre une surface réfléchissante avec un angle d'incidence θ par rapport à la normale à la surface réfléchissante (figure ci-dessous); l'angle de réflexion θ' par rapport à la normale est donc :

$$\theta' = \theta \ . \tag{2.1}$$

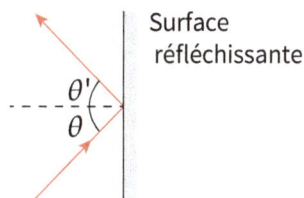

Cette loi, toute simple, est à la base de tous les phénomènes qui font intervenir la réflexion. Elle sera présente dans toutes les analyses que nous ferons dans le présent chapitre, ainsi que dans le suivant.

> **Attention!**   Les angles se mesurent par rapport à la normale
>
> La convention veut que tous les angles utilisés en optique géométrique, que ce soit l'angle d'incidence, de réflexion ou même de réfraction, sont *toujours* mesurés par rapport à la normale à l'interface, et *non* par rapport à l'interface elle-même.

Réflexion spéculaire et réflexion diffuse

De façon générale, lorsque la lumière rencontre un obstacle opaque, une fraction de la lumière est réfléchie et l'autre est absorbée. C'est notamment ce phénomène qui est responsable de la couleur des objets qui nous entoure : par exemple, un corps jaune absorbe la lumière bleue et réfléchit les autres couleurs, ce qui nous apparait comme du jaune. Selon que la surface est lisse ou rugueuse, la lumière subit une réflexion spéculaire[1] ou diffuse, respectivement (figure 2.1). La réflexion spéculaire se produit lorsque la lumière frappe une surface lisse (dont les aspérités sont suffisamment petites), comme celle d'un miroir de salle de bains (voir la photo ci-dessous). Un faisceau de rayons parallèles incident sur une surface lisse est réfléchi sous la forme d'un faisceau de rayons également parallèles. La réflexion diffuse, quant à elle, se produit lorsque la lumière rencontre une surface dont les aspérités (même si elles sont microscopiques) sont trop importantes, comme un mur ou une feuille de papier. Si un faisceau de rayons parallèles est incident sur une surface dépolie, alors les rayons réfléchis iront dans des directions aléatoires. Néanmoins, chacun des rayons pris individuellement obéit à la loi de la réflexion sur la petite portion locale de la surface sur laquelle il tombe. Puisque toutes les petites portions de surface ont des orientations aléatoires, chacun des rayons réfléchis va dans des directions différentes, ne formant pas globalement un faisceau se dirigeant dans une direction bien définie. Un objet qui réfléchit la lumière de manière diffuse peut être vu à partir de n'importe quel point. Pour la suite, nous nous concentrons sur la réflexion spéculaire.

Figure 2.1

Réflexion spéculaire   Réflexion diffuse

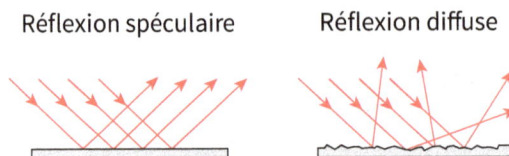

La réflexion sur une surface peut être spéculaire ou diffuse, selon que la surface est lisse ou rugueuse.

Les miroirs modernes usuels sont faits avec des surfaces métalliques, comme des couches d'aluminium ou d'argent. Ces dernières, lorsqu'elles sont de bonne qualité, peuvent réfléchir jusqu'à près de 99 % de la lumière incidente. D'un point de vue technique, par contre, les surfaces métalliques sont plus difficiles à polir que le verre, par exemple. C'est pour cette raison que, en pratique, on fabrique des miroirs métalliques en polissant au préalable une surface de verre et en déposant ensuite sur elle une mince couche métallique, par évaporation sous vide, par exemple. Souvent, comme dans le cas d'un miroir de salle de bains, la couche de métal est déposée sur la face arrière de la plaque de verre, afin de protéger la surface métallique des égratignures.

---

[1] Selon les plus anciennes références en lien avec l'existence des miroirs (autour de 1000 avant J.-C.), les miroirs étaient à l'époque faits en bronze poli, un alliage de cuivre et d'étain que les Romains appelaient *speculum* – c'est de cette appellation que vient l'expression « réflexion spéculaire ».

2.1.2 Construction graphique du rayon réfléchi

Pour réaliser des constructions graphiques impliquant des rayons réfléchis, nous pourrions utiliser la loi de la réflexion avec un rapporteur d'angle. Toutefois, il est également possible de tracer avec précision un rayon réfléchi avec une règle et un compas. La méthode décrite dans cette section pourra ensuite être étendue pour s'appliquer au cas du rayon réfracté (voir la section 4.1.4). Considérons un rayon incident sur une surface réfléchissante. La méthode de construction graphique se réalise en effectuant les quatre étapes suivantes (voir la figure ci-contre) :

1. Centré sur le point d'incidence I, on trace un cercle (de rayon quelconque).

2. On trace le prolongement du rayon incident derrière la surface réfléchissante. Le point d'intersection entre le prolongement du rayon incident et le cercle est le point J.

3. On trace une normale à la surface réfléchissante passant par le point J. Cette normale coupe le cercle devant la surface réfléchissante au point K.

4. Le rayon réfléchi part du point I et passe par le point K.

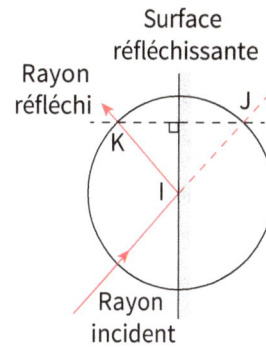

Nous démontrons maintenant que cette construction graphique respecte bien la loi de la réflexion. D'abord, on constate bien que le rayon réfléchi est bel et bien dans le plan d'incidence, c'est-à-dire le plan formé par le rayon incident et la normale à la surface réfléchissante. Ensuite, référons à la figure ci-contre, qui illustre un rayon incident arrivant sur la surface réfléchissante avec un angle d'incidence θ. Le rayon réfléchi est obtenu par la méthode graphique décrite plus haut. On remarque que les angles θ et α sont des angles correspondants, ce qui signifie que $\alpha = \theta$. De plus, par trigonométrie, on peut écrire $\sin\alpha = y/R$ et $\sin\beta = y/R$, ce qui permet de conclure que $\beta = \alpha$. Enfin, β et θ' sont des angles alternes-internes, de sorte que $\theta' = \beta$. En regroupant tous ces résultats, il s'ensuit que $\theta' = \theta$, ce qui vérifie la loi de la réflexion.

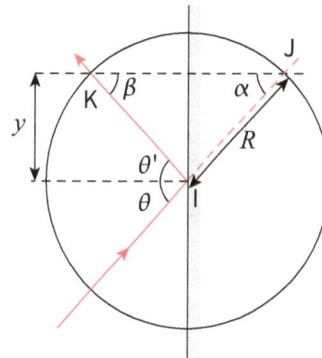

2.2 Image formée par un miroir plan

Nous attaquons l'important thème de la formation d'images à l'aide d'un miroir plan. Le miroir plan, bien qu'il soit le plus simple des instruments d'optique, est le seul qui présente un stigmatisme rigoureux, capable d'engendrer des images qui sont de parfaites répliques des objets. L'analyse du miroir plan nous permet d'étudier plus concrètement à la notion de formation d'images, nous donnant l'occasion de donner les caractéristiques (nature, position et taille) de l'image formée par ce système optique.

Aucune hypothèse sur le faisceau lumineux n'est nécessaire pour obtenir une image de grande qualité. En effet, contrairement à tous les autres systèmes optiques que nous examinerons dans les prochains chapitres, nous n'avons pas besoin de nous limiter au domaine paraxial. Ainsi, sur le faisceau incident sur le miroir plan illustré ci-contre, l'angle α des rayons marginaux qui forment le faisceau (caractérisé par son axe optique) peut prendre n'importe quelle valeur. De même, il n'y a pas plus de restriction sur l'angle que peut faire l'axe optique du faisceau par rapport à la normale au sommet S du miroir.

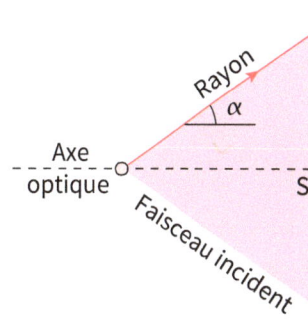

2.2.1 Position de l'image formée par un miroir plan

L'image d'un objet réel, formée par un miroir plan, est située derrière le miroir à une distance du miroir égale à la distance de l'objet par rapport au miroir (figure ci-dessous). Puisque l'image est derrière le miroir, elle ne se trouve pas sur la trajectoire réelle des rayons lumineux, ce qui en fait une image virtuelle (elle ne peut pas être projetée sur un écran). Ainsi, si l'objet est à une distance p du miroir, l'image est à une distance $-p$ du miroir, pour tenir compte de la convention de signes :

Équation de conjugaison pour les miroirs plans

$$p' = -p .$$ (2.2)

Miroir plan

Objet   Image

$\circ$ p $-p'$ $\circ$

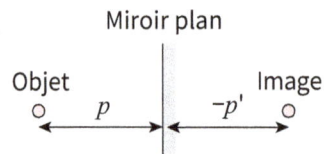

Cette relation, en raison de la présence du signe négatif, nous dit en outre que l'image formée par un miroir plan est toujours de nature opposée à l'objet correspondant. De plus, on réalise que l'image formée par un miroir plan est facile à localiser : elle est symétrique à l'objet par rapport au plan du miroir. L'équation (2.2) est appelée « équation de conjugaison pour les miroirs plans », parce que toute relation entre la distance objet p et la distance image p' est désignée sous le nom d'équation de conjugaison, comme nous le verrons aussi dans les prochains chapitres. La raison de cette appellation vient du fait que l'objet et l'image sont deux points *conjugués*.

Testez votre compréhension 2.1	Image formée par un miroir plan
Une image réelle est formée à 25 cm d'un miroir plan. Quelle est la nature de l'objet et à quelle distance l'objet se trouve-t-il du miroir?	

Démontrons l'équation de conjugaison pour un miroir plan avec la loi de la réflexion. Pour ce faire, considérons un objet ponctuel A placé à une distance p d'un miroir plan (figure 2.2). Afin de localiser l'image, qui correspond au point de rencontre des rayons réfléchis par le miroir, nous allons considérer deux rayons : le rayon AS et le rayon AI. Le rayon AS est le rayon qui tombe perpendiculairement à la surface du miroir; l'angle d'incidence de ce rayon est nul et, selon la loi de la réflexion, il est réfléchi sur lui-même. Le rayon AI arrive sur le miroir avec un angle d'incidence θ quelconque par rapport à la normale au miroir construite au point I. En appliquant la loi de la réflexion, on sait que le rayon réfléchi fera un angle $\theta' = \theta$ avec la normale (ce rayon réfléchi peut être tracé par exemple en utilisant la méthode graphique décrite à la section 2.1.2).

Figure 2.2

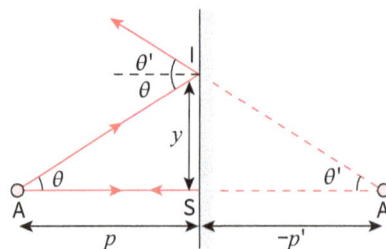

Deux rayons lumineux suffisent pour localiser l'image A' d'un objet ponctuel A placé devant le miroir plan.

Les deux rayons réfléchis divergent : ils ne se croiseront jamais. L'image est donc virtuelle et sera formée au point de rencontre des *prolongements* des rayons réfléchis. Ce point de rencontre est A' et constitue l'image de A. L'angle IAS est identique à l'angle d'incidence θ, puisqu'ils sont alternes-internes, tandis que l'angle IA'S est le même que l'angle de réflexion θ', puisqu'ils sont correspondants. Par trigonométrie, on a $\tan\theta = y/p$ et $\tan\theta' = y/(-p')$. Or, puisque $\theta' = \theta$ en vertu de la loi de la réflexion, on déduit que $y/p = y/(-p')$ ou encore $-p' = p$. Il s'agit bien de l'équation (2.2).

Il est important de mentionner que la position du point I sur la figure 2.2 n'a pas d'importance dans cette démonstration. En effet, il n'y aucune restriction sur la grandeur de la distance y entre les points S et I par rapport à la distance objet p. Ceci est une conséquence du fait que le miroir plan est rigoureusement stigmatique : si on trace de nombreux autres rayons réfléchis par le miroir plan, on se rend compte que les prolongements se croisent tous sans exception en un seul et même point, le point A' (voir la figure ci-contre).

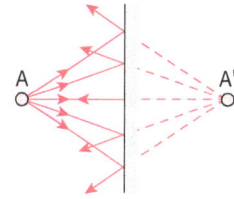

Stigmatisme rigoureux du miroir plan

2.2.2 Caractéristiques de l'image d'un objet étendu

Jusqu'ici, nous nous sommes limités à la formation d'une image à partir d'un objet ponctuel. Si l'objet est étendu, c'est-à-dire si l'objet a des dimensions finies, quelles sont les dimensions de l'image? Puisque nous savons par expérience que l'image formée par un miroir plan — comme celui de la salle de bains — produit une image qui est une réplique parfaite de l'objet, nous pouvons conclure que l'image a les mêmes dimensions que l'objet. Vérifions-le explicitement en analysant deux situations : l'image d'un objet étendu parallèle au plan du miroir et celle d'un objet perpendiculaire au plan du miroir.

Référons à la figure ci-dessous qui représente un objet étendu de hauteur y devant un miroir plan. Considérons les deux extrémités A et B de cet objet, lesquels sont tous deux situés à une distance p du miroir. On localise aisément les images A' et B', qui sont tous les deux à une distance $p' = -p$ (négative, car l'image est virtuelle). Comme on peut le constater sur la figure ci-dessous, la distance AB est identique à la distance A'B', c'est-à-dire que $y' = y$.

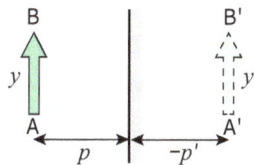

Analysons maintenant l'image d'un objet étendu, de longueur z, placé parallèlement à la normale au miroir (figure ci-dessous). L'extrémité de l'objet la plus éloignée du miroir (le point A) est à une distance p du miroir; son image (le point A') est située à une distance $p' = -p$. Quant à elle, l'image du point B (l'extrémité de l'objet la plus près du miroir) formée par le miroir est au point B'. En considérant les longueurs z et z' positives, les distances objet et image des points B et B' sont reliées entre elles par l'équation (2.2) (voir la figure ci-dessous) : $(-p' - z') = (p - z)$. En additionnant ces deux dernières équations, on trouve : $z' = z$.

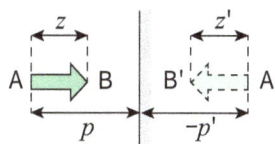

En somme, les résultats intuitifs $z' = z$ et $y' = y$ confirment que l'image d'un objet étendu a les mêmes dimensions, tant transversalement que longitudinalement, que celles de l'objet. Il importe de mentionner toutefois une différence entre l'objet et l'image formée par un miroir plan : si l'objet n'a pas une symétrie transversale, la droite et la gauche sont inversées. Par conséquent, l'image d'une main droite a l'apparence d'une main gauche.

Testez votre compréhension 2.2 | L'ambulance

Pourquoi les lettres dessinées sur l'avant des ambulances sont-elles inversées (voir la photo ci-contre)? Et pourquoi pas celles sur l'arrière des ambulances?

Exemple 2.1 | Le chat devant le miroir plan

Assis immobile à 20 cm devant le miroir plan de la salle de bains, un chat regarde son reflet. Le propriétaire du chat est situé à 50 cm derrière l'animal et observe l'image du chat dans le miroir. À quelle distance les yeux du propriétaire du chat doivent-ils s'ajuster pour voir distinctement l'image de son animal?

Solution

Le schéma de la situation est représenté ci-dessous :

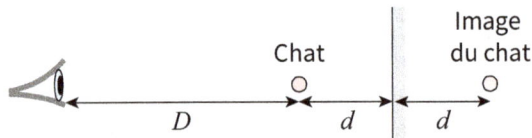

Le bilan des données est $d = 20$ cm (la distance entre le chat et le miroir) et $D = 50$ cm (la distance entre l'observateur et le chat). En appliquant la formule de conjugaison des miroirs plans, on déduit que l'image (virtuelle) du chat est à $d = 20$ cm du miroir derrière ce dernier, en valeur absolue. La distance entre l'observateur (le propriétaire du chat) et l'image du chat est donc de $D + 2d = 90$ cm (voir le schéma de la situation). Les yeux de l'observateur doivent s'ajuster pour voir à 90 cm devant lui.

2.2.3 Perception de l'image par un observateur

Lorsqu'un observateur regarde l'image produite par un miroir plan, ce ne sont pas tous les rayons réfléchis qui pénètrent dans l'œil de l'observateur : de tous les rayons issus de l'objet, seule une fraction de ces rayons se rend à l'observateur (figure 2.3). Étant donné que notre cerveau est conditionné à considérer que la lumière voyage en ligne droite (notre expérience de tous les jours lui confirme la forte majorité du temps l'hypothèse de la propagation rectiligne de la lumière), les rayons nous *semblent* provenir de l'image de l'objet derrière le miroir et non de l'objet lui-même. Pour l'œil — qui est un système optique —, l'image formée par le miroir plan constitue un objet réel (car les rayons qui sont incidents sur l'œil de l'observateur divergent). L'œil produit finalement sur sa rétine une image réelle finale de cet objet, qui est alors interprétée par le cerveau.

Figure 2.3

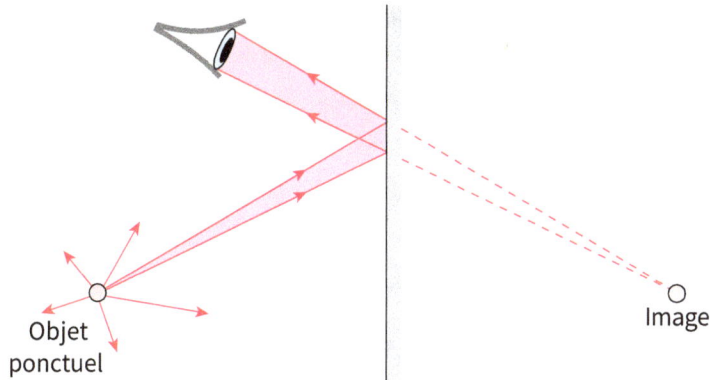

Seule une petite portion des rayons incidents issus de l'objet se rendent dans l'œil de l'observateur après réflexion sur le miroir; le point de rencontre des prolongements des rayons réfléchis correspond à l'image de l'objet.

Pour construire les rayons qui délimitent le mince faisceau de lumière qui entre dans l'œil de l'observateur, on suit les étapes suivantes (voir la figure 2.4) :

- Étape 1 : On localise l'image de l'objet en la plaçant symétrique à l'objet par rapport au plan du miroir.

- Étape 2 : On trace les rayons lumineux qui arrivent sur les bords de l'œil et qui semblent provenir de l'image (les prolongements à l'arrière du miroir sont en pointillés, car la lumière ne voyage pas réellement le long de ces prolongements).

- Étape 3 : À partir des points de rencontre entre le miroir et les rayons faits à l'étape 2, on trace les rayons allant rejoindre l'objet. On complète le tracé en ajoutant des flèches, dans le sens de propagation de la lumière, sur les traits pleins qui représentent le trajet réel de la lumière.

Figure 2.4

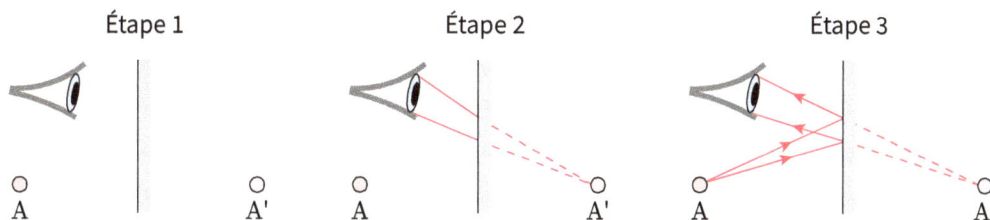

On peut aisément trouver le mince faisceau de lumière qui pénètre dans l'œil d'un observateur en suivant trois étapes.

Dans cette construction, la loi de la réflexion est automatiquement respectée. Ceci est dû au fait que nous l'avons implicitement utilisée en plaçant l'image symétrique à l'objet par rapport au miroir.

→

| **Testez votre compréhension 2.3** | Image perçue par un observateur |

(a) L'image de l'objet A formée par le miroir plan ci-dessous existe-t-elle? (b) L'observateur O_1 peut-il voir l'image de A (si elle existe)? Et qu'en est-il de l'observateur O_2?

Miroir plan

2.3 Trajectoire des rayons réfléchis par un miroir plan

Nous allons maintenant examiner la notion de champ d'un miroir plan avant de définir la déviation d'un rayon et d'analyser comment se comporte le rayon réfléchi par un miroir qui est tourné d'un certain angle autour d'un pivot.

2.3.1 Champ d'un miroir plan

Imaginons qu'on regarde dans un miroir; les objets qui sont visibles par l'intermédiaire de ce miroir sont dans une région de l'espace qu'on appelle le *champ du miroir*. Lorsqu'on est au volant d'une voiture et qu'on regarde dans le rétroviseur gauche, nous sommes en mesure de voir un certain nombre d'objets grâce au miroir, c'est-à-dire ceux qui sont dans le champ du miroir. Le champ d'un miroir est l'espace délimité par les rayons lumineux incidents correspondant aux rayons réfléchis par le pourtour du miroir et qui convergent vers l'œil de l'observateur (figure 2.5, à gauche). De façon équivalente, on peut définir le champ comme étant la région où se trouve l'ensemble des rayons lumineux qui convergent vers l'image de l'œil tout en interceptant le miroir.

Figure 2.5

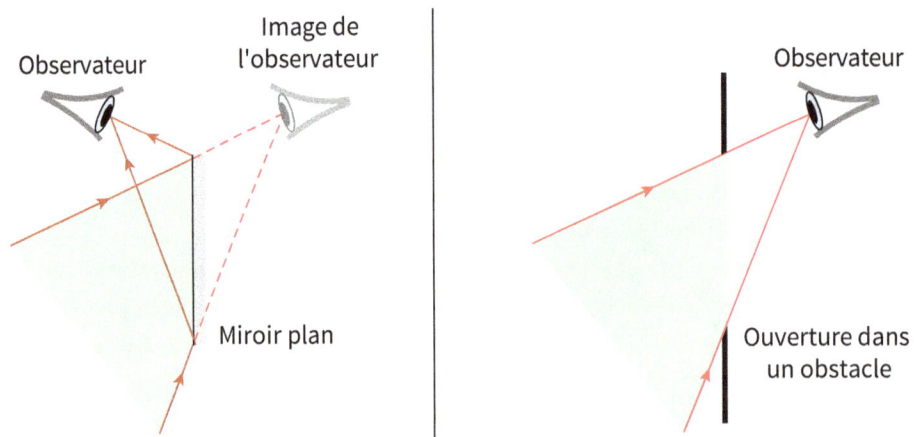

Le champ d'un miroir (la région ombragée) est équivalent au champ de l'autre côté d'une ouverture dans un obstacle si l'observateur dans le deuxième cas est situé à l'endroit où se trouve l'image de l'observateur formée par le miroir dans le premier cas.

Deux facteurs influencent l'étendue du champ d'un miroir : la taille du miroir et la distance entre l'observateur et le miroir. Il est assez évident que, plus le miroir est grand, plus son champ augmente. Aussi, plus l'observateur est près du miroir, plus son champ est grand. C'est d'ailleurs pour cette raison qu'un conducteur de voiture a tendance à se pencher vers son rétroviseur de gauche pour augmenter son champ de vision et ainsi aller chercher davantage d'informations sur ce qui se passe derrière lui sur la route. La notion de champ est tout à fait analogue à celle à travers une ouverture dans un large obstacle — par exemple, une fenêtre dans un mur (figure 2.5, à droite). Plus l'ouverture est grande, plus grand est le nombre d'objets visibles de l'autre côté de l'obstacle. Il en est de même si on s'approche de l'ouverture.

Testez votre compréhension 2.4	L'angle mort

Qu'est-ce que l'angle mort, dans le contexte de la conduite automobile?

Exemple 2.2	Le champ du rétroviseur intérieur d'une voiture

La lunette arrière d'une voiture, dont la largeur est de 1,15 m, est située à 1,40 m de vos yeux. Le rétroviseur intérieur de la voiture est à 40 cm devant vous. Quelle largeur minimale le rétroviseur doit-il avoir pour que son champ de vision couvre la largeur totale de la lunette arrière?

Solution

Le schéma de la situation est illustré ci-dessous.

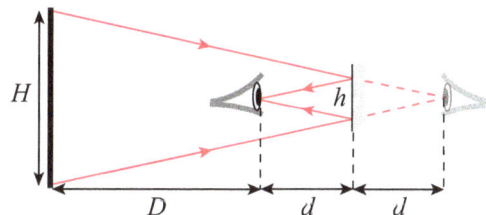

Le bilan des données est H = 115 cm (la largeur de la lunette arrière), D = 140 cm (la distance entre l'œil et la lunette arrière) et d = 40 cm (la distance entre l'œil et le rétroviseur intérieur). On cherche h, la largeur minimale du rétroviseur intérieur. Pour utiliser la notion de champ de vision, on place l'image de l'œil symétriquement à l'arrière du miroir. On trace ensuite les rayons issus des extrémités de la lunette arrière et qui entrent dans l'œil (c'est-à-dire les rayons dont les prolongements sont alignés avec l'image de l'œil). La distance entre les points de rencontre des rayons avec le rétroviseur intérieur définit la largeur minimale du rétroviseur. Par triangles semblables, on déduit que :

$$\frac{h}{d} = \frac{H}{D+2d} \quad \Rightarrow \quad h = \frac{Hd}{D+2d} = \frac{(115 \text{ cm})(40 \text{ cm})}{140 \text{ cm} + 2(40 \text{ cm})} = 20,9 \text{ cm} \quad \cdot$$

La largeur minimale du rétroviseur intérieur doit donc être d'environ 21 cm. En pratique, on prendra une largeur légèrement un grande, comme par exemple 24 cm, pour se donner une marge de manœuvre. Remarquons que *l'équation utilisée dans cet exemple n'est pas à mémoriser* : elle découle simplement du schéma réalisé dans lequel on voit deux triangles semblables, d'où l'importance de faire un schéma clair et détaillé qui représente bien la situation.

2.3.2 Déviation d'un rayon lumineux

Il est parfois utile de décrire l'effet d'un miroir plan en donnant son angle de déviation. L'angle de déviation, symbolisé par la lettre grecque delta (δ), est défini par l'angle entre le rayon réfléchi et le trajet qu'aurait suivi le rayon incident s'il n'avait pas été réfléchi (figure ci-contre).

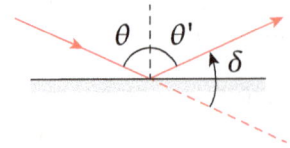

Testez votre compréhension 2.5	Déviation à angle droit

À quel angle, par rapport à la direction d'un rayon lumineux, doit-on présenter un miroir plan à ce rayon si on désire le faire dévier de 90°?

Déviation avec un miroir plan

De façon générale, l'angle de déviation engendré par un miroir plan est :

$$\delta = 180° - 2\theta \ , \tag{2.3}$$

où θ est l'angle d'incidence. L'équation (2.3) confirme que, si l'angle d'incidence est nul, alors l'angle de déviation vaut 180°, ce qui signifie que le rayon est réfléchi sur lui-même (rétroréfléchi). On peut facilement justifier l'équation (2.3) par le raisonnement qui suit. D'après la figure ci-dessus, la somme des angles suivants est égale à 180° : l'angle d'incidence θ, de l'angle de réflexion θ' et de l'angle de déviation δ (ces trois angles forment un angle plat). Par conséquent, on peut écrire : $\theta + \theta' + \delta = 180°$. Selon la loi de la réflexion, on a $\theta' = \theta$ et la relation se réduit à $2\theta + \delta = 180°$. En isolant l'angle de déviation δ, on retrouve bel et bien l'équation (2.3).

2.3.3 Rotation d'un miroir plan

Si un rayon lumineux éclaire un miroir plan et qu'on tourne ce dernier autour d'un axe perpendiculaire au plan d'incidence, l'angle de déviation est modifié. Considérons un rayon incident dont la direction est fixe et examinons ce qui se produit lorsque le miroir est tourné d'un angle α (figure ci-contre). La rotation du miroir engendre une rotation β du rayon réfléchi, qui correspond au double de l'angle de rotation du miroir :

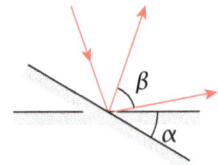

Angle de rotation du rayon lumineux

$$\beta = 2\alpha \ . \tag{2.4}$$

L'angle β de l'équation (2.4) correspond à la variation, en valeur absolue, de la déviation δ du rayon lumineux. Démontrons cette équation en référant à la figure 2.6, qui illustre un miroir dans deux positions (le miroir en position 2 est tourné d'un angle α par rapport au miroir en position 1).

Figure 2.6

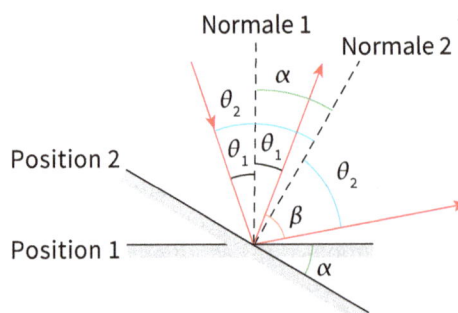

Pour un rayon incident fixe donné, la rotation d'un miroir plan engendre la rotation de la direction de propagation du rayon réfléchi.

Un rayon est incident sur le miroir en position 1 avec un angle d'incidence θ_1 par rapport à la normale 1 et, en vertu de la loi de la réflexion, le rayon réfléchi fait un angle θ_1 par rapport à la normale 1. Un rayon incident étant fixe, il arrive alors sur le miroir en position 2 avec un angle d'incidence θ_2 par rapport à la normale 2 et le nouveau rayon réfléchi fait également un angle θ_2 par rapport à la normale 2. L'angle entre l'ancien rayon réfléchi et le nouveau est β. Par géométrie, on peut écrire de deux manières l'angle entre le rayon incident et la normale 2 :

$$\theta_2 = \theta_1 + \alpha \quad . \tag{2.5}$$

Aussi, on peut écrire de deux façons l'angle entre la normale 1 et le nouveau rayon réfléchi :

$$\theta_2 + \alpha = \theta_1 + \beta \quad . \tag{2.6}$$

En remplaçant l'équation (2.5) dans l'équation (2.6), on trouve :

$$(\theta_1 + \alpha) + \alpha = \theta_1 + \beta \quad \Rightarrow \quad \alpha + \alpha = \beta,$$

ce qui correspond à l'équation (2.4), ce qu'on souhaitait démontrer. Ce résultat est général : bien que nous ayons supposé que le pivot est au point d'incidence, le résultat est indépendant de la position du pivot.

| Exemple 2.3 | Le levier optique |

Un levier optique est un instrument utile pour mesurer précisement de petits déplacements. Utilisons un levier optique pour mesurer l'allongement d'une tige de métal sous l'effet d'une augmentation de la température. Un miroir plan monté sur la partie verticale du levier optique peut pivoter autour d'un point fixe P. À température ambiante, un faisceau laser horizontal arrive à incidence normale sur le miroir (figure ci-dessous, à gauche). La partie horizontale du levier, qui mesure $d = 10$ cm, est déposée sur l'extrémité de la tige dont on cherche à mesurer l'allongement. Sous l'effet d'une augmentation de température, la tige s'allonge d'une longueur ΔL, ce qui incline le miroir d'un angle α (figure ci-dessous, à droite). Le faisceau laser réfléchi par le miroir rencontre l'écran à une distance $y = 40$ cm par rapport à la source lumineuse. Lorsque le miroir est incliné, la distance entre l'écran et le miroir, au point d'incidence, vaut $D = 5$ m. Que vaut l'allongement ΔL de la tige?

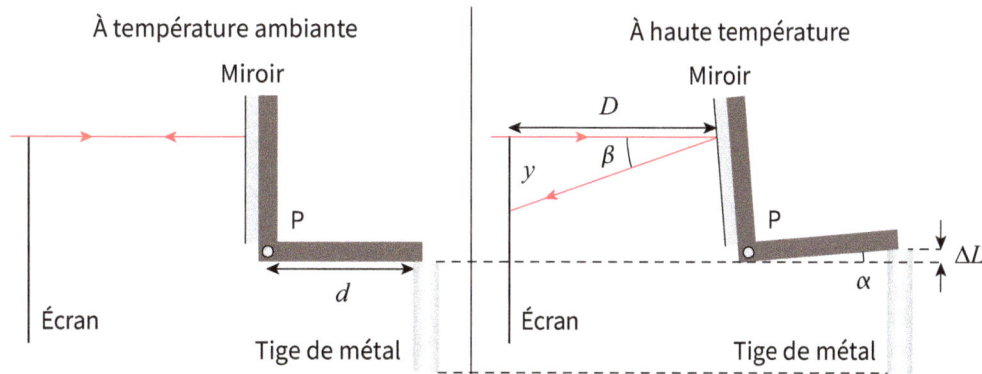

Solution

Le bilan des données est $D = 5$ m, $y = 0{,}40$ m et $d = 0{,}10$ m; on cherche l'allongement ΔL. En référant à la figure ci-dessus, à droite, on peut évaluer l'angle β en utilisant la fonction tangente :

$$\tan\beta = \frac{y}{D} \quad \Rightarrow \quad \beta = \arctan\left(\frac{y}{D}\right) = \arctan\left(\frac{0{,}4 \text{ m}}{5 \text{ m}}\right) = 4{,}57° \quad .$$

Si le rayon réfléchi a tourné d'un angle β sous l'effet d'une rotation du miroir, c'est que le miroir a tourné d'un angle α tel que :

$$\beta = 2\alpha \quad \Rightarrow \quad \alpha = \tfrac{1}{2}\beta = \tfrac{1}{2}(4{,}57°) = 2{,}29°.$$

La longueur d de la partie horizontale du levier optique et l'allongement ΔL de la tige de métal sont liés à l'angle d'inclinaison α du miroir par :

$$\sin\alpha = \frac{\Delta L}{d} \quad \Rightarrow \quad \Delta L = d\sin\alpha = (0{,}10\text{ m})\sin(2{,}29°) = 4{,}0\text{ mm} \cdot$$

Sous l'action de la chaleur, la tige de métal a subi une dilatation thermique de 4 mm.

2.4 Association de deux miroirs plans

Alors que, jusqu'ici, nous avons étudié le comportement de la lumière avec un seul miroir plan, nous allons maintenant nous pencher sur son comportement en présence de deux miroirs plans. Nous donnerons d'abord la déviation d'un rayon lumineux lorsqu'il frappe successivement deux miroirs; cette étude permettra de définir le rétroréflecteur. Enfin, nous examinerons la formation des images multiples d'un objet placé entre deux miroirs formant un angle arbitraire entre eux.

2.4.1 Déviation d'un rayon lumineux avec deux miroirs

On a vu qu'on peut décrire l'effet d'un miroir par l'angle de déviation. Quelle est la déviation d'un rayon lumineux qui est successivement réfléchi par deux miroirs plans faisant un angle α entre eux? La déviation δ, toujours définie par l'angle entre le rayon réfléchi et le trajet qu'aurait suivi le rayon incident s'il n'avait pas été réfléchi, d'un tel rayon vaut en général (figure ci-dessous) :

Déviation avec deux miroirs plans

$$\delta = 360° - 2\alpha \quad , \tag{2.7}$$

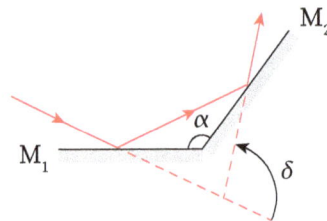

où α est l'angle entre les deux miroirs plans (on suppose que l'angle α n'est pas suffisamment grand pour empêcher la deuxième réflexion d'avoir lieu). On remarque que la déviation est indépendante des angles d'incidence sur les miroirs. Ainsi, avec deux miroirs formant un angle de 135° ou de 45° entre eux, la déviation est telle que le rayon réfléchi final est perpendiculaire au rayon incident – c'est le principe de l'équerre optique.

Pour démontrer l'équation (2.7), nous référons à la figure 2.7 qui illustre un rayon incident sur un miroir M_1 avec un angle d'incidence θ_1 par rapport à la normale à M_1, qui est réfléchi par M_1 avec un angle de réflexion $\theta_1' = \theta_1$, qui est ensuite incident sur le miroir M_2 avec un angle θ_2 par rapport à la normale à M_2 et qui est finalement réfléchi par M_2 avec un angle $\theta_2' = \theta_2$. Par symétrie, l'angle ϕ_1 entre le miroir M_1 et le rayon réfléchi par M_1 est identique à l'angle entre M_1 et le prolongement du rayon incident (ceci est une conséquence de la loi de la réflexion). Un argument similaire s'applique à l'angle ϕ_2.

Figure 2.7

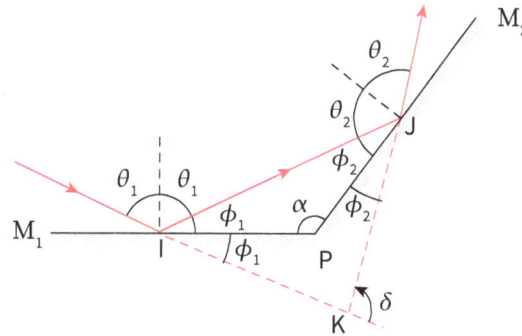

Un rayon lumineux successivement réfléchi par deux miroirs plans formant un angle quelconque entre eux engendre une déviation totale qui est égale à la somme des déviations individuelles causées par chacun des deux miroirs.

Puisque la somme des angles dans un triangle est toujours égale à 180°, on déduit à partir du triangle IJK :

$$2\phi_1 + 2\phi_2 + (180° - \delta) = 180° \quad \Rightarrow \quad \phi_1 + \phi_2 = \tfrac{1}{2}\delta .$$

De même, dans le triangle IJP :

$$\phi_1 + \phi_2 + \alpha = 180° \quad \Rightarrow \quad \alpha = 180° - (\phi_1 + \phi_2) .$$

En remplaçant la première équation dans la deuxième, on retrouve le résultat (2.7).

Si deux miroirs plans verticaux sont perpendiculaires entre eux ($\alpha = 90°$) et que le rayon circule dans un plan horizontal, alors la direction du rayon réfléchi final est la même que celle du rayon incident, mais de sens opposé ($\delta = 180°$) : c'est le principe du rétroréflecteur (figure ci-contre). Dans un tel système, la déviation est toujours de 180°, peu importe l'angle d'incidence du rayon incident, contrairement à un seul miroir plan qui ne permet la rétroréflexion qu'à incidence normale. Par contre, si les deux miroirs perpendiculaires sont verticaux mais que le rayon incident n'est pas dans un plan horizontal, alors le rayon réfléchi ne retourne pas à la source.

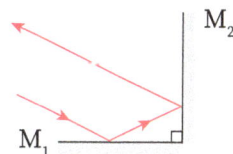

Rétroréflecteurs

On peut généraliser à trois dimensions le rétroréflecteur en plaçant trois miroirs plans à angle droit entre eux, pour former un coin de cube (figure ci-dessous, à gauche). Cette fois, de n'importe quelle orientation du rayon incident, le rétroréflecteur génère un rayon réfléchi qui retourne toujours vers la source, à un déplacement latéral près. Sur la photo à ci-dessous, à droite, on voit l'objectif de l'appareil photo qui a servi à photographier ce rétroréflecteur; en effet, la seule lumière capable de retourner dans l'objectif de l'appareil photo est celle issue de l'objectif lui-même.

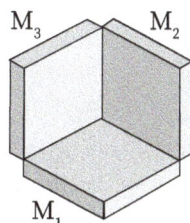

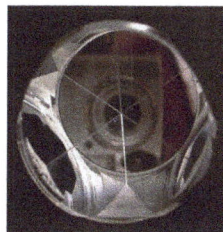

Les plaquettes réfléchissantes (appelées cataphotes) sur les bicyclettes sont en fait constituées de nombreux petits rétroréflecteurs en forme de coin de cube, qui renvoient systématiquement vers la source la lumière qui les éclaire (voir la photo ci-contre). Lors de plusieurs missions Appolo, les astronautes ont laissé sur la Lune des rétroréflecteurs, ce qui permet en outre de mesurer avec une grande précision la distance Terre-Lune : en envoyant une puissante impulsion laser sur l'un de ces réflecteurs lunaires, on a pu déduire à partir de la durée de l'aller-retour de l'impulsion laser (connaissant la vitesse de la lumière) la distance qui nous sépare de la Lune avec une incertitude de quelques centimètres seulement!

2.4.2 Images multiples avec deux miroirs

Lorsqu'un objet est placé devant plusieurs miroirs plans, plusieurs images sont formées. En cherchant à localiser les images formées par une association de miroirs plans, nous exploiterons le principe de base — énoncé à la section 1.5.1 — qui veut que l'image formée par l'un des miroirs devienne l'objet pour le suivant. Pour déterminer la position de chacune des images, il suffit de se rappeler que l'image formée par un miroir plan est symétrique à l'objet par rapport au plan du miroir. Notons aussi que l'objet n'a pas besoin d'être directement devant le miroir pour que l'image existe; il suffit que l'objet soit du côté de la face réfléchissante du miroir (figure ci-contre).

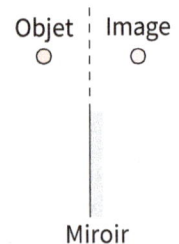

Pour apprivoiser la formation d'images multiples avec deux miroirs formant un angle entre eux, nous allons examiner le cas particulier d'un objet placé à proximité de deux miroirs perpendiculaires entre eux (figure 2.8). L'image I_1 est l'image de l'objet réel O formée par le miroir M_1 alors que l'image I_2 est l'image de l'objet O formée par le miroir M_2. Chacune est localisée en utilisant l'équation (2.2) (figure 2.8, à gauche et au centre). Il existe toutefois une troisième image : l'image I_1 étant située devant le miroir M_2, elle devient un objet réel pour ce miroir, donnant naissance à l'image I_{12} (la notation 12 suggère que l'image a été produite par une réflexion sur M_1 d'abord et par une réflexion sur M_2 ensuite) (figure 2.8, à droite). Un raisonnement similaire s'applique à l'image I_2 qui devient un objet pour le miroir M_1, mais l'image I_{21} est confondue avec l'image I_{12}. Pour vérifier que toutes les images possibles sont présentes, on s'appuie sur le fait que, si elle est située derrière un miroir, une image ne peut pas servir d'objet pour ce miroir. Par exemple, sur la figure 2.8, les images I_{12} et I_{21} sont toutes deux derrière M_1 et M_2, ce qui en fait les dernières images à localiser.

Figure 2.8

Localisation de l'image 1

Localisation de l'image 2

Localisation de l'image 3

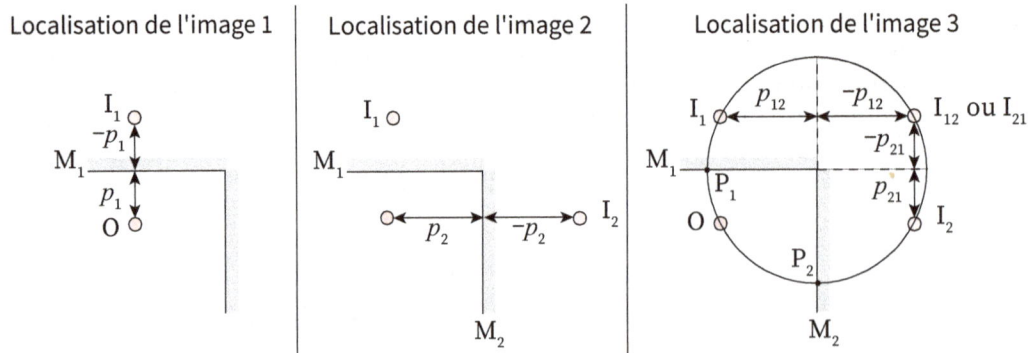

De l'objet réel O placé entre deux miroirs perpendiculaires entre eux, trois images virtuelles sont formées, toutes situées sur un cercle centré sur le point de rencontre des deux miroirs.

On remarque que l'objet et l'ensemble des trois images sont situés sur un cercle centré sur le point de rencontre des deux miroirs (figure 2.8, à droite). Une fois ce cercle tracé, on peut aisément localiser les images graphiquement en utilisant un compas, sans utiliser de règle et d'équerre. Par exemple, pour localiser I_1, il faut placer la pointe sèche du compas au point P_1 (le point d'intersection entre le cercle et le miroir M_1), ouvrir le compas jusqu'à ce que l'autre pointe passe par l'objet O et reporter cette distance sur le cercle de l'autre côté du miroir M_1 pour déterminer la position de l'image I_1 (figure ci-contre). Une procédure similaire s'applique pour localiser toutes les images, et ce, peu importe l'angle entre les miroirs.

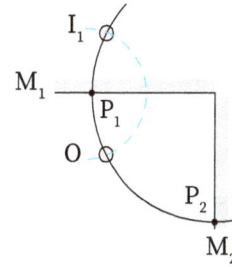

Si l'objet placé près des deux miroirs est étendu, les images formées seront étendues également, avec des dimensions identiques à celles de l'objet (figure 2.9). On peut trouver la position des images d'un point de l'objet afin de localiser les images; on peut ensuite compléter les images dans toute leur étendue. Pour trouver l'orientation de chacune des images, on peut s'aider en utilisant le fait que si l'objet pointe un point sur le miroir, l'image formée par ce miroir pointe également ce même point (il suffit de pointer du doigt un miroir plan pour s'en rendre compte : votre doigt et son image pointe le même point sur le miroir).

Figure 2.9

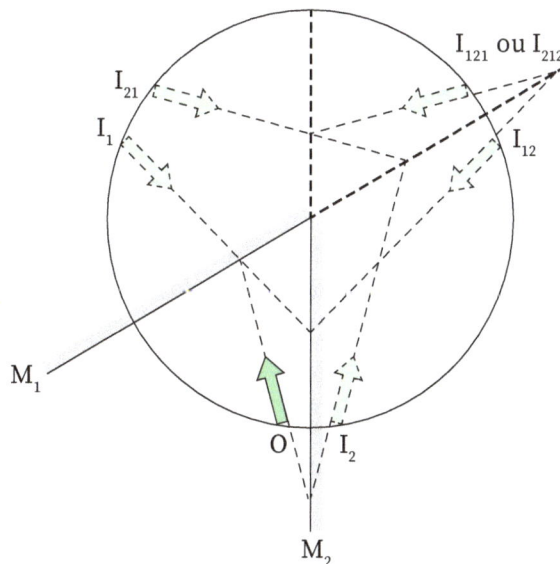

De l'objet réel étendu O placé entre deux miroirs qui font en eux un angle de 60°, cinq images virtuelles sont formées, de mêmes dimensions que l'objet.

Si un observateur regarde l'une des images formées par le système de deux miroirs, seule une portion de tous les rayons issus de l'objet se rendent dans l'œil de l'observateur. Pour bâtir le mince faisceau de lumière qui pénètre dans l'œil lorsqu'on regarde une des images, on procède comme à la section 2.2.3. Par exemple, pour construire le faisceau issu de l'image I_{12}, laquelle est formée par les réflexions successives, dans l'ordre, sur les miroirs M_1 et M_2, on suit les étapes suivantes (figure 2.10) :

- On trace les rayons lumineux qui arrivent sur les bords de l'œil et qui semblent provenir de l'image I_{12} (les prolongements derrière le miroir sont en pointillés).

- À partir des points de rencontre entre le miroir M_2 et les rayons faits à l'étape précédente, on trace les rayons allant rejoindre l'objet I_1 (les prolongements derrière le miroir sont en pointillés).

- À partir des points de rencontre entre le miroir M_1 et les rayons faits à l'étape précédente, on trace les rayons allant rejoindre l'objet O. On ajoute des flèches, dans le sens de propagation de la lumière, sur les traits pleins qui représentent le trajet de la lumière.

Figure 2.10

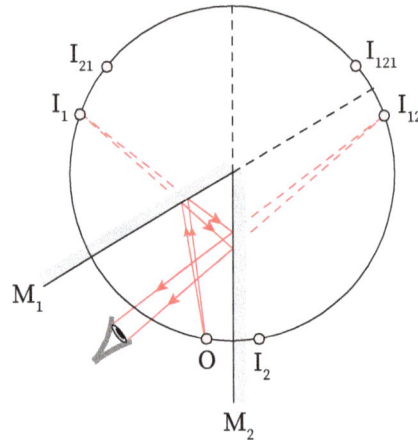

Seul le mince faisceau de lumière semblant provenir de l'image I_{12} et se dirigeant vers l'œil de l'observateur est nécessaire pour observer l'objet par l'intermédiaire des réflexions successives par les miroirs M_1 et M_2 (qui font ici entre eux un angle de 60°).

Pour justifier cette construction, il faut bien comprendre que l'image I_{12} est formée par le miroir M_2 à partir de l'objet I_1; les rayons incidents sur M_2 sont par conséquent alignés avec I_1. De même, l'image I_1 est formée par le miroir M_1 à partir de l'objet O; les rayons incidents sur M_1 proviennent effectivement de O.

E

Exemple 2.4	Images multiples avec deux miroirs plans

Un objet étendu O est situé entre deux miroirs plans (M_1 et M_2) faisant un angle de 45° entre eux (voir la figure ci-dessous).

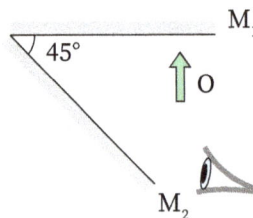

a) Faites un schéma clair où sont représentées toutes les images possibles de l'objet et nommez-les à l'aide d'indices donnant l'ordre des réflexions sur les miroirs M_1 et M_2.

b) Construisez le faisceau de lumière issu de l'objet et entrant dans l'œil en semblant provenir de la pointe de l'image I_{212}.

Solution

a) Traçons d'abord un cercle centré sur le point de rencontre des deux miroirs et passant par la pointe de l'objet O. Avec un compas, il est possible de déterminer la position de la pointe de l'image I_1 formée par le miroir M_1 : elle est à la même distance du miroir que l'objet. De plus, puisque l'objet pointe le miroir M_1, il en est de même pour l'image I_1. On fait le même raisonnement pour localiser l'image I_2. Ensuite, on se rappelle que l'image formée par le miroir M_1 devient un objet pour le miroir M_2; ainsi, on peut localiser l'image I_{12}. De même, l'image formée par le miroir M_2 devient un objet pour le miroir M_1, ce qui permet de localiser l'image I_{21}. Et ainsi de suite pour toutes les images possibles : il y en a sept au total (les images I_{2121} et I_{1212} coïncident, parce que l'angle de 45° entre les deux miroirs est un sous-multiple entier et pair de 360°). Le schéma final de toutes les images est le suivant :

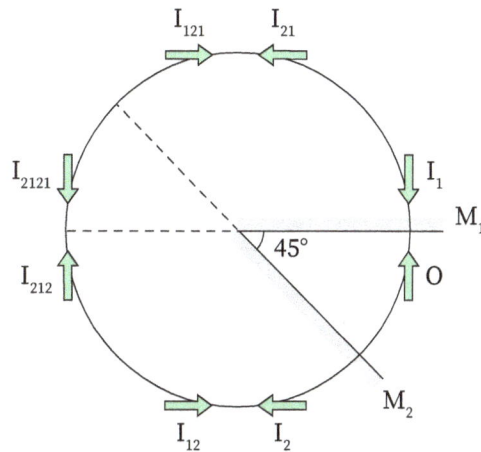

b) Pour construire le faisceau lumineux semblant provenir de l'image I_{212}, on trace d'abord deux rayons de lumière entrant dans l'œil et alignés avec I_{212} (les prolongements sont en pointillés). Puisque I_{212} est l'image de I_{21}, il s'ensuit que les rayons incidents sur le miroir M_2 sont alignés avec l'image I_{21}, laquelle devient l'objet pour M_2. Étant donné que I_{21} est l'image de I_2 formée par le miroir M_1, les rayons incidents sur M_1 sont alignés avec l'image I_2, laquelle devient l'objet pour M_1. Finalement, puisque I_2 est l'image de O formée par le miroir M_2, on trace les rayons incidents sur M_2 et issus de O. Le tracé final des rayons est le suivant :

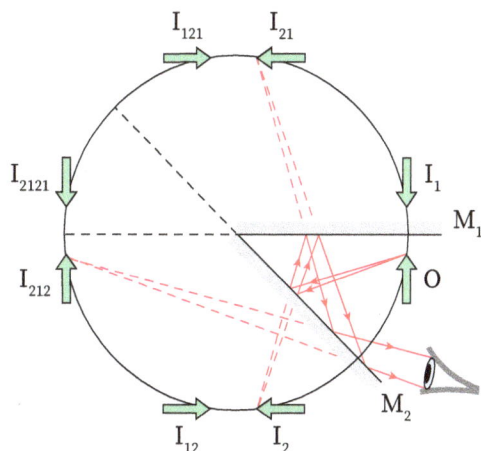

Révision

L'objectif global de ce chapitre est d'être en mesure de déterminer, à partir d'un objet placé à proximité d'un miroir plan ou de deux miroirs plans formant un angle arbitraire entre eux, les caractéristiques de l'image ou des images formées par le ou les miroirs. Spécifiquement, vous devriez être capable de répondre aux questions suivantes, ce qui vous permettra de vérifier que vous avez atteint les objectifs pédagogiques de ce chapitre.

Pouvez-vous définir :

- la réflexion diffuse et la réflexion spéculaire?
- la notion de stigmatisme rigoureux?
- la déviation d'un rayon lumineux?

Connaissez-vous :

- la loi de la réflexion?
- les caractéristiques de l'image formée par un miroir plan?
- le concept de champ de vision d'un miroir plan?

Êtes-vous en mesure de :

- construire le faisceau lumineux, issu d'un objet ponctuel et pénétrant dans l'œil d'un observateur, qui permet à cet observateur de regarder l'image de cet objet, suite à une ou plusieurs réflexions sur des miroirs plans?
- évaluer quantitativement le changement d'orientation d'un rayon de lumière réfléchi par un miroir plan qui est attribuable à la rotation du miroir d'un angle donné?
- évaluer quantitativement le changement d'orientation d'un rayon de lumière attribuable à la rencontre de deux miroirs plans formant un angle arbitraire entre eux?
- déterminer graphiquement la position et l'orientation des images obtenues lorsqu'un objet est placé à proximité de deux miroirs formant un angle arbitraire entre eux?

Légende :

« Définir » : vous devez être en mesure de donner un énoncé à l'aide de mots seulement.
« Connaitre » : vous devez connaitre par cœur le concept ou le principe.
« En mesure de » : vous devez être capable de faire les exemples, exercices et problèmes en lien avec cet objectif.

Questions

Q1. La réflexion de la lumière ambiante sur un cube de glace est-elle diffuse ou spéculaire?

Q2. Lorsqu'on applique la loi de la réflexion, par rapport à quoi les angles d'incidence et de réflexion sont-ils mesurés?

Q3. La loi de la réflexion est-elle cohérente avec le principe de réversibilité (loi du retour inverse)? Expliquez pourquoi.

Q4. Si vous êtes en mesure de voir les yeux d'une personne par l'intermédiaire d'un miroir plan, cette personne peut-elle elle aussi vous voir par l'intermédiaire du miroir?

Q5. Vrai ou faux? (a) L'image formée par un miroir plan est toujours située derrière ce dernier. (b) La taille de l'image formée par un miroir plan est toujours identique à celle de l'objet.

Q6. Décrivez l'image formée par un miroir plan. (a) Quelle est sa nature par rapport à celle de l'objet? (b) À quelle distance est-elle formée par rapport au miroir? (c) Est-elle droite ou renversée? (d) Quelle est sa taille par rapport à celle de l'objet?

Q7. Qu'entend-on par stigmatisme rigoureux (dont fait preuve le miroir plan)?

Q8. Vous vous trouvez à 1 m devant le miroir de votre salle de bains. À quelle distance votre image se trouve-t-elle par rapport à vous?

Q9. Lorsque vous regardez dans le rétroviseur latéral gauche de votre voiture en conduisant, que devez-vous faire pour augmenter votre champ de vision arrière?

Q10. Un objet est placé entre deux miroirs plans parallèles dont les surfaces réfléchissantes se font face. Combien y a-t-il d'images de l'objet?

Q11. On a placé sur la Lune un rétroréflecteur dont on se sert pour mesurer la distance Terre-Lune. Pourquoi n'a-t-on pas simplement utilisé un seul miroir plan?

Q12. Lorsqu'un objet réel n'est pas situé directement devant un miroir plan, comme l'illustre la figure ci-dessous, une image est-elle formée par le miroir? Si oui, où se situe-t-elle? Sinon, expliquez pourquoi.

Objet ○

———— Miroir

Exercices

E1. Deux miroirs plans, M_1 et M_2, forment un angle entre eux. Un rayon laser est incident sur le miroir M_1 avec un angle de 48° par rapport à sa surface (voir la figure ci-dessous, qui n'est pas à l'échelle). Quel est l'angle de réflexion du rayon réfléchi par le miroir M_2?

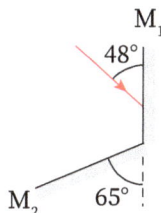

F2. À l'aide d'un rapporteur d'angle, faites le schéma d'un rayon qui arrive sur un miroir plan avec un angle d'incidence de 60°. Par la méthode graphique (avec un compas, une règle et une équerre seulement), construisez le rayon réfléchi par le miroir. Vérifiez ensuite avec un rapporteur d'angle que l'angle de réflexion est bien de 60°.

E3. Deux miroirs plans, M_1 et M_2, forment entre eux un angle droit. Un rayon lumineux est incident sur le miroir M_1, à 10 cm du point de rencontre des deux miroirs, avec un angle de 55° par rapport à sa surface (voir la figure ci-dessous qui n'est pas à l'échelle). Un écran, parallèle à M_1, est situé à 50 cm de M_1, sa base étant au niveau de M_2 (voir la figure). À quelle hauteur par rapport à la base de l'écran observe-t-on un point lumineux?

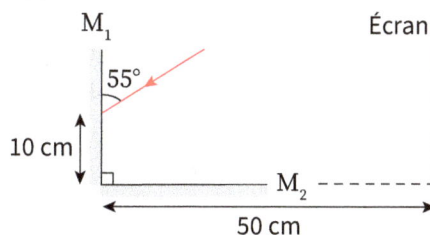

E4. Un rayon lumineux, qui arrive à 45° sur un miroir plan, est dévié vers un écran parallèle au rayon incident (voir la figure ci-contre). Si le miroir est tourné de 15° dans le sens horaire autour d'un axe perpendiculaire au plan de la page passant par le point d'incidence, de quelle distance le point lumineux sur l'écran se déplace-t-il?

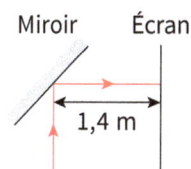

E5. Dans une salle de bains publique, vous êtes à 2 m d'un miroir plan et une personne se tient à 5 m derrière vous. À quelle distance l'image de la personne se trouve-t-elle par rapport à vous?

E6. Lorsque vous tenez un miroir de 10 cm de hauteur à 30 cm de votre œil, vous voyez tout juste de la tête aux pieds votre ami qui se tient debout à 4,5 m derrière vous. Déterminez la grandeur de cet ami.

E7. Un rayon voyageant horizontalement vers la gauche est réfléchi une fois par chacun des deux miroirs illustrés à la figure ci-dessous. Quel est l'angle de déviation du rayon?

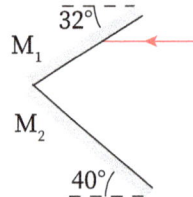

E8. Un objet étendu O est situé entre deux miroirs plans (M_1 et M_2) faisant un angle de 72° entre eux. L'objet est parallèle à l'un des miroirs (voir la figure ci-contre). À l'aide des instruments appropriés (règle et compas), faites un schéma clair où sont représentées toutes les images possibles de l'objet et nommez-les à l'aide d'indice donnant l'ordre des réflexions sur les miroirs M_1 et M_2. Assurez-vous d'orienter adéquatement la pointe de chaque image.

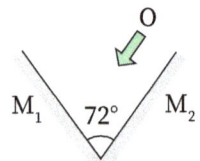

E9. Deux miroirs plans (M_1 et M_2) font un angle de 45° entre eux. Un objet ponctuel O est situé sur la bissectrice de l'angle de 45° (voir la figure ci-dessous). Un observateur près des miroirs est en mesure d'observer les images formées par ces derniers.

a) Faites un schéma clair où sont représentées toutes les images possibles de l'objet et nommez-les à l'aide d'indices donnant l'ordre des réflexions sur les miroirs M_1 et M_2.

b) Construisez le faisceau de lumière issu de l'objet et qui entre dans l'œil de l'observateur en semblant provenir de l'image I_{21} (c'est-à-dire l'image formée par la réflexion sur M_2 suivie de celle sur M_1).

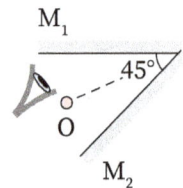

E10. Dans une salle d'entrainement de 10 m par 10 m, les murs nord et sud sont parallèles et entièrement recouverts de grands miroirs plans. Une horloge se trouve sur le mur ouest à 2 m du miroir nord. Une personne, adossée sur le mur à l'est à 4 m du miroir sud, regarde l'image de l'horloge formée par la réflexion sur le miroir nord suivie de celle sur le miroir sud.

a) Quelle est la distance entre l'observateur et l'image observée?

b) Sur un schéma à l'échelle, construisez le faisceau de lumière issu de l'objet et qui entre dans l'œil de la personne en semblant provenir de l'image observée.

Problèmes

P1. Deux rayons lumineux parallèles entre eux rencontrent chacun une face d'un prisme équilatéral réfléchissant (voir la figure ci-contre, qui n'est pas à l'échelle).

a) Quel est l'angle δ entre les deux rayons réfléchis?

b) Que devient l'angle δ si les rayons incidents, toujours parallèles entre eux, font un angle de 10° par rapport à l'horizontale?

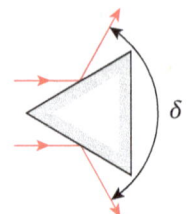

P2. Un périscope, notamment utilisé dans les sous-marins, est une combinaison de deux miroirs plans (M₁ et M₂) parallèles entre eux inclinés à 45° et séparés d'une certaine distance (voir la figure ci-dessous). Un tel instrument d'optique est utile pour observer des objets qui ne peuvent pas être vus directement, par exemple pour regarder au-dessus d'une haute palissade. Considérons un objet étendu situé à une distance $d = 2$ m du miroir M₁ et supposons que les centres de M₁ et M₂ sont séparés d'une hauteur $h = 60$ cm.

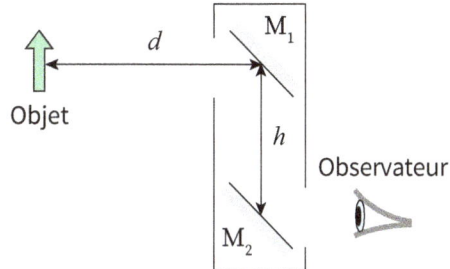

a) Quelle est la distance entre l'image finale et le centre de M₂?

b) Quelle est la nature de l'image finale?

c) Quelle est la taille de l'image finale par rapport à celle de l'objet?

d) L'image finale est-elle droite ou renversée par rapport à l'objet?

P3. Une jeune femme qui mesure 1,6 m se tient debout devant un miroir plan vertical. On suppose que ses yeux sont 10 cm en dessous du dessus de sa tête.

a) Quelle est la hauteur minimale du miroir et à quelle hauteur du plancher doit se trouver son bord inférieur pour que la jeune femme puisse se voir de la tête aux pieds?

b) Vos résultats dépendent-ils de la distance entre la jeune femme et le miroir.

c) La hauteur minimale du miroir correspond à quelle fraction de la grandeur de la femme? Est-ce un hasard ou s'agit-il d'un résultat général?

Réponses aux Tests de compréhension

2.1 L'objet est virtuel et la distance objet est $p = -25$ cm.

2.2 La gauche et la droite étant inversés lorsqu'un objet est regardé par l'intermédiaire d'un miroir plan, il faut inverser les lettres pour être en mesure de lire les mots à l'endroit dans un miroir. Ainsi, puisqu'on est appelé à lire avec les rétroviseurs de notre automobile les lettres AMBULANCE écrites devant le véhicule d'urgence, il faut qu'elles soient inversées. Les lettres AMBULANCE écrites à l'arrière du véhicule sont lues directement, sans l'intermédiaire du rétroviseur, donc les lettres doivent être écrites à l'endroit.

2.3 (a) L'image de A existe. Dès qu'un objet réel est placé devant la surface réfléchissante d'un miroir, les rayons lumineux issus de lui peuvent être réfléchis par le miroir et définir une image au point de rencontre de ces rayons réfléchis. (b) L'observateur O₁ peut voir l'image de A, car l'objet A est dans son champ de vision, ce qui n'est pas le cas pour l'observateur O₂.

2.4 L'angle mort est la région de l'espace exclue du champ de vision du conducteur d'une voiture : elle correspond à la zone qui n'est pas couverte par les rétroviseurs ni par les fenêtres de la voiture sans la rotation de la tête du conducteur. Pour circuler en toute sécurité sur les routes, il est parfois nécessaire de tourner la tête et jeter un bref coup d'œil dans l'angle mort, notamment lors de changements de voie.

2.5 À 45°.

Réponses aux Questions, aux Exercices et aux Problèmes

Questions

Q1. Diffuse.

Q2. Par rapport à la normale au miroir.

Q3. Oui. Si on inverse la direction de propagation de la lumière, les rôles des angles d'incidence et de réflexion sont permutés. Or, puisque les angles d'incidence et de réflexion sont égaux, la loi de la réflexion est encore vérifiée.

Q4. Oui, vous êtes dans le champ de vision de la personne.

Q5. (a) Faux. (b) Vrai.

Q6. (a) De nature opposée. (b) À la même distance que celle entre l'objet et le miroir (à un signe près). (c) Droite. (d) La même.

Q7. Un système est rigoureusement stigmatique s'il est capable de former une image *ponctuelle* à partir d'un objet *ponctuel* (dans la limite de l'optique géométrique).

Q8. 2 m.

Q9. Vous rapprocher du miroir.

Q10. Une infinité.

Q11. Un rétroréflecteur réfléchit la lumière exactement vers la source, peu importe son orientation par rapport au faisceau incident sur lui; le miroir plan, quant à lui, nécessite un alignement minutieux pour réfléchir un faisceau de lumière vers la source.

Q12. Oui. L'image se situe derrière le miroir à la même distance, par rapport au prolongement du miroir, que l'objet ($p' = -p$).

Exercices

E1. 73°.

E3. 25,0 cm.

E4. 80,8 cm.

E5. 9 m.

E6. 1,70 m.

E7. 216°.

E10. (a) 18,9 m.

Problèmes

P1. (a) 120°. (b) Il est encore de 120°.

P2. (a) 2,60 m. (b) virtuelle. (c) identique. (d) droite.

P3. (a) Le miroir doit avoir une hauteur minimale de 80 cm et son bord inférieur doit être placé à 75 cm du plancher. (b) Non. (c) La hauteur minimale du miroir correspond à la moitié de la taille de la femme; il s'agit d'un résultat général.

3 | Miroirs sphériques

Cette sculpture urbaine, située à Chicago (Illinois, aux États-Unis) et construite entre 2004 et 2006, est appelée le *Cloud Gate*. La surface de cette structure, qui consiste en 168 plaques d'acier inoxydable polies et soudées ensemble, forme un gigantesque miroir courbe mesurant 10 mètres de hauteur et pesant près de 100 tonnes. Cette surface réfléchissante forme une image déformée du panorama urbain de la ville de Chicago. Quelles sont les caractéristiques de cette image de la ville? Dans ce chapitre, nous analysons l'image formée par un miroir sphérique, qu'il soit bombé ou creux.

Aperçu du chapitre 3

Caractéristiques d'un miroir sphérique

Un miroir sphérique est une surface sphérique qui réfléchit la lumière. Il peut être concave (creux) ou convexe (bombé). Le rayon de courbure R du miroir est la distance entre la surface du miroir et son centre de courbure. Par convention, le rayon de courbure d'un miroir concave est positif alors que celui d'un miroir convexe est négatif. Le foyer d'un miroir est le point où converge, après réflexion sur le miroir, un mince faisceau de rayons parallèles entre eux arrivant sur la surface du miroir à incidence normale.

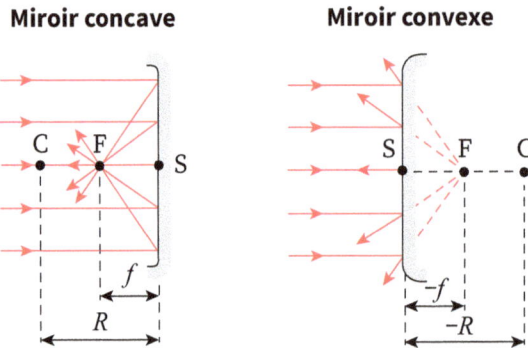

Miroir concave   **Miroir convexe**

La longueur focale f d'un miroir sphérique — la distance entre le foyer et le miroir — est donnée par :

$$f = \frac{R}{2} \ .$$

La convention de signes pour la longueur focale découle de celle pour le rayon de courbure.

Méthode graphique

Des rayons principaux sont des rayons lumineux dont la trajectoire est facilement prévisible. Trois d'entre eux sont les suivants :

1. Un rayon incident se dirigeant vers le centre de courbure est réfléchi sur lui-même.

2. Un rayon incident parallèle à la normale au sommet est réfléchi vers le foyer.

3. Un rayon incident se dirigeant vers le foyer est réfléchi parallèlement à la normale au sommet.

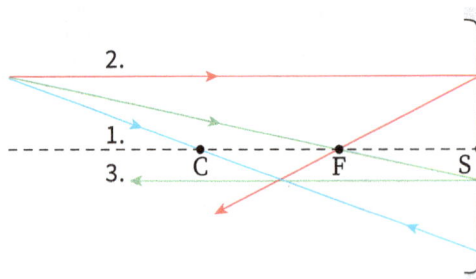

Images formées par un miroir sphérique

Pour avoir une qualité d'image acceptable avec un miroir sphérique, il faut se limiter au domaine paraxial (c'est-à-dire que les rayons doivent faire des angles par rapport à l'axe optique qui sont inférieurs à 10°). La distance objet p et la distance image p' sont reliées par l'équation de conjugaison :

$$\frac{1}{p} + \frac{1}{p'} = \frac{1}{f} \ .$$

Les distances p et p' suivent une convention de signes : si l'objet et l'image sont réels, les distances sont positives tandis que si l'objet et l'image sont virtuels, les distances sont négatives.

Si l'objet est étendu, il faut non seulement préciser la position de l'image, mais aussi ses dimensions transversale et longitudinale pour décrire complètement l'image de l'objet.

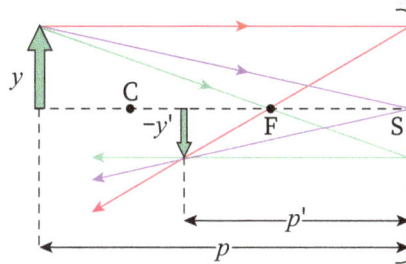

La hauteur y d'un objet étendu et la hauteur y' de l'image sont reliées par le grandissement transversal g (lequel peut s'écrire en termes des distances objet et image) :

$$g = \frac{y'}{y} = -\frac{p'}{p} \ .$$

Si le grandissement transversal est positif, alors, par rapport à l'objet, l'image est droite et de nature opposée; si le grandissement transversal est négatif, alors, par rapport à l'objet, l'image est renversée et de même nature. La profondeur z d'un objet étendu et la profondeur z' de l'image sont reliées par le grandissement longitudinal g_L (lequel peut s'écrire en termes du grandissement transversal) :

$$g_L = \frac{z'}{z} = g^2 \ .$$

3.1 Caractéristiques d'un miroir sphérique

Nous retrouvons de nombreux miroirs courbes autour de nous, que ce soit les miroirs convexes de surveillance dans les dépanneurs ou autres établissements commerciaux comme les stations-service (photo ci-contre), les rétroviseurs droits des voitures (des miroirs convexes), les miroirs de maquillage et même le creux ou le dos d'une cuillère. Plusieurs télescopes utilisent aussi des miroirs courbes de grande qualité pour observer les recoins de l'espace. Pour certaines applications, des miroirs asphériques (par exemple, des miroirs paraboliques ou elliptiques) peuvent avoir des propriétés d'imagerie plus intéressantes que celles des miroirs sphériques. Toutefois, de telles surfaces réfléchissantes asphériques sont considérablement plus difficiles à fabriquer que les surfaces sphériques – sans compter qu'elles sont beaucoup plus onéreuses. En conséquence, les miroirs sphériques sont certainement les plus couramment rencontrés. Pour cette raison, dans le but d'étudier les propriétés d'imagerie des miroirs courbes, nous allons dans ce chapitre nous limiter à l'étude des miroirs sphériques.

3.1.1 Description d'un miroir sphérique

Un miroir sphérique est une calotte de surface sphérique réfléchissante. Si la surface réfléchissante est du côté interne de la sphère, le miroir est concave; si la surface réfléchissante est du côté externe de la sphère, le miroir est convexe (figure 3.1). Autrement dit, du point de vue d'un observateur qui regarde la face réfléchissante du miroir, un miroir concave est creux alors qu'un miroir convexe est bombé. Le centre de courbure (point C) du miroir sphérique est le centre de la sphère correspondante. Le rayon de courbure du miroir est la distance entre le centre de courbure et la surface du miroir et il est représenté par le symbole R.

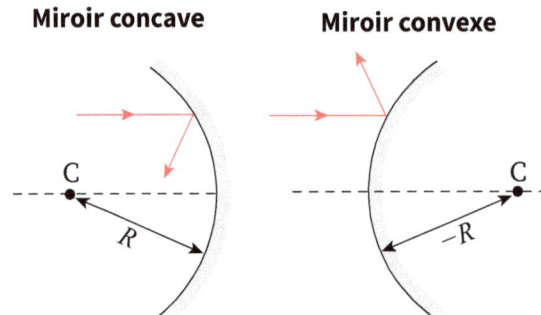

Figure 3.1

Miroir concave **Miroir convexe**

Tant les miroirs concaves que convexes sont caractérisés par leur centre de courbure (C) et leur rayon de courbure (R).

Pour analyser les miroirs sphériques, qu'ils soient concaves ou convexes, on introduit une convention de signes pour le rayon de courbure R.

±	**Convention de signes 3.1**	Rayon de courbure d'un miroir sphérique

Le rayon de courbure R d'un miroir sphérique est positif si son centre de courbure est du côté des rayons émergents (ici, les rayons émergents sont les rayons réfléchis). Le rayon de courbure est négatif si le centre de courbure n'est pas du côté des rayons émergents.

→	**Testez votre compréhension 3.1**	Signe du rayon de courbure pour des miroirs concave et convexe

Quel est le signe du rayon de courbure d'un miroir concave? Quel est celui d'un miroir convexe? Justifiez votre réponse.

3.1.2 Approximation paraxiale

On envoie sur un miroir concave un faisceau de lumière, lequel est caractérisé par son axe optique (l'axe moyen du groupe de rayons qui forment le faisceau). Le point de rencontre entre l'axe optique et la surface du miroir constitue le sommet (point S). On suppose maintenant que l'angle entre l'axe optique du faisceau et la normale au sommet du miroir est nul : par conséquent, l'axe optique coïncide avec la normale au sommet du miroir et passe donc par les points C et S (figure ci-contre). Les différents rayons du faisceau incident (et ceux du faisceau réfléchi) font en général des angles non nuls avec l'axe optique. Les rayons les plus éloignés de l'axe optique font un angle α avec l'axe optique. Si l'angle α est petit (inférieur à 10°), alors on dit qu'on est dans la *limite paraxiale* (section 1.5.3).

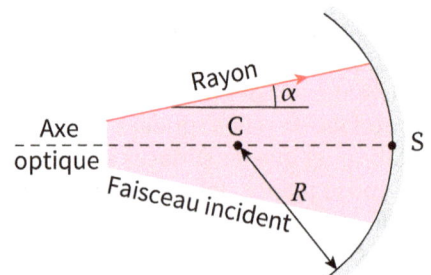

Considérons maintenant qu'un faisceau dont tous les rayons sont parallèles entre eux est incident sur un miroir sphérique concave (on obtient ce faisceau en utilisant un objet ponctuel situé à l'infini; le Soleil est en pratique une excellente approximation de ce type d'objet). On peut déterminer la trajectoire de chacun des rayons réfléchis en appliquant la loi de la réflexion pour chacun des rayons incidents, en considérant la normale locale à chaque point d'incidence (notons que la normale à un point sur un miroir sphérique est la droite qui relie ce point au centre de courbure). Par exemple, sur la figure ci-dessous, le rayon parallèle à l'axe optique qui rencontre le miroir au point d'incidence I_1 arrive avec un angle d'incidence θ par rapport à la normale au miroir à cet endroit; le rayon réfléchi fait un angle $\theta' = \theta$ avec la normale. La même procédure s'applique à tous les autres rayons incidents.

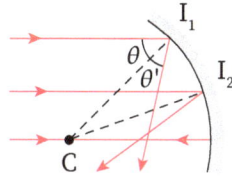

Figure 3.2

Miroir sphérique   **Miroir parabolique**

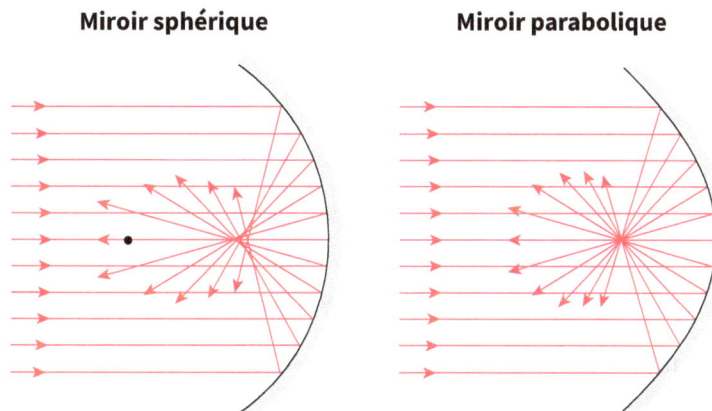

Pour un faisceau incident de rayons parallèles entre eux, le miroir sphérique n'est pas stigmatique, contrairement au miroir parabolique qui donne une image parfaitement définie.

Une fois tracés, par l'application de la loi de la réflexion, plusieurs rayons réfléchis par le miroir sphérique, on constate que ces rayons ne se croisent pas tous au même point (figure 3.2, à gauche). Par conséquent, nous sommes forcés de conclure que le miroir sphérique ne présente pas un stigmatisme rigoureux; autrement dit, l'image d'un objet ponctuel (ici situé à l'infini) n'est pas ponctuelle. Ce phénomène se nomme l'*aberration sphérique* ou l'aberration de sphéricité. À titre de comparaison, des rayons parallèles entre eux et parallèles à l'axe de symétrie d'un miroir parabolique qui sont incidents sur ce type de miroir sont réfléchis de manière à se rencontrer tous sans exception en un même point (figure 3.2, à droite) : dans cette situation, le miroir parabolique est rigoureusement stigmatique.

Aberration sphérique

Néanmoins, si on se limite au domaine paraxial, il est possible d'obtenir avec un miroir sphérique un stigmatisme approché, c'est-à-dire qu'on peut utiliser le miroir sphérique pour obtenir des images d'une qualité satisfaisante. En effet, si on ne laisse passer que les rayons incidents *près de l'axe optique*, les rayons réfléchis correspondants se croisent presque tous au même point (figure ci-contre). Le fait de ne considérer que les rayons près de l'axe résulte en des angles d'incidence et des angles de réflexion qui sont très faibles : il s'agit de l'*approximation paraxiale*. En somme, pour obtenir des images acceptables avec un miroir sphérique, il faut n'utiliser que des *rayons paraxiaux*, c'est-à-dire des rayons qui font des angles inférieurs à 10° par rapport à l'axe optique (voir la section 1.5.3).

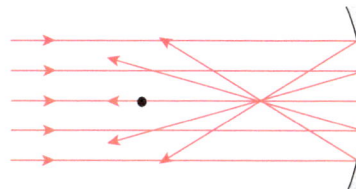

Les rayons paraxiaux sont ceux dont l'éloignement par rapport à l'axe optique est petit comparativement au rayon de courbure du miroir. En conséquence, il devient très ardu de faire un tracé de rayons si on se contente de réaliser le schéma à l'échelle, car tous les rayons représentés sur le schéma sont alors pratiquement confondus avec l'axe optique (figure 3.3, à gauche). L'astuce pour éviter ce problème est de modifier l'échelle perpendiculaire à l'axe optique sur les schémas afin d'exagérer les dimensions transversales par rapport aux dimensions parallèles à l'axe optique. Si on trace les rayons incidents et réfléchis ainsi que le miroir sur un quadrillage, on choisira par exemple une échelle 1 carreau = 1 cm à l'horizontale et 1 carreau = 1 mm à la verticale (figure 3.3, à droite).

Figure 3.3

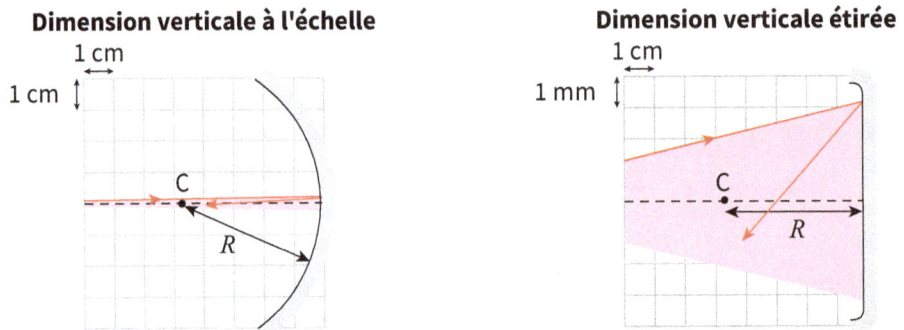

Dimension verticale à l'échelle

Dimension verticale étirée

Dans le domaine paraxial avec une dimension verticale à l'échelle, toute représentation schématique des rayons incidents sur le miroir et des rayons réfléchis par lui est illisible et inutile, alors que si on triche en étirant la dimension verticale (par exemple, ici, d'un facteur dix), le schéma devient plus clair et utilisable.

Sur un schéma où les dimensions transversales sont étirées, la courbure du miroir est imperceptible. Il est plus juste de représenter les miroirs sphériques par une ligne droite, plutôt que par un arc de cercle, en prenant soin de recourber les extrémités de la ligne pour suggérer la forme du miroir (figure 3.4). Il faut être prudent avec ces représentations où l'échelle perpendiculaire à l'axe optique est exagérée, car les angles sont déformés. Par conséquent, la loi de la réflexion, bien que toujours vérifiée pour chacun des rayons incidents et réfléchis, n'est pas visuellement applicable – sauf au sommet là où la déformation des angles est symétrique de part et d'autre de l'axe optique. Or, cette déformation des angles a justement l'avantage de pouvoir représenter des rayons paraxiaux faisant *en apparence* « de grands angles » par rapport à l'axe optique, ce qui rend plus lisible un tracé de rayons dans l'approximation paraxiale.

Figure 3.4

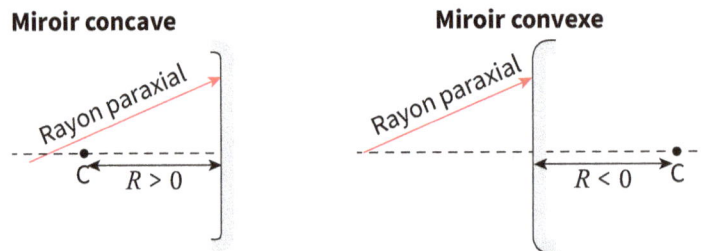

Miroir concave

Miroir convexe

Un miroir sphérique est représenté dans l'approximation paraxiale par une surface plane aux extrémités recourbées.

Testez votre compréhension 3.2	Rayons paraxiaux
Parmi les rayons a., b. et c. de la figure ci-contre, lequel (ou lesquels) peut-on considérer comme étant paraxial (paraxiaux)?	

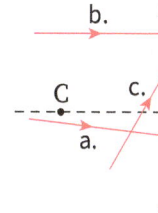

3.1.3 Longueur focale d'un miroir sphérique

Dans le domaine paraxial, des rayons parallèles entre eux incidents sur un miroir sphérique sont tous réfléchis vers un même point ou semblent diverger d'un même point, ce point étant appelé foyer (point F). Lorsque le miroir sphérique est concave, le foyer est réel et les rayons parallèles réfléchis par le miroir convergent vers ce foyer et passent réellement sur lui (figure 3.5, à gauche). Lorsque le miroir sphérique est convexe, le foyer, situé derrière le miroir, est virtuel et les rayons parallèles réfléchis par le miroir semblent diverger à partir de lui (figure 3.5, à droite). C'est parce que les rayons réfléchis ne passent pas réellement par le foyer d'un miroir convexe qu'on dit que le foyer est virtuel; ce sont les prolongements des rayons réfléchis (ces prolongements étant des « rayons virtuels ») qui passent par le foyer virtuel. Les antennes paraboliques des compagnies spécialisées en télécommunication et les télescopes utilisent le concept de foyer réel pour concentrer l'énergie du rayonnement lumineux (voir la photo ci-dessus).

Foyer

Figure 3.5

Miroir concave   **Miroir convexe**

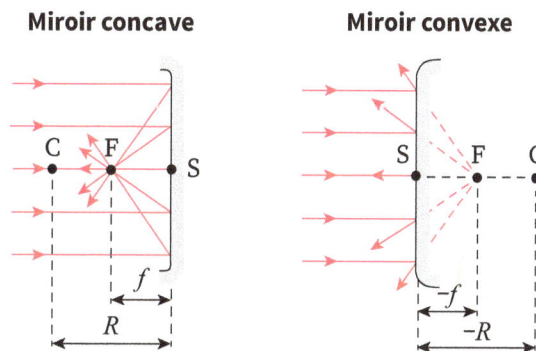

Des rayons parallèles réfléchis par un miroir concave convergent vers le foyer réel alors que ceux réfléchis par un miroir convexe semblent diverger à partir du foyer virtuel.

Que le foyer soit réel ou virtuel, la distance entre le foyer et le miroir est la longueur focale f, qui est donnée par :

$$f = \frac{R}{2} \, .$$ (3.1)

Longueur focale d'un miroir

Donc, le foyer d'un miroir sphérique est situé à mi-chemin entre le miroir et son centre de courbure. L'équation (3.1) fut obtenue pour la première fois dès 1591 par l'architecte italien Giacomo Della Porta (1533–1602). D'après la convention de signes (3.1) pour le rayon de courbure d'un miroir sphérique, on déduit qu'un miroir concave a une longueur focale positive (car son foyer est réel) alors qu'un miroir convexe a une longueur focale négative (car son foyer est virtuel).

Pour démontrer la relation entre la longueur focale d'un miroir sphérique et son rayon de courbure, on réfère à la figure ci-dessous qui représente un rayon lumineux, parallèle à l'axe optique, incident (au point I) sur un miroir concave dans le domaine paraxial. L'angle d'incidence du rayon est θ et la hauteur du rayon par rapport à l'axe optique est h. La normale au point I passe par le centre de courbure C (remarquons que la normale n'est pas perpendiculaire au « plan » du miroir, car la dimension verticale est étirée dans le domaine paraxial). Puisque l'angle d'incidence et l'angle entre la normale et l'axe optique sont alternes-internes, ils sont donc égaux. Le rayon réfléchi, en vertu de la loi de la réflexion, doit donc faire un angle θ avec la normale au point I. L'angle entre le rayon réfléchi et le rayon incident est donc 2θ, lequel est alterne-interne avec l'angle entre le rayon réfléchi et l'axe optique. Par trigonométrie, on déduit en référant la figure ci-dessous :

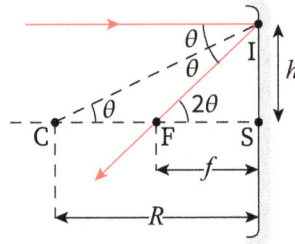

$$\tan\theta = \frac{h}{R} \quad \text{et} \quad \tan(2\theta) = \frac{h}{f} \quad . \tag{3.2}$$

Approximation des petits angles

Puisque l'analyse faite pour démontrer l'équation (3.1) se limite au domaine paraxial, les angles θ et 2θ sont petits. Il est possible de faire une approximation très utile lorsque les angles sont petits. En effet, la tangente d'un angle est approximativement égale à l'angle, exprimé en radians, lorsque l'angle est très petit. Pour s'en convaincre, jetons un œil au tableau 3.1 qui compare les valeurs numériques de l'angle x en radians et sa tangente pour des angles compris entre 1° et 10°. Rappelons qu'il faut multiplier un angle en degrés par $\pi/180$ pour exprimer cet angle en radians (ceci découle du fait que 360° = 2π rad).

Tableau 3.1 Angle, tangente de l'angle et leur écart relatif.

x (°)	x (rad)	$\tan(x)$	écart relatif (%)
1	0,017	0,017	0,01
2	0,035	0,035	0,04
3	0,052	0,052	0,09
4	0,070	0,070	0,2
5	0,087	0,087	0,3
6	0,105	0,105	0,4
7	0,122	0,123	0,5
8	0,140	0,141	0,7
9	0,157	0,158	0,8
10	0,175	0,176	1

À la lumière de ce tableau, on constate que le fait de remplacer la tangente d'un angle par l'angle lui-même (à condition de l'exprimer en radians) génère une erreur inférieure à 1 % si l'angle en cause est inférieur à 10°. Ainsi, à partir des équations (3.2), on peut faire les approximations suivantes dans le domaine paraxial : $\theta \approx h/R$ et $2\theta \approx h/f$. En éliminant θ de ce système de deux équations, on trouve :

$$\frac{h}{R} = \frac{h}{2f} \quad . \tag{3.3}$$

Enfin, en simplifiant les hauteurs h communes aux deux membres de l'équation (3.3) et en isolant la longueur focale f, on retrouve comme prévu l'équation (3.1). Cette démonstration est valable également pour un miroir convexe, compte tenu de la convention de signes pour les rayons de courbure.

Testez votre compréhension 3.3	Longueur focale d'un miroir convexe
Quelle est la longueur focale d'un miroir convexe dont la grandeur du rayon de courbure vaut 30 cm?	

Si on place un objet ponctuel au foyer d'un miroir concave, les rayons sont réfléchis parallèlement à l'axe optique. Il s'agit d'une conséquence du principe de réversibilité (loi du retour inverse) : si un rayon parallèle à l'axe optique passe par le foyer après réflexion, alors il s'ensuit qu'un rayon qui passe par le foyer est réfléchi parallèlement à l'axe optique après la réflexion (figure 3.6). D'ailleurs, cette propriété est exploitée dans les projecteurs, les phares et les lampes de poche (photo ci-contre). En effet, l'ampoule assimilée à une source ponctuelle est placée au foyer d'une surface réfléchissante concave : le faisceau de lumière émergent est donc un faisceau constitué de rayons lumineux parallèles, ce qui permet de pointer la lumière dans une direction bien définie.

Figure 3.6

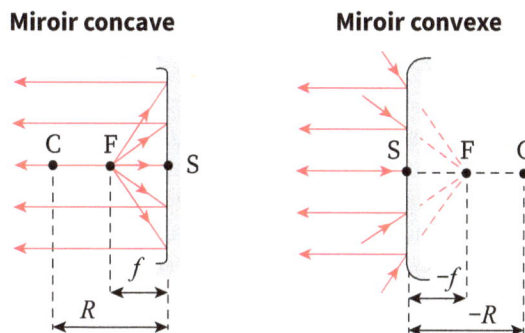

Les rayons sont réfléchis parallèlement à l'axe optique si des rayons incidents divergent à partir du foyer réel d'un miroir concave ou si des rayons incidents convergent vers le foyer virtuel d'un miroir convexe.

Un *plan focal* est le plan perpendiculaire à la normale au sommet du miroir sphérique qui passe par le foyer du miroir. Lorsque l'axe optique d'un faisceau de rayons parallèles arrive sur le miroir avec un léger angle d'incidence non nul par rapport à la normale au sommet du miroir (disons un ou deux degrés), les rayons ne se rencontrent pas au foyer, mais en un point juste à côté, dans le plan focal; ce point est appelé *foyer secondaire*. Les rayons réfléchis se rencontrent réellement au foyer secondaire réel dans le cas du miroir concave et ils semblent provenir du foyer secondaire virtuel dans le cas du miroir convexe (figure 3.7).

Plan focal

Foyer secondaire

Figure 3.7

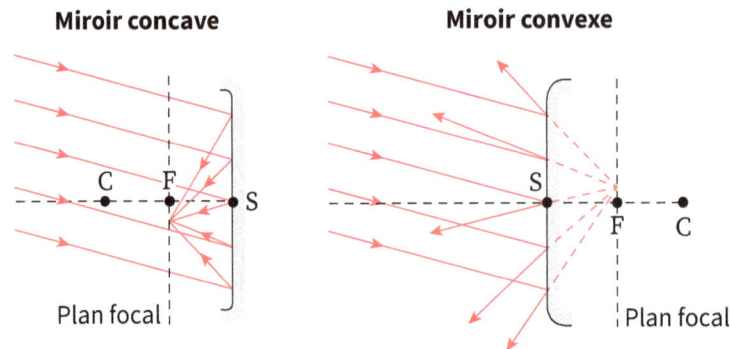

Miroir concave　　　　**Miroir convexe**

Le plan focal d'un miroir sphérique est le plan perpendiculaire à la normale au sommet S du miroir qui passe par le foyer F.

3.2 Méthodes graphiques

En optique géométrique, on est très souvent intéressés à faire un tracé de rayons lumineux. En principe, la loi de la réflexion et celle de la réfraction, conjointement avec l'hypothèse de la propagation rectiligne de la lumière dans un milieu homogène, suffisent pour faire n'importe quel tracé de rayons. Toutefois, dans un schéma réalisé dans le domaine paraxial, l'application directe des lois de la réflexion et de la réfraction n'est pas possible, car les angles sont déformés et ces lois ne sont plus visuellement applicables. Néanmoins, même dans le domaine paraxial, il est possible de faire un tracé de rayons adéquat. Plus spécifiquement, connaissant les caractéristiques du miroir sphérique (la position de son centre de courbure et celle de son foyer), on peut réaliser un tracé de rayons sans faire explicitement appel à la loi de la réflexion (quoiqu'elle est toujours sous-jacente). Il existe essentiellement deux approches pour tracer schématiquement des rayons dans un système optique focalisant tel que le miroir sphérique : la méthode des rayons principaux et la méthode du rayon oblique.

3.2.1 Rayons principaux

Les rayons principaux (aussi appelés rayons caractéristiques) sont les rayons lumineux dont la trajectoire est facilement prévisible, les positions du centre de courbure et du foyer étant données. Ces rayons principaux sont particulièrement utiles pour déterminer graphiquement la position des images formées par un système optique. La méthode des rayons principaux, introduite en 1735 par le mathématicien anglais Robert Smith (1689–1768), n'est valable que dans le domaine paraxial. Pour un miroir sphérique, ils sont au nombre de quatre, qu'on peut décrire ainsi (figure 3.8) :

1. Un rayon incident se dirigeant vers le centre de courbure est réfléchi sur lui-même.
2. Un rayon incident parallèle à la normale au sommet est réfléchi vers le foyer.
3. Un rayon incident se dirigeant vers le foyer est réfléchi parallèlement à la normale au sommet.
4. Un rayon incident sur le sommet est réfléchi avec le même angle par rapport à la normale au sommet.

Rayons principaux pour un miroir sphérique

Le rayon principal 1 est une conséquence directe de la loi de la réflexion : si un rayon arrive sur le miroir à incidence normale, les angles d'incidence et de réflexion sont nuls et les rayons incident et réfléchi sont confondus avec la normale, qui elle-même relie le point d'incidence et le centre de courbure. Le rayon principal 2 découle de la définition même du foyer. Le rayon principal 3 s'obtient en appliquant le principe de réversibilité au rayon principal 2. Le rayon principal 4 découle du fait que le sommet du miroir est le seul endroit où la loi de la réflexion est visuellement applicable dans un schéma où la dimension transversale à la normale au sommet est étirée symétriquement de part et d'autre de cet axe.

Figure 3.8

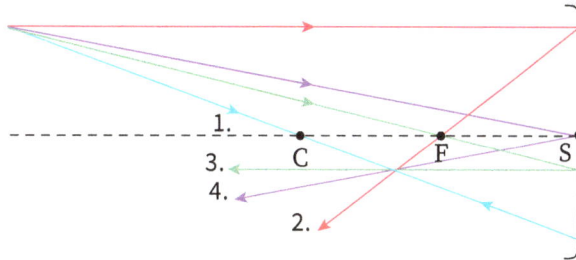

Les quatre rayons principaux du miroir sphérique concave sont des rayons faciles à construire graphiquement.

Avec un miroir convexe, les rayons principaux sont essentiellement les mêmes, sauf qu'il faut tenir compte du fait que le centre de courbure et le foyer sont derrière le miroir. Il faut donc travailler avec le prolongement des rayons incidents ou réfléchis (figure 3.9). Plus spécifiquement, un rayon parallèle à la normale au sommet doit être en principe réfléchi en passant par le foyer… mais le foyer est derrière le miroir. Le rayon ne peut pas traverser le miroir : il doit être réfléchi. En fait, la trajectoire du rayon réfléchi est telle que c'est son prolongement qui passe par le foyer. En somme, la description du rayon principal 2 dans le cas d'un miroir sphérique convexe se reformulerait comme suit : un rayon incident parallèle à la normale au sommet est réfléchi en semblant provenir du foyer.

Figure 3.9

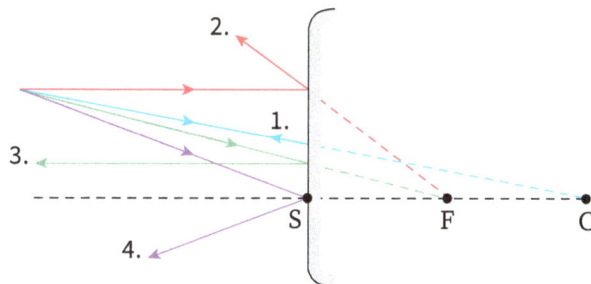

Trois des quatre rayons principaux du miroir sphérique convexe font intervenir les prolongements des rayons derrière le miroir.

Attention!	Rayon principal rime avec approximation paraxiale

L'utilisation des rayons principaux n'est valide que dans l'approximation paraxiale, c'est-à-dire lorsque les angles d'incidence et de réflexion sur le miroir sont petits. Si l'approximation paraxiale n'est pas applicable, alors, pour effectuer les tracés de rayons, il faut recourir directement à la loi de la réflexion sur un schéma dont les échelles verticale et horizontale sont les mêmes.

3.2.2 Méthode du rayon oblique

La méthode du rayon oblique, aussi appelée méthode du foyer secondaire, est un outil très utile pour tracer un rayon qui n'est pas l'un des quatre rayons principaux. Elle permet en effet de construire le rayon réfléchi correspondant à un rayon incident quelconque (figure 3.10). Considérons qu'un rayon paraxial quelconque est incident sur un miroir sphérique; la méthode du rayon oblique se divise en trois étapes :

1. On trace le plan focal (une droite perpendiculaire à la normale au sommet du miroir passant par le foyer).

2. On trace un rayon fictif parallèle au rayon incident en le dirigeant vers le centre de courbure. Ce rayon fictif est réfléchi sur lui-même et coupe le plan focal en un point, qui correspond au foyer secondaire.

3. Par définition du plan focal, le rayon réfléchi (ou son prolongement) correspondant au rayon incident quelconque doit passer par le foyer secondaire.

Figure 3.10

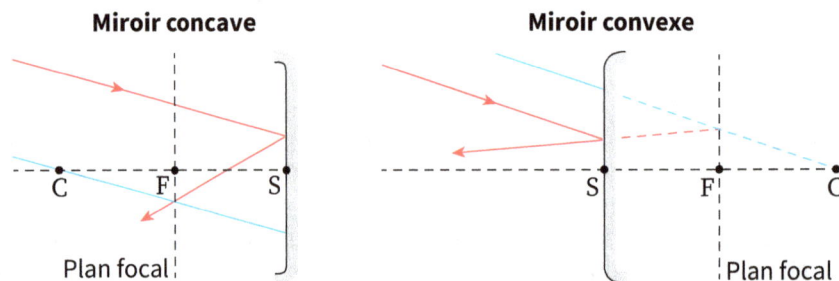

Miroir concave   **Miroir convexe**

Plan focal   Plan focal

Le tracé du rayon réfléchi correspondant à un rayon incident quelconque fait appel à la définition du plan focal.

3.3 Images formées par un miroir sphérique

En optique géométrique, on cherche très souvent à localiser l'image produite par un système optique, pour un objet donné. En principe, la méthode du rayon oblique (dans le cas d'un objet ponctuel) et la méthode des rayons principaux (dans le cas d'un objet étendu) permettent de trouver les caractéristiques de l'image formée par un système optique. En effet, il suffit de tracer deux rayons partant de l'objet et les deux rayons réfléchis correspondants pour déterminer la position de l'image (laquelle se trouve par définition au point de rencontre des deux rayons réfléchis). Toutefois, des tracés de rayons nécessitent une grande minutie si on désire obtenir des valeurs précises pour les caractéristiques de l'image. Des méthodes algébriques, où les caractéristiques de l'image peuvent être directement calculées, sont donc très utiles pour faire preuve de plus de précision. Les méthodes graphiques restent néanmoins utiles pour valider les réponses obtenues par les méthodes algébriques. Il existe deux méthodes algébriques (qui ne sont pas indépendantes) : l'équation de conjugaison et la formule de Newton.

3.3.1 Équation de conjugaison

Une équation de conjugaison (aussi appelée équation de Gauss) est une équation qui relie la distance objet p et la distance image p'. Dans le cas du miroir sphérique, l'équation de conjugaison s'écrit :

Équation de conjugaison pour un miroir

$$\frac{1}{p}+\frac{1}{p'}=\frac{1}{f} \quad , \qquad (3.4)$$

où f est la longueur focale du miroir. Ainsi, si la longueur focale du miroir sphérique et la position de l'objet par rapport au miroir sont connues, on peut obtenir par calcul la position de l'image formée par ce miroir en appliquant l'équation (3.4).

Attention!	L'utilisation de la convention de signes est indispensable

Pour utiliser l'équation (3.4), il est primordial d'affecter chacune des quantités présentes dans l'équation du signe approprié, compte tenu de la convention de signes. Par exemple, si un miroir *convexe* forme l'image d'un objet *virtuel*, les quantités p et f seront toutes deux négatives; le signe (positif ou négatif) de la réponse obtenue pour p' indiquera alors la nature (réelle ou virtuelle) de l'image formée.

Testez votre compréhension 3.4	Concavité du miroir?

Si la distance objet est négative, que la distance image est positive et que la valeur absolue de la distance objet est plus petite que la distance image, alors quelle est la concavité (concave ou convexe) du miroir utilisé?

Pour démontrer l'équation de conjugaison dans le cas du miroir sphérique, considérons l'image A' d'un objet A formé par un miroir sphérique concave de rayon de courbure R (figure 3.11). L'objet A émet des rayons lumineux dans toutes les directions, mais seulement une partie de ces rayons atteignent le miroir. Analysons deux de ces rayons (considérés paraxiaux) : les rayons AS et AI. Le rayon AS est confondu avec la normale au sommet S et il est réfléchi sur lui-même, puisqu'il passe par le centre de courbure C du miroir. Le rayon AI fait un angle α (considéré très petit) avec l'axe optique et rencontre le miroir au point I avec un angle d'incidence θ (qui est lui-même très petit aussi). Le rayon réfléchi IA' fait un angle θ' par rapport à la normale au point I. Les deux rayons réfléchis se croisent au point A', lequel constitue l'image de l'objet A formée par le miroir.

Figure 3.11

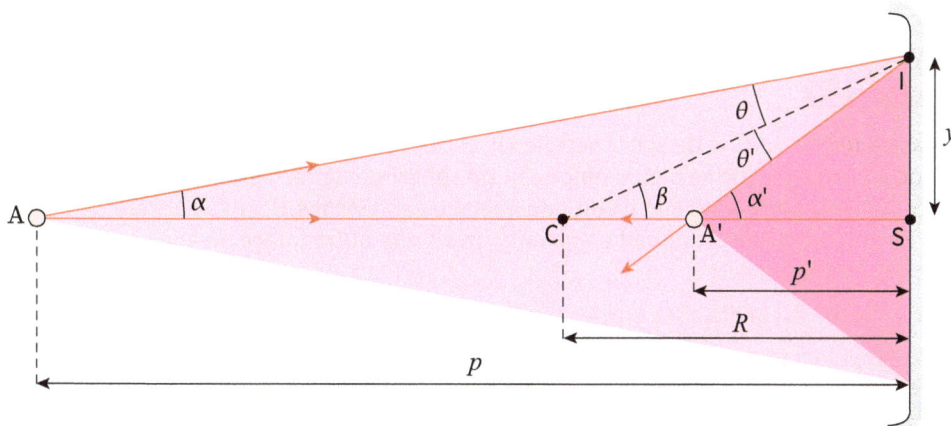

Deux rayons lumineux suffisent pour localiser l'image d'un objet ponctuel placé devant le miroir sphérique.

À partir de la figure 3.11, établissons le lien entre la distance objet p, la distance image p' et le rayon de courbure R. En vertu de la loi de la réflexion, on a : $\theta' = \theta$. Dans les triangles AIC et A'IC, la somme des angles vaut 180°, ce qui permet d'écrire :

$$\alpha + \theta + (180° - \beta) = 180° \quad \Rightarrow \quad \theta = \beta - \alpha \quad \text{et} \quad \beta + \theta' + (180° - \alpha') = 180° \quad \Rightarrow \quad \theta' = \alpha' - \beta \;.$$

En substituant ces deux dernières équations dans la loi de la réflexion, on obtient :

$$\theta' = \theta \quad \Rightarrow \quad \alpha' - \beta = \beta - \alpha \quad \Rightarrow \quad \alpha + \alpha' = 2\beta \;. \tag{3.5}$$

Par trigonométrie, on trouve $\tan\alpha = y/p$, $\tan\beta = y/R$ et $\tan\alpha' = y/p'$. Or, dans le domaine paraxial, les angles α, β et α' sont très petits. On sait que la valeur numérique de la tangente d'un petit angle est presque identique à celle de l'angle lui-même, s'il est exprimé en radians. Donc, dans le présent contexte, on peut faire les approximations suivantes :

$$\alpha \approx \frac{y}{p}, \quad \beta \approx \frac{y}{R} \quad \text{et} \quad \alpha' \approx \frac{y}{p'} \;. \tag{3.6}$$

En remplaçant les expressions de l'équation (3.6) dans l'équation (3.5), on trouve :

$$\alpha + \alpha' = 2\beta \quad \Rightarrow \quad \frac{y}{p} + \frac{y}{p'} = \frac{2y}{R} \;. \tag{3.7}$$

En simplifiant les facteurs y communs à tous les termes de cette équation et en utilisant l'expression de la longueur focale de l'équation (3.1), on obtient finalement l'équation (3.4), ce qu'on voulait démontrer. La démonstration présentée a été faite avec un miroir concave, mais elle s'applique aussi à un miroir convexe, si on tient compte de la convention de signes. On constate dans cette démonstration que l'équation de conjugaison découle strictement de la loi de la réflexion, utilisée dans l'approximation paraxiale (hypothèse nécessaire pour former des images de qualité acceptable).

→ | **Testez votre compréhension 3.5** | Foyer et longueur focale

En utilisant l'équation de conjugaison pour les miroirs sphériques, déterminez la position de l'image formée par un miroir concave si l'objet est infiniment loin devant le miroir. Que devient la position de l'image de l'objet à l'infini si le miroir est convexe?

E | **Exemple 3.1** | L'enjoliveur de roue

Un passionné de voiture de sport nettoie les surfaces intérieure et extérieure d'un enjoliveur de roue qui a la forme d'une mince calotte sphérique réfléchissante. Lorsqu'il regarde la face convexe de l'enjoliveur, il voit une image de son visage 12 cm à l'arrière de l'enjoliveur. Puis, après avoir retourné l'enjoliveur, il voit une autre image de son visage à 36 cm à l'arrière de l'enjoliveur.

a) Quelle est la distance entre son visage et l'enjoliveur de roue?

b) Quel est le rayon de courbure de l'enjoliveur de roue?

Solution

Le problème se divise en deux situations : dans la situation 1, le miroir est convexe ($f_1 < 0$); dans la situation 2, le miroir (une fois retourné) est concave ($f_2 > 0$). Le bilan des données est le suivant : $p_1' = -12$ cm (négatif, car l'image est virtuelle, c'est-à-dire derrière le miroir), $f_1 = -f$ (où f est un nombre positif), $p_2' = -36$ cm (négatif, car l'image est virtuelle) et $f_2 = f$. La distance objet p et la grandeur de la longueur focale f du miroir sont identiques dans chacune des deux situations. On cherche p ainsi que R, la grandeur du rayon de courbure.

On applique l'équation de conjugaison pour les miroirs sphériques dans chaque situation :

$$\frac{1}{p} + \frac{1}{p_1'} = \frac{1}{f_1} \;\Rightarrow\; \frac{1}{p} + \frac{1}{-12\ \text{cm}} = \frac{1}{-f} \;,\; \frac{1}{p} + \frac{1}{p_2'} = \frac{1}{f_2} \;\Rightarrow\; \frac{1}{p} + \frac{1}{-36\ \text{cm}} = \frac{1}{f} \;\cdot$$

On a là deux équations et deux inconnues (p et f). Pour résoudre, on peut additionner les deux équations pour obtenir :

$$\left(\frac{1}{p} + \frac{1}{-12\ \text{cm}}\right) + \left(\frac{1}{p} + \frac{1}{-36\ \text{cm}}\right) = \frac{1}{-f} + \frac{1}{f} \;\Rightarrow\; \frac{2}{p} - \frac{1}{12\ \text{cm}} - \frac{1}{36\ \text{cm}} = 0 \;\Rightarrow\; p = 18\ \text{cm} \;\cdot$$

La distance entre le visage et le miroir est donc de 18 cm (l'objet est bel et bien réel, car p est positif). Avec cette donnée, on peut déduire la longueur focale f du miroir en utilisant la première équation :

$$\frac{1}{p} + \frac{1}{-12\ \text{cm}} = \frac{1}{-f} \;\Rightarrow\; \frac{1}{18\ \text{cm}} + \frac{1}{-12\ \text{cm}} = \frac{1}{-f} \;\Rightarrow\; f = 36\ \text{cm} \;\cdot$$

La grandeur du rayon de courbure du miroir est donc $R = 2f = 2(36\ \text{cm}) = 72\ \text{cm}$. Les schémas suivants illustrent graphiquement les deux situations :

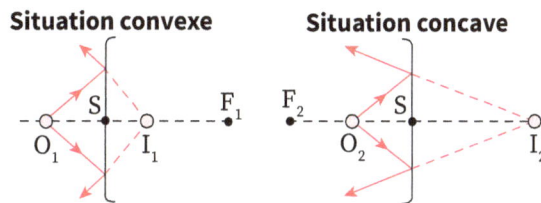

Situation convexe   **Situation concave**

Exemple 3.2   La distance objet-image fixée

On veut former l'image d'un objet réel avec un miroir sphérique concave dont le rayon de courbure est de 32 cm. À quels endroits, par rapport à l'objet, peut-on placer le miroir pour que la distance entre l'objet et l'image soit de 10 cm?

Solution

Le bilan des données est : $R = 32$ cm (le rayon de courbure est positif, car le miroir est concave) et $d = 10$ cm (la distance entre l'objet et l'image). On cherche p, la distance objet. On trouve en premier lieu la longueur focale du miroir :

$$f = \frac{R}{2} = \frac{32\ \text{cm}}{2} = 16\ \text{cm} \;\cdot$$

Il existe trois valeurs possibles de p qui font en sorte que la distance entre l'objet et l'image vaut d (voir les trois cas possibles illustrés ci-dessous).

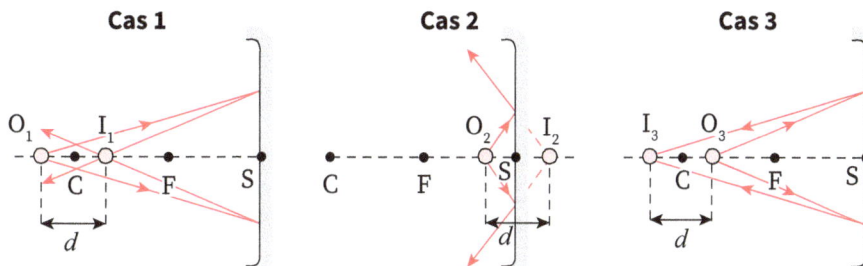

Cas 1   **Cas 2**   **Cas 3**

Dans le cas 1, on a $d = p_1 - p_1'$ (où $p_1' > 0$); dans le cas 2, on a $d = p_2 - p_2'$ (où $p_2' < 0$); et dans le cas 3, on a $d = p_3' - p_3$. Écrivons l'équation de conjugaison pour les cas 1 et 2 :

$$\frac{1}{p} + \frac{1}{p'} = \frac{1}{f} \quad \Rightarrow \quad \frac{1}{p} + \frac{1}{p-d} = \frac{1}{f} \quad \Rightarrow \quad \frac{1}{p} + \frac{1}{p-10\text{ cm}} = \frac{1}{16\text{ cm}} \quad .$$

Il faut maintenant isoler p dans cette dernière équation. Mettons les deux termes du membre de gauche de l'équation au même dénominateur :

$$\frac{p-10+p}{p(p-10)} = \frac{1}{16} \quad \Rightarrow \quad 16(2p-10) = p(p-10) \quad \Rightarrow \quad 32p-160 = p^2-10p \quad ,$$

où les valeurs numériques sont exprimées en cm. On constate qu'il s'agit d'une équation quadratique, que l'on peut écrire sous la forme standard et que l'on peut ensuite résoudre :

$$p^2 - 42p + 160 = 0 \quad \Rightarrow \quad p = \frac{42 \pm \sqrt{(-42)^2 - 4(160)}}{2} \quad .$$

Les deux solutions à cette équation quadratique sont donc : $p_1 = 37{,}76$ cm (cas 1) et $p_2 = 4{,}237$ cm (cas 2). Les distances objets sont positives, ce qui confirme que les objets sont réels, comme il se doit. En appliquant l'équation de conjugaison, on peut trouver les distances images correspondantes :

$$\frac{1}{p_1} + \frac{1}{p_1'} = \frac{1}{f} \quad \Rightarrow \quad \frac{1}{37{,}76\text{ cm}} + \frac{1}{p_1'} = \frac{1}{16\text{ cm}} \quad \Rightarrow \quad p_1' = 27{,}76\text{ cm} \quad ,$$

$$\frac{1}{p_2} + \frac{1}{p_2'} = \frac{1}{f} \quad \Rightarrow \quad \frac{1}{4{,}237\text{ cm}} + \frac{1}{p_2'} = \frac{1}{16\text{ cm}} \quad \Rightarrow \quad p_2' = -5{,}763\text{ cm} \quad .$$

On constate bel et bien que $p_1 - p_1' = 10$ cm (avec une image réelle, car p_1' est positif) et on constate que $p_2 - p_2' = 10$ cm (avec une image virtuelle, car p_2' est négatif).

Écrivons l'équation de conjugaison pour le cas 3 :

$$\frac{1}{p_3} + \frac{1}{p_3'} = \frac{1}{f} \quad \Rightarrow \quad \frac{1}{p_3} + \frac{1}{p_3+d} = \frac{1}{f} \quad \Rightarrow \quad \frac{1}{p_3} + \frac{1}{p_3+10\text{ cm}} = \frac{1}{16\text{ cm}} \quad .$$

Ici encore, mettons les deux termes du membre de gauche de l'équation au même dénominateur :

$$\frac{10+p_3+p_3}{p_3(10+p_3)} = \frac{1}{16} \quad \Rightarrow \quad 16(10+2p_3) = p_3(10+p_3) \quad \Rightarrow \quad 160+32p_3 = 10p_3 + p_3^2 \quad .$$

où les valeurs numériques sont exprimées en cm. Il suffit maintenant de résoudre cette équation quadratique:

$$p_3^2 - 22p_3 - 160 = 0 \quad \Rightarrow \quad p_3 = \frac{22 \pm \sqrt{(-22)^2 - 4(-160)}}{2} \quad .$$

Les deux solutions à cette équation quadratique sont : p_3 = 27,76 cm et −5,763 cm. La deuxième réponse est impossible physiquement, car elle correspond à un objet virtuel, ce qui n'est pas le cas ici. Remarquons que la position objet p_3 = 27,76 cm est identique à la position image p_1' = 27,76 cm. Ceci est une conséquence du principe de réversibilité : si on permute le rôle de l'objet et de l'image dans le cas 1, on retrouve le cas 3.

En somme, les trois endroits, par rapport à l'objet, où l'on peut placer le miroir pour que la distance entre l'objet et l'image soit de 10 cm sont : 37,8 cm, 4,24 cm et 27,8 cm.

3.3.2 Formule de Newton

La formule de Newton, énoncée en 1704 par le physicien anglais Isaac Newton (1642–1727) dans son ouvrage *Opticks* (figure ci-contre), est une autre façon d'exprimer l'équation de conjugaison. Dans l'équation de conjugaison, les distances objet et image sont mesurées par rapport au miroir sphérique; dans la formule de Newton, les distances sont plutôt mesurées par rapport au foyer du système optique (figure ci-dessous). Cette façon de mesurer les distances simplifie grandement la forme de l'équation de conjugaison, qui devient :

$$xx' = f^2 \ , \tag{3.8}$$

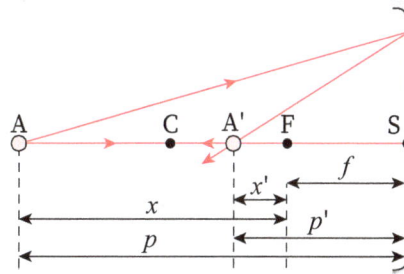

Formule de Newton pour un miroir sphérique

où $x = p - f$ est la distance objet par rapport au foyer et $x' = p' - f$ est la distance image par rapport au foyer. Comme dans le cas des distances objet et image, il existe une convention de signes pour les distances x et x'.

Convention de signes 3.2	Distance entre le foyer et l'objet et distance entre le foyer et l'image (miroir sphérique)
Les distances x et x' sont positives si l'objet et l'image sont derrière le foyer F (s'ils sont à gauche de F) et négatives si l'objet et l'image sont devant le foyer (s'ils sont à droite de F).	

La formule de Newton nous renseigne sur le fait que les distances x et x' doivent nécessairement être de même signe (car le carré de la longueur focale est toujours positif), ce qui signifie que l'objet et l'image sont toujours du même côté du foyer du miroir.

On peut démontrer la formule de Newton simplement en remplaçant dans l'équation de conjugaison les expressions des distances objet et image par rapport au foyer. En multipliant par $pp'f$ tous les termes de l'équation (3.4), on obtient :

$$p'f + pf = pp' \ . \tag{3.9}$$

En substituant $p = x + f$ et $p' = x' + f$ (par définition de la distance objet x et de la distance image x' par rapport au foyer) dans l'équation (3.9), on trouve :

$$(x' + f)f + (x + f)f = (x + f)(x' + f) \ . \tag{3.10}$$

En distribuant, puis en simplifiant les termes identiques, on retrouve la formule de Newton donnée à l'équation (3.8), ce qu'il fallait démontrer.

E

Exemple 3.3	Le miroir anti-collision

Au croisement de deux couloirs dans un édifice, un miroir sphérique convexe est fixé sur le haut d'un mur pour aider les personnes qui y circulent à éviter les collisions. La grandeur du rayon de courbure du miroir est de 54 cm. Lorsque vous êtes situé à 2 m du miroir, quelle est la distance entre le miroir et votre image? Quelle est la nature de votre image?

Solution

Le bilan des données est le suivant : $R = -54$ cm (négatif, car le miroir est convexe) et $p = +200$ cm (positif car l'objet est réel). On cherche la distance image p'. On trouve d'abord la longueur focale du miroir :

$$f = \frac{R}{2} = \frac{-54 \text{ cm}}{2} = -27 \text{ cm} \ \cdot$$

En utilisant l'équation de conjugaison pour les miroirs sphériques, on trouve :

$$\frac{1}{p} + \frac{1}{p'} = \frac{1}{f} \quad \Rightarrow \quad \frac{1}{200 \text{ cm}} + \frac{1}{p'} = \frac{1}{-27 \text{ cm}} \quad \Rightarrow \quad p' = -23,8 \text{ cm} \ \cdot$$

Puisque la distance image p' est négative, on déduit que l'image est virtuelle (située derrière le miroir). La distance entre le miroir et l'image est donc $p' = -23,8$ cm. Le schéma suivant représente la situation graphiquement :

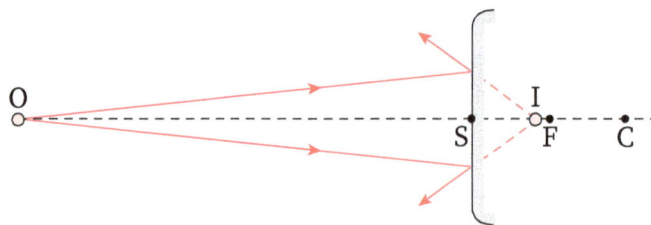

On peut résoudre le problème au moyen de la formule de Newton. La distance entre l'objet et le foyer du miroir est $x = p - f = 200$ cm $- (-27$ cm$) = 227$ cm. En appliquant la formule de Newton, on obtient :

$$xx' = f^2 \quad \Rightarrow \quad x' = \frac{f^2}{x} = \frac{(-27 \text{ cm})^2}{227 \text{ cm}} = 3,21 \text{ cm} \ \cdot$$

La distance image est donc, comme précédemment : $p' = x' + f = 3,21$ cm $- 27$ cm $= -23,8$ cm.

3.4 Caractéristiques de l'image d'un objet étendu

Jusqu'ici, on s'est intéressé à la formation d'images (ponctuelles) à partir d'objets ponctuels. Toutefois, en pratique, les objets placés devant un miroir ont des dimensions finies, ce qu'on appelle des objets étendus. Non seulement la position de l'image de tels objets étendus doit être déterminée, mais aussi ses dimensions transversale et longitudinale rapport à celles de l'objet. Deux nouvelles quantités physiques sont utiles pour caractériser l'image d'un objet étendu : les grandissements transversal et longitudinal.

3.4.1 Image d'un objet étendu

Un objet étendu peut être considéré comme un ensemble continu d'objets ponctuels (figure 3.12, en haut à gauche). Le miroir sphérique forme une image ponctuelle de chacun des objets ponctuels qui constituent l'objet étendu. Parmi tous les rayons lumineux issus de chacun des points de l'objet, seuls des faisceaux de lumière relativement minces divergeant de ces points se rendent au miroir. L'axe optique de chacun de ces faisceaux rencontrent le miroir au sommet S. Le foyer du miroir est situé à mi-chemin entre le sommet S et le centre de courbure C. Pour obtenir une qualité d'image acceptable (en évitant notamment l'aberration sphérique), on se limite au *domaine paraxial*, c'est-à-dire que tous les rayons utilisés ici sont paraxiaux.

En pratique, il suffira de déterminer la position de l'image de deux points de l'objet étendu pour localiser dans l'ensemble l'image de l'objet. Dans cette section, supposons que l'objet étendu est un corps rectiligne perpendiculaire à la normale au sommet du miroir. Les deux points qui sont généralement choisis sont les suivants (figure 3.12, en haut à gauche) :

1. le point B qui correspond à l'une des extrémités de l'objet et

2. le point A situé sur la normale au sommet du miroir (il arrivera souvent que le point A correspondra à l'autre extrémité de l'objet).

Figure 3.12

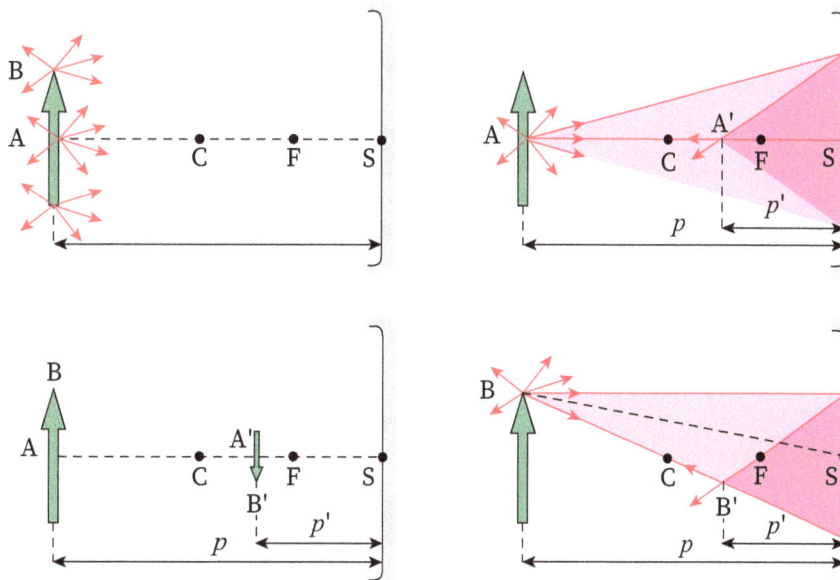

Un objet étendu peut être considéré comme un continuum d'objets ponctuels, dont le miroir forme l'image.

L'image du point A se trouve au point A' (figure 3.12, en haut à droite). Il s'agit de la même situation que celle analysée dans la section 3.3.1 où on localise l'image d'un objet ponctuel situé sur un axe optique confondu avec la normale au sommet S du miroir. On peut déterminer la position de l'image A' avec la méthode du rayon oblique ou simplement avec l'équation de conjugaison pour le miroir sphérique.

L'image du point B, quant à elle, se situe au point B' (figure 3.12, en bas à droite). Pour trouver la position du point B', on peut utiliser la méthode du rayon oblique afin de représenter la trajectoire de deux rayons lumineux issus du point B : la position de l'image B' est le point de rencontre des deux rayons réfléchis. Le trait en ligne tiretée sur la figure 3.12, en bas à droite, représente l'axe optique du faisceau de lumière issu du point objet B; ce faisceau arrive donc à incidence oblique puisque son axe optique fait un angle avec la normale au sommet S du miroir. Toutefois, on considère que cet angle est très faible, ce qui implique que l'objet étendu doit avoir une petite dimension par rapport au rayon de courbure du miroir (ce qui ne parait pas visuellement sur un schéma dont la dimension transversale est grandement étirée par rapport à la dimension longitudinale). En produisant l'image d'objets de relativement petite taille, on évite ainsi une aberration géométrique qu'on nomme l'*astigmatisme des faisceaux obliques*. Désormais, on admettra toujours que l'objet étendu est suffisamment petit pour ne considérer qu'un seul axe optique, à savoir celui qui est confondu avec la normale au sommet S du système optique.

Une fois les points A' et B' localisés, on peut interpoler la position des images de tous les autres points de l'objet étendu (figure 3.12, en bas à gauche). Rigoureusement, le point B est plus éloigné du sommet S que ne l'est le point A. Ceci fait en sorte que l'image B' est légèrement plus rapprochée du sommet S que ne l'est l'image A'. En conséquence, l'image de l'objet étendu n'est pas parfaitement rectiligne, mais légèrement courbée. Ce phénomène constitue une aberration géométrique appelée la *courbure de champ*. Toutefois, puisqu'on suppose que l'objet a une petite taille par rapport au rayon de courbure du miroir, alors les points A et B sont très près l'un de l'autre et sont donc approximativement situés à la même distance du sommet S. En conséquence, on peut négliger la courbure de l'image et considérer que l'image est rectiligne et perpendiculaire à la normale au sommet du miroir si l'objet est lui-même rectiligne et perpendiculaire à la normale au sommet du miroir.

Que se passe-t-il si un objet réel étendu est placé au foyer du miroir? Dans un tel cas, l'image est formée à l'infini (figure ci-contre). En effet, en remplaçant $p = f$ dans l'équation de conjugaison (3.4), on obtient $1/p' = 0$, ce qui signifie physiquement que la distance image p' tend vers l'infini. Un tracé de rayons principaux permet aussi tirer la même conclusion (le rayon principal impliquant un rayon incident passant par le foyer ne peut pas être représenté) : les rayons réfléchis par le miroir sont parallèles entre eux, ce qui veut dire qu'ils se rencontrent physiquement à l'infini devant le miroir. De façon équivalente, on peut dire aussi que les prolongements des rayons réfléchis se croisent à l'infini derrière le miroir. Conséquemment, on peut aussi bien dire que l'image est réelle et renversée ou virtuelle et droite.

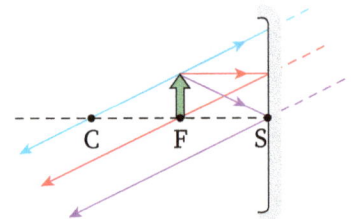

3.4.2 Grandissement transversal

De façon générale, si un objet étendu a une hauteur y (dans la direction transversale à l'axe optique), l'image formée par le système optique a une hauteur y' qui est différente de celle de l'objet. Pour demeurer dans le domaine paraxial (condition nécessaire pour obtenir des images de qualité satisfaisante), il faut que la hauteur y de l'objet soit petite par rapport au rayon de courbure R du miroir, à la distance objet p et à la distance image p'. Le grandissement transversal g, aussi appelé grandissement latéral, est défini par le rapport entre la hauteur de l'image et celle de l'objet et il s'exprime en termes des distances objet et image :

$$g = \frac{y'}{y} = -\frac{p'}{p} \; . \tag{3.11}$$

Grandissement
transversal avec
un miroir

Si $|g| > 1$, l'image est agrandie par rapport à l'objet, alors que si $|g| < 1$, l'image est réduite par rapport à l'objet. Pour utiliser adéquatement cette expression du grandissement transversal, il faut utiliser la convention de signes pour les hauteurs.

Convention de signes 3.3	Hauteurs de l'objet et de l'image
Les hauteurs y et y' sont positives si elles sont mesurées au-dessus de l'axe optique et elles sont négatives si elles sont mesurées en dessous de l'axe optique.	

Pour démontrer l'expression du grandissement transversal à partir de sa définition, on fait d'abord un tracé de rayons principaux pour localiser l'image d'un objet étendu formée par un miroir sphérique concave (figure 3.13). L'image du point B (l'extrémité de l'objet étendu) est au point B', ce qu'on peut trouver en utilisant deux rayons principaux (celui qui passe par le centre de courbure C et celui qui passe par le sommet S du miroir). L'image du point A est située sur l'axe optique, vis-à-vis le l'image du point B (hypothèse valide dans la limite paraxiale).

Figure 3.13

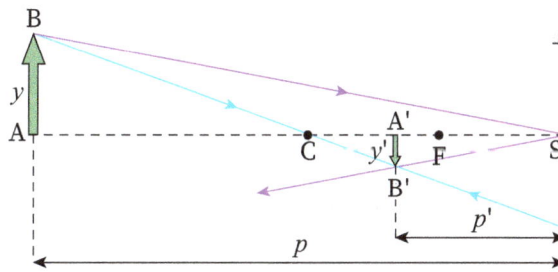

Avec deux rayons principaux, on localise une des extrémités de l'image d'un objet étendu placé devant un miroir sphérique concave; puisque l'autre des extrémités de l'objet étendu est sur l'axe optique, l'autre extrémité de l'image est également sur l'axe optique.

Les triangles rectangles ABS et A'B'S sont semblables, parce que l'angle d'incidence du rayon qui passe par le sommet S est égal à l'angle de réflexion (loi de la réflexion). Ceci permet de dire que les hauteurs y et $-y'$ sont dans le même rapport que les distances p et p' :

$$\frac{-y'}{y} = \frac{p'}{p} \; .$$

Dans cette équation, nous avons tenu compte de la convention de signes : l'objet et l'image sont réels, ce qui implique p et p' sont positifs; toutefois, tandis que y est positif puisqu'il est mesuré au-dessus de l'axe optique, y' est négatif puisqu'il est mesuré en dessous de l'axe (il faut donc l'affecter d'un signe moins pour que $-y'$ soit une quantité positive). En isolant le rapport y'/y, qui correspond précisément à la définition du grandissement transversal g, on retrouve l'équation (3.11), ce qu'on voulait prouver.

E | **Exemple 3.4** | La boule de Noël

Une boule de Noël a la forme d'une sphère métallique réfléchissante ayant un diamètre de 8 cm. Lorsque vous vous regardez dans la boule de Noël, l'image de votre visage formée par la décoration de Noël représente les trois quarts de la taille réelle de votre visage.

a) L'image de votre visage est-elle droite ou renversée par rapport à votre visage?

b) Quelle est position de l'image par rapport à la surface de la boule de Noël? Quelle est la nature de l'image?

Solution

a) L'image de votre visage est droite, ce qui peut être vérifié par un simple tracé de rayons principaux (voir le schéma ci-dessous). En effet, un objet réel placé devant un miroir convexe donne toujours une image droite. Vous pouvez aussi le vérifier expérimentalement en vous observant dans le dos d'une cuillère.

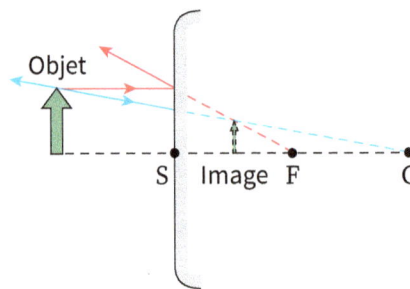

b) Le bilan des données est $R = -4$ cm (car le rayon de courbure est la moitié du diamètre de la sphère et R est négatif, car la surface réfléchissante est convexe) et $g = 0,75$ (positif, car l'image est droite). La longueur focale du miroir vaut :

$$f = \frac{R}{2} = \frac{-4 \text{ cm}}{2} = -2 \text{ cm} \cdot$$

L'équation de conjugaison et l'expression du grandissement transversal s'écrivent :

$$\frac{1}{p} + \frac{1}{p'} = \frac{1}{f} \quad \text{et} \quad g = -\frac{p'}{p} \cdot$$

On a deux équations et deux inconnues (p et p'). Pour résoudre, on peut isoler la distance objet p dans l'équation du grandissement transversal ($p = -p'/g$) et la substituer dans l'équation de conjugaison :

$$\frac{g}{-p'} + \frac{1}{p'} = \frac{1}{f} \quad \Rightarrow \quad \frac{1-g}{p'} = \frac{1}{f} \quad \Rightarrow \quad p' = f(1-g) = (-2 \text{ cm})(1-0,75) = -1,5 \text{ cm} \cdot$$

L'image de votre visage est à 1,5 cm derrière la surface réfléchissante; l'image est virtuelle (car la distance image p' est négative).

Le grandissement transversal est bien plus qu'une valeur numérique : son signe permet de caractériser qualitativement une image, ce qu'on peut résumer ainsi :

g positif ⇔ image droite par rapport à l'objet ⇔ objet et image de natures opposées

g négatif ⇔ image renversée par rapport à l'objet ⇔ objet et image de même nature

En effet, en vertu de l'équation (3.11), si $g > 0$, alors y' et y sont de même signe, ce qui veut dire que l'objet et l'image pointent dans la même direction transversale (les deux ont « la tête en haut » ou « la tête en bas »). Aussi, si $g > 0$, alors p et p' sont de signes contraires, ce qui implique que l'image est virtuelle ($p' < 0$) si l'objet est réel ($p > 0$) et que l'image est réelle ($p' > 0$) si l'objet est virtuel ($p < 0$). Des conclusions inverses s'appliquent si $g < 0$.

Testez votre compréhension 3.6	Quel est le type de miroir utilisé?

(a) D'un objet réel, un miroir sphérique forme une image telle que $g = 0{,}25$. Donnez trois caractéristiques de l'image. Le miroir utilisé est-il concave ou convexe?

(b) D'un objet virtuel, un miroir sphérique forme une image renversée dont la taille transversale est deux fois plus grande que celle de l'objet. L'image est-elle réelle ou virtuelle? Le miroir utilisé est-il concave ou convexe?

Les fabricants d'automobiles inscrivent dans le rétroviseur droit la remarque suivante : « *Objects in mirrors are closer than they appear* (les objets observés avec le miroir sont plus près qu'ils ne le paraissent) ». La raison est que le rétroviseur droit d'une voiture est un miroir convexe qui forme d'un objet réel une image virtuelle de taille inférieure à celle de l'objet. Les images formées étant plus petites que celles produites par un miroir plan (comme celui du rétroviseur gauche), notre cerveau interprète cela comme étant issus d'objets plus éloignés qu'ils ne le sont en réalité.

Exemple 3.5	L'image projetée sur le mur

Un miroir sphérique sert à produire d'un objet réel une image cinq fois plus grande projetée sur un mur situé à 4 m de l'objet.

    a)   Le miroir requis est-il concave ou convexe?

    b)   Où le miroir doit-il être placé par rapport à l'objet?

    c)   Quel est le rayon de courbure du miroir?

Solution

    a)   Le miroir doit être concave, car l'image qu'il forme est réelle (elle est projetée sur un écran). En effet, d'un objet réel, un miroir convexe ne peut pas produire d'images réelles.

    b)   Le tracé de rayons principaux ci-dessous illustre la situation.

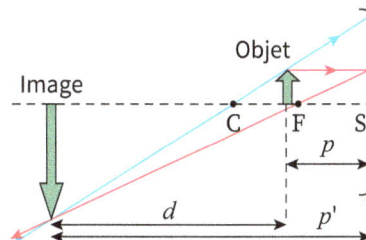

On remarque immédiatement que l'image est renversée par rapport à l'objet. On peut parvenir à cette conclusion également en analysant l'expression du grandissement : puisque l'objet et l'image sont réels ($p > 0$ et $p' > 0$), le grandissement transversal $g = -p'/p$ est nécessairement négatif, ce qui signifie que l'image est renversée. Le bilan des données est le suivant : $g = -5$ (car l'image est renversée ou car l'objet et l'image sont de même nature) et $d = 400$ cm (la distance entre l'image et l'objet). Attention ! La donnée de 400 cm n'est ni p ni p'; il s'agit en fait de $d = p' - p$ (voir la figure ci-dessus). On cherche R (le rayon de courbure du miroir) et p (la distance objet).

L'expression de la distance entre l'image et l'objet, celle du grandissement transversal et l'équation de conjugaison s'écrivent :

$$d = p' - p \qquad\qquad g = -\frac{p'}{p} \qquad\qquad \frac{1}{p} + \frac{1}{p'} = \frac{1}{f}$$

Il s'agit d'un système de trois équations et de trois inconnues (p, p' et f) : on peut le résoudre. Pour ce faire, on peut isoler p' dans l'expression du grandissement transversal, $p' = -pg$, et le substituer dans l'expression de d, ce qui permet de déterminer p :

$$d = p' - p = (-pg) - p = -p(g+1) \;\Rightarrow\; p = \frac{-d}{g+1} = \frac{-(400 \text{ cm})}{-5+1} = 100 \text{ cm} \cdot$$

On obtient une distance objet p positive, ce qui confirme que l'objet est réel, comme il se doit. Le miroir doit donc être à 1 m de l'objet.

c)   Pour déterminer le rayon de courbure du miroir, il faut d'abord trouver la distance image, qu'on peut trouver en utilisant le grandissement transversal :

$$g = -\frac{p'}{p} \;\Rightarrow\; p' = -pg = -(100 \text{ cm})(-5) = 500 \text{ cm} \cdot$$

Ici encore, on obtient une distance image p' positive, ce qui confirme que l'image est réelle, comme il se doit (elle est projetée sur un écran). De plus, on peut vérifier que $p' - p$ vaut bien 400 cm. On trouve la longueur focale en utilisant l'équation de conjugaison :

$$\frac{1}{p} + \frac{1}{p'} = \frac{1}{f} \;\Rightarrow\; \frac{1}{100 \text{ cm}} + \frac{1}{500 \text{ cm}} = \frac{1}{f} \;\Rightarrow\; f = 83{,}3 \text{ cm} \cdot$$

La longueur focale du miroir est positive, puisque le miroir est concave. Le rayon de courbure du miroir requis dans cette situation est donc $R = 2f = 2(83{,}3 \text{ cm}) = 167 \text{ cm}$.

3.4.3 Grandissement longitudinal

L'image d'un objet qui occupe un espace tridimensionnel devant un système optique sera aussi tridimensionnelle. Le système optique, on l'a vu à la section précédente, affecte la dimension transversale de l'image par rapport à celle de l'objet ; il affecte aussi la dimension longitudinale. Le rapport de la profondeur de l'image sur celle de l'objet se nomme grandissement longitudinal et s'exprime en termes du grandissement transversal :

Grandissement
longitudinal
avec un miroir

$$g_L = \frac{z'}{z} = \frac{p'^2}{p^2} = g^2 \; , \qquad\qquad (3.12)$$

où z est la profondeur de l'objet et z' est celle de l'image. On obtient le dernier membre de l'égalité de l'équation (3.12) en utilisant l'équation (3.11). Le grandissement longitudinal est toujours positif (puisque le carré du grandissement transversal est toujours positif). On peut interpréter le signe positif du grandissement longitudinal comme suit : si une flèche pointe vers le miroir (dans le sens des rayons incidents), l'image de cette flèche pointe à l'opposé du miroir (dans le sens des rayons réfléchis), et ce, pour n'importe quelle position de l'objet par rapport au miroir (figure 3.14). L'équation (3.12) montre aussi que si $|g| > 1$, alors $|g_L| > 1$ également, tandis que si $|g| < 1$, alors $|g_L| < 1$. Ceci veut dire par exemple que si l'image est agrandie transversalement, elle l'est aussi longitudinalement.

Convention de signes 3.4	Profondeur des objets et des images

La distance z est positive si elle est mesurée en allant dans le sens des rayons incidents et elle est négative si elle est mesurée en allant contre les rayons incidents.

La distance z' est positive si elle est mesurée en allant dans le sens des rayons émergents et elle est négative si elle est mesurée en allant contre les rayons émergents.

Testez votre compréhension 3.7	Grandissement longitudinal unitaire

Dans quelles conditions peut-on obtenir, à partir d'un objet réel placé devant un miroir, un grandissement longitudinal valant un si (a) l'image est réelle? (b) l'image est virtuelle?

Figure 3.14

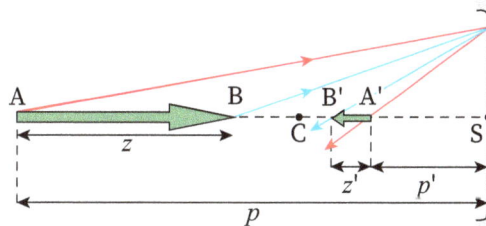

Un miroir sphérique forme d'un objet étendu ayant une dimension longitudinale non nulle une image ayant une dimension longitudinale différente de celle de l'objet. Les dimensions longitudinales de l'objet et de l'image sont exagérées pour plus de clarté.

Démontrons l'expression du grandissement longitudinal à partir de sa définition et de la figure 3.14. L'image du point A (l'extrémité de l'objet la plus éloignée du miroir) formée par le miroir est au point A'. Si la distance objet de A est p et que la distance image de A' est p', alors ces distances sont reliées entre elles par l'équation de conjugaison :

$$\frac{1}{p} + \frac{1}{p'} = \frac{1}{f} \ ,$$

(3.13)

où f est la longueur focale du miroir. Quant à elle, l'image du point B (l'extrémité de l'objet la plus près du miroir) formée par le miroir est au point B'. Les distances objet et image de ces points sont elles aussi reliées entre elles par l'équation de conjugaison (voir la figure 3.14) :

$$\frac{1}{p-z} + \frac{1}{p'+z'} = \frac{1}{f} \ .$$

(3.14)

En soustrayant l'équation (3.13) de l'équation (3.14), on élimine ainsi la longueur focale pour obtenir :

$$\left(\frac{1}{p-z}-\frac{1}{p}\right)+\left(\frac{1}{p'+z'}-\frac{1}{p'}\right)=0 \quad .$$

En mettant chacun des deux termes entre parenthèses au même dénominateur, on a :

$$\frac{z}{p(p-z)}-\frac{z}{p'(p'+z')}=0 \quad .$$

On suppose que l'objet et son image ont une dimension longitudinale petite par rapport aux distances objet et image, de sorte que $p(p-z) \approx p^2$ et $p'(p'+z') \approx p'^2$. Ainsi, l'équation précédente devient approximativement :

$$\frac{z}{p^2}-\frac{z'}{p'^2}=0 \quad .$$

En isolant le rapport z'/z dans cette dernière équation, rapport qui correspond à la définition du grandissement longitudinal, on trouve le résultat donné à l'équation (3.12), ce qu'on voulait démontrer.

Miroir plan   Avec les résultats généraux des miroirs sphériques, on peut analyser le cas particulier du miroir plan. Le rayon de courbure d'un miroir plan est infini ($R = \infty$). En effet, plus le rayon de courbure est grand, moins la courbure du miroir est prononcée; à la limite, si le rayon de courbure du miroir est infini, sa surface est plane. Puisque $f = R/2$, il s'ensuit que la longueur focale d'un miroir plan est également infinie. En substituant $f = \infty$ dans l'équation de conjugaison (3.4), on trouve :

$$\frac{1}{p}+\frac{1}{p'}=\frac{1}{\infty}=0 \quad \Rightarrow \quad \frac{1}{p}=-\frac{1}{p'} \quad \Rightarrow \quad p'=-p \quad ,$$

comme mentionné au chapitre 2 (voir l'équation (2.2)). Autrement dit, l'image est à la même distance du miroir que l'objet, mais de l'autre côté du miroir. En substituant $p' = -p$ dans l'équation (3.11), on déduit que le grandissement dans le cas d'un miroir plan vaut toujours un, ce qui confirme que l'image formée par un miroir plan est toujours droite, aussi grande que l'objet et de nature opposée à l'objet. De plus, le grandissement longitudinal vaut toujours un, ce qui signifie que la profondeur de l'image est identique à celle de l'objet. Ici, on peut interpréter le signe positif du grandissement longitudinal comme suit : si on pointe un miroir plan avec notre doigt (dans le sens des rayons incidents), l'image de notre doigt pointe vers le miroir (dans le sens des rayons réfléchis). On peut aussi utiliser les rayons principaux pour localiser l'image virtuelle d'un objet réel formée par un miroir plan (figure ci-dessous) : trois des quatre rayons principaux sont confondus en raison du fait que le centre de courbure et le foyer d'un miroir plan sont situés à l'infini. Bref, un miroir plan forme une image qui est une réplique parfaite de l'objet (dans la limite de l'optique géométrique et en supposant que la qualité du miroir est idéale).

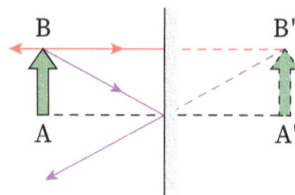

Les schémas suivants récapitulent les différentes situations d'imagerie que l'on peut rencontrer avec un miroir sphérique (concave dans la colonne de gauche et convexe dans la colonne de droite).

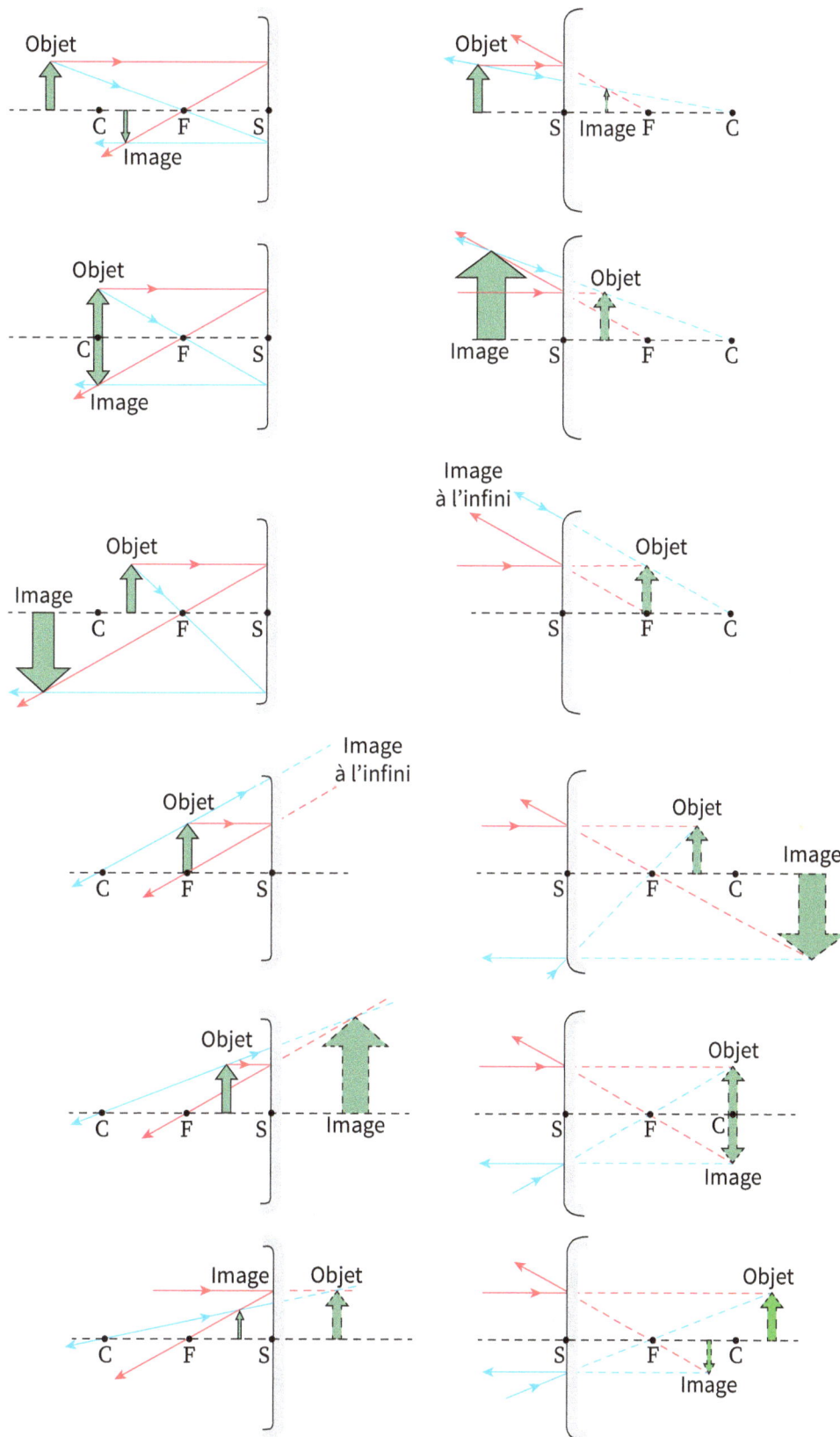

Révision

L'objectif global de ce chapitre est d'être en mesure de déterminer, graphiquement et algébriquement, les caractéristiques de l'image formée par un miroir sphérique. Spécifiquement, vous devriez être capable de répondre aux questions suivantes, ce qui vous permettra de vérifier que vous avez atteint les objectifs pédagogiques de ce chapitre.

Pouvez-vous définir :

- le centre de courbure et de rayon de courbure d'un miroir sphérique?

- le sommet d'un miroir sphérique?

- le stigmatisme approché?

- le foyer et la longueur focale d'un miroir sphérique?

- le grandissement transversal?

- le grandissement longitudinal?

Connaissez-vous :

- la relation entre le rayon de courbure et la longueur focale d'un miroir sphérique?

- la convention de signes associée au rayon de courbure (et à la longueur focale) de miroirs sphériques?

- la convention de signes associée à la hauteur de l'objet et à celle de l'image par rapport à l'axe optique?

- le fait que, pour obtenir des images de qualité satisfaisante, le miroir doit être utilisé dans le domaine paraxial seulement?

- l'équation de conjugaison des miroirs sphériques?

- la convention de signes associée aux longueurs impliquées dans la formule de Newton?

- les quatre rayons principaux des miroirs sphériques dans le domaine paraxial?

Êtes-vous en mesure de :

- résoudre, graphiquement (avec les rayons principaux) et algébriquement (avec l'équation de conjugaison et l'expression du grandissement transversal), des problèmes de formation d'images à l'aide d'un miroir sphérique?

- déterminer la nature, la taille et le sens de l'image, par rapport à l'objet, grâce à la valeur du grandissement transversal?

- construire graphiquement le rayon réfléchi (ou incident) qui correspond à un rayon incident (ou réfléchi) quelconque, en utilisant la méthode du rayon oblique?

Légende :

« Définir » : vous devez être en mesure de donner un énoncé à l'aide de mots seulement.
« Connaitre » : vous devez connaitre par cœur le concept ou le principe.
« En mesure de » : vous devez être capable de faire les exemples, exercices et problèmes en lien avec cet objectif.

Questions

Q1. Quelle condition les faisceaux incidents sur le miroir sphérique et réfléchi par lui doivent-ils satisfaire pour que la qualité des images soit satisfaisante?

Q2. Qu'est-ce que le foyer d'un miroir sphérique?

Q3. Quelle est la distance entre le centre de courbure et le foyer d'un miroir sphérique?

Q4. Quel est le signe de la longueur focale d'un miroir sphérique dont le centre de courbure n'est pas situé du côté des rayons réfléchis?

Q5. Quel est le rayon de courbure d'un miroir plan?

Q6. Pourquoi un rayon lumineux se dirigeant vers le centre de courbure d'un miroir sphérique est-il toujours réfléchi sur lui-même, qu'il soit paraxial ou non?

Q7. Vrai ou faux? (a) Un miroir concave produit toujours une image réelle. (b) Un miroir convexe produit toujours une image virtuelle.

Q8. Dans les parcs d'attractions, des miroirs nous renvoient une image de nous-mêmes très grossie ou très amincie. Pourquoi?

Q9. Si on place un objet réel devant un miroir sphérique concave, quelles sont les caractéristiques de l'image formée si (a) $p > R$; (b) $R > p > R/2$; (c) $p < R/2$?

Q10. Quel type de miroir emploie-t-on si la distance objet p est négative, que la distance image p' est positive, mais que la valeur absolue de p est inférieure à p'?

Q11. D'un objet réel, un miroir sphérique forme une image dont le grandissement transversal vaut +0,5. (a) L'image est-elle plus grande ou plus petite que l'objet? (b) L'image est-elle droite ou renversée? (c) Quelle est la nature de l'image? (d) Le miroir utilisé est-il concave ou convexe?

Q12. D'un objet virtuel, un miroir sphérique forme une image dont le grandissement transversal vaut −2. (a) L'image est-elle plus grande ou plus petite que l'objet? (b) L'image est-elle droite ou renversée? (c) Quelle est la nature de l'image? (d) Le miroir utilisé est-il concave ou convexe?

Q13. Si cela est possible, à quelle condition l'image formée par un miroir concave est-elle (a) réelle; (b) virtuelle; (c) droite; (d) renversée; (e) plus grande que l'objet; (f) plus petite que l'objet?

Q14. Reprenez la question précédente, mais dans le cas où le miroir est convexe.

Exercices

3.2 Méthodes graphiques

Pour les exercices qui suivent, vous devez faire des constructions graphiques à l'échelle, avec les instruments à dessin appropriés (règles, compas, rapporteurs d'angle). On considère que la lumière incidente voyage de gauche à droite et on se limite au domaine paraxial.

E1. Un objet étendu est situé à proximité d'un miroir *concave* de rayon de courbure $R = 3$ cm (voir la figure ci-dessous). À l'aide du tracé de trois rayons principaux, déterminez graphiquement la position de l'image si la distance objet vaut

a) $p = 3$ cm;

b) $p = 2$ cm;

c) $p = 1$ cm;

d) $p = -3$ cm.

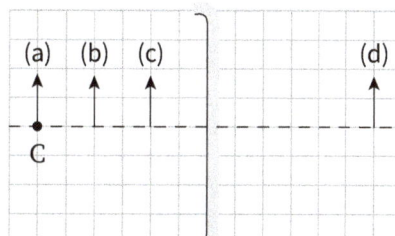

E2. Un objet étendu est situé à proximité d'un miroir *convexe* de rayon de courbure $R = -4$ cm (voir la figure ci-dessous). À l'aide du tracé de trois rayons principaux, déterminez graphiquement la position de l'image si la distance objet vaut

a) $p = 2$ cm;

b) $p = -1$ cm;

c) $p = -3$ cm;

d) $p = -4$ cm.

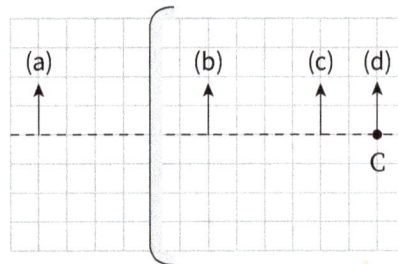

E3. L'image d'un objet étendu est située à proximité d'un miroir sphérique de rayon de courbure $|R| = 4$ cm. Par un tracé de rayons principaux, déterminez la position de l'objet si...

a) $'p' = 3$ cm et que le miroir est concave;

b) $p' = -2$ cm et que le miroir est concave;

c) $p' = 2$ cm et que le miroir est convexe;

d) $p' = -6$ cm et que le miroir est convexe.

E4. Un objet *ponctuel* est situé sur la normale au sommet d'un miroir sphérique de longueur focale $|f| = 1,5$ cm. À l'aide de la méthode du rayon oblique, déterminez graphiquement la position de l'image ponctuelle si...

a) $p = 2$ cm et que le miroir est concave;

b) $p = 3$ cm et que le miroir est convexe;

c) $p = -3$ cm et que le miroir est concave;

d) $p = -2$ cm et que le miroir est convexe.

E5. Reproduisez les schémas ci-dessous en respectant les dimensions relatives (prenez par exemple « 1 carreau = 1 cm »). À partir du rayon lumineux illustré, déterminez la trajectoire du rayon réfléchi ou incident correspondant dans chacun des cas.

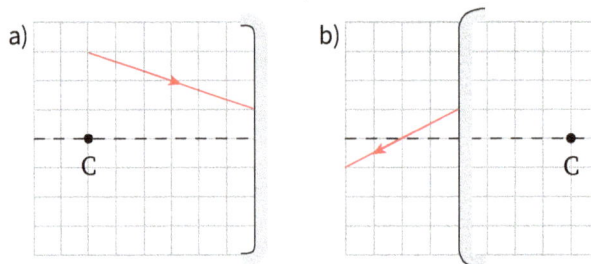

E6. Reproduisez les schémas ci-dessous en respectant les dimensions relatives (prenez par exemple « 1 carreau = 1 cm »). À partir des rayons lumineux illustrés, déterminez la position du centre de courbure et celle du foyer de chacun des miroirs. Aidez-vous des rayons principaux, y compris celui passant par le sommet S du miroir.

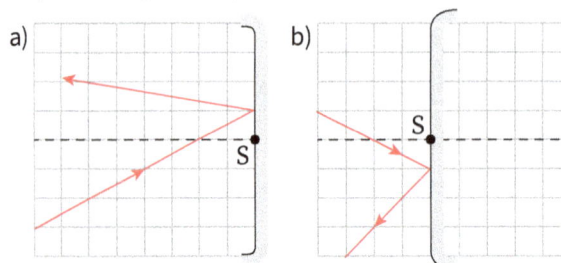

3.3 Images formées par un miroir sphérique

E7.   Des rayons parallèles entre eux sont incidents sur un miroir sphérique concave de 10 cm de rayon de courbure en faisant un angle de 2° par rapport à la normale au sommet du miroir. Où les rayons réfléchis par le miroir se croisent-ils tous?

E8.   Un objet réel ponctuel est placé sur la normale au sommet d'un miroir sphérique, à 18 cm de ce dernier. Les rayons réfléchis par ce miroir créent une image de l'objet qui se trouve exactement à la même position que l'objet.

   a)   Le miroir est-il concave ou convexe?

   b)   Quelle est la longueur focale du miroir?

E9.   Une petite ampoule est située devant un miroir concave de rayon de courbure 32 cm. Où est l'image formée par le miroir si l'objet se trouve, par rapport au miroir, à une distance de (a) 45 cm; (b) 32 cm; (c) 16 cm; (d) 12 cm?

E10.   Une petite luciole immobile est située devant un miroir convexe de longueur focale 24 cm. Où se trouve la luciole si son image est formée derrière le miroir à une distance de 17 cm?

3.4 Caractéristiques de l'image d'un objet étendu

E11.   Un objet de 2 cm de hauteur est situé à 25 cm d'un miroir concave dont la longueur focale vaut 30 cm.

   a)   Quelle est la position et la grandeur transversale de l'image formée par le miroir?

   b)   Quelle est la nature de l'image?

   c)   L'image est-elle droite ou renversée?

   d)   Quel est le grandissement longitudinal?

E12.   On veut produire, à l'aide d'un miroir sphérique, l'image d'une petite ampoule de 1 cm de hauteur sur un écran situé à 3 m du miroir. Si on souhaite que la hauteur de l'image soit de 60 cm, quel doit être le rayon de courbure du miroir utilisé?

E13.   Pour se maquiller, Sophie utilise un miroir concave dont le rayon de courbure est 28 cm. Par rapport à son visage, son image est droite et 2,5 fois plus grande. À quelle distance devant elle Sophie perçoit-elle son image?

E14.   Lorsqu'un faisceau de rayons parallèles arrive à incidence normale sur un miroir, on constate que les prolongements des rayons réfléchis se croisent à 22 cm du miroir derrière lui. On utilise ensuite ce miroir pour former d'un objet réel une image dont la dimension transversale est le quart de la dimension transversale de l'objet. Trouvez la position

   a)   de l'objet;

   b)   de l'image.

E15.   Un miroir sphérique convexe de 45 cm de longueur focale forme d'un objet une image réelle 4 fois plus grande transversalement. Quelles sont la nature et la position de cet objet?

E16.   Un objet réel est à 35 cm d'un miroir concave. Trouvez le rayon de courbure du miroir si l'image est…

   a)   réelle et agrandie transversalement de 25 %;

   b)   virtuelle et agrandie transversalement de 75 %;

   c)   réelle et réduite longitudinalement de 50 %.

Problèmes

P1. Un objet *ponctuel* légèrement hors axe est placé à 12 cm d'un miroir concave de longueur focale 5 cm. L'objet ponctuel est situé à 0,5 cm au-dessus de la normale au sommet du miroir.

   a) À quelle distance de la surface du miroir se trouve l'image ponctuelle de l'objet?

   b) À quelle distance de la normale au sommet du miroir se trouve l'image ponctuelle?

P2. Un objet étendu est placé devant un miroir sphérique; son image est réelle, renversée et quatre fois plus grande transversalement. Sachant que la distance entre l'objet et l'image est de 1,6 m, quel est le rayon de courbure du miroir utilisé?

P3. On souhaite produire l'image d'un objet réel avec un miroir sphérique dont la longueur focale est $|f| = 20$ cm.

   a) À quels endroits, par rapport à l'objet, peut-on placer le miroir pour que la distance entre l'objet et l'image soit de 90 cm?

   b) Quel est le grandissement transversal dans chaque cas?

P4. On emploie un miroir sphérique pour projeter sur un mur l'image du filament d'une lampe. Le filament de la lampe est à 1,5 m du mur. Si on veut que l'image sur le mur soit 12 fois plus grande que l'objet, quelle doit être la longueur focale du miroir?

P5. Un miroir concave produit une image agrandie longitudinalement de 25 % lorsqu'un objet réel est à 15 cm du miroir. Déterminez les deux longueurs focales possibles du miroir.

P6. Dans le but de déterminer le rayon de courbure adéquat de la face concave d'une lentille cornéenne destinée à un patient, un opticien emploie un ophtalmomètre (aussi appelé kératomètre) pour mesurer le rayon de courbure de la cornée. Cet instrument de mesure place un objet lumineux à une distance de 30 cm devant la cornée. Cette dernière reflète une fraction de la lumière issue de l'objet et produit une image virtuelle de cet objet. Le grandissement transversal g de l'image est mesuré grâce à un petit appareil de visée qui permet la comparaison entre la taille de l'image formée par la cornée et une deuxième image étalonnée qu'une combinaison de prismes projette dans le champ de vision de l'opticien. Ici, la valeur du grandissement transversal est de 0,013. Quelle est la grandeur du rayon de courbure de la cornée?

P7. Le télescope de type Cassegrain est constitué d'un miroir primaire concave, qui collecte la lumière parvenant des étoiles, et d'un miroir secondaire convexe, qui produit l'image finale des étoiles sur un capteur photosensible (le miroir primaire est percé en son centre de manière à laisser passer la lumière), comme l'illustre la figure ci-dessous. Le miroir primaire a une longueur focale $f_1 = 50$ cm, le miroir secondaire une longueur focale $f_2 = -12$ cm et la distance entre les deux miroirs est 40,3 cm. Où doit-on placer le capteur, par rapport au miroir primaire, pour détecter l'image finale d'une étoile lointaine produite par le télescope?

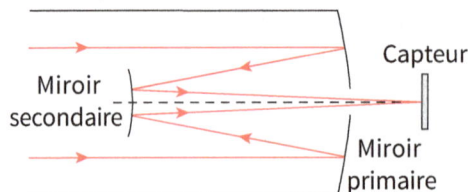

P8. Quelles sont les dimensions transversale et longitudinale de l'image de la Lune formée par le miroir concave du télescope du mont Palomar, qui a une longueur focale de 16,8 m? La Lune est à une distance de 384 000 km et elle a un diamètre de 3 480 km.

Réponses aux Tests de compréhension

3.1 Le rayon de courbure d'un miroir concave est positif, car le centre de courbure est du côté des rayons réfléchis. À l'inverse, le rayon de courbure d'un miroir convexe est négatif, car le centre de courbure n'est pas du côté des rayons réfléchis.

3.2 Tous ces rayons sont paraxiaux. En effet, le miroir étant représenté par une surface plane aux extrémités recourbées, il est sous-entendu que nous travaillons dans le domaine paraxial, où tous les rayons construits sont paraxiaux.

3.3 $f = -15$ cm. Attention! La longueur focale d'un miroir convexe est négative.

3.4 Le miroir est convexe. Si $p < 0$ et que $p' > 0$, alors que $|p| < p'$, il s'ensuit d'après l'équation de conjugaison que f doit être négatif.

3.5 $p' = f$, c'est-à-dire que l'image est formée au foyer du miroir, qu'il soit concave ou convexe. L'image est réelle dans le cas du miroir concave, tandis qu'elle est virtuelle dans le cas du miroir convexe.

3.6 (a) L'image est droite, plus petite que l'objet et virtuelle. Le miroir est convexe. (b) L'image est virtuelle. Le miroir est convexe.

3.7 (a) L'objet réel doit être au centre de courbure d'un miroir concave. (b) L'objet doit être placé devant un miroir plan (un miroir dont le rayon de courbure est infini).

Réponses aux Questions, aux Exercices et aux Problèmes

Questions

Q1. Les faisceaux doivent être paraxiaux, c'est-à-dire que les rayons lumineux doivent faire un angle inférieur à 10° par rapport à l'axe optique.

Q2. Le foyer d'un miroir est le point où se rencontrent les rayons réfléchis correspondant à des rayons incidents parallèles à la normale au sommet du miroir.

Q3. Une distance égale à la longueur focale du miroir (donc égale à la moitié du rayon de courbure).

Q4. Négatif.

Q5. Infini.

Q6. Parce que ce rayon arrive à incidence normale sur le miroir; l'angle de réflexion est donc nul et le rayon revient sur ses pas.

Q7. (a) Faux. (b) Faux.

Q8. Ces miroirs sont courbés, ce qui donne des images dont le grandissement transversal est différent de 1.

Q9. (a) L'image est réelle, renversée et réduite. (b) L'image est réelle, renversée et agrandie. (c) L'image est virtuelle, droite et agrandie.

Q10. Un miroir sphérique convexe.

Q11. (a) Plus petite. (b) Droite. (c) Virtuelle. (d) Convexe.

Q12. (a) Plus grande. (b) Inversée. (c) Virtuelle. (d) Convexe.

Q13. (a) Si $p > R/2$ ou si $p < 0$. (b) Si $0 < p < R/2$. (c) Si $p < R/2$. (d) Si $p > R/2$. (e) Si $0 < p < R$. (f) Si $p > R$ ou si $p < 0$.

Q14. (a) Si $0 > p > -|R|/2$. (b) Si $p > 0$ ou si $p < -|R|/2$. (c) Si $p > -|R|/2$. (d) Si $p < -|R|/2$. (e) Si $0 > p > -|R|$. (f) Si $p > 0$ ou si $p < -|R|$.

Exercices

E1. (a) $p' = 3$ cm. (b) $p' = 6$ cm. (c) $p' = -3$ cm. (d) $p' = 1$ cm.

E2. (a) $p' = -1$ cm. (b) $p' = 2$ cm. (c) $p' = -6$ cm. (d) $p' = -4$ cm.

E3. (a) $p = 6$ cm. (b) $p = 1$ cm. (c) $p = -1$ cm. (d) $p = -3$ cm.

E4. (a) $p' = 6$ cm. (b) $p' = -1$ cm. (c) $p' = 1$ cm. (d) $p' = -6$ cm.

E6. (a) $f = 3$ cm et $R = 6$ cm. (b) $f = -2$ cm et $R = -4$ cm.

E7. À une distance longitudinale (le long de la normale) de 5 cm par rapport au miroir et à une distance transversale (perpendiculaire à la normale) de 1,75 mm par rapport à la normale au miroir.

E8. (a) Concave. (b) 9 cm.

E9. (a) 24,8 cm. (b) 32 cm. (c) Infini. (d) −48 cm.

E10. 58,3 cm.

E11. (a) $p' = -150$ cm et $y' = 12$ cm. (b) Virtuelle. (c) Droite. (d) 36.

E12. 9,84 cm.

E13. 29,4 cm.

E14. (a) 66 cm. (b) −16,5 cm.

E15. $p = -33,8$ cm; l'objet est virtuel.

E16. (a) 38,9 cm. (b) 163 cm. (c) 29,0 cm.

Problèmes

P1. (a) À 8,57 cm de la surface du miroir. (b) À 0,357 cm sous la normale.

P2. 85,3 cm.

P3. (a) Si le miroir est concave, il y a trois possibilités : $p_1 = 114,2$ cm, $p_2 = 24,2$ cm et $p_3 = 15,8$ cm. Si le miroir est convexe, il y a une possibilité : $p_4 = 74,2$ cm. (b) Les grandissements sont respectivement : $g_1 = -0,212$, $g_2 = -4,71$, $g_3 = 4,71$ et $g_4 = 0,212$.

P4. 12,6 cm.

P5. 7,92 cm et 142 cm.

P6. 7,90 mm.

P7. 10,3 cm.

P8. Dimension transversale : 15,2 cm (image renversée). Dimension longitudinale : 6,66 nm.

4 | Réfraction et dioptres plans

La nappe de ce couvert excentrique est en fait constituée d'un rideau de fibres optiques transversées par de la lumière. Une fibre optique, utilisée de nos jours couramment en télécommunication, est en fait un « tuyau de lumière » fait en verre, dans lequel les rayons lumineux sont guidés le long de la fibre. Le fonctionnement de la fibre optique est fondé sur le principe de la réflexion totale interne de la lumière à l'interface entre deux milieux d'indices de réfraction différents. En pratique, une partie de la lumière est diffusée hors de la fibre, ce qui illumine la paroi de la fibre. Comment expliquer l'existence de la réflexion totale interne? Dans ce chapitre, nous étudions le phénomène de la réfraction dans son ensemble, la réflexion totale interne pouvant survenir dans des conditions de réfraction bien particulières.

Aperçu du chapitre 4

Loi de la réfraction

Lorsque la lumière passe d'un milieu transparent à un autre, on dit qu'elle subit une réfraction. Un dioptre est la surface de séparation des deux milieux d'indices de réfraction différents.

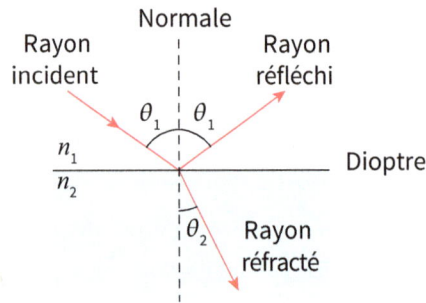

L'angle d'incidence θ_1 et l'angle de réfraction θ_2, tous deux mesurés par rapport à la normale au dioptre, sont reliés par la loi de Snell–Descartes :

$$n_1 \sin\theta_1 = n_2 \sin\theta_2 \ ,$$

où n_1 est l'indice de réfraction du milieu où se trouve le rayon incident et n_2 est celui du milieu où est le rayon réfracté. Lorsque la lumière cherche à passer d'un milieu plus réfringent à un milieu moins réfringent, elle est totalement réfléchie par le dioptre si l'angle d'incidence est supérieur à l'angle critique (phénomène de réflexion totale interne). L'angle critique θ_c pour une paire de milieux donnée est l'angle d'incidence correspondant à un angle de réfraction de 90° dans le milieu d'indice de réfraction le plus faible.

Image formée par un dioptre plan

Pour qu'un dioptre plan produise des images stigmatiques, on doit se limiter à des faisceaux de lumière paraxiaux dont l'axe optique rencontre le dioptre à incidence normale ou quasi-normale. Si un objet est situé à une distance p du dioptre, l'image est située à une distance p' donnée par l'équation de conjugaison :

$$p' = -\frac{n_2}{n_1} p \ ,$$

où n_1 est l'indice de réfraction du milieu où se trouvent les rayons incidents et n_2 est celui du milieu où se trouvent les rayons émergents. Le grandissement transversal pour un dioptre plan vaut un, ce qui signifie que l'image est toujours aussi grande que l'objet et que la nature (réelle ou virtuelle) de l'image est toujours opposée à celle de l'objet.

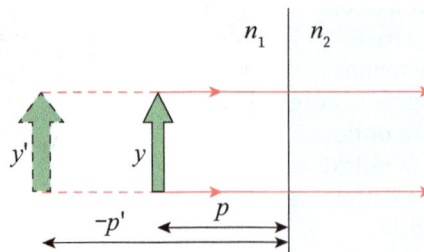

Quant à lui, le grandissement longitudinal pour un dioptre plan vaut :

$$g_L = \frac{n_2}{n_1} \ .$$

Par conséquent, l'image est étirée longitudinalement si $g_L > 1$ et elle est comprimée longitudinalement si $g_L < 1$.

Une lame à faces parallèles est une succession de deux dioptres plans parallèles entre eux séparés d'une distance e. La lame à faces parallèles baigne dans l'air et elle est faite d'un verre d'indice de réfraction n. Un rayon qui traverse une lame à faces parallèles ne subit pas de déviation, mais il subit un déplacement latéral, défini par la distance entre les droites donnant les directions de propagation des rayons incident et émergent. Ce déplacement latéral est donné par :

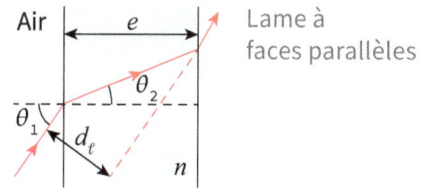

$$d_\ell = e\frac{\sin(\theta_1 - \theta_2)}{\cos\theta_2} \quad,$$

où θ_1 est l'angle d'incidence du rayon incident sur la lame et θ_2 est l'angle de réfraction du rayon réfracté dans la lame. Si un objet est observé à travers une lame à faces parallèles, son image sera située plus près de l'observateur; la distance entre l'image et l'objet est appelée déplacement axial et vaut :

$$d_a = e\left(\frac{n-1}{n}\right) \quad.$$

Cette expression n'est valide que dans l'approximation paraxiale.

4.1 Loi de la réfraction

Alors que les deux chapitres précédents abordaient la loi de la réflexion appliquée aux miroirs plans et sphériques, tous les chapitres qui suivent traitent de la loi de la réfraction. Cette loi a de nombreuses applications : elle permet d'expliquer plusieurs phénomènes optiques qui se produisent à l'interface entre deux milieux d'indices de réfraction différents (photo ci-contre), elle sert à décrire le comportement de la lumière qui traverse des lames à faces parallèles, des prismes ou des lentilles, elle permet d'expliquer le phénomène de réflexion totale interne qui trouve des applications dans les prismes réfléchissants des appareils photo ou dans les fibres optiques qui transportent les signaux optiques jusqu'à nos domiciles. Dans la conception d'orthèses visuelles, c'est sans aucun doute la loi de la réfraction qui joue un rôle de premier plan, puisque les lunettes et les lentilles cornéennes ont essentiellement pour but de faire dévier la lumière de manière adéquate, selon l'amétropie qu'on souhaite corriger.

4.1.1 Loi de Snell–Descartes

La réfraction est le phénomène par lequel la lumière change de direction de propagation lorsqu'elle passe d'un milieu transparent à un autre. La surface qui sépare les deux milieux transparents se nomme un *dioptre*. Les mesures physiques les plus anciennes qui nous été transmises à travers les époques sont attribuables à Claude Ptolémée (90–168), astronome grec vivant à Alexandrie, en Égypte (figure ci-contre). En 140, Ptolémée a consigné les angles d'incidence θ_1 et les angles de réfraction θ_2, mesurés par rapport à la normale au dioptre, pour un faisceau de lumière passant de l'air à l'eau (figure ci-dessous); les valeurs mesurées sont reproduites dans le tableau 4.1

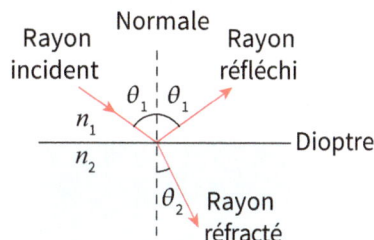

Tableau 4.1	Angle de réfraction en fonction de l'angle d'incidence au passage de l'air à l'eau

Angle d'incidence θ_1 (°)	Angle de réfraction θ_2 (°)
10	7,75
20	15,5
30	22,5
40	29,0
50	35,0
60	40,5
70	45,5
80	50,0

Ptolémée suggéra que le rapport entre l'angle d'incidence et l'angle de réfraction est constant. Alors que cette conclusion parait plausible lorsque les angles sont petits, elle doit être rejetée pour les angles relativement grands (figure 4.1, à gauche).

Figure 4.1

Rapport entre l'angle d'incidence et l'angle de réfraction en fonction de l'angle d'incidence

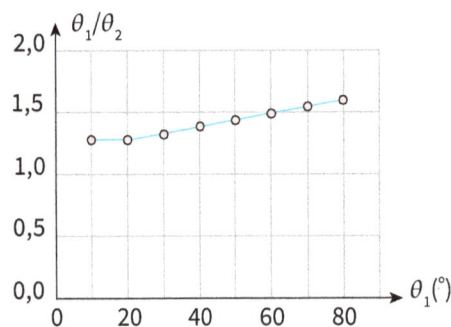

Rapport entre le sinus de l'angle d'incidence et celui de l'angle réfraction en fonction de l'angle d'incidence

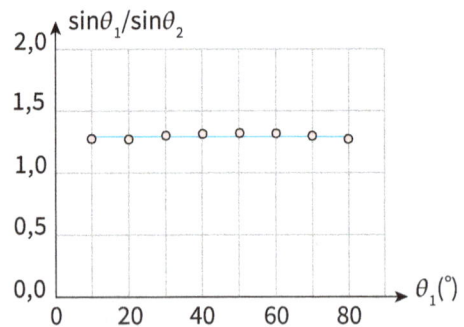

Le rapport entre les angles d'incidence et de réfraction ne donne pas une constante pour tous les angles d'incidence, alors que les données expérimentales de Ptolémée suggèrent plutôt que c'est le rapport entre le sinus de l'angle d'incidence et le sinus de l'angle de réfraction qui est constant pour tous les angles d'incidence.

La première relation théorique entre les angles d'incidence et de réfraction a été établie presque simultanément, et indépendamment, par le mathématicien hollandais Willebrord Snell (1580–1626) (figure ci-dessous, à gauche) et le physicien français René Descartes (1596–1650) (figure ci-dessous, à droite).

Willebrord Snell   **René Descartes**

Vers 1621, Snell obtint une relation mathématique entre θ_1 et θ_2 en utilisant les fonctions trigonométriques, mais ne la rendit pas publique; en 1626 ou 1627, Descartes trouva indépendamment la même loi et la publia en 1635 dans un ouvrage intitulé *La Dioptrique*. En l'honneur de ces deux scientifiques, la relation entre l'angle d'incidence θ_1 et l'angle de réfraction θ_2 se nomme la loi de Snell–Descartes. Cette dernière stipule que le rapport entre le sinus de l'angle d'incidence et le sinus l'angle de réfraction est constant (figure 4.1, à droite) :

$$\frac{\sin\theta_1}{\sin\theta_2} = k \quad ,$$

où la constante k dépend des milieux de part et d'autre du dioptre. Par exemple, pour le passage de la lumière de l'air à l'eau, $k = 1,33$; pour le passage du diamant à l'air, $k = 0,413$. De manière générale, il s'avère que la constante k est en fait le rapport des indices de réfraction des milieux de part et d'autre du dioptre :

$$k = \frac{n_2}{n_1} \quad ,$$

où n_1 est l'indice de réfraction du milieu où se trouve le rayon incident et n_2 est l'indice de réfraction du milieu où se trouve le rayon réfracté. En combinant les deux dernières équations, on obtient la formulation actuelle de la loi de Snell–Descartes :

$$n_1\sin\theta_1 = n_2\sin\theta_2 \; . \tag{4.1}$$

Loi de
Snell–Descartes

Entre outre, la loi de Snell–Descartes rend compte d'un fait expérimental : si l'indice de réfraction du second milieu est plus grand que celui du premier milieu, l'angle de réfraction est inférieur à l'angle d'incidence.

Attention!	Un dioptre réfléchit aussi toujours de la lumière

Il ne faut pas penser que, lorsqu'elle rencontre un dioptre, la lumière est entièrement réfractée dans le second milieu. En effet, de façon générale, quand un faisceau est incident sur une interface séparant deux milieux transparents d'indices de réfraction différents, une partie de la lumière incidente est réfléchie vers le premier milieu et l'autre partie est transmise dans le second milieu (si on néglige l'absorption).

Comme l'énonce l'équation (1.3) — $n = c/v$ —, l'indice de réfraction d'un milieu transparent donné est défini par le rapport entre la vitesse de la lumière dans le vide et celle dans le milieu considéré. Par conséquent, le changement de direction du rayon lumineux lors de la réfraction est attribuable au changement de vitesse de la lumière en passant du premier milieu au second. Le tableau 4.2 fournit une liste de quelques substances transparentes et leur indice de réfraction.

Tableau 4.2	Indice de réfraction de quelques substances

Substance	Indice de réfraction
Air	1,0003
Glace	1,31
Eau	1,33
Éthanol	1,36
Quartz fondu	1,46
Acrylique	1,49
Verre crown	1,47 – 1,53
Verre flint	1,60 – 1,76
Saphir	1,77
Zircon	1,92
Diamant	2,42

Il existe une grande variété de verres de type crown ou flint, dont les indices de réfraction précis se situent entre 1,47 et 1,53 pour les verres crown et entre 1,60 et 1,76 pour les verres flint. Si on ne spécifie pas la sorte de verre, on prendra généralement 1,5 comme indice de réfraction pour le verre. L'indice de réfraction de l'air est 1,0003; toutefois, dans la pratique, puisqu'on désire généralement une précision à trois chiffres significatifs seulement dans nos calculs, comme c'est le cas dans cet ouvrage, nous considérerons *l'indice de réfraction de l'air comme étant égal à un*.

Indice de réfraction de l'air

Un rayon lumineux passant d'un milieu moins réfringent (d'indice de réfraction le moins élevé) à un milieu plus réfringent (d'indice de réfraction le plus élevé) s'approchera de la normale; à l'inverse, un rayon passant d'un milieu plus réfringent à un milieu moins réfringent s'éloignera de la normale (figure ci-dessous). Ceci est une conséquence directe de l'équation (4.1).

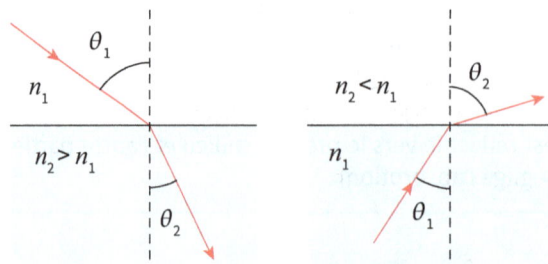

Testez votre compréhension 4.1 | Déviation du rayon réfracté

Un faisceau laser passe du verre à l'eau. Par rapport au rayon incident, le rayon réfracté s'approche-t-il ou s'éloigne-t-il de la normale?

Exemple 4.1 | La réflexion sur le verre

Un rayon lumineux rencontre la surface plane d'un bloc de verre, d'indice de réfraction 1,55, qui est plongé dans l'eau (voir la figure ci-dessous). Le rayon réfracté dans le verre fait un angle de 67° avec le dioptre.

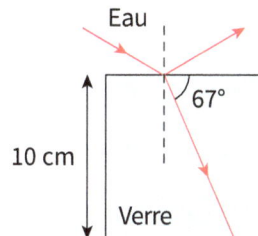

Eau

67°

10 cm

Verre

a) Quel est l'angle de réflexion de la lumière?

b) Quelle distance la lumière parcourt-elle dans le verre?

Solution

a) Le bilan des données est $n_1 = 1,33$ (l'indice de réfraction de l'eau), $n_2 = 1,55$ (l'indice de réfraction du verre) et $\theta_2 = 23°$ (l'angle de réfraction). Cette dernière donnée correspond à l'angle complémentaire de 67° (90° − 67° = 23°), puisque l'angle de réfraction est mesuré par rapport à la normale et non par rapport au dioptre. On peut trouver l'angle d'incidence du rayon de lumière sur le dioptre en appliquant la loi de Snell–Descartes :

$$n_1 \sin\theta_1 = n_2 \sin\theta_2 \Rightarrow \theta_1 = \arcsin\left(\frac{n_2 \sin\theta_2}{n_1}\right) = \arcsin\left(\frac{1,55\sin(23°)}{1,33}\right) = 27,1° \; .$$

Or, d'après la loi de la réflexion, l'angle de réflexion est égal à l'angle d'incidence. Par conséquent, l'angle de réflexion vaut $\theta_1' = 27,1°$.

b) Ici, on a les données suivantes : $h = 10$ cm (la hauteur du cube de verre) et $\theta_2 = 23°$ (l'angle de réfraction). On cherche L, la longueur du trajet que parcourt le rayon lumineux dans le verre (voir le schéma ci-dessous). Pour la trouver, il suffit d'utiliser la fonction cosinus (= côté adjacent / hypoténuse) :

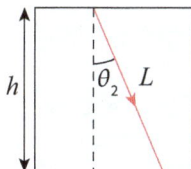

$$\cos\theta_2 = \frac{h}{L} \Rightarrow L = \frac{h}{\cos\theta_2} = \frac{10 \text{ cm}}{\cos(23°)} = 10,9 \text{ cm} \; .$$

Ainsi, la lumière parcourt 10,9 cm dans le verre avant d'atteindre le fond du bloc.

E | **Exemple 4.2** | La substance inconnue

Dans une expérience de laboratoire, on a mesuré l'angle de réfraction θ_2 en fonction de l'angle d'incidence θ_1 lors du passage de la lumière de l'air vers une substance solide inconnue. Les points expérimentaux sont compilés dans le graphique ci-contre et la courbe de tendance linéaire a été tracée. À partir de la valeur de la pente de la droite, déterminez l'indice de réfraction de la substance inconnue.

Sinus de l'angle de réfraction en fonction du sinus de l'angle d'incidence

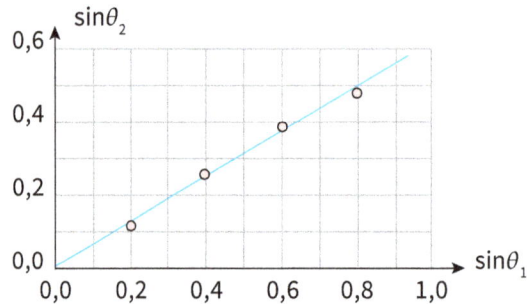

Solution

Pour bien interpréter les données, il faut d'abord trouver la relation théorique qui existe entre la variable dépendante et la variable indépendante du graphique. Dans le cas présent, il s'agit bien sûr de la loi de Snell–Descartes ($n_1\sin\theta_1 = n_2\sin\theta_2$), qui établit le lien entre $\sin\theta_2$ et $\sin\theta_1$. Si on écrit explicitement l'équation théorique de la courbe du graphique, on a :

$$\sin\theta_2 = \frac{n_1}{n_2}\sin\theta_1$$

Cette équation a la même forme que celle d'une droite ($y = mx + b$), où $y = \sin\theta_2$, $x = \sin\theta_1$, $m = n_1/n_2$ et $b = 0$. Ainsi, la quantité $m = n_1/n_2$ est la pente du graphique et renferme l'information sur l'indice de réfraction n_2 qui est inconnu et qu'on cherche : $n_2 = n_1/m = 1/m$ (ici, $n_1 = 1$ car le milieu où se trouvent les rayons incidents est l'air). Il s'agit maintenant d'évaluer la pente du graphique. Pour ce faire, il faut choisir deux points. Il est important de mentionner qu'il ne faut pas prendre les coordonnées de points expérimentaux, mais bien de points qui appartiennent à la droite. Nous prendrons ici l'origine (0;0) et le point (0,8; 0,5). On calcule la pente :

$$m = \frac{(\sin\theta_2)_2 - (\sin\theta_2)_1}{(\sin\theta_1)_2 - (\sin\theta_1)_1} = \frac{0,5-0}{0,8-0} = 0,625$$

L'indice de réfraction de la substance inconnue est donc $n_2 = n_1/m = 1/0,625 = 1,60$.

Indice de réfraction relatif L'*indice de réfraction relatif* d'un milieu transparent par rapport à un autre correspond au rapport des indices de réfraction respectifs de ces deux milieux. Symboliquement, l'indice de réfraction relatif du milieu 2 par rapport au milieu 1 se définit par :

$$n_{2/1} = \frac{n_2}{n_1} \quad , \tag{4.2}$$

où n_2 et n_1 sont les indices de réfraction des milieux 2 et 1, respectivement. (Il s'agit de la constante k introduite plus tôt dans cette section.) Par exemple, l'indice de réfraction relatif du verre par rapport à l'eau est 1,5/1,33 = 1,13, alors que celui de l'eau par rapport au diamant est 1,33/2,42 = 0,550. L'indice de réfraction relatif peut donc être supérieur ou inférieur à un.

Testez votre compréhension 4.2	Indice de réfraction relatif
En passant du milieu 1 au milieu 2, un rayon lumineux s'éloigne de la normale à l'interface. L'indice de réfraction relatif $n_{2/1}$ est-il supérieur ou inférieur à un?	

L'*indice de réfraction absolu* d'un milieu est son indice de réfraction relatif par rapport au vide. Lorsqu'aucune indication n'est fournie quant au milieu de comparaison, c'est de l'indice de réfraction absolu dont il s'agit, comme nous le supposerons dans le reste de cet ouvrage.

Indice de réfraction absolu

4.1.2 Réflexion totale interne

On a mentionné que si un rayon passe d'un milieu plus réfringent à un milieu moins réfringent (par exemple, de l'eau à l'air), il s'éloignera de la normale (figure ci-dessous, rayon a). Toutefois, l'angle de réfraction physiquement réalisable le plus grand est bien sûr 90°, c'est-à-dire lorsque le rayon réfracté est parallèle au dioptre (figure ci-dessous, rayon b). Ainsi, il existe un angle d'incidence, appelé angle critique θ_c, supérieur auquel il n'existe pas de rayon réfracté. Si l'angle d'incidence est supérieur à l'angle critique, le rayon incident sur le dioptre est totalement réfléchi vers le milieu le plus réfringent au lieu d'être réfracté dans le milieu le moins réfringent (figure ci-dessous, rayon c). Ce phénomène se nomme la *réflexion totale interne* et il a été découvert pour la première fois dès 1604 par l'astronome allemand Johannes Kepler (1571–1630). L'angle critique se définit comme suit :

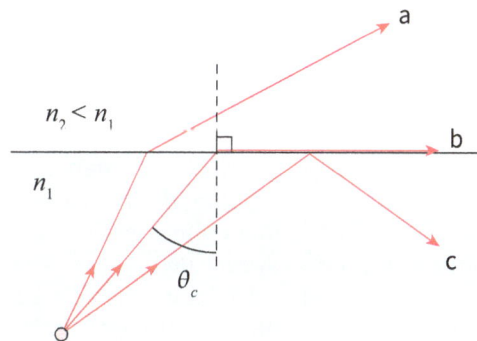

L'angle critique θ_c pour une paire de milieux donnée est l'angle d'incidence pour lequel l'angle de réfraction vaut 90° :

Angle critique

$$n_1 \sin\theta_c = n_2 \sin 90° \ . \tag{4.3}$$

Mathématiquement, lors de la réflexion totale interne, on peut justifier l'absence de rayon réfracté avec la loi de Snell–Descartes. Si $n_1 > n_2$ et que l'angle d'incidence est supérieur à l'angle critique, alors le sinus de l'angle de réfraction est supérieur à un. Or, le sinus d'un angle ne peut jamais être plus grand qu'un , car la longueur de l'hypoténuse d'un triangle rectangle (par définition de l'hypoténuse) ne peut jamais être plus petite que la longueur des cathètes du triangle. En conséquence, l'angle de réfraction n'existe pas et aucun rayon réfracté n'est transmis dans le milieu 2 : toute la lumière est réfléchie vers le milieu 1.

Il est important de réaliser que la réflexion totale interne ne peut survenir que si la lumière cherche à passer d'un milieu plus réfringent à un milieu moins réfringent (autrement dit, si $n_1 > n_2$). Par exemple, à l'interface air-verre ($n_1 = 1{,}5$ et $n_2 = 1$), on trouve que l'angle critique vaut :

$$\theta_c = \arcsin\left(\frac{n_2}{n_1}\right) = \arcsin\left(\frac{1}{1{,}5}\right) = 41{,}8° \quad .$$

Testez votre compréhension 4.3	Angle critique

(a) Si l'angle critique pour une paire de milieux est 45°, que vaut l'indice de réfraction relatif du milieu 2 par rapport au milieu 1? (b) Si le milieu 2 est l'air, que vaut l'indice de réfraction absolu du milieu 1?

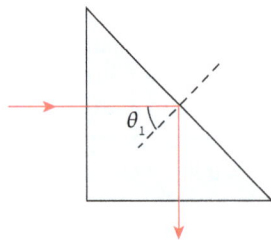

La réflexion totale interne trouve de nombreuses applications, comme les prismes réfléchissants et les fibres optiques. Par exemple, si on envoie un faisceau de lumière sur un prisme de verre de 45° comme sur la figure ci-dessus à gauche, le faisceau traversera la première face sans déviation puisque les angles d'incidence et de réfraction sont nuls. Puis, le faisceau rencontre la face du prisme oblique avec un angle d'incidence θ_1, lequel correspond ici à 45°. Or, cet angle d'incidence est supérieur à l'angle critique ($\theta_c = 41{,}8°$) : il y a donc réflexion totale interne. Le faisceau totalement réfléchi émerge enfin par la face du bas du prisme. Ce type de prisme réfléchissant est fréquemment utilisé, notamment dans les paires de jumelles, car le rendement de la réflexion totale interne avoisine 100 %, tandis qu'un miroir métallique ne réfléchit environ que 95 % de la lumière incidente, de manière générale. Aussi, la réflexion totale interne est le phénomène au cœur du fonctionnement du guidage de la lumière dans les **fibres optiques** (la photo ci-dessus à droite illustre un bouquet de fibres optiques). Une fibre optique est un mince « fil » de verre ou de plastique d'environ 10 micromètres d'épaisseur, recouvert d'une gaine protectrice. Un faisceau lumineux est injecté dans la fibre par l'une de ses extrémités. Une fois injectée, la lumière est forcée de suivre la fibre, puisqu'à chacun fois qu'elle rencontre la paroi de la fibre, l'angle d'incidence est supérieur à l'angle critique. Ainsi, la lumière dans la fibre subit une série de réflexions totales internes, ce qui permet de guider la lumière le long de la fibre, un peu à la manière d'un « tuyau de lumière » (figure ci-dessous). En raison du rendement de pratiquement 100 % des réflexions totales internes, la propagation du signal lumineux se fait sans perte appréciable sur les parois de la fibre. Les fibres optiques sont notamment utilisées en médecine dans des outils d'observation comme les endoscopes médicaux et en télécommunications en remplacement des réseaux téléphoniques terrestres.

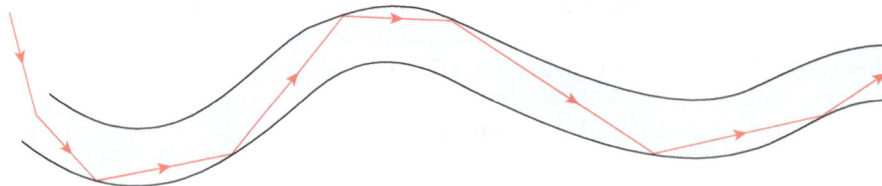

Exemple 4.3   La fibre optique

Une fibre optique baignant dans l'air est constituée d'un cœur cylindrique d'indice de réfraction n_1 entourée d'une gaine cylindrique en silice d'indice de réfraction n_2. Considérons qu'on envoie sur l'axe de symétrie de la fibre un rayon lumineux avec un angle d'incidence θ_1 (voir la figure ci-dessous).

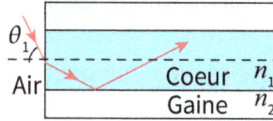

a)   Pour quelles valeurs de l'angle d'incidence θ_1 a-t-on guidage dans la fibre, c'est-à-dire réflexion totale interne sur l'interface cœur-gaine? On donne $n_1 = 1,47$ et $n_2 = 1,46$.

b)   Pour un angle d'incidence de 20°, quelle doit être la valeur maximale de l'indice de réfraction n_2 de la gaine pour qu'il y ait réflexion totale interne sur l'interface cœur-gaine, si le cœur a un indice de réfraction $n_1 = 1,47$?

Solution

a)   Les données sont les suivantes : $n_1 = 1,47$ (l'indice du cœur) et $n_2 = 1,46$ (l'indice de la gaine). On cherche la plage de valeurs d'angle d'incidence θ_1 possible pour qu'il y ait guidage de la lumière dans la fibre. Il y a réflexion totale interne sur l'interface cœur-gaine si l'angle d'incidence sur la gaine est supérieur à l'angle critique. L'angle critique θ_c pour cette interface est, par définition, l'angle d'incidence dans le cœur correspondant à un angle de réfraction dans la gaine égal à 90° :

$$n_1 \sin\theta_c = n_2 \sin 90° \quad \Rightarrow \quad \theta_c = \arcsin\left(\frac{n_2}{n_1}\right) = \arcsin\left(\frac{1,46}{1,47}\right) = 83,3° \quad .$$

À partir du triangle rectangle défini par le rayon lumineux et les deux normales (voir la figure ci-dessous), on peut déduire l'angle de réfraction θ_2 dans le cœur sachant que la somme des angles dans un triangle vaut 180° :

$$\theta_2 + \theta_c + 90° = 180° \quad \Rightarrow \quad \theta_2 = 90° - \theta_c = 90° - 83,3° = 6,7° \quad .$$

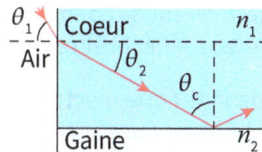

En appliquant la loi de Snell–Descartes à l'interface air-cœur, on trouve l'angle d'incidence sur la fibre :

$$\sin\theta_1 = n_1 \sin\theta_2 \quad \Rightarrow \quad \theta_1 = \arcsin(n_1 \sin\theta_2) = \arcsin[1,47\sin(6,7°)] = 9,9° \quad .$$

Si l'angle d'incidence θ_1 sur la fibre diminue, on diminue également l'angle de réfraction θ_2 dans le cœur, mais on augmente alors l'angle d'incidence sur la gaine : on demeure par conséquent en situation de réflexion totale interne. Ainsi, afin que la lumière soit guidée dans la fibre, l'angle d'incidence θ_1 du rayon lumineux arrivant sur l'axe de la fibre peut prendre des valeurs comprises entre 0° et 9,9°.

b)   Les données sont maintenant $\theta_1 = 20°$ (l'angle d'incidence sur la fibre) et $n_1 = 1,47$ (l'indice de réfraction du cœur). On cherche n_2, la valeur maximale de l'indice de réfraction de la gaine. L'angle de réfraction θ_2 dans le cœur est obtenu en appliquant la loi de Snell–Descartes :

$$\sin\theta_1 = n_1 \sin\theta_2 \quad \Rightarrow \quad \theta_2 = \arcsin\left(\frac{\sin\theta_1}{n_1}\right) = \arcsin\left(\frac{\sin(20°)}{1,47}\right) = 13,5° \quad .$$

Pour qu'il y ait réflexion totale interne sur l'interface cœur-gaine, l'angle d'incidence sur la gaine doit être supérieur à l'angle critique. Lorsque l'indice n_2 de la gaine a sa valeur maximale, l'angle d'incidence sur la gaine égale l'angle critique. La relation entre l'angle critique et l'angle de réfraction dans le cœur est la même que précédemment :

$$\theta_2 + \theta_c + 90° = 180° \quad \Rightarrow \quad \theta_c = 90° - \theta_2 = 90° - 13,5° = 76,5° \quad .$$

Avec la définition de l'angle critique, on peut déduire la valeur maximale de l'indice de réfraction de la gaine :

$$n_1\sin\theta_c = n_2\sin90° \Rightarrow n_2 = n_1\sin\theta_c = 1,47\sin(76,5°) = 1,43.$$

Si la gaine a un indice de réfraction inférieur ou égal à 1,43, alors la lumière sera guidée le long de la fibre optique après avoir été injectée avec un angle d'incidence de $\theta_1 = 20°$.

4.1.3 Énergies réfléchie et transmise par un dioptre

Lorsqu'il rencontre un dioptre, un rayon de lumière est en général partiellement réfléchi, en respectant la loi de la réflexion, et partiellement réfracté, en respectant la loi de la réfraction (figure ci-contre).[1] Cependant, les lois de la réflexion et de la réfraction ne permettent pas de calculer comment l'énergie lumineuse du faisceau incident se répartit entre le faisceau réfléchi et le faisceau réfracté. Quelle fraction de l'énergie du faisceau incident est réfléchie dans le premier milieu? Et quelle fraction est transmise dans le second milieu? Ce sont des questions plus compliquées, dont l'étude ne peut pas être effectuée au moyen de l'optique géométrique. Pour répondre à ces questions, il faut considérer la nature électromagnétique de la lumière, ce qui sort du cadre de cet ouvrage. Néanmoins, nous donnons ici les principaux résultats issus de cette théorie électromagnétique qui permettent de connaitre la proportion de l'énergie lumineuse incidente qui se retrouve dans les faisceaux réfléchi et réfracté.

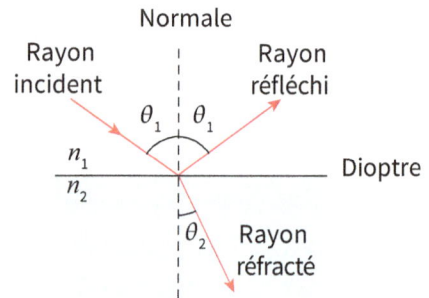

Les équations de Maxwell, à la base de la théorie électromagnétique de la lumière, permettent de déterminer la fraction de l'énergie lumineuse incidente qui est transportée dans le faisceau réfléchi (fraction appelée réflectivité R) et la fraction transportée dans le faisceau réfracté (appelée transmittivité T). Lorsque l'angle d'incidence est nul ($\theta_1 = 0°$), les résultats s'écrivent uniquement en termes des indices de réfraction des milieux de part et d'autre du dioptre :

Réflectivité et transmittivité

$$R = \left(\frac{n_1 - n_2}{n_1 + n_2}\right)^2 \quad \text{et} \quad T = \frac{4n_1n_2}{(n_1 + n_2)^2} \quad . \tag{4.4}$$

Remarquons aussi que la somme $R + T$ donne un, ce qui veut dire que l'énergie lumineuse du faisceau incident est égale à la somme des énergies lumineuses des faisceaux réfléchi et réfracté (on suppose qu'il n'y a aucune absorption). À titre d'exemple, pour une interface air-verre où $n_1 = 1$ et $n_2 = 1,5$, on trouve que $R = 4\%$ et $T = 96\%$ (on a effectivement $R + T = 100\%$). Ceci signifie que si un rayon lumineux arrive à incidence normale sur une interface air-verre (comme l'une des surfaces d'une fenêtre), 4 % de la lumière sera réfléchie, alors que 96 % de la lumière sera transmise dans le verre.

---

[1] Il existe une exception : si la lumière est polarisée parallèlement au plan d'incidence et qu'elle est incidente avec un angle particulier, appelé *angle de Brewster*, il n'y a pas de rayon réfléchi par le dioptre.

Attention!	À incidence normale seulement…

Insistons sur le fait que les expressions de l'équation (4.4) ne sont valides qu'à incidence normale, c'est-à-dire lorsque la lumière arrive perpendiculairement au dioptre.

Lorsque l'angle d'incidence est non nul, les expressions pour la réflectivité et la transmittivité sont plus complexes. Nous nous contentons ici de présenter, à la figure 4.2, le graphique de la réflectivité R et la transmittivité T pour une interface air-verre en fonction de l'angle d'incidence (on remarque graphiquement que $R + T$ = 100 %). Si $n_1 < n_2$ (figure 4.2, à gauche), on constate que, plus l'angle d'incidence augmente, plus la réflectivité augmente, atteignant théoriquement 100 % pour un angle angle d'incidence rasant (θ_1 = 90°). On note néanmoins que la réflectivité vaut moins de 10 % tant que l'angle d'incidence ne dépasse pas 60° dans le cas où la lumière passe de l'air au verre. Si $n_1 > n_2$ (figure 4.2, à droite), on voit bien, sur le graphique, l'angle critique valant environ θ_c = 42° : lorsque $\theta_1 < \theta_c$, la réflectivité vaut près de 4 %, à moins que l'angle d'incidence ne soit relativement près de l'angle critique, alors que lorsque $\theta_1 > \theta_c$, la réflectivité vaut exactement 100 % (réflexion *totale* interne).

Figure 4.2

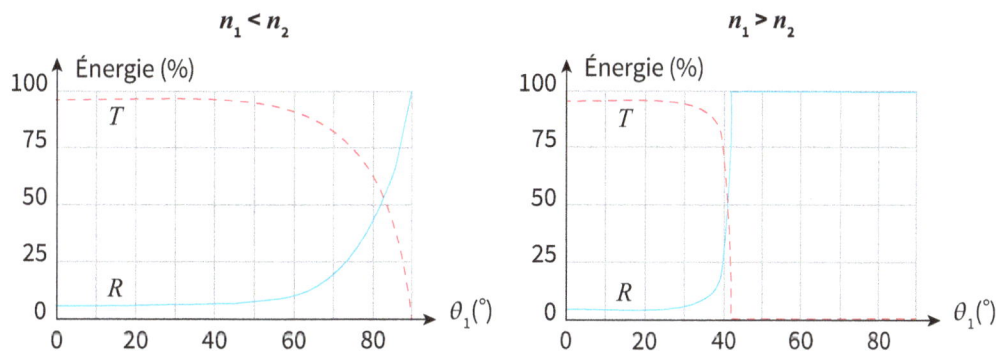

Réflectivité (en trait plein) et transmittivité (en trait pointillé) pour une interface air-verre (indices de réfraction : 1 et 1,5) en fonction de l'angle d'incidence.

4.1.4 Construction graphique du rayon réfracté

Il est possible de tracer graphiquement les rayons réfléchi et réfracté par un dioptre donné, et ce, sans avoir à utiliser un rapporteur d'angle après avoir déduit explicitement l'angle de réflexion par la loi de la réflexion et l'angle de réfraction par la loi de Snell–Descartes. Considérons un rayon incident sur un dioptre séparant un milieu d'indice n_1 et un milieu d'indice n_2 (ici, on prendra à titre d'exemple n_1 = 1 et n_2 = 1,5). La méthode de construction graphique, appelée construction de Descartes, se réalise en effectuant les cinq étapes suivantes (voir la figure suivante) :

1. Centrés sur le point d'incidence I, on trace deux cercles ayant des rayons R_1 et R_2 dans le même rapport que les indices de réfraction des milieux 1 et 2 (ici, on prendra simplement R_1 = 1 cm et R_2 = 1,5 cm) :

$$\frac{R_1}{R_2} = \frac{n_1}{n_2} \quad .$$

Dioptre

$n_1 = 1$ | $n_2 = 1,5$

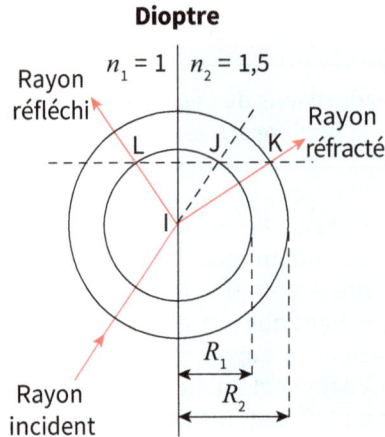

2. On trace le prolongement du rayon incident dans le milieu 2. Le point d'intersection entre le prolongement du rayon incident et le cercle de rayon R_1 (associé au milieu 1) est le point J.

3. On trace une normale au dioptre passant par le point J. Cette normale coupe le cercle de rayon R_2 dans le milieu 2 au point K et coupe celui de rayon R_1 dans le milieu 1 au point L.

4. Le rayon réfracté part du point I et passe par le point K.

5. Le rayon réfléchi part du point I et passe par le point L.

Cette méthode s'applique aussi bien à la construction du rayon réfracté lorsque la lumière passe d'un milieu plus réfringent à un milieu moins réfringent ($n_1 > n_2$). Dans un tel cas, le rayon R_2 est inférieur au rayon R_1. Ainsi, si la normale au dioptre passant par le point J n'intercepte en aucun point le cercle de rayon R_2, alors le rayon réfracté n'existe pas et il y a réflexion totale interne. Si $n_1 > n_2$, l'angle d'incidence correspondra à l'angle critique si le point K est situé *sur* le dioptre.

Figure 4.3

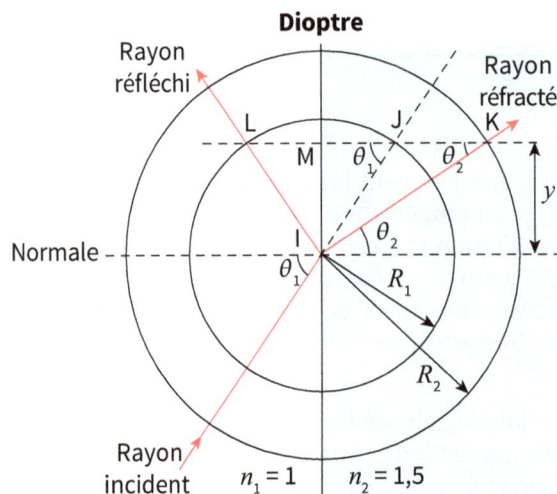

À partir de deux cercles centrés sur le point d'incidence et dont les rayons sont dans le même rapport que les indices de réfraction des milieux 1 et 2, on peut tracer les rayons réfléchi et réfracté, le rayon incident étant donné.

Cette construction graphique respecte les lois de la réflexion et de la réfraction. D'abord, les rayons réfléchi et réfraction sont effectivement dans le plan d'incidence. En référant à la figure 4.3, le point M est le point d'intersection entre le dioptre et la normale passant par le point J. Les triangles IMJ et IML sont des triangles semblables, ce qui suffit pour dire que l'angle de réflexion est nécessairement égal à l'angle d'incidence. Maintenant, appelons y le segment de droite IM. L'angle IJM équivaut à l'angle d'incidence θ_1, puisque ce sont des angles correspondants. L'angle IKM équivaut à l'angle de réfraction θ_2, puisqu'ils sont alternes-internes. Par trigonométrie, on a $\sin\theta_1 = y/R_1$ et $\sin\theta_2 = y/R_2$, de sorte que $\sin\theta_1/\sin\theta_2 = R_2/R_1$. Or, on a construit les cercles de façon telle que $R_2/R_1 = n_2/n_1$. On peut donc affirmer que $\sin\theta_1/\sin\theta_2 = n_2/n_1$, c'est-à-dire $n_1\sin\theta_1 = n_2\sin\theta_2$, ce qui correspond à la loi de Snell–Descartes. En somme, les deux rayons tracés avec cette construction graphique vérifient les lois de la réflexion et de la réfraction.

4.2 Image formée par un dioptre plan

L'instrument d'optique le plus simple capable de produire des images à partir du phénomène de la réfraction est le dioptre plan. Rappelons qu'un dioptre plan consiste en une surface plane séparant deux milieux transparents d'indices de réfraction différents. La surface d'un lac par temps calme ou l'une des faces d'une fenêtre constituent des dioptres plans. Nous utiliserons d'abord une méthode graphique, basée sur la construction graphique du rayon réfracté, pour déterminer la position de l'image formée par un dioptre plan. Comme dans le cas des miroirs, nous établirons ensuite l'équation de conjugaison qui relie algébriquement la position de l'image à celle de l'objet, ce qui nous permettra de calculer la position de l'image par rapport au dioptre. Enfin, nous donnerons les grandissements transversal et longitudinal associés au dioptre plan.

4.2.1 Condition de stigmatisme

Avant d'établir l'équation de conjugaison, analysons d'abord l'image d'un objet produite par un dioptre plan. Considérons un objet ponctuel dans le milieu 1 placé devant un dioptre qui sépare le milieu d'indice de réfraction n_1 du milieu d'indice de réfraction n_2 (figure 4.4). De tous les rayons lumineux issus de l'objet ponctuel, une partie de ces rayons rencontrent le dioptre. Le rayon incident qui frappe le dioptre au point I sur la figure 4.4 est réfracté dans le milieu 2 en respectant la loi de Snell–Descartes. Pour obtenir la trajectoire de ce rayon, on peut appliquer la construction graphique du rayon réfracté présentée à la section 4.1.4.

Figure 4.4

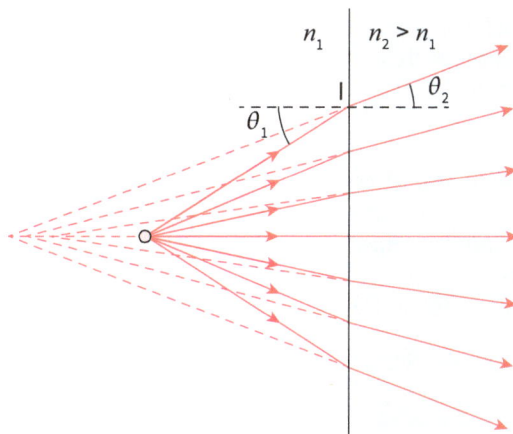

Les rayons, issus d'un objet ponctuel, qui émergent d'un dioptre plan ne forment pas en général une image ponctuelle bien définie si on prend en compte l'ensemble des rayons réfractés.

Le même raisonnement s'applique à tous les autres rayons incidents sur le dioptre. À la lumière de la figure 4.4, on remarque que l'ensemble des rayons réfractés divergent, mais que leurs prolongements ne se croisent pas en un seul point. En effet, les prolongements des rayons les plus éloignés de l'axe optique se rencontrent plus loin derrière l'objet que ceux des rayons plus près de l'axe optique.

Puisque les rayons émergents sont divergents, l'image de l'objet réel ponctuel est virtuelle. Si un observateur regarde cette image virtuelle, ce ne sont pas tous les rayons émergents qui contribueront à produire l'image finale sur la rétine de l'observateur : seuls les rayons du mince faisceau de lumière qui se rend à l'œil de l'observateur sont à considérer pour étudier la formation de l'image qui est observée (figure 4.5). Conséquemment, les rayons parvenant à l'œil sont des rayons paraxiaux, ce qui permettra de former une image quasi stigmatique. Une situation concrète pouvant être décrite par la figure 4.5 (dans laquelle $n_1 < n_2$) est par exemple un poisson, nageant dans un aquarium rectangulaire aux parois de verre verticales, regardant un objet ponctuel situé à l'extérieur de l'aquarium.

Approximation paraxiale

Figure 4.5

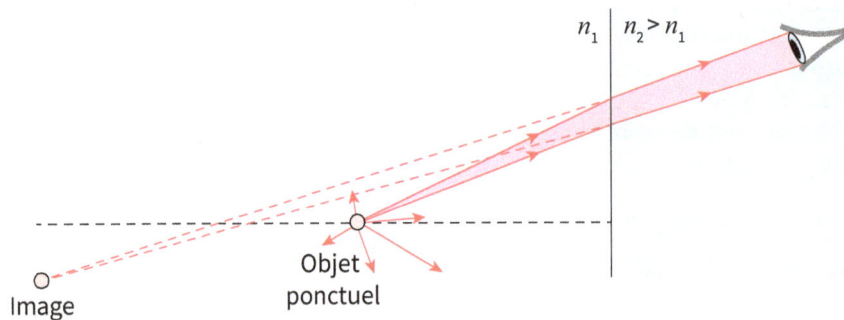

Seule une petite portion des rayons incidents issus de l'objet se rendra dans l'œil de l'observateur; le point de rencontre des prolongements des rayons émergents correspondant à ces rayons incidents constitue l'image de l'objet.

On peut localiser l'image quasi stigmatique vue par l'observateur là où se croisent les prolongements des rayons émergents qui se rendent à l'œil de l'observateur. On remarque que l'image de l'objet réel est virtuelle, derrière l'objet et décalée transversalement par rapport à la normale au dioptre passant par l'objet. La position de l'image dépend bien entendu de la position de l'objet et des indices de réfraction n_1 et n_2, mais aussi de l'angle d'inclinaison de l'axe optique du faisceau incident sur le dioptre.

Si on ne se limite pas à l'incidence quasi normale, l'étude générale de la formation d'images par un dioptre plan peut devenir plus complexe, car elle fait intervenir une aberration géométrique appelée *astigmatisme des faisceaux obliques*. Un peu comme avec le miroir sphérique, on se limitera donc au cas où l'axe optique du faisceau fait un angle nul, ou presque, avec la normale au dioptre. Par conséquent, dans ce qui suit, on se restreint à la situation où l'objet et l'observateur se situent sur la même normale au dioptre (figure ci-dessous).

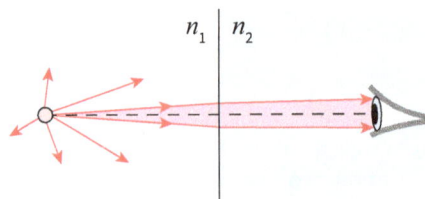

4.2.2 Méthode graphique

Pour trouver l'image d'un objet ponctuel formée par un dioptre plan, il faut se limiter aux rayons paraxiaux si on souhaite que l'image ait une qualité acceptable. Les rayons paraxiaux font de petits angles (inférieurs à 10°) par rapport à l'axe optique (lui-même confondu ici avec la normale au dioptre). Si on désire faire une construction graphique des rayons réfractés dans le domaine paraxial sur un schéma à l'échelle, les rayons réfractés obtenus seraient presque confondus avec l'axe optique et presque parallèles aux rayons incidents (figure 4.6, à gauche), ce qui n'est pas viable pour localiser l'image avec précision.

Pour contourner cette difficulté, nous procédons comme avec les miroirs sphériques (voir la section 3.1.2) : nous représentons à l'échelle la dimension parallèle à la normale au dioptre et nous étirons autant que nous le voulons la dimension parallèle au plan du dioptre. Ainsi, en effectuant la construction graphique du rayon réfracté sur un quadrillage, on prendra à titre d'exemple une échelle 1 carreau = 1 cm à l'horizontale et 1 carreau = 1 mm à la verticale (figure 4.6, à droite). Sur un tel schéma étiré transversalement, les arcs de cercle prennent l'allure de segments de droite, puisque la courbure des arcs de cercle est imperceptible dans le domaine paraxial. De plus, les angles sur ce type de schéma ne respectent en rien la réalité : il faut garder à l'esprit qu'ils sont en fait toujours inférieurs à 10° (approximation paraxiale), même si le schéma suggère le contraire.

Figure 4.6

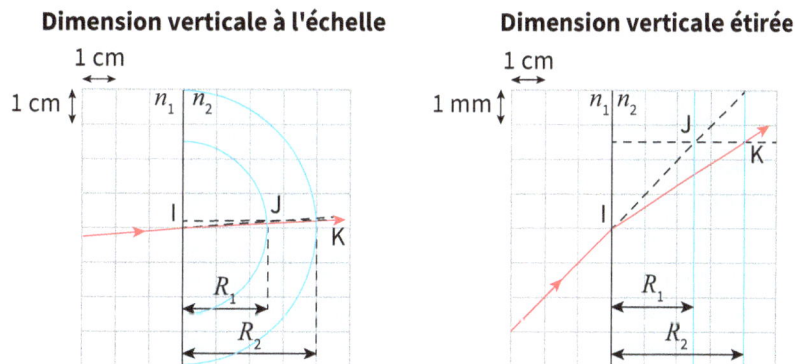

Dans le domaine paraxial avec une dimension verticale à l'échelle, la construction graphique du rayon réfracté par le dioptre plan est ardue et n'est guère utile, alors que si on triche en étirant la dimension verticale (par exemple ici d'un facteur dix), le schéma devient plus clair et utile pour localiser des images.

Considérant qu'un rayon est incident au point I sur un dioptre séparant un milieu d'indice n_1 et un milieu d'indice n_2 (figure 4.6, à droite), la méthode de construction graphique du rayon réfracté suit les mêmes étapes que celles présentées à la section 4.1.4 :

1. On trace une droite 1 et une droite 2, parallèles au dioptre et situées par rapport au dioptre à une distance R_1 et à une distance R_2, respectivement. Ces distances sont dans le même rapport que les indices de réfraction des milieux 1 et 2 :

$$\frac{R_1}{R_2} = \frac{n_1}{n_2} \quad .$$

2. On trace le prolongement du rayon incident dans le milieu 2, qui coupe la droite 1 au point J.

3. On trace une normale au dioptre passant par J, qui coupe la droite 2 au point K.

4. Le rayon réfracté part du point I et passe par le point K.

Figure 4.7

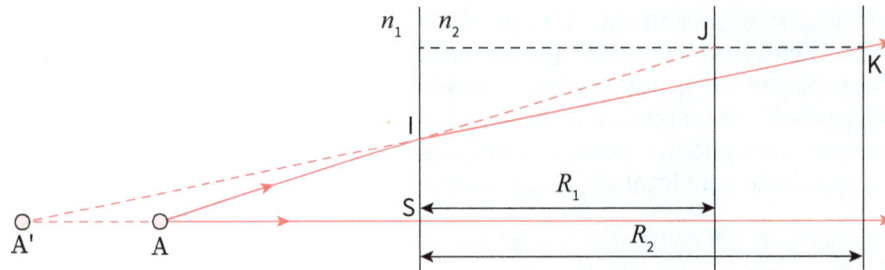

Un dioptre plan forme, d'un objet réel, une image virtuelle, qui est située derrière l'objet si le milieu 2 est plus réfringent que le milieu 1.

Avec cette construction graphique du rayon réfracté, on peut localiser efficacement l'image formée par un dioptre plan dans le domaine paraxial. Supposons qu'un objet ponctuel A est placé devant un dioptre (figure 4.7) et qu'on désire déterminer graphiquement la position de son image. Ici, on considère que $n_1 = 1$ et $n_2 = 1,5$ et on prendra $R_1 = 4$ cm et $R_2 = 6$ cm, de sorte que $R_1/R_2 = n_1/n_2$. Analysons deux rayons (paraxiaux) issus de A : le rayon AS arrivant à incidence normale sur le dioptre et le rayon AI arrivant avec un angle d'incidence non nul, mais petit. Le rayon AS traverse le dioptre sans être dévié (l'angle de réfraction est nul). Le rayon AI est réfracté par le dioptre et sa trajectoire dans le milieu 2 peut être déduite avec la construction graphique décrite précédemment. Les deux rayons émergeant dans le milieu 2 sont divergents et forment donc une image virtuelle du point A, qui se situe au point A', là où les prolongements des rayons émergents se rencontrent.

→ | **Testez votre compréhension 4.4** | Formation d'image par un dioptre plan

Une grosse roche git au fond d'un lac peu profond. Si vous regardez la roche à la verticale, la percevez-vous plus près ou plus loin de la surface de l'eau qu'elle ne l'est en réalité?

E | **Exemple 4.4** | Le requin dans l'aquarium

Une personne observe un requin qui nage dans l'eau d'un aquarium dont les parois vitrées font 5 cm d'épaisseur. L'indice de réfraction du verre qui constitue les parois vitrées de l'aquarium est de 1,60. Lorsque le requin est à 10 cm de la face intérieure de la vitre, à quelle distance de la face extérieure de la vitre la personne perçoit-il le requin (qu'on assimile ici à un objet ponctuel). Déterminez cette position image à l'aide de la méthode graphique avec une échelle 3 cm : 10 cm.

Solution

Le problème en est un à deux dioptres plans successifs distants d'une épaisseur e séparant l'eau à gauche (le milieu 1), un verre au centre (le milieu 2) et l'air à droite (le milieu 3), comme l'illustre la figure ci-dessous.

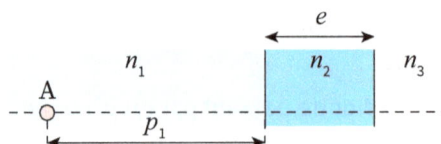

Le requin, considéré comme un objet ponctuel réel A, est situé à une distance p_1 à gauche du premier dioptre (voir la figure ci-contre). Les données sont $p_1 = 10$ cm (la distance objet par rapport au premier dioptre), $e = 5$ cm (la distance entre les premier et deuxième dioptres), $n_1 = 1{,}33$ (l'indice de réfraction de l'eau), $n_2 = 1{,}60$ (l'indice de réfraction du verre) et $n_3 = 1$ (l'indice de réfraction de l'air). On cherche p_2', la distance image par rapport au deuxième dioptre. Décomposons le problème en deux parties : trouvons d'abord l'image A' formée par le premier dioptre, puis trouvons l'image A'' finale formée par le deuxième dioptre. En vue d'appliquer la méthode graphique, prenons $R_1 = 2{,}5$ cm ; la distance R_2 est telle que :

$$\frac{R_2}{R_1} = \frac{n_2}{n_1} \quad \Rightarrow \quad R_2 = \frac{n_2}{n_1} R_1 = \frac{1{,}60}{1{,}33}(2{,}5 \text{ cm}) = 3{,}0 \text{ cm} \quad .$$

Le schéma suivant illustre le résultat de l'application de la méthode graphique pour localiser A' :

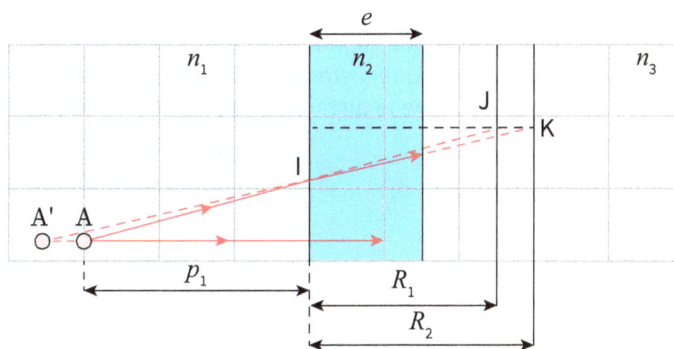

Maintenant que le rayon incident sur le deuxième dioptre est représenté, il suffit d'appliquer de nouveau la méthode graphique pour trouver le rayon réfracté dans l'air et ainsi localiser l'image finale A''. Prenons encore une fois $R_2 = 3{,}0$ cm ; la distance R_3 est telle que :

$$\frac{R_3}{R_2} = \frac{n_3}{n_2} \quad \Rightarrow \quad R_3 = \frac{n_3}{n_2} R_2 = \frac{1}{1{,}60}(3{,}0 \text{ cm}) = 1{,}88 \text{ cm} \quad .$$

Finalement, le schéma suivant illustre le résultat de l'application de la méthode graphique au deuxième dioptre pour localiser A'', l'image finale :

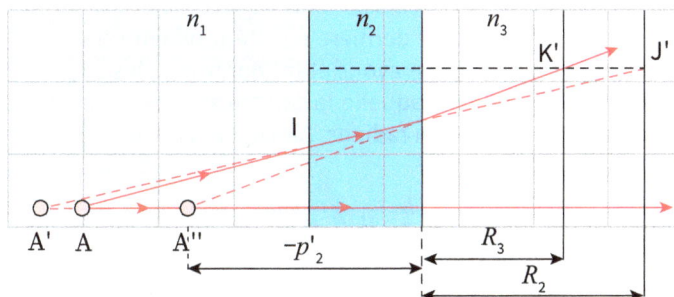

Avec une règle, on peut mesurer sur le schéma à l'échelle la distance image p_2', que l'on cherche : on mesure 3,2 cm. Avec le facteur d'échelle (3 cm : 10 cm), on obtient donc $p_2' = 10{,}7$ cm. Alors que le requin est physiquement à 15 cm de la face extérieure de la vitre, un observateur qui le regarde a l'impression qu'il se trouve à 10,7 cm de cette face.

4.2.3 Équation de conjugaison

L'équation de conjugaison est la relation qui permet de calculer la position de l'image à partir de la position de l'objet. En principe, la méthode graphique présentée à la section précédente est suffisante pour localiser l'image formée par un dioptre plan : il suffit de réaliser une construction graphique avec minutie et mesurer la distance image (voir l'exemple 4.4). Toutefois, cette technique n'est souvent pas aussi précise qu'une méthode algébrique. L'équation de conjugaison pour un dioptre plan s'écrit :

Équation de conjugaison pour un dioptre plan

$$p' = -\frac{n_2}{n_1} p \quad . \tag{4.5}$$

Cette équation confirme que si l'objet est réel (p positif), alors l'image est virtuelle (p' négatif). Aussi, on voit que si $n_2 > n_1$, alors l'image est plus éloignée du dioptre que l'objet, ce que confirme la construction graphique de la section 4.2.2.

Démontrons l'équation de conjugaison pour le dioptre plan en référant à la figure ci-dessous. Considérons un objet ponctuel A situé à une distance p devant un dioptre séparant les milieux d'indices de réfraction n_1 et n_2. On cherche la distance p' de l'image formée par le dioptre plan.

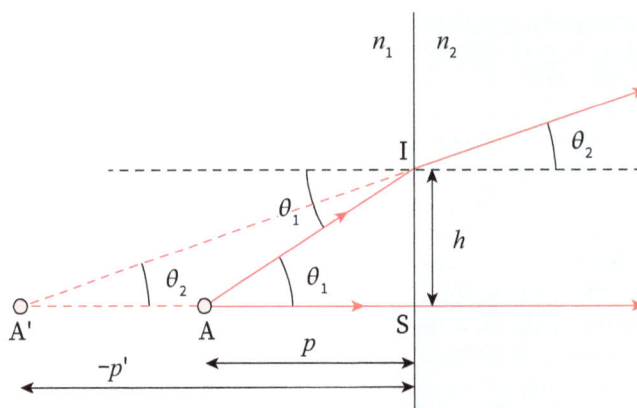

L'objet étant réel, l'image est virtuelle et la distance p' est négative; c'est pour cette raison que la quantité $-p'$, positive, est indiquée sur le schéma. Le rayon AS passe du milieu 1 au milieu 2 sans être dévié. Le rayon AI, qui arrive avec un angle d'incidence θ_1 sur le dioptre, est réfracté selon la loi de Snell–Descartes : $n_1\sin\theta_1 = n_2\sin\theta_2$. Par trigonométrie, on peut écrire $\tan\theta_1 = h/p$ et $\tan\theta_2 = h/(-p')$; le signe moins dans la dernière égalité provient de la convention de signes pour les distances objet et image. Or, les rayons étant paraxiaux, les angles θ_1 et θ_2 sont petits et on peut faire l'approximation selon laquelle la tangente d'un angle très petit est presque identique à l'angle lui-même, exprimé en radians. Ainsi, on peut écrire :

$$\theta_1 \approx \frac{h}{p} \quad \text{et} \quad \theta_2 \approx \frac{h}{-p'} \quad . \tag{4.6}$$

Plus encore, la loi de Snell–Descartes dans l'approximation des petits angles peut prendre une forme approchée qui simplifie l'analyse. En effet, tout comme la tangente, le sinus d'un très petit angle est pratiquement égal à l'angle exprimé en radians. Pour s'en convaincre, examinons le tableau 4.3 qui compare les valeurs numériques de l'angle x exprimé en radians et son sinus pour des angles compris entre 1° et 10°.

x (°)	x (rad)	$\sin(x)$	écart relatif (%)
1	0,017	0,017	0,01
2	0,035	0,035	0,02
3	0,052	0,052	0,05
4	0,070	0,070	0,08
5	0,087	0,087	0,1
6	0,105	0,105	0,2
7	0,122	0,122	0,2
8	0,140	0,139	0,3
9	0,157	0,156	0,4
10	0,175	0,174	0,5

Tableau 4.3 Angle, sinus de l'angle et leur écart relatif.

On constate que l'écart relatif entre un petit angle et son sinus ne dépasse pas 0,5 % lorsque l'angle est inférieur à 10°. Donc, dans le domaine paraxial, on peut donc écrire la loi de Snell–Descartes sous la forme approximative suivante (c'est d'ailleurs, comme mentionné à la section 4.1.1, la relation suggérée par Ptolémée entre les angles d'incidence et de réfraction) :

$$n_1\theta_1 \approx n_2\theta_2 , \qquad (4.7)$$

où les angles θ_1 et θ_2 sont mesurés en radians. En substituant les expressions de l'équation (4.6) dans l'équation (4.7), on trouve :

$$n_1\frac{h}{p} = n_2\frac{h}{-p'} .$$

En simplifiant les facteurs h communs aux deux membres de cette équation et en isolant la distance image p', on obtient l'équation (4.5), ce qu'il fallait prouver.

Exemple 4.5 La piscine

a) Lorsque vous observez à la verticale, la tête hors de l'eau, le fond d'une piscine remplie de 3 m d'eau, de quelle profondeur la piscine vous parait-elle?

b) Vous plongez dans l'eau de la piscine un cube de plexiglas de 15 cm de côté et dont l'indice de réfraction vaut 1,49. Si, la tête hors de l'eau, vous observez à la verticale le cube de plexiglas immergé dans l'eau, de quelle épaisseur vous parait-il?

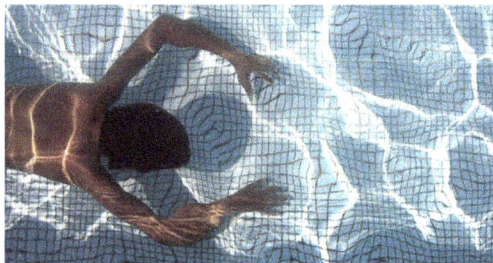

Solution

a) Dans cette situation, le fond de la piscine joue le rôle de l'objet et on cherche la position de l'image du fond de la piscine formée par le dioptre eau-air (voir la figure ci-dessous).

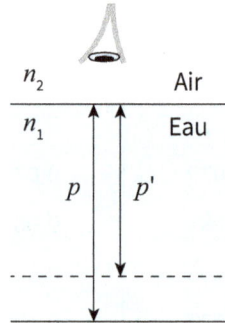

Les données sont $p = 3$ m (la position du fond de la piscine par rapport à la surface de l'eau), $n_1 = 1{,}33$ (l'indice de réfraction de l'eau) et $n_2 = 1$ (l'indice de réfraction de l'air). On cherche p', la position de l'image du fond de la piscine. D'après l'équation de conjugaison pour le dioptre plan, on trouve :

$$p' = -\frac{n_2}{n_1} p = -\frac{1}{1{,}33}(3\,\text{m}) = -2{,}26\,\text{m} \quad .$$

Le signe moins de p' signifie que l'image est virtuelle, c'est-à-dire du même côté que les rayons incidents. La piscine, pour un observateur hors de l'eau qui en regarde le fond à la verticale, semble profonde de 2,26 m.

b) Pour répondre à cette question, nous allons trouver les positions des images du dessus et du dessous du cube de plexiglas; la différence entre ces positions image correspond à l'épaisseur apparente du cube immergé dans l'eau pour un observateur hors de l'eau qui le regarde à la verticale (voir la figure ci-dessous).

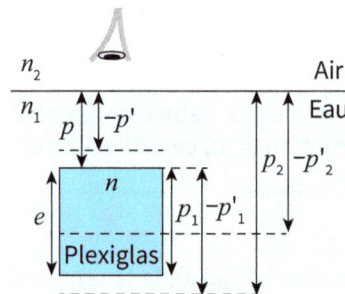

On a $n_1 = 1{,}33$, $n_2 = 1$, $n = 1{,}49$ (l'indice de réfraction du plexiglas) et $e = 15$ cm (l'épaisseur du cube). Toutefois, la profondeur p du cube dans l'eau n'est pas spécifiée (on verra que le résultat cherché n'en dépend pas…). Trouvons d'abord (sans valeur numérique) la position de l'image du dessus du cube en appliquant l'équation de conjugaison pour le dioptre plan (en référant à la figure ci-dessus) :

$$p' = -\frac{n_2}{n_1} p \quad .$$

Maintenant, trouvons la position de l'image du dessous du cube. Pour ce faire, il faut trouver l'image du dessous du cube formée par le dioptre plexiglas-eau, qui devient l'objet pour le dioptre eau-air. Avec cet objet, on peut finalement trouver l'image finale formée par la succession des deux dioptres. Appliquons une première fois l'équation de conjugaison (en référant à la figure précédente) :

$$p_1' = -\frac{n_1}{n}p_1 = -\frac{n_1}{n}e \quad,$$

où on a utilisé le fait que $p_1 = e$, l'épaisseur du cube. L'image formée par le premier dioptre devient l'objet pour le deuxième. Ainsi, aidé de la figure précédente, on trouve la distance objet p_2 pour le second dioptre :

$$p_2 = |p_1'| + p = \frac{n_1}{n}e + p \quad.$$

Appliquons une deuxième fois l'équation de conjugaison (toujours en référence à la figure de la page précédente) :

$$p_2' = -\frac{n_2}{n_1}p_2 = -\frac{n_2}{n_1}\left(\frac{n_1}{n}e + p\right) = -\frac{n_2}{n}e - \frac{n_2}{n_1}p \quad.$$

L'épaisseur apparente est donc la différence entre $|p_2'|$ et $|p'|$, c'est-à-dire :

$$e_{apparente} = |p_2'| - |p'| = \left(\frac{n_2}{n}e + \frac{n_2}{n_1}p\right) - \left(\frac{n_2}{n_1}p\right) = \frac{n_2}{n}e = \frac{1}{1,49}(15\text{ cm}) = 10,1\text{ cm} \quad.$$

Si, la tête hors de l'eau, on regarde le cube de plexiglas immergé dans l'eau, son épaisseur apparente est de 10,1 cm. Il est intéressant de noter que ce résultat est indépendant de la profondeur p du cube dans l'eau et même de l'indice de réfraction de l'eau.

4.2.4 Grandissements transversal et longitudinal

Jusqu'à maintenant, nous avons étudié la formation d'images par un dioptre plan en considérant l'objet comme étant ponctuel. Analysons les caractéristiques de l'image d'un objet étendu; cela mène naturellement aux expressions pour les grandissements transversal et longitudinal.

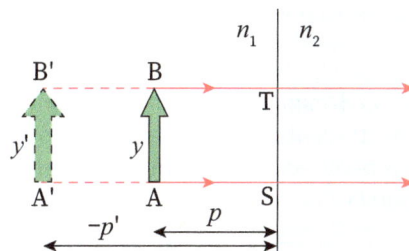

Le grandissement transversal pour un dioptre plan est toujours un, ce qui signifie que l'image d'un objet étendu a la même taille latérale que l'objet. Pour arriver à cette conclusion, on peut faire référence à la figure ci-dessus qui illustre un objet étendu de hauteur y devant un dioptre plan. Localisons les images A' et B' des deux extrémités A et B de cet objet, lesquels sont tous deux situés à une distance p du dioptre (figure ci-dessus). En appliquant l'équation de conjugaison pour les points A et B, on trouve que les images A' et B' sont à une distance p' (négative, car l'image est virtuelle) et que ces images sont sur la normale au dioptre passant par A et B, respectivement. Comme on peut le voir clairement sur la figure précédente, on en conclut que la distance AB est identique à la distance A'B', c'est-à-dire que $y' = y$. Puisque le grandissement transversal est défini par $g = y'/y$, alors $g = 1$.

Le grandissement longitudinal pour un dioptre plan vaut le rapport des indices de réfraction des milieux de part et d'autre du dioptre :

Grandissement longitudinal pour un dioptre plan

$$g_L = \frac{z'}{z} = \frac{n_2}{n_1} \quad , \tag{4.8}$$

où z est la profondeur de l'objet et z' est celle de l'image. La valeur toujours positive du grandissement longitudinal montre que si l'objet pointe dans le sens des rayons incidents, alors l'image pointe dans le sens des rayons réfractés. Aussi, l'expression du grandissement longitudinal justifie le fait que l'image est étirée le long de l'axe optique d'un facteur n_2/n_1, qui est supérieur à un (étirement) si $n_2 > n_1$ et qui est inférieur à un (compression) si $n_2 < n_1$.

Pour démontrer cette expression pour le grandissement longitudinal, on réfère à la figure ci-dessous.

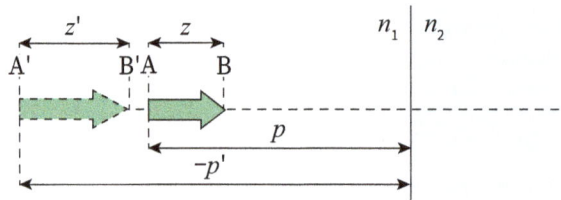

L'image du point A (l'extrémité de l'objet la plus éloignée du dioptre) formée par le dioptre est au point A'. Si la distance objet de A est p et que la distance image de A' est p', alors ces distances sont reliées entre elles par l'équation (4.5) :

$$-p' = \frac{n_2}{n_1} p \quad ,$$

où on a tenu compte que la quantité $-p'$ est positive, étant donné la convention de signes (l'image est virtuelle). Quant à elle, l'image du point B (l'extrémité de l'objet la plus près du dioptre) formée par le dioptre est au point B'. Les distances objet et image de ces points sont elles aussi reliées entre elles par l'équation de conjugaison (voir la figure ci-dessus) :

$$(-p' - z') = \frac{n_2}{n_1}(p - z) \quad .$$

On a tenu compte de la convention de signes 3.4 pour les profondeurs z et z', lesquelles sont ici toutes les deux positives. En soustrayant ces deux dernières équations, on trouve : $z' = n_2 z/n_1$. En isolant le rapport z'/z, qui correspond à la définition du grandissement longitudinal g_L, on retrouve comme prévu l'équation (4.8).

E

Exemple 4.6	De retour à l'aquarium

Un aquarium possède les parois vitrées dont l'indice de réfraction est de 1,60 et dont l'épaisseur est de 5 cm. Vous observez un petit poisson exotique de 5 cm de long qui nage vers vous et qui est situé à 10 cm de la face intérieure de la paroi vitrée.

a) À quelle distance de la face extérieure de la vitre le petit poisson vous parait-il ?

b) Quelle est la longueur apparente du poisson ?

Solution

a) Le problème est similaire à l'exemple 4.4 et nous utiliserons la méthode algébrique pour déterminer la position de l'image finale du poisson. Pour ce faire, il est essentiel de faire un schéma clair de la situation (voir la figure ci-dessous). On a représenté les deux dioptres (les éléments optiques E_1 et E_2) : le premier sépare l'eau et le verre et le deuxième sépare le verre et l'air.

Le bilan des données est $p_1 = 10$ cm (la position objet 1), $e = 5$ cm (la distance entre les deux dioptres), $n_1 = 1{,}33$ (l'indice de réfraction de l'eau), $n_2 = 1{,}60$ (l'incide de réfraction du verre) et $n_3 = 1$ (l'indice de réfraction de l'air). On cherche p_2', la distance image 2. Pour le premier dioptre, on trouve :

$$p_1' = -\frac{n_2}{n_1} p_1 = -\frac{1{,}60}{1{,}33}(10\,\text{cm}) = -12\,\text{cm} \ .$$

L'image I_1 est virtuelle ($p_1' < 0$) et devient objet O_2 réel pour le deuxième dioptre. La distance objet 2 est :

$$p_2 = \left| p_1' \right| + e = 12\,\text{cm} + 5\,\text{cm} = 17\,\text{cm} \ .$$

Pour le deuxième dioptre, on a :

$$p_2' = -\frac{n_3}{n_2} p_2 = -\frac{1}{1{,}60}(17\,\text{cm}) = -10{,}6\,\text{cm} \ .$$

L'image finale I_2, virtuelle car $p_2' < 0$, est un objet réel pour l'œil de l'observateur. Le poisson parait donc à 10,6 cm de la face extérieure de la paroi vitrée.

b) Pour trouver la longueur apparente du poisson, nous utilisons la notion de grandissement longitudinal. Nous connaissons la longueur réelle $z_1 = 5$ cm du poisson et nous cherchons la longueur apparente z_2' du poisson tel que vu à travers les deux dioptres successifs. La longueur z_1' de l'image I_1 produite par le premier dioptre est :

$$g_{L1} = \frac{z_1'}{z_1} = \frac{n_2}{n_1} \quad \Rightarrow \quad z_1' = \frac{n_2}{n_1} z_1 = \frac{1{,}60}{1{,}33}(5\text{ cm}) = 6\text{ cm} \ .$$

L'image I_1 étant la même chose que l'objet O_2, la longueur de l'objet O_2 est $z_2 = z_1' = 6$ cm. La longueur z_2' de l'image finale I_2 produite par le deuxième dioptre est donc :

$$g_{L2} = \frac{z_2'}{z_2} = \frac{n_3}{n_2} \quad \Rightarrow \quad z_2' = \frac{n_3}{n_2} z_2 = \frac{1}{1{,}60}(6\text{ cm}) = 3{,}76\text{ cm} \ .$$

En l'observant nager dans l'aquarium, le poisson parait avoir une longueur de 3,76 cm.

4.3 Lames à faces parallèles

Après avoir analysé en détail comment la lumière se comporte avec un dioptre, allons un peu plus loin en analysant comment se comporte la lumière en traversant deux dioptres plans consécutifs parallèles entre eux, ce qu'on appelle une lame à faces parallèles (par exemple, une lamelle de microscope ou la vitre d'une fenêtre). Nous verrons qu'une lame à faces parallèles dont les deux côtés baignent dans le même milieu n'introduit aucune déviation lorsqu'un rayon lumineux la traverse : le rayon émergent se propage dans la même direction que le rayon incident. En revanche, une telle lame introduit un déplacement latéral du rayon lumineux, ce qui fait que le rayon émergent de la lame n'est pas confondu avec le prolongement du rayon incident. Enfin, comme un unique dioptre plan, une lame à faces parallèles produit une image, laquelle peut être localisée facilement à l'aide de la notion de déplacement axial.

4.3.1 Déviation d'un rayon lumineux

Si les milieux de part et d'autre d'une lame à faces parallèles sont identiques, un rayon lumineux qui la traverse émerge parallèlement à sa direction incidente (figure ci-dessous).

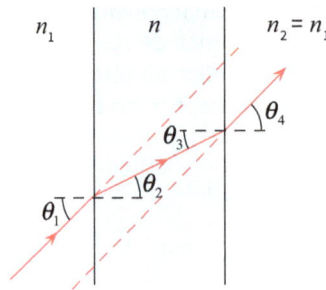

Si, au contraire, les milieux de part et d'autre de la lame n'ont pas le même indice de réfraction, alors le rayon lumineux subit une déviation. Imaginons qu'une lame à faces parallèles d'indice de réfraction n présente sa face avant à un milieu d'indice de réfraction n_1 et sa face arrière à un milieu d'indice de réfraction n_2. Si un rayon lumineux arrive sur la première face de la lame à faces parallèles avec un angle d'incidence θ_1, alors il sera réfracté avec un angle θ_2 qui respecte la loi de Snell–Descartes :

$$n_1 \sin\theta_1 = n \sin\theta_2 \quad ,$$

où n est l'indice de réfraction de la lame. Le rayon réfracté se propage en ligne droite jusqu'à ce qu'il rencontre, avec un angle d'incidence θ_3, la deuxième face de la lame. Le rayon sera finalement réfracté dans le milieu d'indice n_2 avec un angle de réfraction θ_4, en respectant la loi de Snell–Descartes :

$$n\sin\theta_3 = n_2\sin\theta_4.$$

Puisque θ_2 et θ_3 sont des angles alternes-internes, on a $\theta_2 = \theta_3$. En combinant ces trois dernières équations, on trouve :

$$n_1\sin\theta_1 = n_2\sin\theta_4.$$

Aucune déviation pour une lame à faces parallèles

Dans le cas particulier où $n_2 = n_1$, cette équation permet de conclure que $\theta_1 = \theta_4$, c'est-à-dire que la direction du rayon émergent de la lame à faces parallèles est identique à la direction du rayon incident sur elle. Toutefois, il existe un déplacement latéral qui fait que les deux rayons ne sont pas confondus.

Par un raisonnement similaire, on peut prouver que, si un rayon lumineux traverse un nombre quelconque de lames à faces parallèles empilées les unes sur les autres, le rayon émergent a également la même direction que le rayon incident sur l'empilement, pourvu que les milieux aux extrémités de l'empilement de lames aient le même indice de réfraction.

4.3.2 Déplacement latéral

Comme le suggère la figure de la section précédente, un rayon qui tra-verse une lame à faces parallèles subit un déplacement latéral, c'est-à-dire que la trajectoire du rayon émergent est décalée d'une certaine quantité d_ℓ par rapport à celle du rayon incident (figure ci-contre). On supposera dans la suite de cette section que la lame à faces parallèles baigne dans l'air. Le rayon émergent étant alors parallèle au rayon incident, on définit le déplacement latéral comme étant la distance entre ces deux rayons parallèles. Ce déplacement latéral dépend de l'épaisseur e et de l'indice de réfraction n de la lame à faces parallèles, ainsi que de l'angle d'incidence θ_1 du rayon lumineux sur la lame :

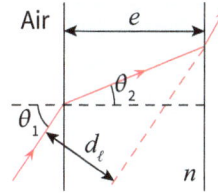

$$d_\ell = e\frac{\sin(\theta_1 - \theta_2)}{\cos\theta_2} \ , \tag{4.9}$$

Déplacement latéral

où θ_2 est l'angle de réfraction dans la lame à faces parallèles, relié à l'angle d'incidence θ_1 par la loi de Snell–Descartes : $\sin\theta_1 = n\sin\theta_2$.

Testez votre compréhension 4.5	Déplacement latéral
À quelle condition le déplacement latéral est-il nul?	

Pour parvenir à l'équation (4.9), on peut s'aider de la figure 4.8 qui illustre un rayon incident au point I sur une lame à faces parallèles baignant dans l'air et émergeant de la lame à partir du point I'. Appelons L la longueur du segment de droite reliant les points I et I'. Par trigonométrie dans le triangle rectangle II'J, on a $d_\ell = L\sin\beta$. Puisque θ_1 et la somme $\beta + \theta_2$ sont égaux en rai-son du fait que ce sont des angles opposés par le sommet I, on peut écrire : $\beta = \theta_1 - \theta_2$.

Figure 4.8

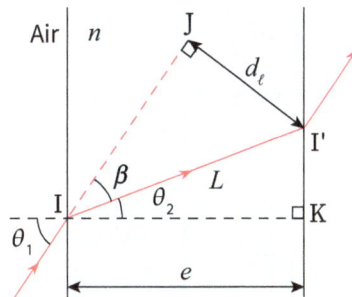

Un rayon lumineux traversant une lame à faces parallèles d'épaisseur e et d'indice de réfraction n subit un déplacement latéral d_ℓ.

Enfin, à partir du triangle rectangle II'K, on déduit que $e = L\cos\theta_2$. En combinant ces résultats, on obtient :

$$d_\ell = L\sin\beta = L\sin(\theta_1 - \theta_2) = \left(\frac{e}{\cos\theta_2}\right)\sin(\theta_1 - \theta_2) \ ,$$

ce qui correspond à l'équation (4.9). Il est pertinent de souligner que l'équation (4.9) est valide pour n'importe quel angle d'incidence. En particulier, lorsque l'incidence est rasante, le déplacement latéral du rayon correspond à l'épaisseur e de la lame à faces parallèles, et ce, peu importe l'indice de réfraction n de la lame (figure ci-dessous). En effet, en substituant $\theta_1 = 90°$ et en utilisant l'identité trigonométrique $\sin(90° - \theta_2) = \cos\theta_2$ (voir l'annexe A), on trouve $d_\ell = e$.

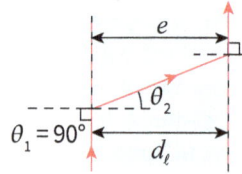

L'expression du déplacement latéral se simplifie si on se limite aux petits angles d'incidence. Pour de petits angles θ_1, l'angle θ_2 est petit également. Ainsi, on pourra faire l'approximation $\sin(\theta_1 - \theta_2) \approx \theta_1 - \theta_2$, si les angles sont exprimés en radians. La version approchée de la loi de Snell–Descartes, valide pour les petits angles, est $\theta_1 = n\theta_2$. Le cosinus d'un angle est approximativement égal à un si l'angle est très petit (< 10°). Pour s'en convaincre, examinons le tableau 4.4, qui compare le cosinus d'un petit angle avec un.

Tableau 4.4	Cosinus de l'angle et son écart relatif avec un	
x (°)	$\cos(x)$	écart relatif avec 1 (%)
1	0,9998	0,02
2	0,9994	0,06
3	0,9986	0,1
4	0,9976	0,2
5	0,9962	0,4
6	0,9945	0,6
7	0,9925	0,8
8	0,9903	1,0
9	0,988	1,2
10	0,985	1,5

On remarque qu'on ne commet qu'une erreur maximale de 1,5 % en remplaçant par un le cosinus d'un angle inférieur à 10°. Au final, pour des angles suffisamment petits, l'équation (4.9) peut s'écrire :

$$d_\ell = e\frac{\sin(\theta_1 - \theta_2)}{\cos\theta_2} \approx e\frac{\theta_1 - \theta_2}{1} \approx e\left(\theta_1 - \frac{\theta_1}{n}\right) ,$$

ce qu'on peut mettre sous la forme :

Déplacement latéral (petits angles)

$$d_\ell \approx e\left(\frac{n-1}{n}\right)\theta_1 . \tag{4.10}$$

On note donc que, pour de petits angles d'incidence, le déplacement latéral est directement proportionnel à l'angle d'incidence (exprimé en radians). Autrement dit, le graphique du déplacement latéral d_ℓ en fonction de l'angle d'incidence θ_1 se confond, pour des angles suffisamment petits, avec une droite de pente $e(n-1)/n$ (figure 4.9). Cette équation suggère donc une méthode expérimentale pour déterminer l'indice de réfraction d'une lame à faces parallèles à partir de la pente d'un graphique du déplacement latéral en fonction de l'angle d'incidence.

Attention!	L'angle d'incidence doit être petit et exprimé en radians

En utilisant l'équation (4.10), il est primordial d'exprimer l'angle d'incidence θ_1 en radians, et non en degrés. Aussi, il faut que cet angle soit suffisamment petit (disons inférieur à 20°).

Figure 4.9

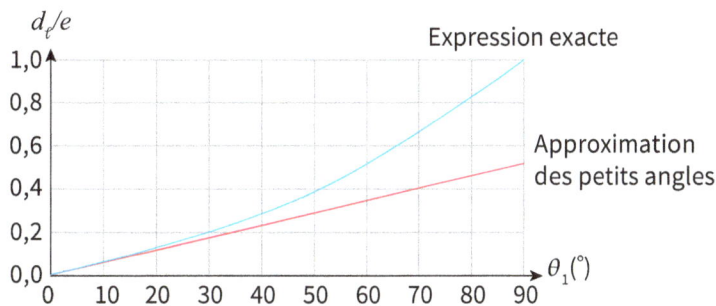

Déplacement latéral produit par une lame à faces parallèles, normalisé par l'épaisseur de la lame, en fonction de l'angle d'incidence pour un indice de réfraction $n = 1,5$.

Exemple 4.7	Mesure de l'indice de réfraction

Au laboratoire, nous avons mesuré le déplacement latéral d_ℓ produit par une lame à faces parallèles en fonction de l'angle d'incidence θ_1. Les points expérimentaux sont présentés dans le graphique ci-dessous. Nous avons ensuite tracé la droite correspondant aux données associées aux petits angles. À partir de la valeur de la pente de la droite, déterminez l'indice de réfraction de la lame à faces parallèles.

Déplacement latéral produit par une lame à faces
parallèles en fonction de l'angle d'incidence

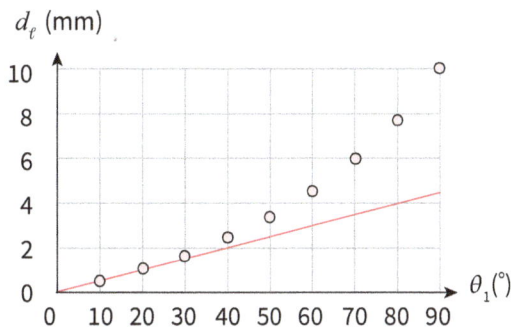

Solution

D'abord, on peut déduire l'épaisseur de la lame à faces parallèles, puisque le déplacement latéral est équivalent à l'épaisseur e lorsque l'angle d'incidence θ_1 vaut 90°. À la lumière du graphique ci-dessus, on conclut que l'épaisseur de la lame est $e = 10$ mm. La relation théorique qui existe entre le déplacement latéral et l'angle d'incidence, lorsque l'angle d'incidence est petit, est :

$$d_\ell = e\left(\frac{n-1}{n}\right)\theta_1 \quad,$$

où θ_1 est exprimé en radians. Cette équation a la même forme que celle d'une droite ($y = mx + b$), où $y = d_\ell$, $x = \theta_1$, $m = e(n-1)/n$ et $b = 0$. Ainsi, la pente $m = e(n-1)/n$ du graphique contient l'information sur l'indice de réfraction n qu'on recherche. Calculons la pente du graphique à partir de deux points appartenant à la droite : ici, nous prenons l'origine (0°; 0 mm) et le point (80°; 4 mm). Avant d'utiliser ces données, il faut exprimer 80° en radians : 80° = (80°)(π rad)/180° = 1,40 rad. Évaluons la pente :

$$m = \frac{(d_\ell)_2 - (d_\ell)_1}{(\theta_1)_2 - (\theta_1)_1} = \frac{4\,\text{mm} - 0\,\text{mm}}{1{,}40\,\text{rad} - 0\,\text{rad}} = 2{,}86\,\text{mm/rad} \quad.$$

À partir de la valeur de la pente et de l'épaisseur de la lame, on peut déduire la valeur de l'indice de réfraction :

$$m = e\left(\frac{n-1}{n}\right) \;\Rightarrow\; m/e = 1 - \frac{1}{n} \;\Rightarrow\; \frac{1}{n} = 1 - m/e \;\Rightarrow\; n = \frac{1}{1 - m/e} = \frac{1}{1 - 2{,}86/10} = 1{,}4 \quad.$$

L'indice de réfraction de la lame à faces parallèles, obtenu par une analyse graphique, est de 1,4.

4.3.3 Déplacement axial

Si on regarde à travers une lame à faces parallèles (en regardant à travers une fenêtre, par exemple), on peut se demander où nous voyons l'image d'un objet situé derrière la lame. Ce problème peut en principe être entièrement analysé en utilisant les notions d'imagerie associées aux dioptres plans vues à la section 4.2. Néanmoins, il est plus pratique de définir le déplacement axial d_a pour déterminer rapidement la position de l'image, par rapport à l'objet, formée par une lame à faces parallèles. Le déplacement axial, défini comme étant la distance axiale entre l'objet et l'image produite par une lame à faces parallèles, est donné par :

Déplacement axial

$$d_a = \left(\frac{n-1}{n}\right)e \quad, \tag{4.11}$$

où n est l'indice de réfraction de la lame et e est son épaisseur. Cette expression n'est valable que dans le contexte de l'approximation paraxiale. Cette équation rend compte du fait que, lorsqu'une lame à faces parallèles est placée entre un objet et notre œil, l'image formée par la lame est plus rapprochée de la lame que l'objet, et ce, d'une distance correspondant au déplacement axial d_a. On note que le déplacement axial est indépendant de la distance séparant l'objet de la lame à faces parallèles.

À quelle condition l'image formée par une lame à faces parallèles peut-elle être plus éloignée de la lame que l'objet?

Pour montrer d'où provient l'équation (4.11), examinons la formation de l'image d'un objet ponctuel par une lame à faces parallèles, laquelle n'est rien d'autre qu'une succession de deux dioptres plans consécutifs séparés par une distance e (figure 4.10).

Figure 4.10

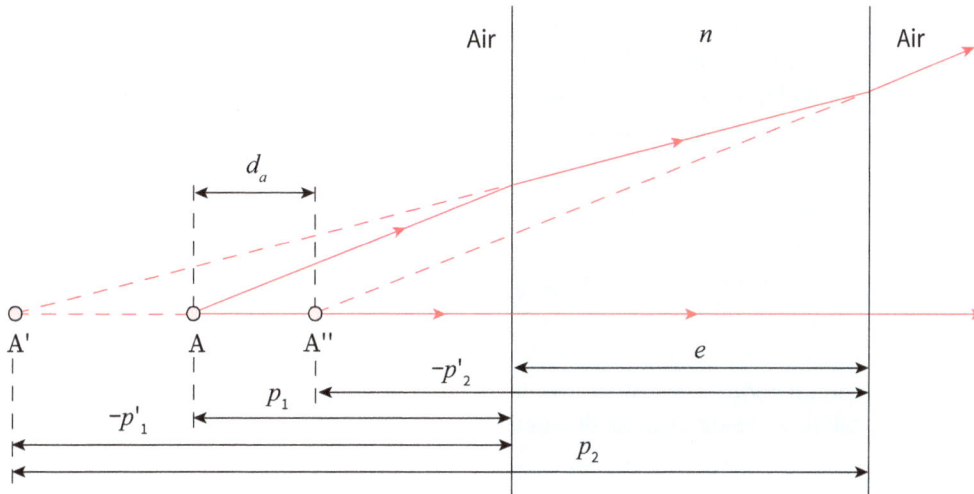

D'un objet A, le premier dioptre d'une lame à faces parallèles produit une image A' qui devient l'objet pour le deuxième dioptre de la lame, lequel produit l'image finale A''

L'objet A est situé à une distance p_1 du premier dioptre plan. Ce dernier forme l'image de A au point A', qui est situé à une distance p_1' du premier dioptre. La distance p_1' est donnée par l'équation (4.5) :

$$p'_1 = -np_1 \ . \tag{4.12}$$

L'image A' formée par le premier dioptre devient l'objet pour le deuxième dioptre. En tenant compte de la convention de signes (A' est une image virtuelle formée par le premier dioptre), la distance objet pour le deuxième dioptre est :

$$p_2 = e - p'_1 \ . \tag{4.13}$$

Le deuxième dioptre forme l'image A'' (virtuelle) à une distance p_2' du deuxième dioptre :

$$p'_2 = -\frac{1}{n}p_2 \ . \tag{4.14}$$

Si l'on se fie à la figure 4.10, on peut déduire la distance d_a entre l'objet initial A et l'image finale A'' en exploitant les dernières relations :

$$d_a = (p_1 + e) - (-p'_2) = p_1 + e - \frac{1}{n}p_2 = p_1 + e - \frac{1}{n}(e - p'_1) = p_1 + e - \frac{1}{n}(e + np_1) \ . \tag{4.15}$$

En simplifiant, on retrouve comme prévu l'expression donnée à l'équation (4.11).

<table>
<tr><td>**E**</td><td>**Exemple 4.8**</td><td>La lame à faces parallèles</td></tr>
</table>

Une lame à faces parallèles baignant dans l'air possède une épaisseur de 6 cm et est fabriquée avec un matériau dont l'indice de réfraction est 1,46.

a) Si on envoie un faisceau de lumière sur cette lame avec un angle d'incidence de 60°, quel déplacement latéral subira-t-il?

b) Si on observe un objet (à incidence normale) à travers cette lame à faces parallèles, où l'image perçue sera-t-elle située par rapport à l'objet?

Solution

a) Le bilan des données est : $\theta_1 = 60°$ (l'angle d'incidence), $n = 1,46$ (l'indice de réfraction de la lame) et $e = 6$ cm (l'épaisseur de la lame); on cherche le déplacement latéral d_ℓ (voir la figure ci-dessous).

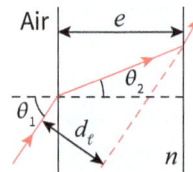

On doit d'abord déterminer l'angle de réfraction du faisceau dans la lame à faces parallèles à l'aide de la loi de Snell–Descartes :

$$\sin\theta_1 = n\sin\theta_2 \quad \Rightarrow \quad \theta_2 = \arcsin\left(\frac{\sin\theta_1}{n}\right) = \arcsin\left(\frac{\sin(60°)}{1,46}\right) = 36,4° \quad .$$

Le déplacement latéral est donc donné par :

$$d_\ell = e\frac{\sin(\theta_1 - \theta_2)}{\cos\theta_2} = (6\ \text{cm})\frac{\sin(60° - 36,4°)}{\cos(36,4°)} = 2,98\ \text{cm} \quad .$$

Le faisceau subit donc un déplacement latéral d'environ 3 cm. Remarquons que l'on ne peut pas utiliser l'expression approximative pour le déplacement latéral, puisque l'angle d'incidence de 60° n'est pas un petit angle.

b) On cherche ici le déplacement axial d_a, qui donne directement la distance de l'image par rapport à l'objet (voir la figure ci-dessous) :

$$d_a = e\left(\frac{n-1}{n}\right) = (6\ \text{cm})\left(\frac{1,46-1}{1,46}\right) = 1,89\ \text{cm} \quad .$$

L'objet semble rapproché de 1,89 cm lorsqu'il est observé à travers la lame à faces parallèles.

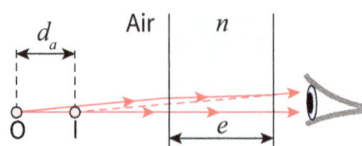

Révision

L'objectif global de ce chapitre est d'être en mesure d'appliquer la loi de Snell–Descartes, graphiquement et algébriquement, dans le cas où la lumière traverse des dioptres plans ainsi que de déterminer les caractéristiques de l'image formée par un dioptre plan ou deux dioptres plans parallèles entre eux. Spécifiquement, vous devriez être capable de répondre aux questions suivantes, ce qui vous permettra de vérifier que vous avez atteint les objectifs pédagogiques de ce chapitre.

Pouvez-vous définir :

- l'indice de réfraction d'une substance?

- l'angle critique d'une paire de substances transparentes?

- un dioptre plan?

- une lame à faces parallèles?

- le déplacement latéral produit par une lame à faces parallèles?

- le déplacement axial produit par une lame à faces parallèles?

Connaissez-vous :

- la loi de la réfraction?

- la réflexion totale interne et les conditions à respecter pour qu'elle survienne?

- le fait que l'on doive se limiter au domaine paraxial afin que les images formées par un dioptre plan soient de qualité satisfaisante?

- l'équation de conjugaison des dioptres plans?

- la valeur du grandissement transversal de l'image formée par un dioptre plan?

- l'approximation des petits angles?

Êtes-vous en mesure de :

- déterminer, graphiquement (à l'aide d'un compas) et algébriquement (avec la loi de Snell–Descartes), la trajectoire du rayon réfracté (ou incident) correspondant à la trajectoire d'un rayon incident (ou réfracté) donné?

- résoudre, graphiquement (avec une règle) et algébriquement (avec l'équation de conjugaison), des problèmes de formation d'images à l'aide d'un dioptre plan ou de plusieurs dioptres plans parallèles entre eux?

- calculer les déplacements latéral et axial produits par une lame à faces parallèles?

Légende :

« Définir » : vous devez être en mesure de donner un énoncé à l'aide de mots seulement.
« Connaitre » : vous devez connaitre par cœur le concept ou le principe.
« En mesure de » : vous devez être capable de faire les exemples, exercices et problèmes en lien avec cet objectif.

Questions

Q1. Lorsqu'un rayon passe d'un milieu transparent plus réfringent à un autre moins réfringent, le rayon se rapproche-t-il ou s'éloigne-t-il de la normale?

Q2. Un rayon lumineux fait un angle droit avec la surface lisse d'un lac. Quel est l'angle de réfraction du rayon dans l'eau?

Q3. On place une plaque de verre dans un bécher contenant une solution inconnue A et une autre plaque identique dans un deuxième bécher ayant une solution inconnue B (voir la figure ci-dessous). Laquelle des solutions (A ou B) possède le plus grand indice de réfraction?

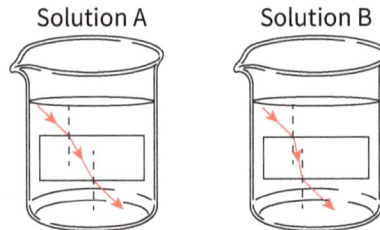

Solution A   Solution B

Q4. Donnez la définition de l'angle critique pour une paire de substances transparentes.

Q5. Dans quelles conditions peut-on observer la réflexion totale interne?

Q6. Un rayon lumineux arrive à incidence normale sur un prisme de 45° (voir la figure ci-dessous). Le verre du prisme a un indice de réfraction de 1,5. Illustrez la suite du trajet du rayon lumineux jusqu'à sa sortie du prisme.

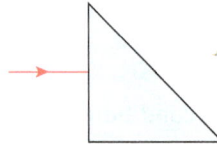

Q7. Expliquez brièvement le principe de fonctionnement de la fibre optique en tant que dispositif capable de transmettre un signal lumineux sur une longue distance.

Q8. Vous êtes debout dans la zone peu profonde d'une piscine. Lorsque vous regardez vos pieds, vos jambes vous paraissent-elles plus longues ou plus courtes que lorsqu'elles sont hors de l'eau?

Q9. Un baigneur la tête immergée sous l'eau regarde le visage de son ami, assis dans une chaloupe, alors que sa tête se trouve à la verticale au-dessus de lui. Le baigneur perçoit-il le visage de son ami plus près ou plus loin qu'il ne l'est en réalité?

Q10. Pourquoi une paille parait-elle pliée lorsqu'elle est partiellement plongée dans un verre d'eau? Justifiez votre réponse avec un tracé de rayons.

Q11. Un rayon lumineux rencontre une lame à faces parallèles entourée d'air avec un angle d'incidence de 40°. Quel est l'angle d'émergence à la sortie de la lame?

Q12. Définissez en mots le déplacement latéral produit par une lame à faces parallèles.

Q13. (a) Que vaut le plus grand déplacement latéral produit par une lame de microscope de 1 mm d'épaisseur? (b) À quel angle d'incidence ce déplacement latéral maximal se produit-il?

Q14. Quel déplacement latéral subit un rayon lumière qui arrive à incidence normale sur une lame à faces parallèles?

Q15. Définissez en mots le déplacement axial produit par une lame à faces parallèles.

Q16. Considérons une lame à faces parallèles entourée d'un milieu transparent d'indice de réfraction plus élevé que celui de la lame (un espace d'air entre deux blocs de verre identiques, par exemple). Avec un schéma soigné, montrez que le déplacement axial est négatif, c'est-à-dire que, par rapport à la lame, l'image est plus éloignée que l'objet.

Exercices

4.1 Loi de la réfraction

Lorsque des constructions graphiques sont demandées, elles doivent être faites à l'échelle, avec les instruments à dessin appropriés (règles, compas, rapporteurs d'angle).

E1. Un rayon lumineux voyageant dans l'air rencontre un bloc de verre d'indice de réfraction 1,60 avec un angle d'incidence de 50°. Déterminez l'angle de réfraction d'abord par la méthode graphique, puis algébriquement.

E2. Un rayon de lumière qui passe de l'eau à l'air a un angle de réfraction de 72°. Quelle est la déviation du rayon due à sa traversée du dioptre? La déviation est définie par l'angle entre les prolongements des rayons incident et réfracté.

E3. Par la méthode graphique, construisez le rayon réfracté correspondant à un rayon incident dont l'angle d'incidence vaut 25°. Le rayon va d'un verre d'indice de réfraction de 1,56 à l'air.

E4. Par la méthode graphique, construisez le rayon incident correspondant à un rayon réfracté dont l'angle de réfraction vaut 40°. Le rayon va de l'air à l'eau.

E5. Une mince pellicule d'eau repose sur une lame de microscope faite en verre ($n = 1,5$); on suppose que les deux dioptres sont parallèles entre eux. Un rayon lumineux tombe sur la pellicule d'eau avec un angle d'incidence de 50°. Faites un schéma de la situation où est tracé le trajet de la lumière jusque dans le verre en donnant les valeurs numériques de tous les angles en cause.

E6. Un rayon lumineux se propageant dans l'air rencontre un prisme de verre ($n = 1,5$), dont l'angle d'arête A vaut 40°, avec un angle d'incidence $\theta_1 = 45°$ (figure ci-dessous).

a) Quel est l'angle de réfraction θ_2 dans le verre?

b) Quel est l'angle d'incidence θ_1' du rayon lorsqu'il parvient à la deuxième face?

c) Quel est l'angle de réfraction θ_2' dans l'air lorsque le rayon émerge du prisme?

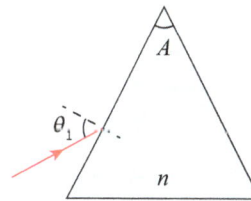

E7. Quel est l'angle critique pour l'interface entre l'eau et un verre d'indice de réfraction 1,60?

E8. Un rayon rencontre le centre de la face gauche d'un cube de glace (voir la figure ci-contre). Le plan d'incidence est parallèle à la face avant du cube. Quelle est la valeur minimale de l'angle d'incidence du rayon afin qu'il puisse tout juste ressortir dans l'air lorsqu'il atteint la face inférieure du cube?

E9. Quel est l'indice de réfraction minimal que doit avoir un prisme de 45° pour qu'il y ait réflexion totale interne sur les deux faces de droite et que, par conséquent, il se comporte comme un rétroréflecteur (voir la figure ci-dessous)?

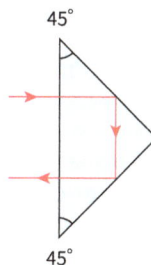

E10. Une source lumineuse qui gît au fond d'une piscine remplie d'eau, profonde de 3 m, envoie des rayons dans toutes les directions (voir la figure ci-dessous).

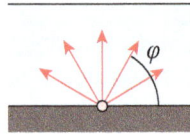

a) Pour quelles valeurs de l'angle φ (mesuré par rapport à l'horizontale) les rayons sont-ils totalement réfléchis par la surface de l'eau?

b) Quel est le diamètre du cercle à la surface de l'eau qui délimite la région d'où la lumière de la source lumineuse parvient à sortir de l'eau?

E11. Dans une expérience de laboratoire, on a mesuré l'angle de réfraction θ_2 en fonction de l'angle d'incidence θ_1 lors du passage de la lumière de l'air vers une substance solide inconnue. Les données expérimentales sont compilées dans le graphique ci-dessous.

Sinus de l'angle de réfraction en fonction du sinus de l'angle d'incidence

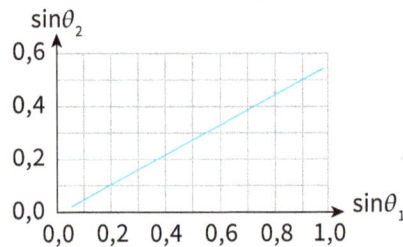

a) Quelle est l'équation théorique de cette droite et à quoi correspond physiquement la pente de cette droite?

b) Grâce aux données du graphique, calculez la pente de cette droite.

c) À partir de la valeur de la pente de la droite, déterminez l'indice de la substance inconnue.

4.2 Image formée par un dioptre plan

E12. Un oiseau vole au-dessus d'un lac et observe un poisson qui nage à 30 cm sous la surface de l'eau. Au moment où l'oiseau est juste au-dessus du poisson, à quelle profondeur sous la surface de l'eau l'oiseau perçoit-il le poisson?

E13. Une lame de microscope en verre a un indice de réfraction de 1,5 et a une épaisseur de 1 mm.

a) Si la lame de microscope est déposée sur un table et que vous la regardez à la verticale, de quelle épaisseur vous parait-elle?

b) Si la lame est déposée au fond d'un bécher rempli de 2 cm d'eau et que vous la regardez à la verticale, quelle est l'épaisseur apparente de la lame?

E14. Lorsque vous observez le fond d'une piscine à la verticale, la piscine vous parait profonde de 1 m. Si vous mesurez 1,63 m et que vous êtes debout dans la piscine, quelle fraction de votre corps est hors de l'eau?

E15. Dans un récipient, dont le fond est tapissé d'un motif fleuri, se trouve 5 cm d'eau flottant sur 7 cm de tétrachlorure de carbone (dont l'indice de réfraction vaut 1,46). En observant à la verticale le fond du récipient, à quelle distance par rapport au dioptre air-eau voit-on le motif fleuri?

Les constructions graphiques suivantes doivent être réalisées avec les instruments à dessin appropriés; on considère que la lumière incidente voyage de gauche à droite et on se limite au domaine paraxial.

E16. Un dioptre plan sépare un milieu transparent d'indice de réfraction $n_1 = 1,3$ (à gauche) et un autre d'indice de réfraction $n_2 = 1,8$ (à droite). Un objet ponctuel réel est situé à 5 cm à gauche du dioptre (voir la figure ci-dessous). En utilisant la méthode graphique, déterminez la position de l'image de l'objet formée par le dioptre plan. Vérifiez votre réponse algébriquement.

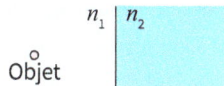

n_1 | n_2
Objet

E17. Un dioptre plan sépare un milieu transparent d'indice de réfraction $n_1 = 1,7$ (à gauche) et un autre d'indice de réfraction $n_2 = 1,2$ (à droite). Un objet ponctuel réel est situé à 7 cm à gauche du dioptre. En utilisant la méthode graphique, déterminez la position de l'image de l'objet formée par le dioptre plan. Vérifiez votre réponse algébriquement.

E18. Un dioptre plan sépare l'air (à gauche) et un verre flint d'indice de réfraction $n_2 = 1,66$ (à droite). Un objet ponctuel virtuel est situé à 6 cm à droite du dioptre. En utilisant la méthode graphique, déterminez la position de l'image de l'objet formée par le dioptre plan. Vérifiez votre réponse algébriquement.

E19. Deux dioptres plans successifs distants de 2 cm séparent l'eau (à gauche), un verre d'indice de réfraction $n_2 = 1,60$ (au centre) et l'air (à droite). Un objet ponctuel réel A est situé à 5 cm à gauche du premier dioptre (voir la figure ci-contre). En utilisant la méthode graphique, déterminez la position des images A′ et A′′ de l'objet formée par les deux dioptres plans successifs. Vérifiez votre réponse algébriquement.

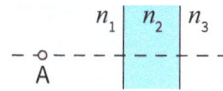

4.3 Lame à faces parallèles

E20. Quel est le déplacement latéral subi par un rayon de lumière qui arrive avec un angle d'incidence de 65° sur une lame à faces parallèles d'indice 1,66 et de 5 cm d'épaisseur?

E21. Quelle est l'épaisseur d'une lame à faces parallèles d'indice 1,5 si elle fait subir un déplacement latéral de 6 mm à un rayon incident à 55° sur elle?

E22. Un rayon lumineux est incident sur une lame de glace à faces parallèles de 5 cm d'épaisseur.

    a) Quel déplacement latéral maximal peut-on obtenir?

    b) À quel angle d'incidence obtient-on ce déplacement latéral maximal?

E23. Une petite ampoule de 1 cm de diamètre est située à 1 m de votre œil. On place ensuite un bloc de verre d'indice 1,6 et de 8 cm d'épaisseur à mi-chemin entre l'ampoule et vous.

    a) À quelle distance l'image formée par le bloc de verre sera-t-elle située par rapport à l'objet?

    b) Quel est le grandissement longitudinal de l'image formée par le bloc de verre?

E24. Un objet ponctuel est situé à 4 cm d'une lame à faces parallèles faite en diamant ($n = 2,42$) de 3 cm d'épaisseur. En utilisant la méthode graphique, déterminez la position de l'image de l'objet formée par la lame à faces parallèles et vérifiez votre réponse algébriquement. On considère que la lumière incidente voyage de gauche à droite et on se limite au domaine paraxial.

E25. Dans une expérience de laboratoire, on a mesuré le déplacement latéral d_ℓ produit par une lame à faces parallèles en fonction de l'angle d'incidence θ_1. Les données expérimentales sont compilées dans le graphique ci-dessous.

Déplacement latéral produit par une lame à faces parallèles en fonction de l'angle d'incidence

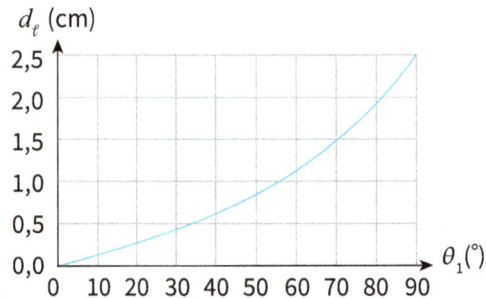

a) Tracez la droite associée aux petits angles.

b) Quelle est l'équation théorique de cette droite et quelle est l'expression théorique de la pente de cette droite?

c) À partir des données du graphique, calculez la pente de cette droite.

d) À partir de la valeur de la pente de la droite, déterminez l'indice de réfraction de la lame.

E26. Dans une expérience de laboratoire, on a introduit successivement des lames de plexiglas entre un objet et un observateur, puis on a mesuré pour chacune des valeurs d'épaisseur e le déplacement axial d_a correspondant. Avec ces mesures, on a obtenu le graphique ci-dessous.

Déplacement axial produit par une lame à faces parallèles en fonction de l'épaisseur de la lame

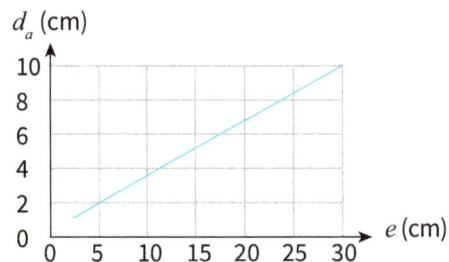

a) Quelle est l'équation théorique de cette droite et quelle est l'expression théorique de la pente de cette droite?

b) À partir des données du graphique, calculez la pente de cette droite.

c) À partir de la valeur de la pente de la droite, déterminez l'indice de réfraction du plexiglas.

Problèmes

P1. La nuit, un plongeur immergé dans l'eau, à 2 m de profondeur, dirige le faisceau de lumière de sa lampe de poche selon un angle de 35° par rapport à la normale à l'interface eau-air. Dans une chaloupe se trouve une autre personne dont les yeux sont à 1 m au-dessus de la surface de l'eau. À quelle distance horizontale du plongeur cette personne doit-elle se trouver pour être éblouie par le faisceau de lumière du plongeur?

P2. Un individu dont les yeux sont à 1,5 m du sol se trouve à 4 m du bord d'une piscine profonde de 3 m et large de 5 m. Une pièce de 2 $ traine dans le coin de la piscine (voir la figure ci-dessous). Jusqu'à quelle hauteur minimale la piscine doit-elle être remplie pour que l'individu puisse voir la pièce de monnaie?

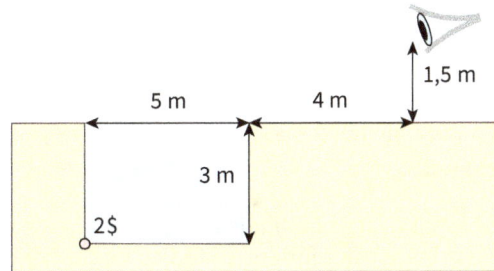

P3. Un rayon de lumière voyageant dans l'air frappe la surface d'une substance transparente dont l'indice de réfraction est 1,8. Pour quel angle d'incidence les rayons réfléchi et réfracté sont-ils perpendiculaires entre eux? Mentionnons au passage que cet angle d'incidence s'appelle *l'angle de Brewster*. (Vous aurez sans doute besoin d'une identité trigonométrique; voir l'annexe A.)

P4. Un faisceau de rayons parallèles entre eux arrive à incidence oblique sur un cube de verre ($n = 1,5$) entouré d'air (voir la figure ci-contre). La lumière pénètre dans le cube et vient frapper la face supérieure du cube. Est-il possible que les rayons ressortent du cube par la face supérieure? Justifiez quantitativement votre réponse.

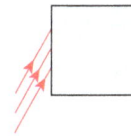

P5. Un rayon de lumière rencontre la face supérieure d'un bloc de verre cubique en son centre avec un angle d'incidence de 75° (voir la figure ci-dessous). L'indice de réfraction du cube est de 1,50, la longueur de l'arête du cube est de 5 cm et le plan d'incidence est parallèle à la face avant du cube.

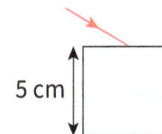

a) Déterminez la distance que parcourt la lumière à l'intérieur du cube avant d'en ressortir.

b) Quel angle, par rapport à la normale, fait le rayon émergent à sa sortie du cube?

P6. Un grand bassin, au fond duquel se trouve un miroir plan, est rempli de 70 cm d'eau. Un observateur se penche au-dessus du bassin de telle sorte que ses yeux sont à 90 cm au-dessus de la surface de l'eau. À quelle distance devant lui l'observateur voit-il sa propre image?

P7. Une allumette en train de bruler est située à 15 cm devant la première face d'un ensemble de deux lames à faces parallèles accolées. La première des lames est faite en verre flint ($n_1 = 1,66$) et a une épaisseur de 5 cm; la deuxième des lames est faite en verre crown ($n_2 = 1,52$) et a une épaisseur de 3 cm. Par rapport à l'allumette, où se trouve l'image finale de l'allumette formée par l'ensemble des deux lames de verre pour un observateur, situé de l'autre côté des lames, qui regarde l'allumette à incidence normale?

Réponses aux Tests de compréhension

4.1 Par rapport au rayon incident, le rayon réfracté s'éloigne de la normale, car le verre est plus réfringent que l'eau.

4.2 L'indice relatif est inférieur à un. Si le rayon s'éloigne de la normale en passant du milieu 1 au milieu 2, c'est que le milieu 1 est plus réfringent que le milieu 2.

4.3 (a) L'indice relatif vaut 0,707. (b) L'indice du milieu 1 est 1,41.à

4.4 Plus près de la surface de l'eau. Ce qu'on voit en regardant la roche, c'est en fait l'image de la roche formée par le dioptre plan que constitue la surface du lac. Les rayons lumineux passant de l'eau à l'air, les rayons émergents divergent davantage que les rayons incidents, ce qui définit une image (le point de rencontre des rayons émergents) plus près de la surface de l'eau que l'objet.

4.5 Un rayon arrivant sur une lame à faces parallèles à incidence normale ne subit aucun déplacement latéral. En effet, le déplacement latéral vaut zéro si l'angle d'incidence (et l'angle de réfraction) est nul.

4.6 L'image formée par une lame à faces parallèles est plus éloignée de la lame que l'objet si l'indice de réfraction de la lame est inférieur à l'indice de réfraction du milieu dans lequel elle baigne (par exemple, une lame d'air dans du verre).

Réponses aux Questions, aux Exercices et aux Problèmes

Questions

Q1. Le rayon réfracté s'éloigne de la normale.

Q2. 0°.

Q3. Solution A.

Q4. L'angle critique est l'angle d'incidence correspondant à un angle de réfraction de 90°. Il est aussi possible de le définir ainsi : l'angle critique est l'angle de réfraction correspondant à un angle d'incidence de 90°.

Q5. Condition 1 : la lumière doit chercher à passer d'un milieu plus réfringent à un milieu moins réfringent. Condition 2 : l'angle d'incidence doit être supérieur à l'angle critique de la paire de milieux.

Q6. Voir le schéma ci-dessous.

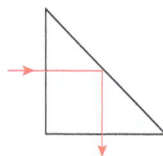

Q7. Une fibre optique est en quelque sorte un tuyau de lumière. La lumière qui est injectée à l'intérieur de la fibre subit des réflexions totales internes sur les parois de la fibre, ce qui confine la lumière à l'intérieur de la fibre. La lumière peut donc se propager le long de la fibre, et ce, sur de grandes distances.

Q8. Plus courtes.

Q9. Plus loin.

Q10. En raison de la réfraction de la lumière (voir la figure ci-dessous).

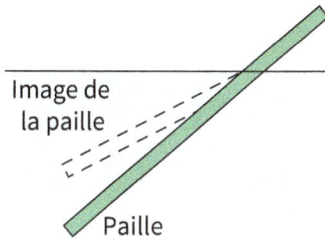

Q11. 40° (une lame à faces parallèles entourée d'air ne produit pas de déviation).

Q12. Le déplacement latéral produit par une lame à faces parallèles est la distance entre les droites définies par le rayon incident sur la lame et par celui émergent d'elle.

Q13. (a) 1 mm. (b) 90°.

Q14. Nul.

Q15. Le déplacement axial est la distance entre l'objet et l'image finale formée par une lame à faces parallèles.

Q16. Voir le schéma ci-dessous. Le déplacement axial est négatif en ce sens que l'image finale A'' est plus éloignée de la lame à faces parallèles que l'objet A.

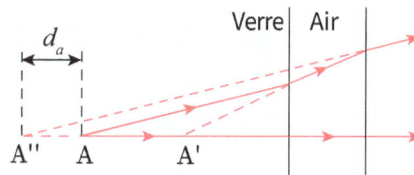

Exercices

E1.   28,6°.

E2.   26,4°.

E3. $\theta_2 = 41,2°$.

E4. $\theta_1 = 58,7°$.

E5. $\theta_2 = 35,2°$, $\theta_1' = 35,2°$ et $\theta_2' = 30,7°$.

E6.   (a) $\theta_2 = 28,1°$. (b) $\theta_1' = 11,9°$. (c) $\theta_2' = 18,0°$.

E7.   56,2°.

E8.   57,8°.

E9.   1,41.

E10. (a) $\varphi < 41,2°$. (b) 6,84 m.

E11. (a) Équation : $\sin\theta_2 = (n_1/n_2)\sin\theta_1$. Pente : $m = n_1/n_2$ (rapport d'indices de réfraction ou indice de réfraction relatif). (b) $m = 0,57$. (c) $n_2 = 1,75$.

E12. 22,6 cm.

E13. (a) 0,667 mm. (b) 0,667 mm.

E14. 18,4 %.

E15. 8,55 cm.

E16. $p' = -6,9$ cm.

E17. $p' = -4,9$ cm.

E18. $p' = 10$ cm.

E19. $p_1' = -6,0$ cm et $p_2' = -5,0$ cm.

E20. 3,15 cm.

E21. 1,35 cm.

E22. (a) 5 cm. (b) 90°.

E23. (a) 3 cm. (b) 1.

E24. À 1,76 cm de l'objet.

E25. (a) La droite passe par l'origine et le point (80°; 1,0 mm). (b) Équation : $d_\ell = e\left(\dfrac{n-1}{n}\right)\theta_1$.

Pente : $m = e\left(\dfrac{n-1}{n}\right)$. (c) $m = 0,716$ cm/rad. (d) $n = 1,40$.

E26. (a) Équation : $d_a = \left(\dfrac{n-1}{n}\right)e$. Pente : $m = \dfrac{n-1}{n}$. (b) $m = 0,320$. (c) $n = 1,47$.

Problèmes

P1. 2,58 m.

P2. 1,79 m.

P3. 60,9°.

P4. Non.

P5. (a) 6,54 cm. (b) 75°.

P6. 2,85 m.

P7. 3,01 cm.

5 | Prismes

Des lentilles spéciales, appelées lentilles de Fresnel, se retrouvent communément dans les phares au bord de la mer. Cette lentille de Fresnel présente une structure particulière qui consiste en une série de prismes annulaires concentriques d'angle au sommet de plus en plus petit à mesure qu'on se rapproche du centre de la lentille de Fresnel. La propriété fondalementale d'un prisme est de faire dévier la lumière vers sa base. C'est cette propriété des prismes qui fait en sorte que, globalement, la lumière issue du phare est orientée dans une direction assez bien définie. Comment prédire l'angle de déviation d'un prisme donné pour un rayon de lumière incident donné? Dans ce chapitre, nous analysons en détail le trajet de la lumière qui traverse un prisme.

Aperçu du chapitre 5

Déviation de la lumière par un prisme

Un prisme est un milieu transparent et homogène, d'indice de réfraction n, situé entre deux dioptres plans formant un angle A entre eux. Lorsqu'un rayon lumineux est incident sur un prisme, dans certaines conditions, il le traverse en subissant une déviation vers la base du prisme. L'angle de déviation δ, défini comme étant l'angle entre le rayon émergent et le rayon incident, s'exprime en général :

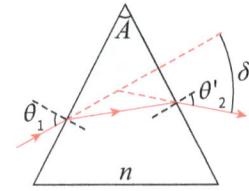

$$\delta = \theta_1 + \theta_2' - A \quad,$$

où θ_1 est l'angle d'incidence sur le prisme et θ_2' est l'angle d'émergence. La dépendance de la déviation δ sur l'indice de réfraction n du prisme est cachée dans l'angle d'émergence θ_2', lequel est déterminé en appliquant deux fois la loi de Snell–Descartes, une fois pour chaque dioptre.

Tandis que la lumière est toujours en mesure de pénétrer dans le prisme à la première face, il n'est pas toujours possible pour la lumière d'en sortir à la deuxième face, puisqu'il peut y avoir réflexion totale interne dans certaines conditions. Le plus grand angle d'arête A du prisme permettant l'émergence est celui qui permet à un rayon incident à 90° d'émerger avec un angle d'émergence de 90°. En supposant que l'angle d'arête n'est pas trop grand, le plus petit angle d'incidence θ_1 permettant l'émergence est celui qui permet à un rayon lumineux d'émerger avec un angle de 90°.

Étude de la déviation

L'angle de déviation δ ne dépend que de trois variables indépendantes : l'indice de réfraction n du prisme, l'angle d'arête A du prisme et de l'angle d'incidence θ_1 du rayon qui arrive sur le prisme. Plus l'indice de réfraction n est grand, plus la déviation est importante. Tant que les conditions d'émergence sont respectées, plus l'angle d'arête A du prisme est grand, plus la déviation est grande. En général, l'angle de déviation diminue en fonction de l'angle d'incidence pour des angles d'incidence faibles, puis il augmente jusqu'à sa valeur maximale pour des angles d'incidence plus élevés : il existe donc un angle d'incidence pour lequel la déviation produite par le prisme est minimale. La déviation est minimale si le rayon traverse le prisme de façon symétrique, c'est-à-dire lorsque l'angle d'incidence est égal à l'angle d'émergence. Aussi, la valeur maximale de la déviation survient lorsque l'angle d'incidence ou l'angle d'émergence vaut 90°.

Prisme de petit angle d'arête

Lorsque l'angle d'arête A du prisme et que l'angle d'incidence (et d'émergence) sont tous petits, l'expression de la déviation prend la forme simplifiée suivante :

$$\delta = (n - 1)A \quad.$$

Ainsi, la déviation produite est un prisme de petit angle d'arête est indépendante de l'angle d'incidence si ce dernier est suffisamment petit. Le prisme est un instrument d'optique capable de former des images : l'image formée par un prisme est décalée, par rapport à l'objet, vers le sommet du prisme. Le prisme est également utilisé en optique ophtalmique pour corriger le strabisme, qui est un défaut des yeux qui conduit à l'incapacité de maintenir parallèles les axes de vision de ses deux yeux lorsque les muscles oculomoteurs sont relâchés.

Pour quantifier un effet prismatique en optique ophtalmique, on utilise la puissance prismatique Δ, qui s'exprime en dioptries prismatiques. Un prisme de $\Delta = 1,00$ dioptrie prismatique ($1,00$ cm/m ou $1,00^\Delta$) est un prisme de petit angle d'arête qui déplace l'image d'une distance de 1 cm pour un objet situé à une distance de 1 m du prisme. De manière générale, la puissance prismatique est définie par :

$$\Delta = 100 \tan\delta \quad,$$

où δ est la déviation produite par le prisme de petit angle d'arête.

Dispersion

La dispersion est le phénomène selon lequel les rayons de couleurs différentes ne se propagent pas à la même vitesse dans un matériau donné. Par conséquent, chacune des couleurs du spectre du visible a son propre indice de réfraction, le violet ayant l'indice de réfraction le plus élevé et le rouge, le plus faible. L'indice de réfraction représentatif d'une substance transparente est celui qui est mesuré en lumière jaune (la couleur au centre du spectre du visible), laquelle correspond à la couleur à laquelle l'œil est le plus sensible. Le phénomène de dispersion permet, entre autres, d'expliquer l'étalement des couleurs par un prisme, l'aberration chromatique et les arcs-en-ciel.

5.1 Déviation de la lumière par un prisme

Le prisme est un élément optique qui revêt une grande importance, notamment sur le plan historique. En raison du phénomène de dispersion, Newton a pu dès 1666 mettre en évidence à l'aide d'un prisme que la lumière blanche est constituée d'un mélange de toutes les couleurs de l'arc-en-ciel. De nos jours, les prismes sont parfois utilisés dans les spectromètres à prisme pour étudier la lumière et les raies d'émission de certains atomes.

Un prisme est un milieu transparent et homogène situé entre deux dioptres plans formant un angle non nul entre eux (figure ci-contre). La droite définie par l'intersection des deux dioptres plans se nomme l'arête du prisme. La base du prisme est la face du prisme qui est opposée à l'arête. Tout plan perpendiculaire à l'arête constitue ce qu'on appelle un *plan principal* du prisme. Un prisme est en pratique caractérisé par son angle d'arête A et son indice de réfraction n. Dans ce chapitre, nous supposons que le prisme baigne dans l'air et que tous les rayons représentés se situent dans un plan principal. De plus, jusqu'à la section 5.3 inclusivement, nous supposerons que la lumière utilisée est monochromatique[1], comme celle d'une source laser.

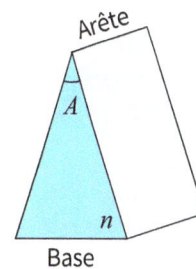

5.1.1 Déviation d'un rayon lumineux

On a vu au chapitre précédent (section 4.3) qu'une lame à faces parallèles (dont les milieux de part et d'autre sont identiques) n'engendre aucune déviation du rayon lumineux qui le traverse. Au contraire, le prisme – une « lame à faces non parallèles » – introduit une déviation (figure ci-dessous).

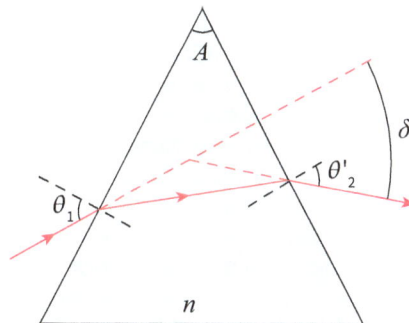

La déviation subie par le rayon lumineux se fait toujours vers la base du prisme (si l'indice de réfraction du prisme est supérieur à celui du milieu ambiant). L'angle de déviation δ est défini comme étant l'angle entre le rayon émergent et le rayon incident. La déviation, qui dépend de l'angle d'incidence, de l'angle d'arête du prisme et de l'indice de réfraction du prisme, vaut :

$$\delta = \theta_1 + \theta'_2 - A \, ,$$

(5.1)

Déviation
par un prisme

---

[1] Du grec *mono-*, qui signifie « un seul », et *chromos*, qui veut dire « couleur », une lumière monochromatique est une lumière qui ne contient qu'une seule couleur.

où θ_1 est l'angle d'incidence sur le prisme, θ_2' est l'angle d'émergence et A est l'angle d'arête du prisme. La dépendance de la déviation δ sur l'indice de réfraction n du prisme est cachée dans l'angle d'émergence θ_2'.

Pour traiter toutes les situations qu'il est possible de rencontrer en utilisant l'équation (5.1), il devient pertinent d'introduire une convention de signes sur les angles d'incidence et d'émergence (figure 5.1).

Convention de signes 5.1 | Angle d'incidence et angle d'émergence pour un prisme

L'angle d'incidence θ_1 est positif si le rayon incident est situé en dessous de la normale construite au point d'incidence et il est négatif si le rayon incident est situé au-dessus.

L'angle d'émergence θ_2' est positif si le rayon émergent est situé en dessous de la normale construite au point d'émergence et il est négatif si le rayon émergent est situé au-dessus.

Figure 5.1

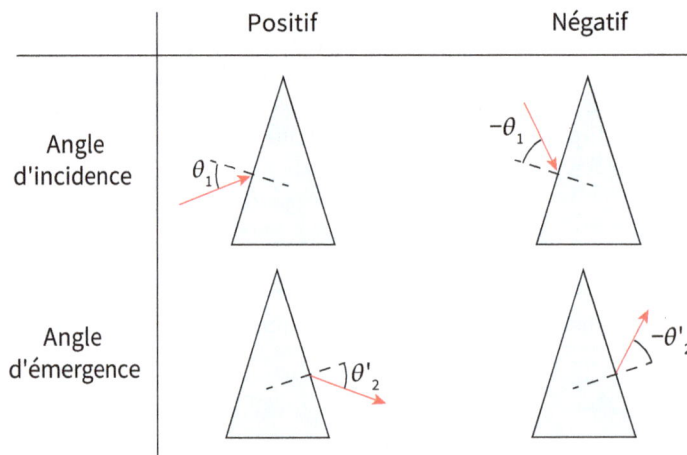

La convention de signes pour les angles d'incidence et d'émergence est basée sur la direction des rayons d'incidence et d'émergence par rapport à la normale.

Testez votre compréhension 5.1 | Situations impossibles physiquement

Pour chacun des cas suivants, expliquez pourquoi la situation est impossible physiquement (on suppose que l'indice de réfraction de l'élément optique est supérieur à celui du milieu ambiant).

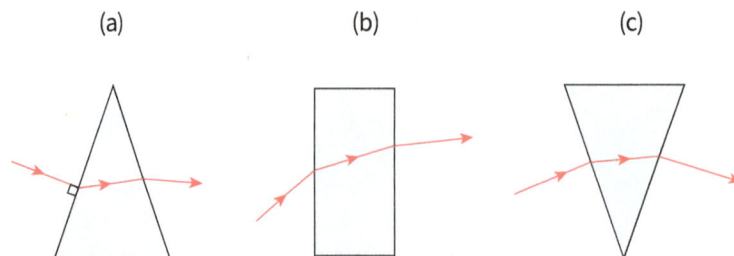

(a)　　　　(b)　　　　(c)

Afin de démontrer l'équation (5.1), nous utiliserons la géométrie et la loi de Snell–Descartes en référant à la figure 5.2. Considérons un rayon incident arrivant sur la première face du prisme au point I avec un angle d'incidence θ_1. Le rayon est réfracté dans le prisme en obéissant à la loi de Snell–Descartes : $\sin\theta_1 = n\sin\theta_2$, où θ_2 est l'angle de réfraction à la première face. Le rayon poursuit sa route en ligne droite jusqu'à ce qu'il rencontre la deuxième face. On suppose ici que l'angle d'incidence θ_1' sur la deuxième face est inférieur à l'angle critique, de sorte que le rayon est réfracté à la deuxième face et non totalement réfléchi; l'angle de réfraction θ_2' à la deuxième face est tel que $n\sin\theta_1' = \sin\theta_2'$.

Figure 5.2

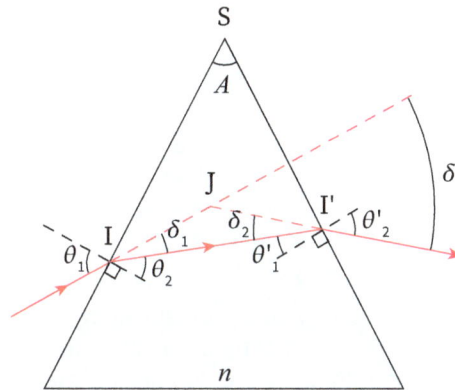

Un rayon incident sur un prisme, dont l'indice de réfraction est n et l'angle d'arête est A, subit deux réfractions avant d'émerger de l'autre côté.

On cherche maintenant à trouver une expression pour l'angle de déviation δ, qui correspond à l'angle entre le rayon émergent et le rayon incident. Puisque la somme des angles dans tout triangle vaut 180°, on déduit l'égalité suivante à partir du triangle IJI' :

$$\delta_1 + \delta_2 + (180° - \delta) = 180° \quad \Rightarrow \quad \delta = \delta_1 + \delta_2 \quad . \tag{5.2}$$

On peut interpréter physiquement l'équation (5.2) comme suit : la déviation totale introduite par le prisme est la somme des déviations individuelles engendrées par chacune des faces du prisme. L'angle θ_1 et la somme $\theta_2 + \delta_1$ sont des angles opposés par le sommet. Il en est de même pour l'angle θ_2' et la somme $\theta_1' + \delta_2$. Ainsi, on a les égalités suivantes :

$$\theta_1 = \theta_2 + \delta_1 \quad \Rightarrow \quad \delta_1 = \theta_1 - \theta_2 \quad . \tag{5.3}$$

$$\theta_2' = \theta_1' + \delta_2 \quad \Rightarrow \quad \delta_2 = \theta_2' - \theta_1' \quad . \tag{5.4}$$

La substitution des équations (5.3) et (5.4) dans l'équation (5.2) donne :

$$\delta = (\theta_1 - \theta_2) + (\theta_2' - \theta_1') = \theta_1 + \theta_2' - (\theta_2 + \theta_1') \quad . \tag{5.5}$$

Les angles θ_2 et θ_1' sont reliés à l'angle d'arête A. En effet, dans le triangle ISI', la somme des angles égale 180° :

$$(90° - \theta_2) + A + (90° - \theta_1') = 180° \quad \Rightarrow \quad A = \theta_2 + \theta_1' \quad . \tag{5.6}$$

En utilisant l'équation (5.6) dans l'équation (5.5), on retrouve l'équation (5.1), ce qu'on voulait démontrer.

E | **Exemple 5.1** | La déviation par un prisme

Déterminez la déviation que subit un rayon lumineux traversant un prisme de verre flint léger 1 ($n = 1{,}54$) et d'angle d'arête de 50° s'il est incident avec un angle de 60°.

Solution

Le schéma suivant illustre la situation :

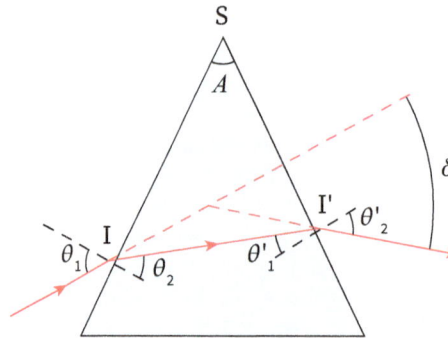

On a les données : $A = 50°$ (l'angle d'arête du prisme), $n = 1{,}54$ (l'indice de réfraction du prisme) et $\theta_1 = 60°$ (l'angle d'incidence du rayon sur le prisme). On cherche δ, la déviation produite par le prisme. Pour trouver cette dernière, il faut d'abord déterminer l'angle d'émergence du rayon à la sortie du prisme. Calculons l'angle de réfraction à la première face du prisme à l'aide de la loi de Snell–Descartes (en référant à la figure ci-dessus) :

$$\sin\theta_1 = n\sin\theta_2 \quad \Rightarrow \quad \theta_2 = \arcsin\left(\frac{\sin\theta_1}{n}\right) = \arcsin\left(\frac{\sin(60°)}{1{,}54}\right) = 34{,}2° \quad .$$

Le prisme illustré sur la figure ci-dessus définit un triangle ISI', dont la somme des angles vaut 180°, ce qui permet de déterminer l'angle d'incidence du rayon incident sur la deuxième face :

$$(90° - \theta_2) + A + (90° - \theta'_1) = 180° \quad \Rightarrow \quad \theta'_1 = A - \theta_2 = 50° - 34{,}2° = 15{,}8° \quad .$$

On peut maintenant obtenir l'angle de réfraction à la deuxième face du prisme en appliquant de nouveau la loi de Snell–Descartes :

$$n\sin\theta'_1 = \sin\theta'_2 \quad \Rightarrow \quad \theta'_2 = \arcsin(n\sin\theta'_1) = \arcsin[1{,}54\sin(15{,}8°)] = 24{,}8° \quad .$$

La déviation est finalement donnée par :

$$\delta = \theta_1 + \theta'_2 - A = 60° + 24{,}8° - 50° = 34{,}8° \quad .$$

L'angle entre le rayon incident sur le prisme et le rayon émergent de lui est de 34,8°.

5.1.2 Conditions d'émergence

Tandis que la lumière est toujours en mesure de pénétrer dans le prisme à la première face, il n'est pas toujours possible pour la lumière de sortir à la deuxième face, puisqu'il peut y avoir réflexion totale interne dans certaines situations. Les conditions qu'il faut respecter pour que la lumière émerge de la deuxième face du prisme (comme sur la figure 5.2) constituent les conditions d'émergence. Les deux restrictions sont les suivantes :

- l'angle d'arête A ne peut pas dépasser une certaine valeur;
- l'angle d'incidence θ_1 doit être supérieur à une certaine valeur.

En effet, si l'angle d'arête A est trop grand, nous sommes assurés que la lumière sera totalement réfléchie sur la deuxième face du prisme. De plus, même si A est suffisamment petit, il se peut que l'angle d'incidence soit trop faible pour éviter une réflexion totale interne à la deuxième face du prisme. Explicitement, les conditions d'émergence s'énoncent comme suit :

$$A < 2\theta_c \quad , \tag{5.7}$$

$$\sin\theta_1 > n\sin(A - \theta_c) \quad , \tag{5.8}$$

Conditions d'émergence

où $\theta_c = \arcsin(1/n)$ est l'angle critique de la paire air-verre associée au prisme. Démontrons ces deux conditions d'émergence.

1re condition

Le plus grand angle d'arête A est celui qui permet à un rayon incident à 90° d'émerger avec un angle d'émergence de 90° (voir la figure ci-contre). En appliquant la loi de Snell–Descartes à la deuxième face en prenant $\theta_2' = 90°$, on trouve $n\sin\theta_1' = \sin 90°$. Or, il s'agit précisément de la définition de l'angle critique, ce qui fait que l'angle θ_1' correspond à l'angle critique θ_c. L'application de la loi de Snell–Descartes à la première face avec $\theta_1 = 90°$ donne $n\sin\theta_2 = \sin 90°$, ce qui est identique à la définition de l'angle critique : $\theta_2 = \theta_c$. Dans le triangle ISI', la somme des angles vaut 180° :

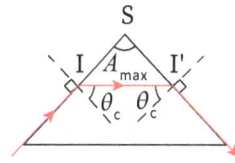

$$(90° - \theta_c) + A_{max} + (90° - \theta_c) = 180° \quad \Rightarrow \quad A_{max} = 2\theta_c \quad .$$

Ainsi, tout angle d'arête supérieur au double de l'angle critique conduit nécessairement à une réflexion totale interne sur la deuxième face.

2e condition

On suppose à partir de maintenant que la condition (5.7) est respectée. On cherche les valeurs d'angle d'incidence pour lesquelles un rayon sera émergent à la deuxième face du prisme. Le plus petit angle d'incidence est celui qui permet à un rayon lumineux d'émerger avec un angle de 90° (voir la figure ci-contre). Si $\theta_2' = 90°$, alors $\theta_1' = \theta_c$, par définition de l'angle critique. Dans le triangle ISI', la somme des angles vaut 180°, ce qui permet de déduire que $\theta_2 = A - \theta_c$. En appliquant la loi de Snell–Descartes à la première face, on obtient $\sin\theta_{1,min} = n\sin\theta_2 = n\sin(A - \theta_c)$. Puisque la fonction sinus est une fonction croissante pour un argument compris entre −90° et +90°, on déduit que θ_1 doit être supérieur à $\theta_{1,min}$ pour éviter toute réflexion totale interne à la deuxième face.

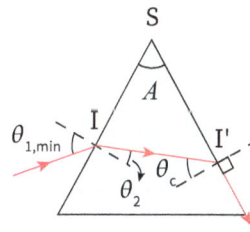

Exemple 5.2	L'angle d'incidence minimal

E

Quelle doit être la valeur minimale de l'angle d'incidence pour qu'un rayon lumineux réussisse à sortir d'un prisme d'indice 1,66 et d'angle d'arête 25° ?

Solution

Les données sont : $A = 25°$ (l'angle d'arête du prisme) et $n = 1,66$ (l'indice du prisme); on cherche $\theta_{1,min}$ (l'angle d'incidence du rayon sur le prisme). Pour que le rayon émerge de la deuxième face du prisme, le rayon incident sur cette dernière ne doit pas être en situation de réflexion totale interne (voir la figure ci-contre).

À la limite, l'angle d'émergence vaut 90°, ce qui implique que l'angle d'incidence du rayon arrivant sur la deuxième face du prisme vaut l'angle critique, donné par :

$$n\sin\theta_c = \sin(90°) \quad \Rightarrow \quad \theta_c = \arcsin\left(\frac{1}{n}\right) = \arcsin\left(\frac{1}{1,66}\right) = 37,0° \ .$$

Dans le triangle ISI' de la figure précédente, la somme des angles vaut 180° :

$$(90° - \theta_c) + A + (90° - \theta_2) = 180° \quad \Rightarrow \quad \theta_2 = A - \theta_c = 25° - 37° = -12° \ .$$

On trouve finalement l'angle d'incidence sur le prisme en appliquant la loi de Snell–Descartes :

$$\sin\theta_{1,min} = n\sin\theta_2 \quad \Rightarrow \quad \theta_{1,min} = \arcsin\left(n\sin\theta_2\right) = \arcsin\left(1,66\sin(-12°)\right) = -20,2° \ .$$

Le signe moins signifie que l'angle d'incidence minimal de 20,2° est mesuré au-dessus de la normale et non en dessous d'elle.

5.1.3 Construction graphique du rayon émergent

Sans faire de calculs, on peut obtenir le rayon émergent d'un prisme par une méthode graphique. Référant à la figure 5.3, considérons un rayon incident, au point d'incidence I, sur un prisme d'indice n plongé dans l'air (on utilisera ici $n = 1,5$). Il suffit d'appliquer deux fois, une fois pour chacun des deux dioptres du prisme, la construction graphique du rayon réfracté décrite à la section 4.1.4 :

1. Centrés sur le point d'incidence I, on trace deux cercles ayant des rayons R_1 et R_2 dans le même rapport que les indices de réfraction de l'air et du prisme (ici, on prend $R_1 = 1$ cm et $R_2 = 1,5$ cm) :

$$\frac{R_1}{R_2} = \frac{1}{n}$$

2. On trace le prolongement du rayon incident dans le prisme. Le point d'intersection entre le prolongement du rayon incident et le cercle de rayon R_1 est le point J.

3. On trace une normale au premier dioptre passant par le point J. Cette normale coupe le cercle de rayon R_2 dans le prisme au point K.

4. Le rayon réfracté dans le prisme part du point I, est aligné sur le point K et rencontre le deuxième dioptre du prisme au point I'.

5. Centrés sur le point I', on trace deux autres cercles ayant des rayons R_1' et R_2' dans le même rapport que les indices du prisme et de l'air (par exemple, $R_1' = 1,5$ cm et $R_2' = 1$ cm) :

$$\frac{R_1'}{R_2'} = n$$

6. On trace dans l'air le prolongement du rayon, qui coupe le cercle de rayon R_1' au point J'.

7. On trace une normale au deuxième dioptre passant par J', qui coupe le cercle de rayon R_2' au point K'.

8. Le rayon émergent du prisme part du point I' et passe par le point K'.

Figure 5.3

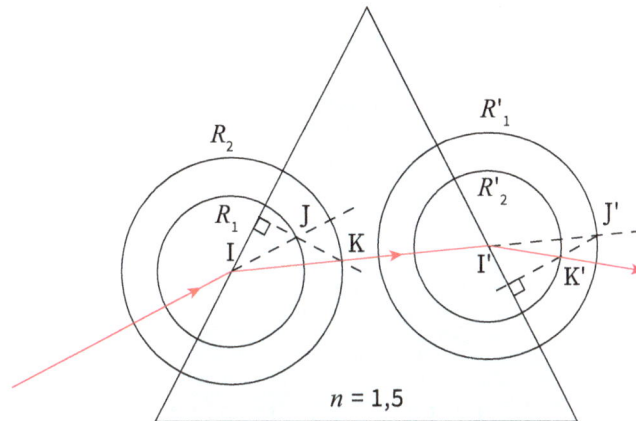

À partir de la construction du rayon réfracté, appliquée deux fois, il est possible de tracer le rayon émergeant d'un prisme.

Insistons sur le fait qu'on a avantage à utiliser des cercles de rayon plus grand (par exemple 4 cm et 6 cm si $n = 1,5$) pour obtenir une construction plus précise.

5.2 Étude de la déviation

L'angle de déviation δ ne dépend que de trois variables indépendantes : l'indice de réfraction n du prisme, l'angle d'arête A du prisme et de l'angle d'incidence θ_1 du rayon qui arrive sur le prisme. Pour mieux voir la dépendance de la déviation sur l'ensemble de ces trois paramètres, reprenons l'équation (5.1) où nous avons explicité l'angle d'émergence θ_2' en utilisant l'équation (5.6) ainsi que la loi de Snell–Descartes :

$$\delta = \theta_1 - A + \arcsin\left\{ n\sin\left[A - \arcsin\left(\frac{\sin\theta_1}{n} \right) \right] \right\} . \tag{5.9}$$

Cette expression quelque peu rébarbative n'est pas simple à analyser. Pour étudier l'influence de chacun des trois paramètres, nous allons tracer le graphique de la déviation en fonction d'un de ces paramètres, les deux autres étant fixés. Dans cette section, nous examinons successivement la déviation en fonction de l'indice de réfraction, en fonction de l'angle d'arête et en fonction de l'angle d'incidence. Nous analyserons finalement un cas particulier important : la déviation minimale.

5.2.1 Déviation en fonction de l'indice de réfraction

Plus l'indice de réfraction est grand, plus la déviation est importante. Prenons un cas particulier où $A = 30°$ et $\theta_1 = 45°$; avec ces valeurs, l'équation (5.9) devient :

$$\delta = 45° - 30° + \arcsin\left\{ n\sin\left[30° - \arcsin\left(\frac{\sin 45°}{n} \right) \right] \right\} .$$

Cette équation ne dépend plus que de l'indice de réfraction n. On peut calculer la valeur de la déviation δ pour différentes valeurs de n. De cette façon, on peut bâtir un tableau de δ en fonction de n, à partir duquel on peut construire le graphique de la figure 5.4 :

Figure 5.4

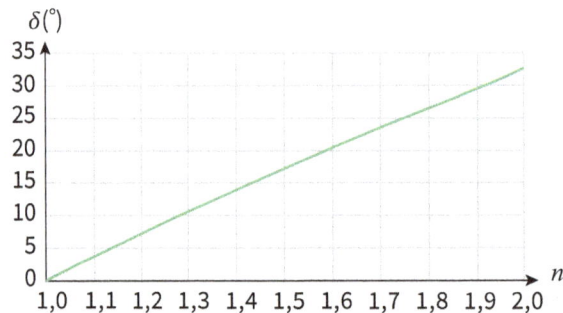

La déviation en fonction de l'indice de réfraction, lorsque l'angle d'arête et l'angle d'incidence sont fixes ($A = 30°$ et $\theta_1 = 45°$), est une fonction croissante.

À la lumière de ce graphique, on constate effectivement que la déviation croît avec l'indice de réfraction du prisme.

Testez votre compréhension 5.2	Déviation en fonction de l'indice de réfractiom

Comment peut-on interpréter physiquement la déviation correspondant à $n = 1$, c'est-à-dire la donnée la plus à gauche sur le graphique de la figure 5.4?

5.2.2 Déviation en fonction de l'angle d'arête du prisme

Tant que les conditions d'émergence sont respectées, plus l'angle d'arête A du prisme est grand, plus la déviation est grande. Si $A = 0$, la déviation est nulle, car le prisme disparait lorsque l'angle d'arête est nul. Dans le cas particulier où $n = 1,5$ et $\theta_1 = 45°$, l'équation (5.9) devient :

$$\delta = 45° - A + \arcsin\left\{1,5\sin\left[A - \arcsin\left(\frac{\sin 45°}{1,5}\right)\right]\right\} .$$

En faisant varier l'angle A et calculant la déviation δ correspondante, on obtient le graphique de la figure 5.5.

Figure 5.5

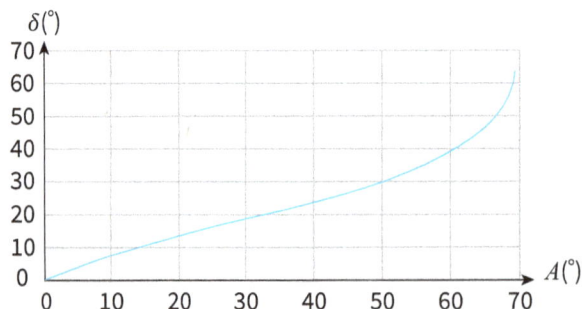

La déviation en fonction de l'angle d'arête, lorsque l'indice de réfraction et l'angle d'incidence sont fixes ($n = 1,5$ et $\theta_1 = 45°$), est une fonction croissante.

Ce graphique confirme que la déviation augmente en fonction de l'angle d'arête, et ce, d'une manière non linéaire. Nous verrons toutefois à la section 5.3.1 que si les angles d'incidence et d'arête sont petits, le graphique de la déviation en fonction de l'angle d'arête est approximativement linéaire.

Testez votre compréhension 5.3	Le plus grand angle d'arête
Quelle est la valeur numérique du plus grand angle d'arête A permettant l'émergence du rayon lumineux à la deuxième face du prisme décrit au graphique de la figure 5.5?	

5.2.3 Déviation en fonction de l'angle d'incidence

Contrairement aux deux cas précédents, la déviation en fonction de l'angle d'incidence n'est pas une fonction strictement croissante. Analysons le comportement de la déviation en fonction de l'angle d'incidence en remplaçant les valeurs fixes $A = 30°$ et $n = 1,5$ dans l'équation (5.9) :

$$\delta = \theta_1 - 30° + \arcsin\left\{1,5\sin\left[30° - \arcsin\left(\frac{\sin\theta_1}{1,5}\right)\right]\right\} .$$

Si on donne différentes valeurs à l'angle θ_1, on peut calculer les valeurs de déviation δ correspondantes. Les résultats sont présentés dans le graphique de la figure 5.6.

Figure 5.6

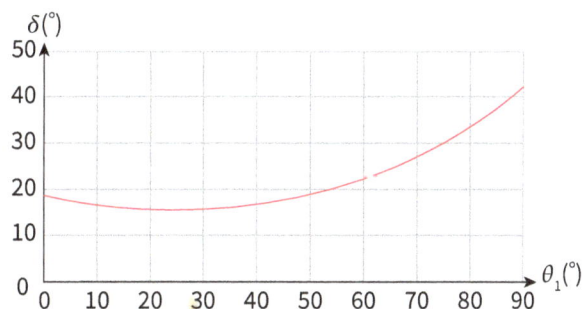

La déviation en fonction de l'angle d'incidence, lorsque l'angle d'arête et l'indice de réfraction sont fixes ($A = 30°$ et $n = 1,5$), est une fonction qui présente une valeur minimale.

Ce graphique montre que, en général, la déviation diminue en fonction de l'angle d'incidence pour des angles d'incidence faibles, alors qu'elle augmente jusqu'à sa valeur maximale pour des angles d'incidence plus élevés. Une caractéristique importante qui ressort du graphique 5.6 est que la courbe présente une valeur minimale. Aussi, la valeur maximale de déviation survient en outre lorsque l'angle d'incidence vaut 90°.

5.2.4 Déviation minimale

La déviation subie par un rayon lumineux qui traverse un prisme présente une valeur minimale pour un angle d'incidence bien particulier. À quelle condition a-t-on la déviation minimale? À la lumière du graphique de la figure 5.6, on se rend compte qu'il n'existe, pour un prisme donné, qu'une seule et unique valeur d'angle d'incidence pour laquelle la déviation est minimale. Pour toute autre valeur de déviation, il existe toujours deux angles d'incidence possibles capables de la générer.

Supposons qu'un rayon traverse le prisme vers la droite avec une déviation minimale (flèches simples sur la figure ci-contre) : par définition de la déviation, l'angle entre le rayon émergent et le rayon incident est δ_{min}. Si le sens de propagation de la lumière est inversé (flèches doubles sur la figure ci-contre), le trajet suivi par la lumière est le même (ceci est une conséquence du principe de réversibilité). Dans un tel cas, les rayons émergent et incident permutent leurs rôles et, par conséquent, l'angle de déviation est le même, c'est-à-dire minimal. Si l'angle d'incidence est différent de l'angle d'émergence (autrement dit, si $\theta_1 \neq \theta'_2$), cela voudrait dire qu'il existe deux valeurs d'angles d'incidence (θ_1 et θ'_2) pour lesquelles la déviation est minimale. Or, on sait qu'il n'y a qu'un seul angle d'incidence pour lequel on a une déviation minimale, pour un prisme donné. Donc, il faut conclure que $\theta_1 = \theta'_2$ à la déviation minimale.

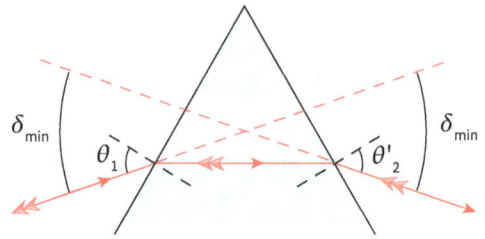

Déviation minimale

La déviation est minimale si le rayon traverse le prisme de façon symétrique, c'est-à-dire lorsque l'angle d'incidence est égal à l'angle d'émergence :

$$\theta_1 = \theta'_2 \ . \tag{5.10}$$

Déviation maximale

Concrètement, la déviation est minimale si le rayon se propageant à l'intérieur d'un prisme *isocèle* est parallèle à sa base. Il est intéressant de mentionner que, en revanche, la déviation est maximale si le rayon traverse le prisme de façon la moins symétrique possible, c'est-à-dire lorsque $\theta_1 = 90°$ ou lorsque $\theta_2' = 90°$.

E | **Exemple 5.3** | Déterminer l'indice de réfraction par une mesure de la déviation minimale

En laboratoire, on peut aisément mesurer la déviation minimale produite par un prisme. À partir de cette valeur, il est possible de déduire l'indice de réfraction n du prisme en question. Il s'agit en fait d'une méthode d'une remarquable précision pour mesurer expérimentalement l'indice de réfraction d'une substance transparente. Supposons qu'on mesure expérimentalement une déviation minimale de 34° avec un prisme dont l'angle d'arête est 60°. Quel est l'indice de réfraction du prisme?

Solution

Le bilan des données est : $A = 60°$ (l'angle d'arête du prisme) et $\delta_{min} = 34°$ (la déviation minimale produite par le prisme). On cherche n, l'indice de réfraction du prisme. En situation de déviation minimale, la lumière traverse le prisme de manière symétrique (voir la figure ci-dessous), ce qui signifie que l'angle d'incidence est égal à l'angle d'émergence : $\theta_1 = \theta_2'$.

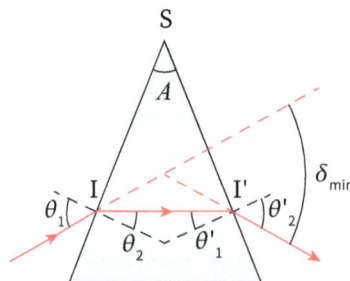

Conséquemment, on a aussi $\theta_2 = \theta_1'$. Dans le triangle ISI' illustré sur la figure, la somme des angles vaut 180° :

$$(90° - \theta_2) + A + (90° - \theta'_1) = 180° \implies A = \theta'_1 + \theta_2 \implies A = 2\theta_2 \ ,$$

où on a utilisé l'égalité $\theta_2 = \theta_1'$, valide dans le présent contexte (déviation minimale). De là, on obtient une expression pour l'angle de réfraction à la première face :

$$\theta_2 = \tfrac{1}{2} A \quad .$$

L'expression de la déviation produite par le prisme est :

$$\delta = \theta_1 + \theta_2' - A \quad \Rightarrow \quad \delta_{min} = 2\theta_1 - A \quad ,$$

où on a utilisé le fait que $\theta_1 = \theta_2'$ lorsque $\delta = \delta_{min}$. Ainsi, on a une expression pour l'angle d'incidence sur la première face :

$$\theta_1 = \tfrac{1}{2}(A + \delta_{min}) \quad .$$

Les angles d'incidence et de réfraction sont reliés par la loi de Snell–Descartes :

$$\sin\theta_1 = n\sin\theta_2 \quad \Rightarrow \quad \sin\left[\tfrac{1}{2}(A + \delta_{min})\right] = n\sin(\tfrac{1}{2}A) \quad .$$

En isolant l'indice de réfraction n dans cette dernière équation, on trouve finalement :

$$n = \frac{\sin\left[\tfrac{1}{2}(A + \delta_{min})\right]}{\sin\left(\tfrac{1}{2}A\right)} = \frac{\sin\left[\tfrac{1}{2}(60° + 34°)\right]}{\sin\left(\tfrac{1}{2}60°\right)} = 1{,}46 \quad .$$

L'indice de réfraction du prisme est donc 1,46.

Exemple 5.4   Déviations minimale et maximale

Un rayon rencontre un prisme dont l'angle d'arête est 36° et dont l'indice de réfraction est 1,53.

   a)   Quelle est la déviation minimale produite par ce prisme et quel est l'angle d'incidence correspondant?

   b)   Quelle est la déviation maximale produite par ce prisme?

Solution

   a)   On a les données : $A = 36°$ (l'angle d'arête du prisme) et $n = 1{,}53$ (l'indice de réfraction du prisme). On cherche δ_{min}, la déviation minimale produite par le prisme, et θ_1, l'angle d'incidence correspondant. La déviation minimale se produit lorsque la lumière traverse symétriquement le prisme (voir la figure ci-dessous), c'est-à-dire lorsque $\theta_1 = \theta_2'$ et donc $\theta_2 = \theta_1'$.

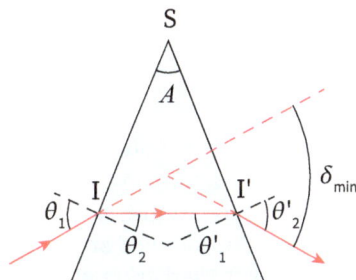

Dans le triangle ISI' illustré sur la figure, la somme des angles vaut 180° :

$$(90° - \theta_2) + A + (90° - \theta_1') = 180° \quad \Rightarrow \quad A = \theta_1' + \theta_2 = 2\theta_2 \quad \Rightarrow \quad \theta_2 = \tfrac{1}{2}A = 18° \quad .$$

On trouve l'angle d'incidence avec la loi de Snell–Descartes :

$$\sin\theta_1 = n\sin\theta_2 \quad \Rightarrow \quad \theta_1 = \arcsin(n\sin\theta_2) = \arcsin(1,53\sin(18°)) = 28,2° \quad .$$

La déviation produite par le prisme est :

$$\delta = \theta_1 + \theta_2' - A \quad \Rightarrow \quad \delta_{\min} = 2\theta_1 - A = 2(28,2°) - 36° = 20,4° \quad .$$

La déviation minimale est de 20,4° et survient lorsque l'angle d'incidence vaut 28,2°.

b) La déviation maximale se produit lorsque la lumière traverse le prisme selon un trajet le moins symétrique, c'est-à-dire lorsque $\theta_1 = 90°$ ou lorsque $\theta_2' = 90°$; ici, nous prendrons $\theta_1 = 90°$ (voir le schéma de principe ci-dessous).

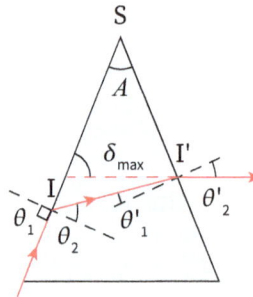

D'après la loi de Snell–Descartes, l'angle de réfraction à la première face du prisme est :

$$\sin\theta_1 = n\sin\theta_2 \Rightarrow \theta_2 = \arcsin\left(\frac{\sin\theta_1}{n}\right) = \arcsin\left(\frac{\sin(90°)}{1,53}\right) = 40,8° \quad .$$

Comme précédemment, la somme des angles vaut 180° dans le triangle ISI' de la figure :

$$(90° - \theta_2) + A + (90° - \theta_1') = 180° \quad \Rightarrow \quad \theta_1' = A - \theta_2 = 36° - 40,8° = -4,8° \quad .$$

Avec la loi de Snell–Descartes, on trouve l'angle d'émergence du prisme :

$$n\sin\theta_1' = \sin\theta_2' \quad \Rightarrow \quad \theta_2' = \arcsin(n\sin\theta_1') = \arcsin(1,53\sin(-4,8°)) = -7,4° \quad .$$

Le signe négatif de θ_2' signifie que l'angle d'émergence est mesuré au-dessus de la normale et non en dessous d'elle. La déviation est donc :

$$\delta_{\max} = \theta_1 + \theta_2' - A = 90° + (-7,4°) - 36° = 46,6° \quad .$$

La déviation maximale est donc de 46,6°. En somme, la déviation produite par ce prisme sera nécessairement comprise entre 20,4° et 46,6°.

5.3 Prisme de petit angle d'arête

Lorsque l'angle d'arête du prisme est petit, l'analyse entourant la déviation par le prisme est grandement simplifiée si on utilise les approximations qui s'appliquent. De tels prismes trouvent notamment des applications ophtalmiques au cours d'examens de la vue, pour diagnostiquer certains défauts de la vue. Nous allons d'abord obtenir une expression simplifiée pour la déviation qui est valide lorsque l'angle d'arête et l'angle d'incidence sont petits. Puis, nous analyserons brièvement la formation d'image avec un prisme. Enfin, nous définirons la puissance prismatique, qui est particulièrement utile pour caractériser un œil strabique.

5.3.1 Déviation par un prisme de petit angle d'arête

Lorsque l'angle d'arête A du prisme et que l'angle d'incidence (et de réfraction) sont tous petits, la valeur des sinus de ces angles est approximativement égale à la valeur des angles eux-mêmes, exprimés en radians. En vue de trouver une expression approximative, mais suffisamment précise, pour les angles d'incidence et d'émergence, on écrit la forme approchée de la loi de Snell–Descartes pour chacune des faces du prisme : $\theta_1 = n\theta_2$ et $n\theta_1' = \theta_2'$. En substituant ces expressions dans l'équation (5.1), on trouve : $\delta = n(\theta_2 + \theta_1') - A$. En exploitant l'équation (5.6) pour éliminer les angles θ_2 et θ_1' de la dernière équation, on obtient finalement :

$$\delta \approx (n-1)A . \tag{5.11}$$

On constate que, dans ces conditions, la déviation est une constante qui ne dépend que des caractéristiques (A et n) du prisme utilisé. En première approximation, on voit aussi que la déviation est indépendante de l'angle d'incidence si ce dernier est suffisamment petit (figure 5.7).

Déviation par un prisme (petits angles)

Figure 5.7

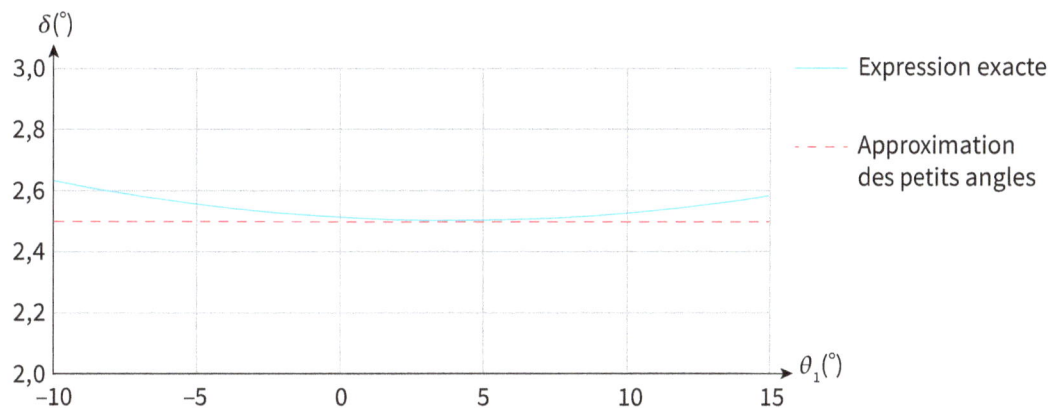

Lorsque les angles d'incidence et d'arête du prisme sont petits, la déviation en fonction de l'angle d'incidence (ici avec $A = 5°$ et $n = 1,5$) est pratiquement indépendante de l'angle d'incidence.

5.3.2 Image formée par un prisme

Le prisme est un instrument d'optique capable de former des images. Considérons un objet réel ponctuel O placé devant un prisme et un observateur situé de l'autre côté du prisme (figure ci-dessous, à gauche).

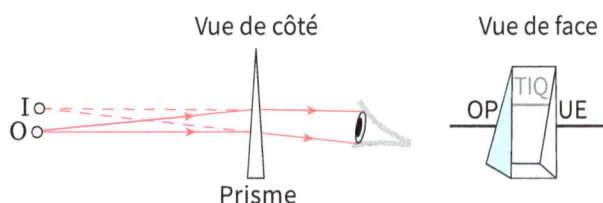

De tous les rayons issus de l'objet, seul un mince faisceau de lumière atteindra l'œil de l'observateur. Les rayons émergeant du prisme sont divergents, définissant une image virtuelle I de l'objet au point de rencontre des prolongements des rayons émergents. Comme le prisme dévie tous les rayons lumineux vers sa base, lorsque l'observateur regarde à travers, l'image virtuelle est décalée, par rapport à l'objet, vers le sommet du prisme (figure ci-dessus, à droite). Si le prisme a un petit angle d'arête et qu'il est utilisé à incidence quasi normale, on peut prédire ce décalage, puisque la déviation produite par un tel prisme ne dépend que des caractéristiques du prisme (A et n) et elle est donnée par l'équation (5.11).

Hétérophorie

Le prisme est utilisé fréquemment en optique ophtalmique pour diagnostiquer la présence d'hétérophorie, laquelle se manifeste lorsque les axes de vision des deux yeux ne sont pas cohérents entre eux. Un individu avec des yeux normaux a une vision non dédoublée en raison de l'action combinée des muscles oculomoteurs des deux yeux. Ces muscles ont pour rôle de faire pointer les deux yeux vers la cible d'intérêt; tout décalage menant à un dédoublement de la vision est détecté par le cerveau et corrigé par ces muscles.

L'hétérophorie survient lorsque la vision des deux yeux est dissociée. Supposons qu'une personne souffrant d'hétérophorie observe un objet éloigné droit devant elle. Si elle couvre son œil avec sa main, l'information sensorielle au sujet de la position de l'œil dans son orbite est supprimée. Sans cette information, l'axe de vision de l'œil a tendance à se placer dans une « position de repos » : l'hétérophorie est la différence entre cette position de repos de l'axe de vision et celle qu'il aurait prise si l'œil était découvert.

Un prisme peut corriger les anomalies de convergence des yeux pouvant entrainer une vision dédoublée d'un même objet (pour expérimenter une vision dédoublée, tentez d'observer votre doigt lorsque vous le placez par exemple à 3 cm de votre nez). Imaginons que l'œil droit (OD) regarde un objet **A**, mais que l'œil gauche (OG) ne converge pas suffisamment pour regarder le même objet. En utilisant un prisme de petit angle d'arête, on peut former l'image de **A** au point **B**, lequel est dans l'axe de vision de l'œil gauche (voir la figure ci-dessous, à gauche) : pour l'observateur, il n'y a alors plus de dédoublement de l'image.

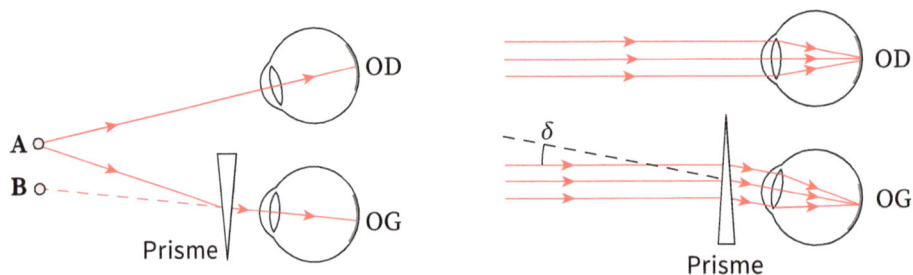

Strabisme

Le prisme est également utilisé en optique ophtalmique pour corriger le strabisme, qui est un défaut des yeux qui conduit à l'incapacité de maintenir parallèles les axes de vision de ses deux yeux lorsque les muscles oculomoteurs sont relâchés. En cas de strabisme léger, on prescrit un prisme correcteur qui produit une déviation de l'axe optique afin que cet axe optique coïncide avec l'axe principal de l'œil strabique. Par exemple, si l'œil gauche est tourné d'un angle δ du côté nasal, ce strabisme convergent peut être corrigé grâce à un prisme, dont la base pointe du côté temporal, produisant une déviation valant δ (voir la figure ci-dessus à droite). La photo ci-dessus, à droite, illustre un cas de strabisme convergent : ici, l'œil gauche regarde vers l'intérieur tandis que l'œil droit regarde droit devant. Il existe aussi le strabisme divergent (déviation d'un œil vers l'extérieur, tandis que l'autre regarde droit devant) et le strabisme vertical (déviation d'un œil vers le haut ou vers le bas, tandis que l'autre regarde droit devant).

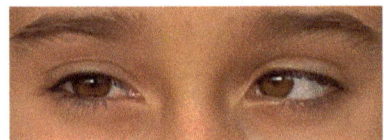

Testez votre compréhension 5.4	Strabisme et prisme

Une personne souffre de strabisme vertical qui fait en sorte que son œil droit pointe vers le bas. La base du prisme de petit angle placé devant l'œil droit pour corriger ce défaut doit-elle être en haut ou en bas?

5.3.3 Puissance prismatique

En optique ophtalmique, on n'utilise pas la déviation δ pour quantifier un effet prismatique; on emploie plutôt la puissance prismatique Δ, qui s'exprime en dioptries prismatiques. Un prisme de $\Delta = 1{,}0$ dioptrie prismatique (1,0 cm/m ou $1{,}0^\Delta$) est un prisme de petit angle d'arête qui déplace l'image I d'une distance $h = 1$ cm pour un objet O situé à une distance $L = 1$ m du prisme (figure ci-dessous).

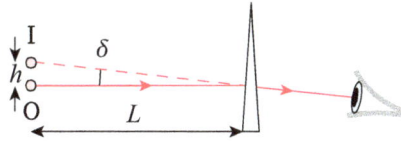

En général, pour des valeurs quelconques de h et L, on peut calculer la valeur de la puissance prismatique correspondante grâce à la définition :

$$\Delta = \frac{h}{L} \quad , \tag{5.12}$$

où h est mesuré en centimètres et L est mesuré en mètres, de sorte que Δ s'exprime en cm/m, c'est-à-dire en dioptries prismatiques. Par définition de la tangente de l'angle de déviation, on a la relation (voir la figure ci-dessus) :

$$\tan\delta = \frac{h}{100L} \quad . \tag{5.13}$$

Le facteur 100 dans l'équation (5.13) vient du fait que h est mesuré en cm, que L est mesuré en m, et qu'il y a 100 cm dans 1 m. En substituant l'équation (5.13) dans l'équation (5.12), on peut écrire la définition de la puissance prismatique sous la forme :

$$\Delta = 100\tan\delta \quad . \tag{5.14}$$

Puissance prismatique

Pour obtenir expérimentalement la puissance prismatique d'un prisme de petit angle d'arête, il est d'usage d'employer le montage suivant : un écran situé à $L = 1$ m du prisme est éclairé à incidence normale par un rayon laser (voir la figure ci-contre). On mesure le déplacement h, en centimètres, du point lumineux sur l'écran par rapport à la position initiale qu'il a en l'absence du prisme. En vertu de l'équation (5.12) avec $L = 1$ m, il s'avère que la valeur numérique du déplacement h, exprimée en dioptries prismatiques (cm/m), correspond à la puissance prismatique du prisme.

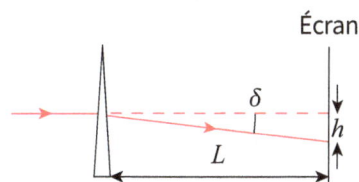

Exemple 5.5	La puissance prismatique

On utilise un prisme dont l'angle d'arête est 4° et dont l'indice de réfraction est 1,52. On éclaire le prisme à incidence normale.

   a)   Quel angle de déviation le prisme produit-il?

   b)   Calculez la puissance prismatique du prisme.

   c)   Quel déplacement du point lumineux observe-t-on sur un écran situé à 2,5 m?

Solution

a) On a $n = 1{,}52$ (l'indice du prisme) et $A = 4°$ (l'angle d'arête du prisme); on cherche δ, la déviation. Puisqu'on est en présence d'un prisme de petit angle d'arête éclairé à incidence normale, l'expression approximative pour la déviation produite par un prisme est suffisamment précise pour être employée :

$$\delta = (n-1)A = (1{,}52-1)(4°) = 2{,}08° \quad .$$

b) On a maintenant $\delta = 2{,}08°$ (la déviation produite par le prisme) et on cherche Δ, la puissance prismatique du prisme. Par définition de la puissance prismatique, on calcule :

$$\Delta = 100\tan\delta = 100\tan(2{,}08°) = 3{,}63^{\Delta} \quad .$$

c) On a $L = 250$ cm (la distance entre le prisme et l'écran) et $\delta = 2{,}08°$ (la déviation produite par le prisme); on cherche h, le déplacement du point lumineux sur l'écran (voir la figure ci-dessous).

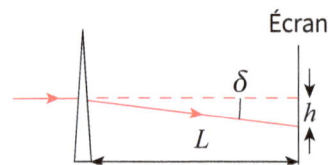

À partir de la figure ci-dessus, on déduit que la fonction tangente met en relation la distance L et le déplacement h (ici tous deux exprimés en cm) :

$$\tan\delta = \frac{h}{L} \quad \Rightarrow \quad h = L\tan\delta = (250 \text{ cm})\tan(2{,}08°) = 9{,}08 \text{ cm} \quad .$$

En interposant le prisme sur le trajet d'un rayon lumineux, on observe sur un écran situé à 2,5 m un déplacement du point lumineux de 9,08 cm.

Testez votre compréhension 5.5 | **Puissance prismatique**

Quelle est la puissance prismatique d'un prisme dont l'angle d'arête vaut 5° et fabriqué en verre flint ($n = 1{,}66$)?

5.4 Dispersion

Depuis que nous avons défini l'indice de réfraction au chapitre 1, nous avons considéré qu'il s'agit d'une constante pour un matériau transparent donné. Dans les faits, l'indice de réfraction d'une substance n'est pas le même si c'est de la lumière bleue ou de la lumière rouge qui voyage à l'intérieur. Ceci est une conséquence du fait que la vitesse de propagation de la lumière dans un milieu transparent dépend de la couleur de la lumière : c'est la dispersion. Dans cette section, nous allons analyser brièvement le phénomène de la dispersion et explorer ses différentes conséquences.

5.4.1 Dispersion par un prisme

Encore au 17ᵉ siècle, l'idée selon laquelle la lumière blanche était une lumière de couleur pure était admise. Grâce à un prisme, Isaac Newton (le même que celui à qui on attribue la formule dite de Newton) put montrer en 1666 que la lumière blanche est en fait constituée d'une superposition de toutes les couleurs du spectre de lumière visible. Au cours de cette expérimentation,

Newton fit passer un rayon de lumière blanche à travers un prisme en verre et ce rayon fut réfracté et dispersé en plusieurs couleurs (voir la photo précédente). Fait intéressant : en 1973, le groupe de musique Pink Floyd s'est inspiré de l'expérience du prisme de Newton pour créer la pochette de leur album « *The Dark Side of the Moon* »!

La lumière visible est une toute petite portion du large spectre électromagnétique, qui contient également les infrarouges, les ultraviolets, les microondes, les rayons X, les ondes radio et les rayons gamma. Comme son nom l'indique, on peut définir la lumière visible comme étant les ondes électromagnétiques auxquelles notre œil est sensible. On dit souvent que l'arc-en-ciel est composé de sept couleurs : violet, indigo, bleu, vert, jaune, orange et rouge. Toutefois, le spectre des couleurs est en fait un continuum. De part et d'autre de ce spectre du visible, on trouve les infrarouges et les ultraviolets. Notre œil n'est pas uniformément sensible à toutes les couleurs : sa sensibilité maximale correspond à la lumière jaune et décroit à mesure qu'on s'approche de l'une ou l'autre des extrémités du spectre du visible (figure 5.8 (a)).

Figure 5.8

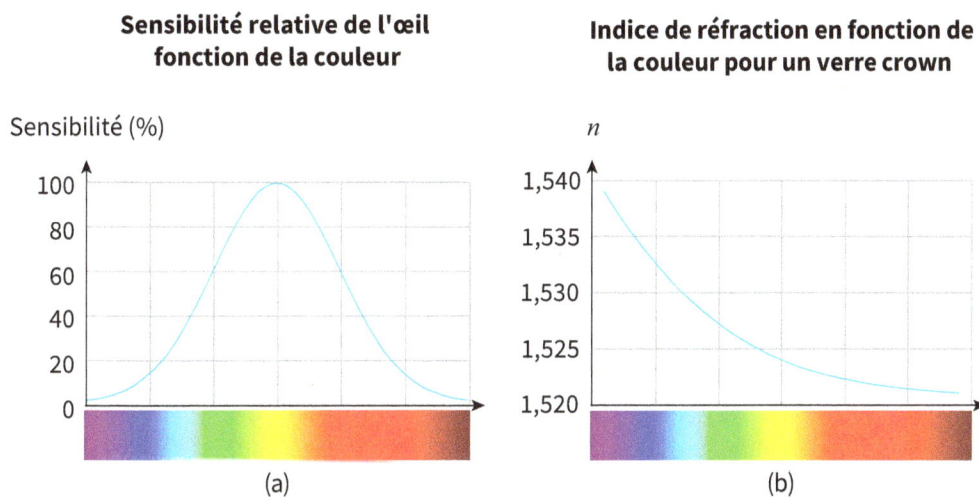

Sensibilité relative de l'œil fonction de la couleur

Indice de réfraction en fonction de la couleur pour un verre crown

(a) L'œil est sensible à la partie visible du spectre électromagnétique et a une sensibilité maximale pour la couleur jaune. (b) L'indice de réfraction d'une substance transparente est plus grand pour le violet et plus faible pour le rouge.

L'expérience du prisme de Newton a permis de mettre en évidence que chacune des couleurs du spectre du visible a son propre indice de réfraction, le violet ayant l'indice le plus élevé et le rouge, le plus faible. À titre d'exemple, un certain type de verre crown a un indice de réfraction de 1,54 pour le violet et un indice de 1,52 pour le rouge (figure 5.8 (b)). Comme le suggère la figure, l'indice varie plus rapidement pour les couleurs froides (violet et bleu) et varie plus lentement pour les couleurs chaudes (orange et rouge). C'est cette variation de l'indice en fonction de la couleur de la lumière que l'on appelle la dispersion.

La dispersion est le phénomène selon lequel la vitesse de propagation de la lumière dans un matériau donné dépend de la couleur de la lumière.

Définition : dispersion

Plus la variation de l'indice de réfraction en fonction de la couleur est grande, plus on dit que le matériau est dispersif. Seul le vide n'est pas dispersif, puisque la lumière se propage à la vitesse de la lumière dans le vide peu importe sa couleur (autrement dit, l'indice de réfraction du vide vaut exactement 1 pour toutes les couleurs).

Lorsqu'un indice de réfraction est fourni sans égard à sa variation en fonction de la couleur, il est convenu de donner sa valeur pour la couleur correspondant à la sensibilité maximale de l'œil. Ainsi, l'indice de réfraction représentatif d'une substance transparente est celui qui est mesuré en lumière monochromatique jaune. Plus précisément, il s'agit du jaune de la lumière émise par du sodium chauffé par une flamme ou par une vapeur de sodium à basse pression traversée par un courant électrique. C'est d'ailleurs cette lumière qui est souvent exploitée pour l'éclairage public dans nos villes, en raison du fait que sa couleur jaune est à peu près celle où l'œil atteint son maximum de sensibilité.

5.4.2 Effets de la dispersion

Le phénomène de la dispersion permet d'expliquer les observations de Newton au sujet de la décomposition par un prisme de la lumière blanche en les couleurs de l'arc-en-ciel. On a vu que la déviation produite par un prisme est proportionnelle à l'indice de réfraction (voir la section 5.2.1). Il s'ensuit que, pour un faisceau de lumière blanche donné incident sur un prisme, la lumière violette est plus déviée que la lumière rouge, puisque l'indice de réfraction du violet est supérieur à celui du rouge (figure 5.9).

Figure 5.9

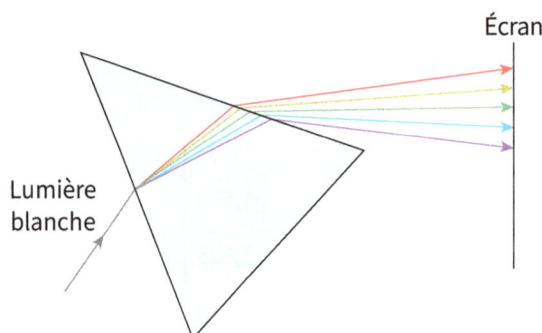

Lorsqu'un faisceau de lumière blanche est incident sur un prisme, les différentes couleurs qui constituent la lumière blanche subissent une déviation légèrement différente, donnant naissance à un étalement de couleurs sur un écran.

Lorsqu'une lumière blanche est incidente sur un prisme fait d'un certain matériau transparent, la lumière émergente est caractérisée par sa déviation moyenne et par son étalement angulaire. Pour comparer les différents matériaux avec lesquels sont faits les prismes, on définit le pouvoir dispersif K du matériau :

Pouvoir dispersif

$$K = \frac{n_B - n_R}{n_J - 1} \quad , \tag{5.15}$$

Nombre d'Abbe ou constringence

où n_B, n_R et n_J sont les indices de réfraction pour les lumières bleue, rouge et jaune, respectivement. Il s'agit d'un nombre positif et sans unité. L'inverse du pouvoir dispersif, $V = 1/K$, se nomme le nombre d'Abbe (aussi appelé constringence). Par exemple, si un certain verre a les valeurs d'indices de réfraction suivantes, $n_B = 1{,}637$, $n_J = 1{,}625$ et $n_R = 1{,}620$, alors son pouvoir dispersif vaut 0,0272 et son nombre d'Abbe est $V = 36{,}8$.

Le pouvoir dispersif d'un milieu caractérise son aptitude à disperser les couleurs. Imaginons qu'on envoie, à incidence normale, des rayons de lumière bleue, jaune et rouge sur un prisme de petit angle d'arête A. Les rayons bleu, jaune et rouge subissent des déviations différentes, données par l'équation (5.11) : $\delta_B = (n_B - 1)A$, $\delta_J = (n_J - 1)A$ et $\delta_R = (n_R - 1)A$, respectivement. La largeur de l'étalement angulaire des couleurs aux extrémités du spectre du visible est d'autant plus grande que la différence $\delta_B - \delta_R$ est grande. La différence *relative* de la déviation ne dépend que du matériau dont est fait le prisme et elle est indépendante de l'angle d'arête A du prisme :

$$K = \frac{\delta_B - \delta_R}{\delta_J} = \frac{(n_B - 1)A - (n_R - 1)A}{(n_J - 1)A} = \frac{n_B - n_R}{n_J - 1} \quad .$$

Le pouvoir dispersif d'un matériau donné correspond donc à une différence relative de déviations produites par un prisme fabriqué dans ce matériau. Pour caractériser plus spécifiquement un verre utilisé en lumière blanche, il faut donc non seulement préciser son indice de réfraction moyen (pour le jaune), mais aussi son pouvoir dispersif K (ou son nombre d'Abbe V). Mentionnons que les verres flint ont un pouvoir dispersif plus élevé que les verres crown.

Chez les lentilles, la dispersion est responsable du phénomène de l'aberration chromatique. Comme nous l'explorerons en détail au chapitre 7, si on envoie sur une lentille des rayons paraxiaux de lumière monochromatique parallèles entre eux, ils focaliseront tous en un point appelé foyer. Or, la position de ce foyer dépend de la valeur de l'indice de réfraction du matériau avec lequel est fabriquée la lentille. Ainsi, si on envoie sur la lentille des rayons de lumière blanche parallèles entre eux, les rayons de couleurs différentes focaliseront en des foyers distincts, le foyer du violet étant plus rapproché de la lentille que celui du rouge (figure 5.10). Ceci est une conséquence du fait que l'indice de réfraction pour le violet est plus élevé que celui du rouge.

Aberration chromatique

Figure 5.10

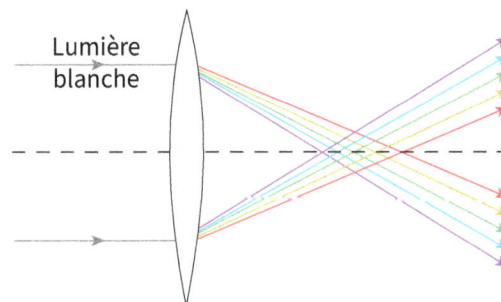

Lumière blanche

Lorsqu'un faisceau de lumière blanche est incident sur une lentille, les rayons de couleur différente croisent l'axe central de la lentille (appelé axe principal) à des endroits différents : les rayons violets croisent l'axe principal plus près de la lentille alors que les rayons rouges le croisent plus loin.

C'est la variation de la position du foyer en fonction de l'indice de réfraction qu'on appelle l'aberration chromatique. Par exemple, en photographie, il n'est pas possible de faire la mise au point simultanément pour toutes les couleurs, ce qui a pour effet de produire des images floues aux contours irisés. Pour corriger l'aberration chromatique et ainsi éviter la dégradation de la qualité d'image qu'elle provoque, on a souvent recours à un doublet achromatique, qui consiste en une combinaison de deux lentilles fabriquées dans des matériaux de pouvoirs dispersifs différents.

Le phénomène de la dispersion permet aussi d'expliquer l'existence des arcs-en-ciel (voir la photo suivante). Déjà au 13e siècle, on avançait la théorie selon laquelle les couleurs étaient créées par une réfraction dans un nuage, suivie par une réflexion sur un autre nuage servant d'écran. Il a fallu attendre vers la fin des années 1660 pour avoir une explication correcte, fondée sur la dispersion de la lumière blanche du Soleil dans les gouttes d'eau tombant au sol.

Arcs-en-ciel

Pour comprendre la formation d'un arc-en-ciel, considérons un rayon lumineux issu du Soleil incident sur une goutte de pluie. Une partie de la lumière est réfléchie par la goutte d'eau, certes, mais la majeure partie de la lumière est réfractée à l'intérieur de la goutte. Le rayon qui nous intéresse subit ensuite une réflexion sur la surface interne de la goutte d'eau; le rayon ainsi réfléchi émerge alors de la goutte par une seconde réfraction pour finalement atteindre l'œil de l'observateur (voir la figure 5.11). Puisque l'indice de réfraction de l'eau est lui aussi une fonction de la couleur (voir la figure ci-dessous), la lumière blanche du Soleil réfractée dans la goutte d'eau se disperse en ses différentes couleurs.

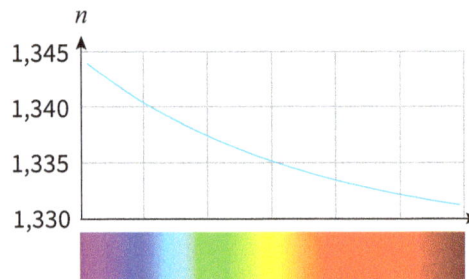

Le fait que l'indice de réfraction du violet soit plus grand que celui du rouge implique que le rayon de lumière violette émergeant de la gouttelette d'eau est plus dévié que le rayon de lumière rouge issu du même rayon de lumière blanche. Bref, l'arc-en-ciel est attribuable à la dispersion de la lumière dans la gouttelette, tout comme la lumière est dispersée dans le prisme de Newton (figure 5.11) : chacune des gouttes d'eau agit comme un minuscule prisme!

Figure 5.11

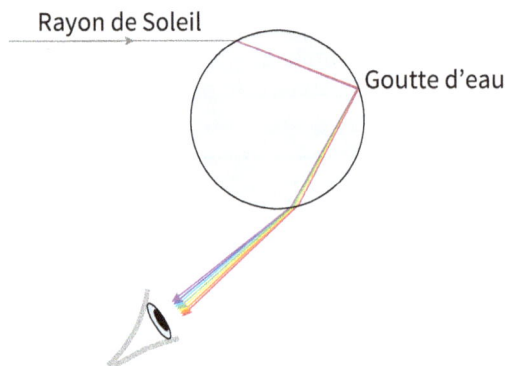

Lorsqu'un faisceau de lumière blanche issu du Soleil est incident sur une goutte d'eau et qu'il subit successivement une réfraction, une réflexion et une autre réfraction, les rayons de couleurs différentes sont dispersés : le violet est plus dévié tandis que le rouge l'est moins.

Exemple 5.6   L'arc-en-ciel   **E**

Le rayon de Soleil illustré à la figure ci-dessous se propage dans une goutte de pluie; ce trajet est responsable de l'arc-en-ciel principal.

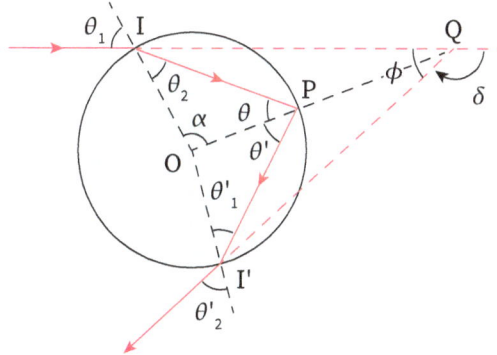

En 1267, le savant anglais Roger Bacon (1214–1294) fut le premier à réaliser une mesure quantitative du rayon angulaire de l'arc-en-ciel (principal), qui fut de 42°. Cet angle correspond à l'angle ϕ entre le rayon incident sur la goutte d'eau et le rayon qui en émerge après une réflexion sur la face interne de la goutte. De tous les rayons incidents sur la goutte d'eau (au point I), seuls ceux dont l'angle d'incidence vaut environ $\theta_1 = 60°$ contribuent à la lumière intense que l'on voit lorsqu'on observe un arc-en-ciel. Déterminez alors l'angle ϕ entre le rayon incident et le rayon émergent.

Solution

Le bilan est $\theta_1 = 60°$ (l'angle d'incidence sur la goutte) et $n = 1,33$ (l'indice de réfraction moyen de l'eau); on cherche l'angle ϕ illustré sur la figure. On peut trouver l'angle de réfraction dans la goutte par l'application de la loi de Snell–Descartes :

$$\sin\theta_1 = n\sin\theta_2 \quad \Rightarrow \quad \theta_2 = \arcsin\left(\frac{\sin\theta_1}{n}\right) = \arcsin\left(\frac{\sin(60°)}{1,33}\right) = 40,6° \ .$$

Le point O sur la figure correspond au centre de la goutte sphérique. Le triangle IOP est isocèle, ce qui signifie que l'angle d'incidence θ au point P est égal à l'angle de réfraction θ_2 au point I : $\theta = \theta_2$. Dans ce triangle, la somme des angles vaut 180° :

$$\theta_2 + \theta + \alpha = 180° \quad \Rightarrow \quad 2\theta_2 + \alpha = 180° \quad \Rightarrow \quad \alpha = 180° - 2\theta_2 = 180° - 2(40,6°) = 98,8° \ .$$

En vertu de la loi de la réflexion, l'angle de réflexion θ' au point P est égal à l'angle d'incidence θ au point P. Le triangle I'OP est également isocèle, ce qui veut dire que $\theta' = \theta_1'$. En combinant ces résultats, on déduire que l'angle d'incidence au point I' est égal à l'angle de réfraction au point I. Par conséquent, l'angle de réfraction au point I' est égal à l'angle d'incidence au point I : $\theta_2' = \theta_1 = 60°$. Cette analyse permet de constater que le trajet du rayon lumineux est symétrique par rapport à la droite OQ. Cette droite est la bissectrice de l'angle ϕ. Dans le triangle IOQ, la somme des angles vaut 180° :

$$\theta_1 + \alpha + \tfrac{1}{2}\phi = 180° \quad \Rightarrow \quad \phi = 2(180° - \theta_1 - \alpha) = 2(180° - 60° - 98,8°) = 42,4° \ .$$

L'angle entre le rayon incident et le rayon émergent est de 42,4° : ce résultat confirme la mesure du rayon angulaire de l'arc-en-ciel obtenue par Bacon en 1267 !

On peut se demander pourquoi, de tous les rayons incidents sur la goutte d'eau, seuls ceux dont l'angle d'incidence vaut environ $\theta_1 = 60°$ contribuent à la lumière intense que l'on voit lorsqu'on observe un arc-en-ciel. Cet angle d'incidence de 60° correspond en fait à celui qui minimise la déviation δ du rayon émergent par rapport au rayon incident (voir la figure de la page précédente). En effet, les rayons émergents de la goutte ont tendance à se regrouper près de la direction associée à l'angle de déviation minimum. Pour montrer que l'angle d'incidence de 60° correspond à celui qui minimise la déviation, trouvons d'abord une expression pour la déviation δ en termes de l'angle d'incidence θ_1. À la page précédente, nous avons obtenu les expressions suivantes :

$$\phi = 2(180° - \theta_1 - \alpha) \quad \text{et} \quad \alpha = 180° - 2\theta_2 \ .$$

En combinant ces résultats, on trouve :

$$\phi = 4\theta_2 - 2\theta_1 \ .$$

Puisque les angles ϕ et δ sont des angles supplémentaires, on déduit que l'angle de déviation δ est donné par :

$$\delta = 180° - \phi = 180° - 4\theta_2 + 2\theta_1 \ .$$

En gardant à l'esprit que l'angle de réfraction θ_2 est relié à l'angle d'incidence θ_1 par la loi de Snell–Descartes, on peut calculer la déviation δ pour différents angles d'incidence θ_1 (voir le tableau ci-dessous).

θ_1 (°)	δ (°)
0	180,0
30	151,7
40	144,5
50	139,5
55	138,1
58	137,7
60	**137,6**
62	137,8
65	138,3
70	140,4
80	149,1
90	165,2

On constate que δ atteint sa valeur minimale ($\delta_{min} = 137,6°$) pour $\theta_1 = 60°$, comme prévu. Et, à cet angle d'incidence, on a comme précédemment :

$$\phi = 180° - \delta_{min} = 180° - 137,6° = 42,4° \ .$$

Révision

L'objectif global de ce chapitre est d'être en mesure d'analyser la déviation d'un rayon de lumière traversant un prisme. Spécifiquement, vous devriez être capable de répondre aux questions suivantes, ce qui vous permettra de vérifier que vous avez atteint les objectifs pédagogiques de ce chapitre.

Pouvez-vous définir :

- un prisme?
- l'angle d'arête?
- l'angle de déviation?
- la puissance prismatique?
- la dispersion?

Connaissez-vous :

- les hypothèses utilisées pour obtenir l'expression générale de la déviation produite par un prisme?
- la convention de signes associée aux angles d'incidence et d'émergence?
- les conditions d'émergence?
- la condition pour laquelle la déviation produite par un prisme est minimale?
- l'influence, sur la valeur de la déviation du rayon émergent, de l'indice de réfraction du prisme, de l'angle d'arête du prisme et de l'angle d'incidence du rayon incident?
- quelques effets (qualitatifs) du phénomène de la dispersion?

Êtes-vous en mesure de :

- déterminer, graphiquement (à l'aide d'un compas) et algébriquement (avec l'équation de la déviation), la trajectoire du rayon émergent correspondant à la trajectoire d'un rayon incident sur un prisme?
- calculer la déviation minimale et la déviation maximale produites par un prisme?
- calculer la déviation produite par un prisme de petit angle d'arête?
- évaluer la puissance prismatique d'un prisme de petit angle d'arête?

Légende :

« Définir » : vous devez être en mesure de donner un énoncé à l'aide de mots seulement.
« Connaitre » : vous devez connaitre par cœur le concept ou le principe.
« En mesure de » : vous devez être capable de faire les exemples, exercices et problèmes en lien avec cet objectif.

Questions

Q1. Quelle est, en mots, la définition de la déviation produite par un prisme?

Q2. Quelle condition doit respecter l'angle d'incidence du rayon arrivant sur la deuxième face du prisme pour que le rayon puisse émerger du prisme?

Q3. Illustrez approximativement le trajet du rayon lumineux incident sur le bloc de verre ci-dessous jusqu'à sa sortie du verre.

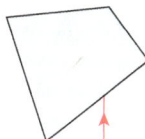

Q4. Dans quelle situation un prisme aura-t-il pour effet de faire dévier la lumière vers son sommet et non vers sa base?

Q5. Si l'angle d'arête est supérieur au double de l'angle critique, pour quelle raison est-il impossible pour un rayon d'émerger de la deuxième face du prisme?

Q6. Comment la déviation produite par un prisme évolue-t-elle (a) si l'angle d'arête du prisme augmente? (b) si l'indice de réfraction du prisme augmente?

Q7. (a) À quelle condition la déviation produite par un prisme est-elle minimale? (b) À quelle condition cette déviation est-elle maximale?

Q8. Est-il possible que la déviation en fonction de l'angle d'incidence soit une fonction strictement croissante? Pourquoi?

Q9. Un prisme de petit angle d'arête produit une déviation de 3° lorsqu'il est éclairé à incidence normale. Quelle est la puissance prismatique de ce prisme?

Q10. Un prisme de petit angle d'arête a une puissance prismatique de $4,65^\Delta$. Quelle déviation ce prisme produit-il lorsqu'il est éclairé à incidence normale?

Q11. À quoi peut servir un prisme de petit angle d'arête dans un examen de la vue?

Q12. Vous observez un petit objet placé devant vous. Lorsque vous placez un prisme de petit d'angle d'arête entre l'objet et vous, l'image de l'objet est à droite de l'objet. De votre point de vue, la base du prisme se situe-t-elle à gauche ou à droite?

Q13. Qu'est-ce que le phénomène de dispersion?

Q14. Vrai ou faux? Lorsque la lumière blanche est déviée par un prisme, la composante rouge est plus déviée que la composante violette.

Q15. À quelle couleur est associé l'indice de réfraction lorsqu'on ne s'intéresse pas à la dispersion?

Exercices

5.1 et 5.2 Déviation de la lumière par un prisme et étude de la déviation

E1. Un prisme en verre a un indice de réfraction de 1,53 (voir la figure ci-dessous). Un rayon de lumière se propage parallèlement à la base du prisme, comme illustré sur la figure. Quelle est la déviation produite par ce prisme?

E2. Quelle est la déviation produite par un prisme d'indice 1,6 dont l'angle d'arête vaut 32° si un rayon lumineux est incident sur lui comme illustré à la figure ci-dessous? On suppose que le rayon incident arrive sur la première face à une hauteur suffisante pour que le rayon réfracté à l'intérieur du prisme rencontre la deuxième face.

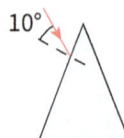

E3. Dessinez un prisme équilatéral de 10 cm de côté et représentez sur votre schéma un rayon arrivant au centre de la première face du prisme avec un angle d'incidence de +45°. L'indice de réfraction du prisme est 1,6 et le prisme est entouré d'air. À l'aide de la méthode graphique (utilisez un compas et une règle), déterminez la trajectoire du rayon jusqu'à sa sortie du prisme. À partir de cette représentation graphique, mesurez la déviation du rayon.

E4. Quel est l'angle d'arête d'un prisme dont l'indice de réfraction est 1,49 si l'angle d'incidence est 30° et que l'angle d'émergence vaut 55°?

E5. Quelle valeur minimale d'angle d'incidence un rayon incident sur un prisme de 20° et d'indice de réfraction 1,5 peut-il avoir pour que la lumière émerge de la deuxième face du prisme?

E6. Un rayon lumineux rencontre à incidence normale la première face d'un prisme de 40°. Quelle est la valeur maximale de l'indice de réfraction du prisme afin qu'un rayon émerge de la deuxième face du prisme?

E7. Que vaut l'angle d'émergence si un rayon laser rencontre un prisme de 30° et d'indice de réfraction 1,62 avec un angle d'incidence rasant ($\theta_1 = 90°$)?

E8. Quelle est la plus petite valeur que peut prendre l'angle d'émergence en envoyant un rayon de lumière sur un prisme de 65° et d'indice de réfraction 1,51?

E9. Un rayon rencontre un prisme de 45° d'angle d'arête dont l'indice de réfraction est 1,63. Quelle est la déviation minimale produite par ce prisme et quel est l'angle d'incidence correspondant?

E10. Un prisme de 50° produit une déviation minimale de 38°.

   a) Quel est l'indice de réfraction du prisme?

   b) À quel angle d'incidence se produit la déviation minimale?

E11. Un rayon arrive à incidence normale sur la première face d'un prisme de 35° et on mesure une déviation de 28°. Quelle est la plus petite déviation que peut produire ce prisme?

E12. Dessinez un prisme équilatéral de 10 cm de côté. L'indice de réfraction du prisme est 1,6 et le prisme est entouré d'air. En utilisant la méthode graphique, tracez la trajectoire d'un rayon de lumière subissant la déviation minimale (notez que, à la déviation minimale, le rayon à intérieur du prisme se propage parallèlement à la base du prisme). À partir de cette représentation graphique, mesurez la déviation minimale produite par ce prisme.

5.3 Prisme de petit angle d'arête

E13. Un rayon laser rencontre un prisme de 5° et d'indice 1,72 avec un angle d'incidence de 3°.

   a) Calculez, à trois chiffres significatifs, la déviation que subit le rayon en utilisant l'équation exacte ($\delta = \theta_1 + \theta'_2 - A$).

   b) Calculez cette déviation en utilisant l'équation approximative $\delta = (n-1)A$. Ce résultat est-il à peu près identique à la réponse exacte?

E14. En plaçant un prisme de petit angle d'arête près de votre œil, vous constatez qu'un objet situé à 5 m devant vous semble s'être déplacé latéralement de 16 cm.

   a) Quelle est la puissance prismatique du prisme?

   b) Quel est l'indice de réfraction du prisme si son angle d'arête vaut 3°?

E15. On désire concevoir un prisme de petit angle d'arête possédant une puissance prismatique de 5,24$^\Delta$. Déterminez l'angle d'arête du prisme s'il est fabriqué avec un verre d'indice 1,66.

E16. On demande à une personne atteinte d'un léger strabisme d'observer un objet éloigné : on constate que l'axe principal de son œil droit est bien aligné avec l'objet, mais que son œil gauche est tourné de 1,9° du côté nasal. Un opticien prescrit donc un verre prismatique dont l'angle d'arête est de 4°.

    a) Quelle est la puissance prismatique du prisme qui doit être prescrit?

    b) Déterminez l'indice de réfraction du prisme?

    c) Le sommet du prisme doit-il être placé du côté nasal ou du côté temporal?

E17. Dans une expérience de laboratoire, on a placé successivement des prismes d'angles d'arête A différents dans la trajectoire d'un rayon lumineux de telle sorte que l'angle d'incidence du rayon sur le prisme est petit. Tous les prismes sont fabriqués avec le même matériau. On a mesuré, pour chacune des valeurs d'angle A, la déviation δ subie par le rayon. Avec les mesures, on a construit le graphique ci-dessous (on obtient une droite car les angles A sont raisonnablement petits).

Déviation produite par un prisme en
fonction de l'angle d'arête du prisme

    a) Quelle est l'équation théorique de la droite et quelle est l'expression théorique de la pente de cette droite?

    b) À partir des données du graphique, calculez la pente de cette droite.

    c) À partir de la valeur de la pente de la droite, déterminez l'indice de réfraction du matériau dont sont faits les prismes.

5.4 Dispersion

E18. Un rayon de lumière blanche tombe selon un angle d'incidence de 45° par rapport à la normale sur une lame à faces parallèles de verre sont l'épaisseur est de 10 cm (figure ci-dessous). Les indices de réfraction de ce verre pour les deux couleurs aux extrémités du spectre du visible sont $n_V = 1{,}54$ (violet) et $n_R = 1{,}52$ (rouge).

    a) Vérifiez que le rayon de lumière rouge et celui de lumière violette sont parallèles entre eux.

    b) Quelle est la séparation latérale (la distance d sur la figure ci-dessus) entre les rayons rouge et violet à la sortie de la lame?

E19. Un prisme isocèle en verre a un angle d'arête de 36°. Les indices de réfraction de ce verre pour les deux couleurs aux extrémités du spectre du visible sont $n_V = 1,62$ (violet) et $n_R = 1,58$ (rouge). Un rayon de lumière blanche se propage parallèlement à la base du prisme. Quelle est la séparation angulaire (l'angle ϕ sur la figure ci-dessous) entre les rayons rouge et violet à la sortie du prisme?

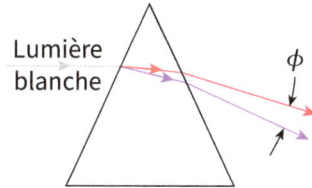

Problèmes

P1. Un rayon laser tombe sur un prisme d'indice de réfraction 1,62 avec un angle d'incidence de 23° et on observe que le rayon émerge avec un angle d'émergence de 42°. Quel est l'angle d'arête du prisme?

P2. Le biprisme de Fresnel est un élément optique composé de deux prismes, de géométrie et d'indice de réfraction identiques, juxtaposés par leur base (voir la figure ci-dessous). Si l'angle d'arête des prismes est $A = 15°$ et que l'indice de réfraction des prismes est 1,51, quel est l'angle formé par les deux rayons émergeant du biprisme?

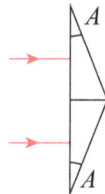

P3. Un rayon lumineux subit une déviation de 10° lorsqu'il arrive à incidence normale sur la première face d'un prisme entouré d'air dont l'angle d'arête est de 20°. Que devient la déviation si ce prisme est plongé dans l'eau et que le rayon arrive toujours à incidence normale sur la première face du prisme?

P4. Un prisme isocèle, dont les trois faces sont polies, a un indice de réfraction 1,54 et un angle d'arête de 32°. Un rayon laser arrive sur la première face du prisme avec un angle d'incidence de −25°. On suppose que la hauteur du prisme est suffisante pour que le rayon réfracté à l'intérieur du prisme rencontre la deuxième face. Déterminez la trajectoire suivie par le rayon de lumière jusqu'à sa sortie du prisme en représentant sur votre schéma tous les angles pertinents.

Réponses aux Tests de compréhension

5.1 (a) Le rayon émergeant de la première face du prisme présente un angle de réfraction non nul par rapport à la normale au point d'incidence, alors que le rayon arrivant sur la première face du prisme rencontre le dioptre à incidence normale : la loi de Snell–Descartes n'est pas respectée.

(b) Le rayon émergeant de la lame à faces parallèles subit une déviation par rapport au rayon incident, ce qui n'est pas possible si le milieu d'incidence est le même que le milieu d'émergence (voir la section 4.1).

(c) Le rayon lumineux subit une déviation vers le sommet du prisme, ce qui est impossible si le prisme est fait d'un milieu plus réfringent que le milieu dans lequel il baigne.

5.2 La donnée du graphique dit que la déviation est nulle si l'indice de réfraction du prisme vaut un. Or, le prisme baigne dans l'air et l'air a un indice de réfraction égal à un. Ainsi, un prisme d'indice de réfraction unitaire revient à dire que le prisme est inexistant : aucune déviation de la lumière n'est possible dans un milieu homogène.

5.3 A_{max} = 69,9°. On obtient cette valeur en prenant l'angle d'émergence égal à 90°.

5.4 La base du prisme doit être en haut.

5.5 $\Delta = 5{,}77^{\Delta}$.

Réponses aux Questions, aux Exercices et aux Problèmes

Questions

Q1. La déviation est l'angle entre la direction de propagation du rayon incident et la direction de propagation du rayon émergent.

Q2. L'angle d'incidence du rayon arrivant sur la deuxième face du prisme doit être inférieur à l'angle critique.

Q3. Voir le schéma ci-dessous. Pour répondre efficacement à cette question, il suffit de réaliser que la pièce de verre est un prisme tronqué. On sait que le rayon lumineux est dévié vers la base du prisme et non vers le sommet.

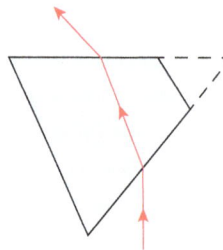

Q4. Si l'indice de réfraction du prisme est inférieur à celui du milieu dans lequel il baigne.

Q5. Même pour un angle d'incidence de 90° sur la première face du prisme, l'angle d'incidence sur la deuxième face sera nécessairement supérieur à l'angle critique.

Q6. (a) Elle augmente. (b) Elle augmente.

Q7. (a) La déviation produite par un prisme est minimale si le trajet de la lumière dans le prisme suit un parcours symétrique, c'est-à-dire lorsque l'angle d'incidence θ_1 est égal à l'angle d'émergence θ_2'. (b) Elle est maximale si le trajet de la lumière dans le prisme suit un parcours le moins symétrique, c'est-à-dire lorsque θ_1 = 90° ou bien lorsque θ_2' = 90°.

Q8. Non, parce qu'il existe toujours un angle d'incidence pour lequel la déviation présente une valeur minimale, puisqu'il est toujours possible d'obtenir la condition $\theta_1 = \theta_2'$.

Q9. $5{,}24^{\Delta}$.

Q10. 2,66°

Q11. Il peut servir à diagnostiquer la présence d'hétérophorie.

Q12. À gauche.

Q13. La dispersion est le phénomène selon lequel l'indice de réfraction dépend de la couleur de la lumière.

Q14. Faux.

Q15. Jaune (la couleur à laquelle l'œil atteint son maximum de sensibilité).

Exercices

E1. 23,6°.

E2. 39,9°.

E3. $\delta = 47,8°$.

E4. 53,0°.

E5. −33,9°.

E6. 1,56.

E7. −13,2°.

E8. 37,1°.

E9. $\delta_{min} = 32,2°$ et $\theta_1 = 38,6°$.

E10. (a) 1,64. (b) 44°.

E11. 20,7°.

E12. $\delta_{min} = 46,3°$.

E13. (a) 3,61°. (b) 3,60°. Il s'agit d'un écart relatif de moins de 0,3 %.

E14. (a) $3,20^\Delta$. (b) 1,61.

E15. 4,54°

E16. (a) $3,32^\Delta$. (b) 1,48. (c) Du côté nasal.

E17. (a) Équation : $\delta = (n-1)A$. Pente : $m = n - 1$. (b) $m = 0,67$. (c) $n = 1,67$.

E18. (b) 0,613 mm.

E19. 1,86°

Problèmes

P1. 38,4°.

P2. 16,0°.

P3. 2,08°.

P4. Le rayon réfracté à la première face fait un angle de −15,9°. Le rayon est ensuite incident sur la deuxième face du prisme avec un angle d'incidence de 47,9° (supérieur à l'angle critique); par conséquent, le rayon est totalement réfléchi par la deuxième face pour se diriger, à l'intérieur du prisme, vers la base. Le rayon rencontre la base du prisme avec un angle d'incidence de 26,1°. L'angle d'émergence du prisme, à la base du prisme, vaut 42,6°.

6 | Dioptres sphériques

Les rayons de lumière provenant de la feuille d'arbre à l'arrière-plan de cette scène n'ont pas formé une image nette dans l'appareil photo qui a pris cette pose, ce qui explique que l'arrière-plan parait flou. En revanche, les rayons provenant de la feuille et qui traversent la goutte d'eau ont été suffisamment déviés pour produire dans l'appareil photo une image nette de la feuille. En fait, chaque goutte d'eau agit comme une succession de deux dioptres sphériques capable de produire des images. Où se situe l'image formée par la goutte? Et quelle est la taille de l'image par rapport à celle de l'objet? Dans ce chapitre, nous examinerons le dioptre sphérique en tant que système d'imagerie et nous serons alors en mesure d'analyser les images formées par cette goutte.

Aperçu du chapitre 6

Caractéristiques d'un dioptre sphérique

Un dioptre sphérique est une surface sphérique qui sépare deux milieux homogènes et transparents d'indices de réfraction différents. Le rayon de courbure R du dioptre sphérique est la distance entre le centre de courbure C de la sphère correspondante et la surface du dioptre (figure ci-contre). L'indice de réfraction du milieu d'où viennent les rayons incidents sur le dioptre est n_1 alors que celui du milieu où vont les rayons réfractés est n_2. Un dioptre sphérique est convexe si le milieu d'indice de réfraction plus élevé présente une surface bombée; il est concave si le milieu d'indice de réfraction plus élevé présente une surface creuse. Le rayon de courbure R d'un dioptre sphérique est positif si son centre de courbure est du côté des rayons émergents; sinon, il est négatif.

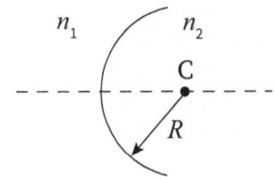

La puissance P, qui est une mesure de la capacité d'un dioptre à focaliser les rayons lumineux, est définie par :

$$P = \frac{n_2 - n_1}{R} \quad ,$$

où le rayon de courbure R doit être exprimé en mètres afin que la puissance s'exprime en dioptries.

Images formées par un dioptre sphérique

Dans le domaine paraxial (condition requise pour que la qualité de l'image soit satisfaisante), la distance objet p et la distance image p' sont reliées par l'équation de conjugaison :

$$\frac{n_1}{p} + \frac{n_2}{p'} = \frac{n_2 - n_1}{R} \quad .$$

Un dioptre sphérique possède deux foyers : un foyer objet F et un foyer image F'. Le foyer objet est le point où il faut placer un objet ponctuel pour que le dioptre en fasse une image à l'infini. Le foyer image est le point où le dioptre forme l'image d'un objet situé à l'infini.

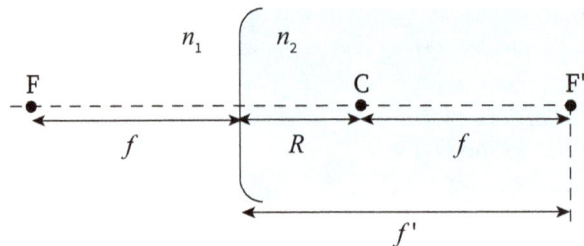

La distance entre le dioptre et le foyer objet est la longueur focale objet f tandis que la distance entre le dioptre et le foyer image est la longueur focale image f', données par :

$$f = \frac{n_1 R}{n_2 - n_1} \quad \text{et} \quad f' = \frac{n_2 R}{n_2 - n_1} \quad .$$

Méthode graphique

Les trois rayons principaux pour le dioptre sphérique sont les suivants :

1. Un rayon incident se dirigeant vers le centre de courbure n'est pas dévié.

2. Un rayon incident parallèle à la normale au sommet est réfracté de telle sorte qu'il est aligné avec le foyer image.

3. Un rayon incident se dirigeant vers le foyer objet est réfracté parallèlement à la normale au sommet.

La hauteur y d'un objet étendu et la hauteur y' de l'image sont reliées par le grandissement transversal, donné par :

$$g = \frac{y'}{y} = -\frac{n_1 p'}{n_2 p} \quad .$$

Si $g > 0$, alors, par rapport à l'objet, l'image est droite et de nature opposée; si $g < 0$ est négatif, alors, par rapport à l'objet, l'image est renversée et de même nature. La profondeur z d'un objet étendu et la profondeur z' de l'image sont reliées par le grandissement longitudinal, lequel s'exprime :

$$g_L = \frac{z'}{z} = \frac{n_2}{n_1} g^2 \quad .$$

6.1 Caractéristiques d'un dioptre sphérique

Les lentilles trouvent un nombre incalculable d'applications, que ce soit dans les appareils photo, dans les caméras, dans les instruments d'optique comme le microscope et le télescope, ou dans les orthèses visuelles (lunettes et verres de contact). L'élément constituant d'une lentille est le dioptre sphérique. En effet, une lentille n'est rien d'autre qu'une succession de deux dioptres sphériques consécutifs. Dans ce chapitre, nous étudions en détail le dioptre sphérique; c'est au chapitre suivant que nous nous pencherons sur la lentille traitée comme un système optique unique. D'abord, nous décrirons le dioptre sphérique en introduisant une terminologie qu'il convient de maitriser. Ensuite, nous définirons une propriété importance et propre au dioptre : la puissance. Puis, nous aborderons sommairement les notions de sphérométrie, pertinentes pour déterminer le rayon de courbure d'un dioptre sphérique à partir d'une mesure de sa sagittale. Dans ce qui suit, nous nous limiterons à une lumière monochromatique, c'est-à-dire une lumière de couleur pure, afin d'éviter l'aberration chromatique.

6.1.1 Description d'un dioptre sphérique

Un dioptre sphérique est une surface sphérique qui sépare deux milieux homogènes et transparents d'indices de réfraction différents (figure ci-contre). Le rayon de courbure R du dioptre sphérique est la distance entre le centre de courbure C de la sphère correspondante et la surface du dioptre. L'indice de réfraction du milieu d'où viennent les rayons incidents sur le dioptre est n_1 alors que celui du milieu où vont les rayons réfractés est n_2. À l'instar des miroirs sphériques, les dioptres peuvent être qualifiés de convexes ou de concaves (figure 6.1).

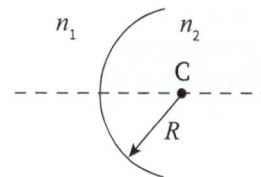

Un dioptre sphérique est convexe si le milieu d'indice de réfraction plus élevé présente (à un observateur situé dans le milieu d'indice de réfraction plus faible) une surface bombée; il est concave si le milieu d'indice de réfraction plus élevé présente une surface creuse.

Attention!	La terminologie n'est pas universelle
Le raisonnement employé pour dire qu'un dioptre est concave ou convexe n'est pas le même dans tous les livres. Celui qui est retenu dans cet ouvrage vise à être cohérent avec le fait que chacun des dioptres d'une lentille dite *biconvexe* est effectivement convexe.	

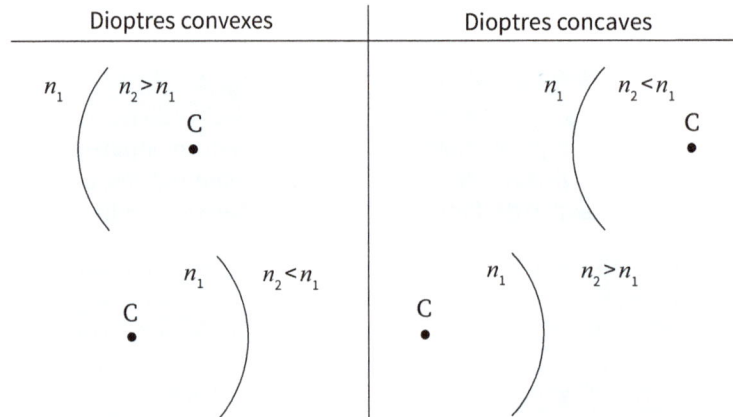

Figure 6.1

Si la surface du milieu d'indice de réfraction le plus élevé d'un dioptre sphérique est bombée, le dioptre est convexe; si elle est creuse, le dioptre est concave.

Tout comme avec les miroirs sphériques, il existe une convention de signes pour le rayon de courbure du dioptre, laquelle est basée sur la position du centre de courbure du dioptre (figure 6.2).

Convention de signes 6.1	Rayon de courbure d'un dioptre sphérique

Le rayon de courbure R d'un dioptre sphérique est positif si son centre de courbure est du côté des rayons émergents (ici, les rayons émergents sont les rayons réfractés). Le rayon de courbure est négatif si le centre de courbure n'est pas du côté des rayons émergents.

Remarquons que les conventions de signes 3.1 et 6.1 sont identiques (sauf que les rayons émergents sont des rayons réfléchis dans le cas du miroir et que les rayons émergents sont des rayons réfractés dans le cas du dioptre).

Figure 6.2

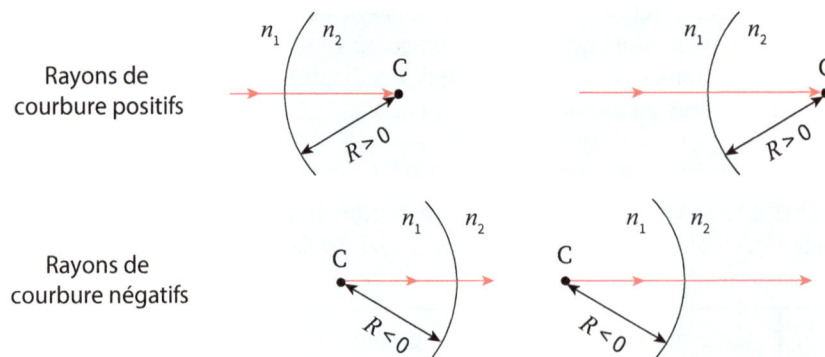

Si le centre de courbure du dioptre sphérique est du côté des rayons réfractés, son rayon de courbure est positif; sinon, il est négatif.

Attention!	Convexe ne signifie pas nécessairement $R > 0$

Contrairement aux miroirs sphériques, il n'y a pas de lien *sine qua non* entre la concavité d'un dioptre sphérique et le signe de son rayon de courbure. Un dioptre convexe peut avoir un rayon de courbure positif ou négatif; de même, un dioptre concave peut avoir un rayon de courbure positif ou négatif, comme le montre clairement la figure 6.2.

Testez votre compréhension 6.1	Convexe ou concave?

Quelle est la concavité d'un dioptre dont le centre de courbure est situé dans le milieu dont l'indice de réfraction est le plus faible?

6.1.2 Puissance d'un dioptre sphérique

Un dioptre sphérique est essentiellement caractérisé par deux choses : par son rayon de courbure R et par la différence entre les indices de réfraction des milieux de part et d'autre du dioptre $(n_2 - n_1)$. Pour décrire un dioptre sphérique, il faut préciser les valeurs de ces deux caractéristiques. Toutefois, dans la pratique, on ne donne pas toujours ces paramètres séparément; il est courant de décrire un dioptre sphérique par sa *puissance P* (aussi notée D par certains auteurs), définie par :

$$P = \frac{n_2 - n_1}{R} \cdot \qquad (6.1)$$

Puissance d'un dioptre sphérique

Physiquement, la puissance d'un dioptre est une mesure de sa capacité à focaliser les rayons lumineux. L'équation (6.1) caractérise complètement le dioptre à l'étude. Nous verrons à la section 6.2 et au chapitre 7, notamment, que cette définition pour la puissance d'un dioptre simplifie certaines expressions et qu'elle permet d'interpréter plus facilement plusieurs équations plus complexes.

L'unité de la puissance est la dioptrie (δ). Dans l'équation (6.1), il est primordial de toujours exprimer le rayon de courbure R en mètres, afin que la valeur numérique de la puissance soit exprimée en dioptries. En fait, une dioptrie vaut $1\ m^{-1}$.

Attention!	La dioptrie n'a rien à voir avec la déviation

On a utilisé le symbole δ (en italique) pour désigner la déviation (engendrée par un prisme, par exemple) et le symbole pour la dioptrie est également δ (en caractère droit). Il ne faut pas confondre les deux, qui n'ont aucun lien entre eux.

Selon l'ordre des indices de réfraction rencontrés par la lumière et le signe du rayon de courbure du dioptre, la puissance peut être positive ou négative. Un dioptre convexe possède une puissance positive; à l'inverse, un dioptre concave possède une puissance négative.

Testez votre compréhension 6.2	Description d'un dioptre sphérique

Considérons le dioptre sphérique illustré ci-contre où la lumière se propage de gauche à droite. Dites si le dioptre est convexe ou concave, si son rayon de courbure est positif ou négatif et si sa puissance est positive ou négative.

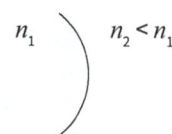

$n_1 \qquad n_2 < n_1$

Remarquons qu'il n'y a pas non plus de relation directe entre la concavité d'un dioptre et sa capacité à faire converger ou diverger les rayons lumineux. Par exemple, un dioptre convexe peut aussi bien être convergent (si l'objet n'est pas situé entre le centre de courbure C et le sommet S) que divergent (si l'objet est situé entre C et S), comme l'illustre la figure ci-dessous. Ceci est une conséquence directe de la loi de Snell–Descartes : le rayon réfracté s'éloigne toujours de la normale lorsque la lumière passe d'un milieu plus réfringent à un milieu moins réfringent.

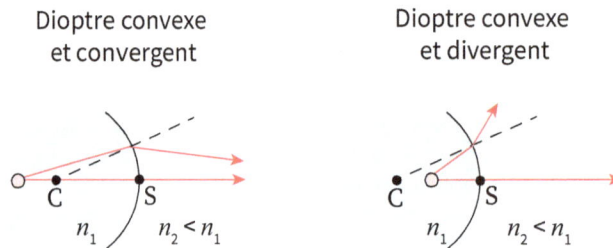

Dioptre convexe et convergent

Dioptre convexe et divergent

Exemple 6.1 — L'œil et les lunettes de plongée

La partie antérieure de l'œil est la cornée, qui est transparente et qui est responsable de 75% de la puissance totale de l'œil, vue sa courbure très prononcée.

a) Dans des conditions normales, quelle est la puissance de la face avant de la cornée si son rayon de courbure vaut 7,9 mm et que l'indice de réfraction de la cornée vaut 1,377?

b) Que devient la puissance de la face avant de sa cornée si l'observateur est dans l'eau?

Solution

a) Les données sont les suivantes : $R = +0{,}0079$ m (le rayon de courbure de la cornée, positif car le centre de courbure est du côté des rayons émergents) et $n_1 = 1$ (l'indice de réfraction de l'air) et $n_2 = 1{,}377$ (indice de réfraction de la cornée); on cherche P, la puissance de la face antérieure de la cornée lorsque la cornée est en contact avec l'air. Remarquons que le rayon de courbure est exprimé en mètres en vue de déterminer une puissance. En utilisant la définition de la puissance, on calcule :

$$P = \frac{n_2 - n_1}{R} = \frac{1{,}377 - 1}{0{,}0079 \text{ m}} = 47{,}7\,\delta\ .$$

b) On cherche P, la puissance de la face antérieure de la cornée lorsque la cornée est en contact avec l'eau. Les données sont les mêmes que précédemment, sauf $n_1 = 1{,}33$ (l'indice de réfraction de l'eau). Avec la définition de la puissance, on trouve :

$$P = \frac{n_2 - n_1}{R} = \frac{1{,}377 - 1{,}33}{0{,}0079 \text{ m}} = 5{,}95\,\delta\ .$$

On constate que cette nouvelle valeur de puissance est nettement inférieure à celle calculée en (a). Une telle puissance est insuffisante pour former des images nettes sur la rétine de l'œil d'un plongeur sans équipement. En portant des lunettes de plongée (voir la photo ci-contre), on garde ainsi la face avant de la cornée en contact avec l'air, ce qui préserve sa puissance de 47,7 δ et permet alors à l'œil de former des images nettes sur la rétine.

6.1.3 Sphérométrie

Dans cette section, nous présentons un instrument de mesure permettant de déterminer expérimentalement le rayon de courbure d'une surface sphérique : le sphéromètre (voir la photo ci-contre). Nous décrirons son fonctionnement et nous expliquerons comment il est utilisé dans la pratique pour trouver la puissance d'un dioptre sphérique donné.

On peut mesurer le rayon de courbure d'un dioptre sphérique, comme ceux d'une lentille, à l'aide d'un sphéromètre. Cet instrument se compose essentiellement d'une vis micrométrique mobile dans un écrou fixe, qui se termine par une pointe fine. Cette vis est fixée verticalement au centre d'un trépied, lequel repose par trois pointes fines sur une surface sphérique. Les extrémités des pointes forment les sommets d'un triangle équilatéral et le centre de ce triangle coïncide avec la pointe centrale du sphéromètre. En tournant la vis, on peut élever ou abaisser la pointe centrale de manière à ce que les quatre pointes touchent la surface sphérique (voir la figure ci-dessous, où la patte centrale mobile et une seule des pattes fixes du sphéromètre sont illustrées). La lecture sur la vis micrométrique permet de déduire la distance s entre la pointe centrale et le plan formé par les trois autres pointes. Cette distance s est appelée la sagittale de la surface et elle correspond à la hauteur de la calotte sphérique.[1]

Sagittale

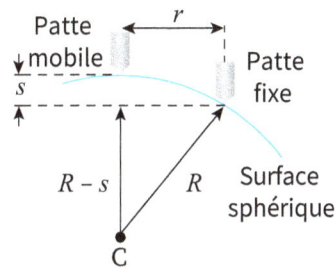

Pour obtenir la sagittale pour une surface donnée, il faut d'abord déterminer la position verticale x_0 de la patte centrale (lue sur la vis micrométrique semblable à celle illustrée sur la photo ci-contre) lorsque sa pointe se trouve dans le même plan que celui formé par les trois autres pointes. Puis, lorsque la patte centrale repose sur la surface sphérique dont on cherche le rayon de courbure, on fait la lecture x de sa position verticale. La sagittale est donc donnée par $s = x - x_0$.

Si on connait le rayon r du cercle circonscrit au triangle équilatéral formé par les trois pattes fixes du sphéromètre, on peut déduire le rayon de courbure R du dioptre sphérique à l'aide d'une mesure de la sagittale s. D'après le théorème de Pythagore sur le triangle rectangle visible sur la figure précédente, on obtient :

$$(R-s)^2 + r^2 = R^2 \quad,$$

où R est le rayon de courbure du dioptre et s est la sagittale mesurée avec le sphéromètre. En simplifiant l'équation précédente et en isolant R, on trouve :

$$R = \frac{r^2 + s^2}{2|s|} \quad, \tag{6.2}$$

Rayon de courbure en termes de la sagittale

---

[1] On utilise le mot « sagittale », qui vient du latin *sagitta* signifiant flèche, en raison du fait que le segment de longueur s ressemble à une flèche sur un arc.

où on a pris la valeur absolue de la sagittale au dénominateur de l'équation (6.2). En effet, la sagittale peut être négative : elle l'est pour un dioptre concave. Si nécessaire, on ajoute ensuite le signe approprié à la valeur de R calculée avec l'équation (6.2), en tenant compte de la convention de signes 6.1 pour le rayon de courbure d'un dioptre sphérique.

| **E** | **Exemple 6.2** | Le sphéromètre et le dioptre concave |

On détermine que le zéro d'un sphéromètre est à 8,58 mm et que le rayon de sa calotte sphérique est de 2,3 cm. On veut mesurer le rayon de courbure d'un dioptre sphérique, qui sépare l'air et un verre, en plaçant le sphéromètre sur lui. Quel est le rayon de courbure du dioptre si on fait une lecture de la position de la pointe mobile à 6,89 mm lorsque celle-ci est parfaitement appuyée sur le dioptre?

Solution

Les données sont : $x_0 = 8{,}58$ mm (le zéro du sphéromètre), $x = 6{,}89$ mm (la lecture sur le sphéromètre) et $r = 23$ mm (le rayon de sa calotte sphérique; il faut exprimer toutes les longueurs avec les mêmes unités). On cherche R, le rayon de courbure du dioptre sphérique. On déduit que la sagittale vaut $s = x - x_0 = 6{,}89 - 8{,}58 = -1{,}69$ mm. Puisque la sagittale est négative, on déduit que le dioptre est concave. On calcule alors le rayon de courbure avec l'équation (6.2) :

$$R = \frac{r^2 + s^2}{2|s|} = \frac{(23 \text{ mm})^2 + (-1{,}69 \text{ mm})^2}{2|-1{,}69 \text{ mm}|} = 157 \text{ mm} = 15{,}7 \text{ cm} \quad .$$

En tenant compte de la convention de signes pour le rayon de courbure du dioptre, si la lumière passe de l'air au verre, $R = -15{,}7$ cm et si la lumière passe du verre à l'air, alors $R = +15{,}7$ cm.

Le sphéromètre est muni d'une vis micrométrique, précise au 100e de mm près, permettant de mesurer la sagittale. Une vis micrométrique est un instrument de mesure de longueur constitué d'une pièce mobile (appelée tambour) qui tourne autour d'une règle fixe (voir la figure ci-contre). La règle fixe est graduée au millimètre près avec des sous-divisions à tous les 0,5 mm. Lorsque le tambour fait un tour complet, il se déplace de 0,5 mm par rapport à la règle. Étant donné que le tambour compte 50 graduations, une division du tambour correspond à 0,01 mm. La lecture de la vis micrométrique se fait comme suit :

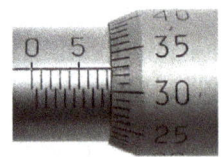

- compter le nombre de millimètres visibles sur la règle fixe;
- additionner la division indiquée sur le tambour qui coïncide avec la ligne axiale de la règle fixe.

Dans l'exemple de la figure ci-dessus, on a 8 mm (sans 0,5 mm additionnel) visibles sur la règle fixe et la division 0,33 mm coïncide avec la ligne axiale. Ainsi, la lecture est 8 mm + 0,33 mm = 8,33 mm.

| → | **Testez votre compréhension 6.3** | Lecture d'une vis micrométrique |

Quelle lecture fait-on sur la vis micrométrique illustrée ci-contre?

Sphéromètre portatif

En pratique, les opticiens se servent souvent d'un sphéromètre portatif, plus simple d'utilisation, qui donne directement la valeur numérique de puissance du dioptre (photo suivante). Contrairement au sphéromètre décrit précédemment, le sphéromètre portatif possède trois pointes alignées, ce qui le rend capable de déterminer les rayons de courbure de surfaces toriques employées en lunetterie pour corriger l'astigmatisme. Les pointes extérieures sont fixes et celle du centre est mobile. C'est un petit système d'engrenages qui convertit le mouvement de la point mobile – lequel est assuré par un mécanisme à ressort – en un mouvement de l'aiguille du cadran sur lequel la lecture de puissance est affichée.

Bien sûr, puisque la puissance dépend de l'indice de réfraction du verre, l'instrument est étalonné sur la base d'une hypothèse sur la valeur de l'indice de réfraction du verre impliqué lors de la mesure. À titre d'exemple, le sphéromètre illustré sur la photo ci-dessus suppose qu'il est utilisé sur des verres dont l'indice de réfraction vaut 1,53. À partir d'une lecture de puissance obtenue avec le sphéromètre portatif, on peut déduire le rayon de courbure du dioptre en utilisant l'équation (6.1) avec $n_2 = 1,53$ et $n_1 = 1$ (le milieu 1 étant l'air).

Si l'indice de réfraction du verre utilisé lors de la mesure effectuée avec le sphéromètre portatif n'est pas 1,53, la lecture obtenue n'est qu'une puissance *apparente*, qui diffère de la puissance *réelle* du dioptre. Si on connait le véritable indice de réfraction du verre ($n_{\text{réel}}$) et qu'on souhaite obtenir la puissance réelle P du dioptre avec le sphéromètre portatif, on procède en deux étapes :

1. On trouve le rayon de courbure en utilisant la puissance apparente : $R = (1,53 - 1)/P_{\text{app}}$.

2. On utilise ensuite le rayon de courbure pour calculer la puissance réelle : $P = (n_{\text{réel}} - 1)/R$.

Exemple 6.3	Le sphéromètre portatif

En employant un sphéromètre portatif sur un dioptre sphérique, on mesure une puissance apparente de −3,25 δ. Quelle est la puissance réelle du dioptre, sachant que le verre possède un indice de réfraction de 1,66?

Solution

Le bilan est : P_{app} = −3,25 δ (la puissance apparente du dioptre) et $n_{\text{réel}}$ = 1,66 (l'indice de réfraction du verre); on cherche P, la puissance réelle du dioptre. D'abord, on utilise la définition de la puissance pour déduire l'inverse du rayon de courbure du dioptre :

$$P = \frac{n_2 - n_1}{R} \implies \frac{1}{R} = \frac{P_{\text{app}}}{1,53 - 1} .$$

Puis, en utilisant l'expression de l'inverse du rayon de courbure du dioptre, on fait de nouveau appel à la définition de la puissance pour calculer la puissance réelle :

$$P = \frac{n_2 - n_1}{R} \implies P = \frac{n_{\text{réel}} - 1}{R} = \left(\frac{n_{\text{réel}} - 1}{1,53 - 1}\right) P_{\text{app}} = \left(\frac{1,66 - 1}{1,53 - 1}\right)(-3,25\,\delta) = -4,05\,\delta .$$

La puissance réelle du dioptre est en fait −4,05 δ et non −3,25 δ comme laisse entendre le sphéromètre portatif. Si on souhaite obtenir rapidement la puissance réelle à partir de la puissance apparente, il suffit de multiplier la puissance apparente par le facteur $(n_{\text{réel}} - 1)/0,53$.

6.2 Images formées par un dioptre sphérique

Maintenant que nous avons caractérisé le dioptre par sa concavité, par son rayon de courbure et par sa puissance, nous allons nous intéresser à la formation d'images à l'aide de ce système optique. Nous constaterons qu'il existe de nombreuses similitudes, du point de vue de l'imagerie, entre le dioptre sphérique et le miroir sphérique. En effet, l'analyse est très similaire, sauf que les rayons émergents sont obtenus par l'application de la loi de Snell–Descartes dans le cas du dioptre alors qu'ils étaient obtenus en utilisant la loi de la réflexion dans le cas du miroir. Nous allons d'abord présenter l'approximation paraxiale dans le contexte des dioptres sphériques, en vue d'obtenir des images de qualité acceptable. Puis, nous établirons l'équation de conjugaison dans le cas des dioptres sphériques avant de définir formellement les points focaux et les longueurs focales de ce système optique. Enfin, nous énoncerons la forme newtonienne de l'équation de conjugaison.

6.2.1 Approximation paraxiale

Un faisceau de lumière, caractérisé par son axe optique (l'axe moyen du groupe de rayons qui le constituent), est incident sur un dioptre sphérique. Le point où se croisent l'axe optique et la surface du dioptre définit le sommet du dioptre (point S). Pour la suite, on se restreint au cas de l'incidence normale, c'est-à-dire au cas où l'angle entre l'axe optique du faisceau et la normale au sommet du dioptre est nul (figure ci-contre). De façon générale, les rayons du faisceau incident (et ceux du faisceau réfracté) font des angles non nuls avec l'axe optique. En particulier, les rayons les plus éloignés de l'axe optique (les rayons marginaux) font un angle α par rapport à l'axe optique. Dans le domaine paraxial, l'angle α est petit (c'est-à-dire inférieur à 10°).

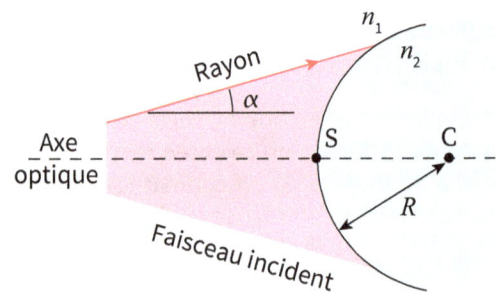

On suppose maintenant qu'un objet ponctuel est situé infiniment loin devant un dioptre sphérique convexe; par conséquent, un faisceau lumineux dont tous les rayons sont pratiquement parallèles entre eux est incident sur le dioptre. Pour chaque rayon incident sur le dioptre, la trajectoire du rayon réfracté peut systématiquement être déduite en appliquant la loi de Snell–Descartes, en considérant la normale locale au point d'incidence (la normale à un point sur le dioptre sphérique est la droite qui passe par ce point et le centre de courbure). À titre d'exemple, le rayon qui rencontre le dioptre au point d'incidence I sur la figure ci-contre fait un angle d'incidence θ_1 par rapport à la normale au dioptre à cet endroit et le rayon réfracté correspondant fait un angle de réfraction θ_2 qui respecte la loi de Snell–Descartes. On fait la même démarche pour tous les autres rayons incidents sur le dioptre.

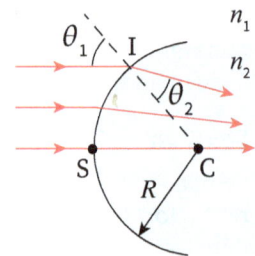

Lorsque plusieurs rayons réfractés par le dioptre sont tracés, on remarque que l'ensemble de ces rayons ne se rencontrent pas tous en un même point (figure 6.3). C'est dire que, à l'instar du miroir sphérique, le dioptre sphérique n'est pas rigoureusement stigmatique, puisque l'image d'un objet ponctuel ne donne pas une image ponctuelle. On dit que l'image est affectée par l'*aberration sphérique*. Toutefois, comme avec le miroir sphérique, on obtient un stigmatisme approché (des images de qualité acceptable) en se limitant au domaine paraxial, c'est-à-dire si on n'utilise que des rayons paraxiaux (qui font des angles inférieurs à 10° par rapport à l'axe optique).

Aberration sphérique

Figure 6.3

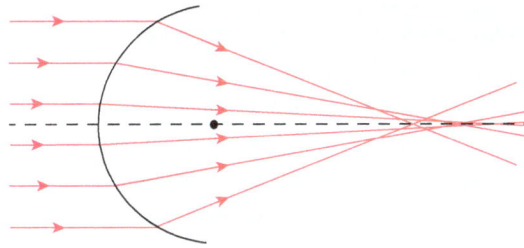

Pour un faisceau incident relativement large par rapport au rayon de courbure du dioptre, le dioptre sphérique n'est pas stigmatique, car il y a présence d'aberration sphérique.

Lorsqu'on fait un tracé de rayons sur un dioptre sphérique dans le domaine paraxial, il est préférable d'étirer la dimension transversale à l'axe optique, sans changer l'échelle de la dimension longitudinale, pour obtenir un schéma lisible et utile. Sur un tel schéma, la courbure des dioptres est imperceptible et on représentera les dioptres sphériques par une ligne droite, plutôt que par un arc de cercle, en prenant soin de recourber les extrémités de la ligne pour suggérer la forme du dioptre (figure 6.4).

Figure 6.4

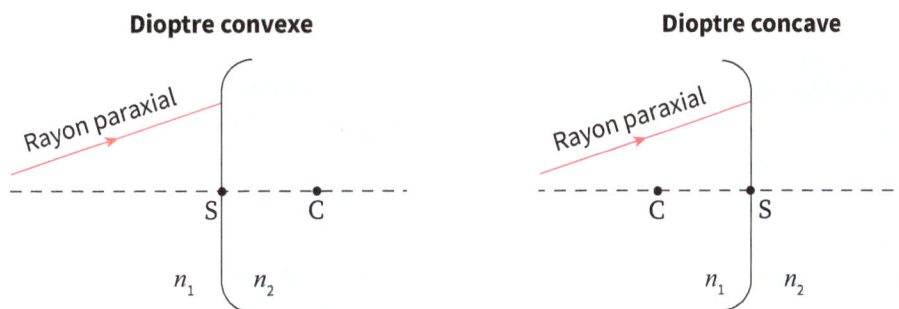

Un dioptre sphérique est représenté dans l'approximation paraxiale par une surface plane aux extrémités recourbées.

Il est bon de rappeler qu'une telle représentation graphique, où l'échelle perpendiculaire à la normale au sommet S est exagérée, donne des angles qui sont déformés. Il n'est donc plus question d'appliquer visuellement sur le schéma la loi de Snell–Descartes , notamment en utilisant un rapporteur d'angle.

6.2.2 Équation de conjugaison

L'équation de conjugaison pour le dioptre sphérique est la relation qui existe entre la position de l'objet et de celle de l'image produite par le dioptre. Si un objet est placé à une distance p du sommet du dioptre et que l'image se retrouve à une distance p', ces distances sont reliées par l'équation :

$$\frac{n_1}{p} + \frac{n_2}{p'} = \frac{n_2 - n_1}{R} \ ,$$

(6.3)

Équation de conjugaison pour un dioptre

où R est le rayon de courbure du dioptre sphérique, n_1 est l'indice de réfraction du milieu d'où arrivent les rayons incidents et n_2 est le milieu où vont les rayons réfractés. En termes de la puissance P du dioptre sphérique, définie à l'équation (6.1), l'équation de conjugaison pour un dioptre prend une forme plus simple :

$$\frac{n_1}{p}+\frac{n_2}{p'} = P \quad . \tag{6.4}$$

Remarquons qu'on peut définir la puissance d'un dioptre comme étant le membre de droite de l'équation de conjugaison (6.3). On verra au chapitre 7 que la puissance d'une lentille est également le membre de droite d'une équation de conjugaison, celle pour les lentilles.

Démontrons l'équation de conjugaison pour le dioptre sphérique. Pour ce faire, considérons l'image A' d'un objet A formé par un dioptre sphérique convexe dont le rayon de courbure est R et dont le centre de courbure est au point C (figure 6.5). De tous les rayons lumineux issus de l'objet A, seulement une partie de ces rayons — que nous considérons paraxiaux — atteignent le dioptre. Examinons la trajectoire de deux de ces rayons : les rayons AS et AI. Le rayon AS, confondu avec l'axe optique du faisceau incident, traverse le dioptre sans être dévié car il arrive sur le dioptre à incidence normale. Le rayon AI fait un (très petit) angle α avec l'axe optique et rencontre le dioptre au point I avec un (très petit) angle d'incidence θ_1 par rapport à la normale (la normale au point I est la droite IC). Le rayon réfracté IA' fait, par rapport à la normale au point I, un angle θ_2 qui respecte la loi de Snell–Descartes : $n_1\sin\theta_1 = n_2\sin\theta_2$. Puisque les angles d'incidence et de réfraction sont très petits, la loi de Snell–Descartes prend la forme approximative $n_1\theta_1 = n_2\theta_2$. L'image A' de l'objet A formée par le dioptre est là où se croisent les deux rayons réfractés.

Figure 6.5

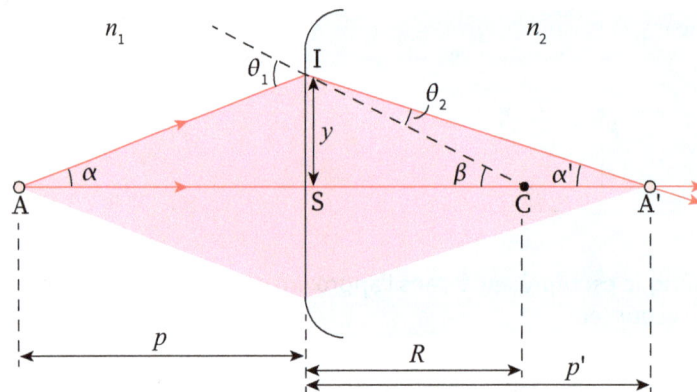

Deux rayons lumineux suffisent pour localiser l'image d'un objet ponctuel placé devant le dioptre sphérique.

À la lumière de la figure 6.5, nous cherchons la relation entre la distance objet p et la distance image p'. Puisque la somme des angles vaut 180° dans n'importe quel triangle, on déduit les relations suivantes avec les triangles AIC et A'IC :

$$\alpha + \beta + (180° - \theta_1) = 180° \quad \Rightarrow \quad \theta_1 = \beta + \alpha \quad ,$$

$$\alpha' + \theta_2 + (180° - \beta) = 180° \quad \Rightarrow \quad \theta_2 = \beta - \alpha' \quad .$$

En remplaçant ces deux dernières équations dans la forme approchée de la loi de Snell–Descartes $n_1\theta_1 = n_2\theta_2$, on trouve :

$$n_1(\beta + \alpha) = n_2(\beta - \alpha') \quad \Rightarrow \quad n_1\alpha + n_2\alpha' = (n_2 - n_1)\beta \quad . \tag{6.5}$$

Par trigonométrie (voir la figure 6.5), on a $\tan\alpha \approx \alpha \approx y/p$, $\tan\alpha' \approx \alpha' \approx y/p'$ et $\tan\beta \approx \beta \approx y/R$ où les approximations sont valables si les angles sont petits, comme c'est le cas dans le domaine paraxial. En remplaçant ces expressions pour les angles dans l'équation (6.5), on obtient :

$$n_1 \frac{y}{p} + n_2 \frac{y}{p'} = (n_2 - n_1)\frac{y}{R} \quad . \tag{6.6}$$

En simplifiant les facteurs y, on retrouve finalement l'équation (6.3), ce qu'il fallait prouver. Réalisée avec un dioptre convexe, cette démonstration s'applique aussi à un dioptre concave, si on tient compte de la convention de signes 6.1 pour le rayon de courbure. Ainsi, l'équation de conjugaison pour les dioptres découle strictement de la loi de Snell–Descartes, utilisée dans le domaine paraxial (restriction nécessaire pour obtenir des images de qualité satisfaisante).

Si le rayon de courbure du dioptre devient infini, le dioptre devient plan, puisque plus le rayon de courbure est grand, moins la courbure du dioptre est prononcée. Si $R = \infty$, l'équation de conjugaison (6.3) se réduit à l'équation (4.5) :

Dioptre plan

$$\frac{n_1}{p} + \frac{n_2}{p'} = \frac{n_2 - n_1}{\infty} = 0 \quad \Rightarrow \quad \frac{n_1}{p} = -\frac{n_2}{p'} \quad \Rightarrow \quad p' = -\frac{n_2}{n_1}p \quad .$$

Cette relation confirme que, dans le cas d'un dioptre plan, l'objet et l'image sont toujours de natures opposées (p et p' sont toujours de signes contraires).

Exemple 6.4	La boule de cristal

À travers une boule de cristal dont l'indice de réfraction est de 1,55 et dont le diamètre est de 12 cm, vous observez un petit insecte (assimilable à un objet ponctuel), situé à 20 cm de l'autre côté de la boule par rapport à vous. Où se trouve l'image finale de l'insecte formée par la boule de cristal par rapport à la face de la boule la plus près de vous? Quelle est la nature de l'image finale?

Solution

Pour ce type de problème, il faut considérer la boule de cristal comme une succession de deux dioptres sphériques (les éléments optiques E_1 et E_2) : on trouvera d'abord l'image formée par le premier dioptre, qui deviendra l'objet pour le deuxième, avant de trouver l'image finale formée par le deuxième dioptre. Pour résoudre ce problème, il est essentiel de faire un schéma clair de la situation où sont représentées toutes les distances pertinentes (voir la figure ci-dessous).

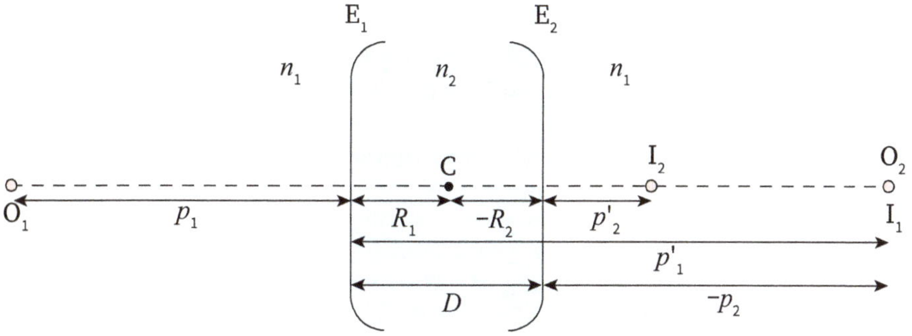

On a les données suivantes : D = 12 cm (le diamètre de la sphère), R_1 = +D/2 = 6 cm (le rayon de courbure du premier dioptre sphérique, positif car le centre de courbure est du côté des rayons émergents du premier dioptre), R_2 = −D/2 = −6 cm (le rayon de courbure du second dioptre, négatif car le centre de courbure n'est pas du côté des rayons émergents du second dioptre), p_1 = 20 cm (la position de l'objet O_1 par rapport au premier dioptre, positif car l'objet est réel), n_1 = 1 (l'indice de réfraction de l'air) et n_2 = 1,55 (l'indice de réfraction du cristal). On cherche d'abord la position de l'image I_1 formée par le premier dioptre en appliquant l'équation de conjugaison :

$$\frac{n_1}{p_1} + \frac{n_2}{p_1'} = \frac{n_2 - n_1}{R_1} \quad \Rightarrow \quad \frac{1}{20 \text{ cm}} + \frac{1,55}{p_1'} = \frac{1,55 - 1}{+6 \text{ cm}} \quad \Rightarrow \quad p_1' = 37,5 \text{ cm} \quad .$$

Cette image est réelle (car $p_1' > 0$). L'image I_1 formée par le premier dioptre devient l'objet O_2 pour le deuxième dioptre. Aidé du schéma de la situation, on déduit que la distance objet 2 est :

$$p_2 = -(p_1' - D) = -(37,5 \text{ cm} - 12 \text{ cm}) = -25,2 \text{ cm} \quad .$$

Il faut prendre soin de rajouter un signe négatif, puisque l'objet O_2 est virtuel pour le second dioptre. On peut finalement trouver la distance image p_2' de l'image finale I_2 en utilisant de nouveau l'équation de conjugaison (avec les bons indices de réfraction) :

$$\frac{n_2}{p_2} + \frac{n_1}{p_2'} = \frac{n_1 - n_2}{R_2} \quad \Rightarrow \quad \frac{1,55}{-25,2 \text{ cm}} + \frac{1}{p_2'} = \frac{1 - 1,55}{-6 \text{ cm}} \quad \Rightarrow \quad p_2' = 6,53 \text{ cm} \quad .$$

L'image I_2 est réelle (car $p_2' > 0$) et elle est située à 6,53 cm du deuxième dioptre.

6.2.3 Longueurs focales d'un dioptre sphérique

Alors qu'un miroir sphérique possède un foyer, un dioptre sphérique en possède deux : un foyer objet (point F) et un foyer image (point F').

Définitions : foyers objet et image

Un foyer objet est le point où il faut placer un objet ponctuel pour que le système optique en fasse une image à l'infini. Un foyer image est le point où le système optique forme l'image d'un objet situé à l'infini.

La distance entre le système optique et le foyer objet F est la longueur focale objet f tandis que la distance entre le système et le foyer image F' est la longueur focale image f'.

Par définition du foyer objet, on a $p = f$ si $p' = \infty$ (figure 6.6). En substituant ces valeurs dans l'équation de conjugaison (6.3), on déduit :

$$\frac{n_1}{f} + \frac{n_2}{\infty} = \frac{n_2 - n_1}{R} \quad \Rightarrow \quad f = \frac{n_1 R}{n_2 - n_1} \quad . \tag{6.7}$$

Figure 6.6

Dioptre convexe

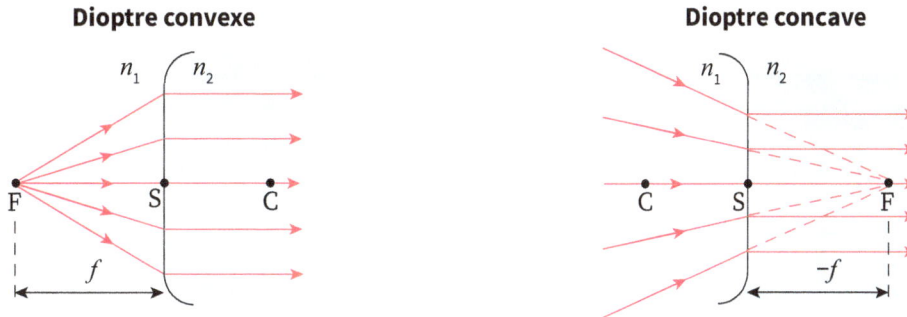

Dioptre concave

Si un objet est placé au foyer objet F d'un dioptre, son image est située à l'infini.

De la même façon, par définition du foyer image, on a $p' = f'$ si $p = \infty$ (figure 6.7) et on peut trouver une expression pour la longueur focale image :

$$\frac{n_1}{\infty} + \frac{n_2}{f'} = \frac{n_2 - n_1}{R} \quad \Rightarrow \quad f' = \frac{n_2 R}{n_2 - n_1} \quad . \tag{6.8}$$

Figure 6.7

Dioptre convexe

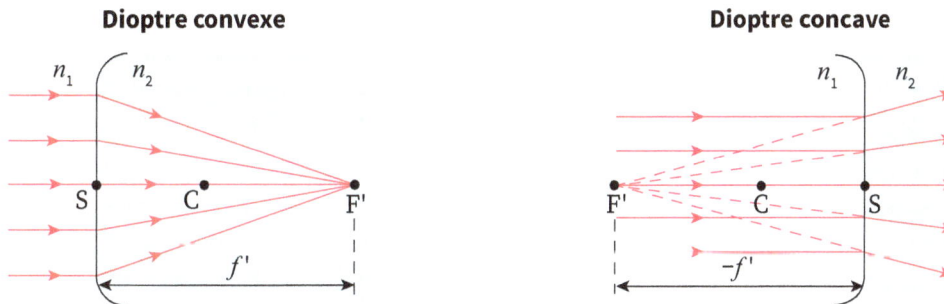

Dioptre concave

Si l'objet est situé à l'infini, son image se forme au foyer image F' du dioptre.

En raison de la convention de signes 6.1 sur les rayons de courbure, un dioptre convexe a des foyers réels et des longueurs focales positives alors qu'un dioptre concave a des foyers virtuels et des longueurs focales négatives. Remarquons qu'on peut écrire plus simplement les expressions des longueurs focales du dioptre en termes de sa puissance :

$$f = \frac{n_1 R}{n_2 - n_1} = \frac{n_1}{P} \quad \text{et} \quad f' = \frac{n_2 R}{n_2 - n_1} = \frac{n_2}{P} \quad . \tag{6.9}$$

Longueurs focales objet et image d'un dioptre sphérique

Les deux longueurs focales ne sont pas indépendantes; deux relations importantes existent entre elles, qu'on peut facilement vérifier algébriquement. Premièrement, les longueurs focales du dioptre sont dans le même rapport que les indices de réfraction des milieux de part et d'autre du dioptre. Deuxièmement, la différence de la longueur focale image et de la longueur focale objet vaut le rayon de courbure du dioptre. Mathématiquement, on a :

$$\frac{f'}{f} = \frac{n_2}{n_1} \quad , \tag{6.10}$$

$$f' = f + R \quad . \tag{6.11}$$

L'équation (6.11) signifie que les foyers sont placés symétriquement de part et d'autre du sommet et du centre de courbure du dioptre (figure 6.8). Cette caractéristique des longueurs focales permet de placer correctement et rapidement les foyers objet et image sur un schéma à l'échelle.

Figure 6.8

Dioptre convexe   **Dioptre concave**

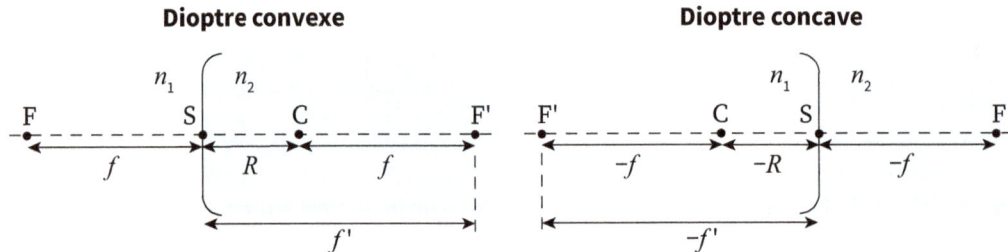

La distance entre le foyer objet F et le sommet S est la même que la distance entre le foyer image F' et le centre de courbure C; cette distance correspond à la longueur focale objet f.

Plan focal

Pour chacun des foyers d'un dioptre, on définit le plan focal qui correspond au plan perpendiculaire à la normale au sommet du dioptre passant par le foyer. On a donc un plan focal objet et un plan focal image. Si un faisceau de rayons parallèles entre eux arrive sur le dioptre à incidence oblique (on suppose que l'angle d'incidence, c'est-à-dire l'angle entre l'axe optique du faisceau et la normale au sommet du dioptre, est très faible), alors tous les rayons réfractés se rencontrent au même point dans le plan focal, point appelé *foyer secondaire image*. Ils se croisent réellement au foyer secondaire image dans le cas d'un dioptre convexe et semblent provenir du foyer secondaire image dans le cas du dioptre concave. Similairement, si des rayons incidents, dans le cas d'un dioptre convexe, sont issus d'un foyer secondaire objet — ou, dans le cas d'un dioptre concave, se dirigent vers un foyer secondaire objet — les rayons émergeront parallèles entre eux avec un angle par rapport à la normale au sommet du dioptre qui dépend de la position latérale du foyer secondaire objet.

Testez votre compréhension 6.4	Longueurs focales d'un dioptre sphérique

Soit un dioptre sphérique dont les longueurs focales objet et image sont 50 cm et 30 cm, respectivement. La lumière passe du verre à l'air. (a) Quel est l'indice de réfraction du verre? (b) Quel est le rayon de courbure du dioptre sphérique? (c) Le dioptre est-il convexe ou concave?

6.2.4 Formule de Newton

En exploitant la notion de longueurs focales du dioptre, il est possible d'exprimer l'équation de conjugaison (6.3) sous sa forme dite newtonienne, qui est remarquablement simple. Dans la formule de Newton, les distances objet et image sont mesurées par rapport aux foyers objet et image, respectivement, du dioptre (figure 6.9). La formule de Newton pour un dioptre sphérique s'écrit :

Formule de Newton pour un dioptre sphérique

$$xx' = ff' \ , \tag{6.12}$$

où f et f' sont les longueurs focales objet et image, respectivement, et où $x = p - f$ est la distance objet par rapport au foyer objet et $x' = p' - f'$ est la distance image par rapport au foyer image.

Figure 6.9

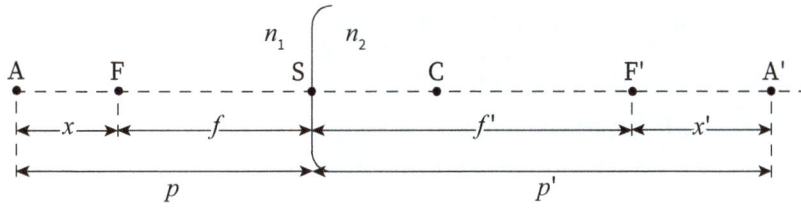

L'objet A est à une distance p du dioptre ou encore à une distance x du foyer objet F, tandis que l'image A' est à une distance p' du dioptre ou à une distance x' du foyer image F'.

Dans le cas des dioptres sphériques, la convention de signes pour les distances x et x' est :

Convention de signes 6.2	Distance entre l'objet et le foyer objet et distance entre l'image et le foyer image
En supposant que la lumière voyage de gauche à droite dans le système optique : • la distance x est positive si l'objet est à gauche du foyer objet F (c'est-à-dire si $p > f$) et elle est négative si l'objet est à sa droite (c'est-à-dire si $p < f$). • la distance x' est positive si l'image est à droite du foyer image F' (c'est-à-dire si $p' > f'$) et elle est négative si l'image est à sa gauche (c'est-à-dire si $p' < f'$).	

Pour démontrer la formule de Newton, il suffit de substituer dans l'équation de conjugaison les expressions des distances objet et image par rapport aux foyers. En termes de la distance focale objet f du dioptre, l'équation de conjugaison (6.3) s'écrit :

$$\frac{n_1}{p} + \frac{n_2}{p'} = \frac{n_1}{f} \quad .$$
(6.13)

En multipliant par $pp'f$ tous les termes de l'équation (6.13), elle devient :

$$n_1 p'f + n_2 pf = n_1 pp' \quad .$$
(6.14)

Si on divise tous les termes de l'équation (6.14) par n_1 et qu'on y substitue ensuite l'équation (6.10), on obtient :

$$p'f + pf' = pp' \quad ,$$
(6.15)

où f' est la longueur focale image du dioptre. En remplaçant $p = x + f$ et $p' = x' + f'$ dans l'équation (6.15), on trouve :

$$(x' + f')f + (x + f)f' = (x + f)(x' + f') \quad .$$
(6.16)

En distribuant, puis en simplifiant les termes identiques, on retrouve comme prévu la formule de Newton donnée à l'équation (6.12).

E

Exemple 6.5	Imagerie avec un dioptre concave

Un dioptre sphérique concave, dont la grandeur du rayon de courbure est de 75 cm, sépare l'eau et un verre dont l'indice de réfraction est de 1,60. Un objet ponctuel, situé dans l'eau, se trouve à une distance de 2 m devant le dioptre.

  a)   Quelle est la puissance du dioptre?

  b)   Que valent les longueurs focales du dioptre?

  c)   À l'aide la formule de Newton, déterminez la position de l'image de l'objet?

Solution

On a $n_1 = 1,33$ (l'indice de réfraction de l'eau), $n_2 = 1,60$ (l'indice de réfraction du verre), $R = -0,75$ m (le rayon de courbure du dioptre, négatif car le centre de courbure n'est pas du côté des rayons émergents) et $p = 2$ m (la position de l'objet par rapport au dioptre, positive car l'objet est réel). Le schéma ci-dessous (il n'est pas à l'échelle) illustre la situation :

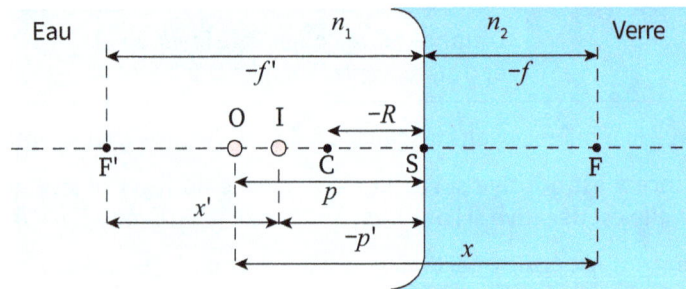

  a)   Par définition de la puissance, on calcule :

$$P = \frac{n_2 - n_1}{R} = \frac{1,60 - 1,33}{-0,75 \text{ m}} = -0,36 \, \delta \quad .$$

La puissance est négative, ce qui est cohérent avec le fait que le dioptre est concave.

  b)   Les longueurs focales objet et image sont obtenues à partir de leurs expressions :

$$f = \frac{n_1 R}{n_2 - n_1} = \frac{(1,33)(-0,75 \text{ m})}{1,60 - 1,33} = -3,69 \text{ m} \quad ,$$

$$f' = \frac{n_2 R}{n_2 - n_1} = \frac{(1,60)(-0,75 \text{ m})}{1,60 - 1,33} = -4,44 \text{ m} \quad .$$

Les longueurs focales sont négatives, puisque le dioptre est concave. On peut vérifier que $f'/f = n_2/n_1$ et que $f' = f + R$, comme il se doit.

  c)   Pour localiser l'image avec la formule de Newton, il faut connaitre la distance entre l'objet O et le foyer objet F, qui est ici :

$$x = p - f = 2 \text{ m} - (-3,69 \text{ m}) = 5,69 \text{ m} \quad .$$

Cette longueur est positive, car l'objet est à gauche du foyer objet F. Grâce à la formule de Newton, on localise, par rapport au foyer image F', l'image formée par le dioptre :

$$xx' = ff' \quad \Rightarrow \quad x' = \frac{ff'}{x} = \frac{(-3,69 \text{ m})(-4,44 \text{ m})}{5,69 \text{ m}} = 2,88 \text{ m} \quad .$$

Cette distance est positive, car l'image I est à droite du foyer image F'. Par rapport au dioptre, l'image est donc à une distance donnée par :

$$p' = f' + x' = (-4,44 \text{ m}) + (2,88 \text{ m}) = -1,56 \text{ m} \quad.$$

Le signe négatif de cette réponse nous informe que l'image est virtuelle. On peut vérifier la validité de la réponse en obtenant ce résultat à l'aide de l'équation de conjugaison :

$$\frac{n_1}{p} + \frac{n_2}{p'} = P \quad \Rightarrow \quad \frac{1,33}{2 \text{ m}} + \frac{1,60}{p'} = -0,36 \, \delta \quad \Rightarrow \quad p' = -1,56 \text{ m} \quad.$$

L'image est virtuelle et elle est située à 1,56 m devant le dioptre.

6.3 Méthodes graphiques

Comme avec les miroirs sphériques et les dioptres plans, on peut faire des tracés de rayons pour localiser les images formées par un dioptre sphérique. Dans le domaine paraxial, il n'est toutefois pas question d'appliquer directement la loi de Snell–Descartes, car les angles sur les schémas sont déformés et la loi n'est pas visuellement applicable (sauf au sommet du dioptre). Nous présentons d'abord une généralisation de la méthode graphique que nous avons appliquée aux dioptres plans. Cette méthode ne requiert pas d'information sur les foyers du dioptre. En revanche, connaissant la position des foyers du dioptre, nous disposons de deux méthodes différentes pour effectuer un tracé de rayons : la méthode des rayons principaux (particulièrement utile pour localiser l'image d'objets étendus) et la méthode du rayon oblique (toute désignée pour localiser graphiquement l'image d'objets ponctuels).

6.3.1 Méthode graphique sans les foyers

La méthode graphique sans les foyers découle directement de la méthode de construction graphique du rayon réfracté (voir la section 4.1.4) et de sa version limitée au domaine paraxial (voir la section 4.2.2). Supposons qu'un rayon est incident au point I sur un dioptre sphérique — qui sépare un milieu d'indice de réfraction n_1 et un milieu d'indice de réfraction n_2 — dont la position du centre de courbure C et celle du sommet S sont connues (figure 6.10). Pour construire, dans le domaine paraxial, le rayon réfracté correspondant à ce rayon incident, on suit les étapes suivantes :

1. On trace une droite 1 et une droite 2, parallèles à la tangente au sommet S du dioptre sphérique et situées à des distances R_1 et R_2, respectivement, du sommet du dioptre. Ces distances sont dans le même rapport que les indices de réfraction des milieux 1 et 2 :

$$\frac{R_1}{R_2} = \frac{n_1}{n_2} \quad.$$

2. On trace le prolongement du rayon incident dans le milieu 2, qui coupe la droite 1 au point J.

3. On trace la normale au dioptre passant par le point d'incidence I : cette normale est la droite reliant I et C.

4. On trace une droite, parallèle à la normale, passant par le point J et coupant la droite 2 au point K.

5. Le rayon réfracté part du point I et passe par le point K.

> ⚠️ **Attention!** La normale au dioptre passe par le centre de courbure
>
> Par définition d'une surface sphérique, la normale au dioptre sphérique passe nécessairement par le centre de courbure C. Dans la construction graphique, la normale représentée sur le schéma de la figure 6.10 ne semble pas perpendiculaire à la surface « plane » du dioptre sphérique. Or il faut se rappeler que, dans l'approximation paraxiale où la dimension verticale est étirée, les angles sont grandement déformés et ne représentent pas la réalité.

La méthode graphique sans les foyers peut être utilisée pour localiser l'image formée par un dioptre sphérique. Pour appliquer cette méthode, il suffit de connaitre n_1, n_2 et R. Considérons un objet ponctuel A est placé devant un dioptre (figure 6.10) : on souhaite déterminer graphiquement la position de son image. On supposera ici que $n_1 = 1$ et $n_2 = 1,5$ et on choisira $R_1 = 4$ cm et $R_2 = 6$ cm, de sorte que $R_1/R_2 = n_1/n_2$, comme il se doit. Nous analysons deux rayons issus de A : le rayon AS incident sur le sommet du dioptre et le rayon AI quelconque (mais paraxial). Le rayon AS traverse le dioptre sphérique sans être dévié, car il arrive à incidence normale sur le dioptre. Le rayon AI est réfracté dans le milieu 2 selon une trajectoire que l'on peut déterminer à l'aide de la méthode graphique sans les foyers. L'image A' de A se trouve au point de rencontre des deux rayons émergeant dans le milieu 2.

Figure 6.10

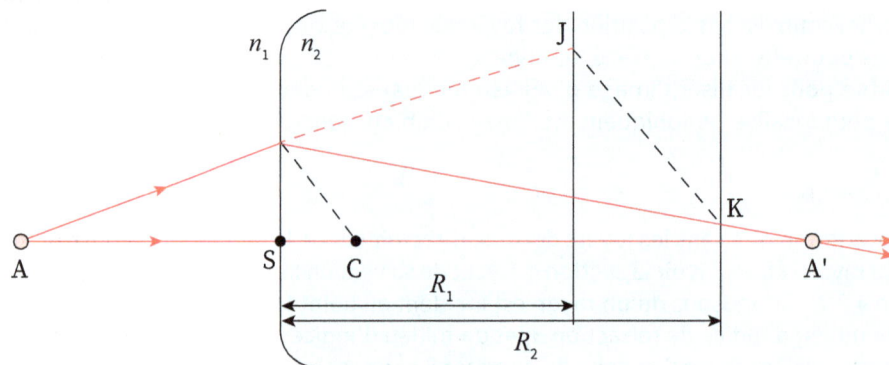

Par la méthode graphique sans les foyers, on localise l'image A' d'un objet ponctuel A formée par un dioptre sphérique au point de rencontre de deux rayons réfractés.

6.3.2 Rayons principaux

Si la position du centre de courbure et celles des foyers sont connues, les rayons principaux pour un dioptre sphérique sont trois rayons paraxiaux ayant une trajectoire facilement prévisible et peuvent être décrits comme suit (figure 6.11) :

Rayons principaux pour un dioptre sphérique

1. Un rayon incident se dirigeant vers le centre de courbure n'est pas dévié.

2. Un rayon incident parallèle à la normale au sommet est réfracté de telle sorte qu'il est aligné avec le foyer image.

3. Un rayon incident se dirigeant vers le foyer objet est réfracté parallèlement à la normale au sommet.

Figure 6.11

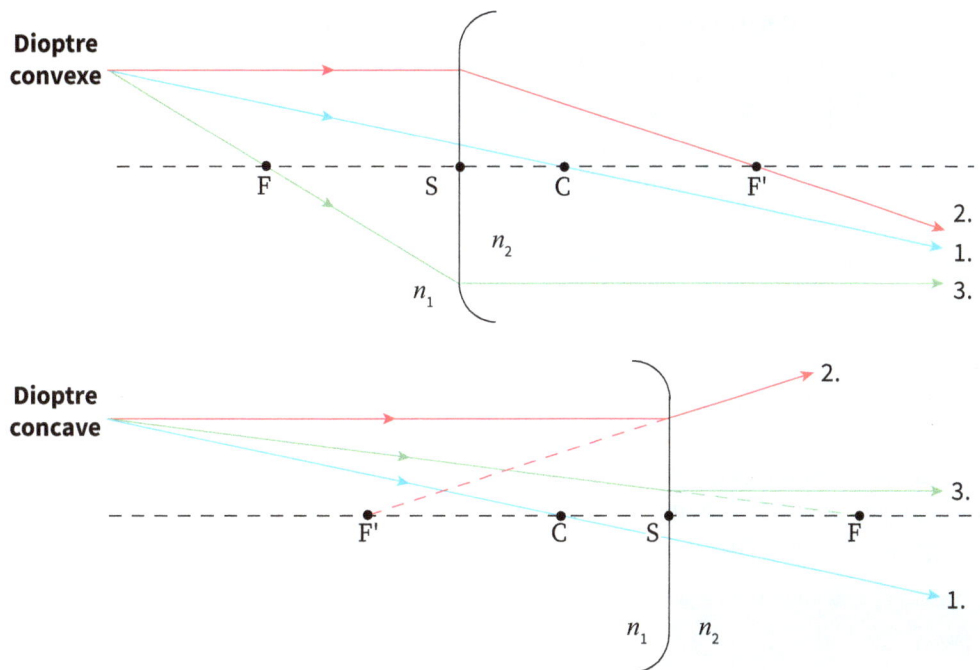

Les trois rayons principaux du dioptre sphérique sont des rayons faciles à construire graphiquement; les rayons principaux pour un dioptre concave font intervenir les prolongements des rayons réfractés et incidents.

Le rayon principal 1 découle directement de la loi de la réfraction : si un rayon arrive sur le dioptre à incidence normale, les angles d'incidence et de réfraction sont nuls et le rayon réfracté ne subit aucune déviation. Le rayon principal 2 découle de la définition du foyer image alors que le rayon principal 3 découle de celle du foyer objet.

6.3.3 Méthode du rayon oblique

La méthode du rayon oblique (aussi appelée méthode du foyer secondaire) est particulièrement pertinente pour tracer un rayon qui n'est pas l'un des rayons principaux. Contrairement à la méthode graphique sans les foyers, la méthode du rayon oblique ne peut être utilisée que si la position des foyers est connue. À partir d'un rayon paraxial incident quelconque, la méthode du rayon oblique permet également de construire le rayon réfracté correspondant.

En supposant qu'un rayon quelconque est incident sur un dioptre sphérique, suivons ces trois étapes pour tracer le rayon réfracté (on réfère à la figure 6.12) :

1. On trace le plan focal image (une droite perpendiculaire à la normale au sommet du dioptre et qui passe par le foyer image).

2. On trace un rayon fictif parallèle au rayon incident en le dirigeant vers le centre de courbure. Ce rayon fictif n'est pas dévié et coupe le plan focal image au foyer secondaire image.

3. Par définition du plan focal image, le rayon réfracté (ou son prolongement) correspondant au rayon incident quelconque doit passer par le foyer secondaire image.

Figure 6.12

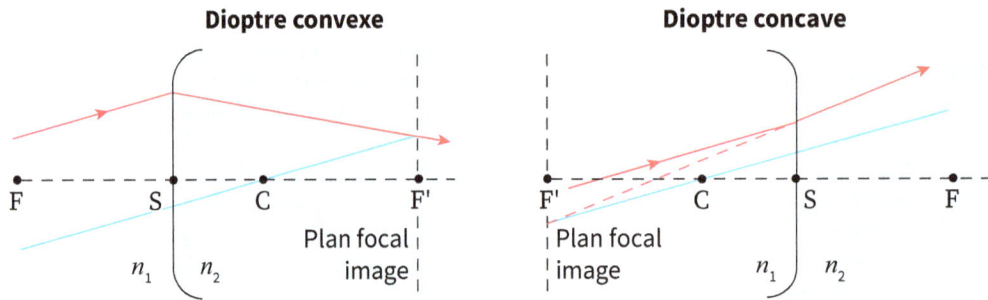

Dioptre convexe

Dioptre concave

Le tracé du rayon réfracté correspondant à un rayon incident quelconque fait appel à la définition du plan focal image.

Dans le cas où c'est un rayon réfracté quelconque qui est connu et que c'est la trajectoire du rayon incident correspondant qui est recherchée, on peut utiliser la même approche, mais en utilisant le plan focal objet.

Testez votre compréhension 6.5	Méthode du rayon oblique

Reproduisez le schéma du dioptre ci-dessous en respectant les dimensions relatives (prenez « 1 carreau = 1 cm »). À partir du rayon réfracté illustré, déterminez à l'aide de la méthode du rayon oblique la trajectoire du rayon incident correspondant.

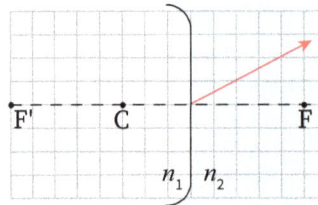

6.4 Caractéristiques de l'image d'un objet étendu

À la section 6.2, nous nous sommes intéressés à la formation de l'image d'un objet ponctuel par un dioptre sphérique. Nous élargissons maintenant le traitement aux objets étendus. Si l'objet occupe un espace tridimensionnel, alors nous avons besoin des grandissements transversal et longitudinal pour caractériser l'image formée par le dioptre.

6.4.1 Grandissement transversal

Si un objet étendu de hauteur y est placé devant un dioptre sphérique, l'image formée par le système optique a une hauteur y' généralement différente de celle de l'objet. La hauteur y de l'objet doit être petite par rapport au rayon de courbure R du dioptre pour éviter que des aberrations ne dégradent la qualité de l'image. Dans le cas du dioptre, le grandissement transversal g, défini par le rapport entre la hauteur de l'image et celle de l'objet, vaut :

Grandissement transversal pour un dioptre

$$g = \frac{y'}{y} = -\frac{n_1 p'}{n_2 p} \ . \tag{6.17}$$

L'image est agrandie par rapport à l'objet lorsque $|g| > 1$, tandis que l'image est réduite par rapport à l'objet lorsque $|g| < 1$. Si $g > 0$, l'image est droite par rapport à l'objet, alors que si $g < 0$, l'image est renversée par rapport à l'objet. L'équation (6.17) est cohérente avec le cas du dioptre plan analysé à la section 4.2.4. En effet, en substituant l'équation de conjugaison (4.5) pour le dioptre plan dans l'équation (6.17), on trouve :

$$g = -\frac{n_1}{n_2 p}\left(-\frac{n_2}{n_1}p\right) = 1 \quad ,$$

comme prévu. La taille latérale de l'image formée par un dioptre plan est la même que celle de l'objet.

Testez votre compréhension 6.6	Quel est le type de dioptre utilisé?

(a) D'un objet réel, un dioptre sphérique forme une image telle que $g = 0{,}75$. Donnez trois caractéristiques de l'image. Le dioptre utilisé est-il concave ou convexe?

(b) D'un objet virtuel, un dioptre sphérique forme une image renversée dont la taille transversale est trois fois plus grande que celle de l'objet. L'image est-elle réelle ou virtuelle? Le dioptre utilisé est-il concave ou convexe?

Démontrons l'expression du grandissement transversal pour un dioptre. Pour ce faire, on localise schématiquement l'image d'un objet étendu formée par un dioptre sphérique convexe par un tracé de rayons (figure 6.13). L'image du point B (l'extrémité de l'objet étendu) est au point B', ce qui peut être déduit en tirant profit de deux rayons dont la trajectoire est facile à déterminer : le rayon BC et le rayon BS. Le rayon BC passe par le centre de courbure du dioptre et traverse donc le dioptre sans être dévié. Le rayon BS est incident au sommet du dioptre et il est dévié en respectant la loi de la réfraction. Les angles θ_1 et θ_2 sur la figure 6.13 obéissent à la loi de Snell–Descartes. Le point A' — l'image du point A — est situé sur l'axe optique, vis-à-vis le point B', ce qui est une excellente approximation si l'objet a une petite taille par rapport au rayon de courbure du dioptre (l'aberration appelée courbure de champ est alors négligeable).

Figure 6.13

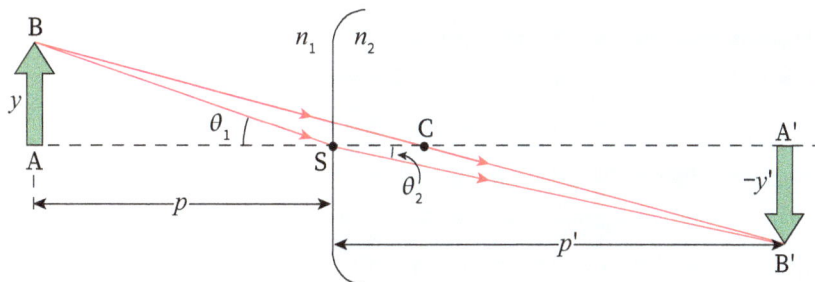

Grâce au rayon principal qui passe par le centre de courbure et au rayon qui passe par le sommet (et qui respecte visuellement la loi de Snell–Descartes), on localise une des extrémités de l'image d'un objet étendu placé devant un dioptre sphérique convexe; puisque l'autre des extrémités de l'objet étendu est sur l'axe optique, l'autre extrémité de l'image est également sur l'axe optique.

Comme l'approximation paraxiale s'applique, les angles θ_1 et θ_2 sont petits et on peut dire que $\tan\theta \approx \sin\theta \approx \theta$ exprimé en radians. En référant à la figure 6.13, on a $\tan\theta_1 \approx \theta_1 \approx y/p$ et $\tan\theta_2 \approx \theta_2 \approx -y'/p'$. Dans cette dernière équation, on a tenu compte de la convention de signes selon laquelle la hauteur y' est négative lorsqu'elle est mesurée en dessous de l'axe optique. Dans l'approximation des petits angles, la loi de Snell–Descartes s'écrit $n_1\theta_1 = n_2\theta_2$. En y remplaçant les expressions des angles, on trouve :

$$n_1\left(\frac{y}{p}\right) = n_2\left(-\frac{y'}{p'}\right) \ .$$

En isolant le rapport y'/y dans l'équation précédente, on retrouve comme prévu l'équation (6.17).

6.4.2 Grandissement longitudinal

Le rapport de la dimension axiale de l'image sur celle de l'objet correspond au grandissement longitudinal g_L et, à l'instar du grandissement longitudinal pour le miroir sphérique, s'exprime en termes du grandissement transversal :

Grandissement longitudinal pour un dioptre

$$g_L = \frac{z'}{z} = \frac{n_1 p'^2}{n_2 p^2} = \frac{n_2}{n_1}g^2 \ . \qquad (6.18)$$

Pour démontrer cette expression, référons-nous à la figure 6.14 qui montre un objet de longueur z et son image de longueur z'. L'image du point A (l'extrémité de l'objet la plus éloignée du dioptre) formée par le dioptre est au point A' tandis que l'image du point B (l'extrémité de l'objet la plus près du dioptre) est au point B'.

Figure 6.14

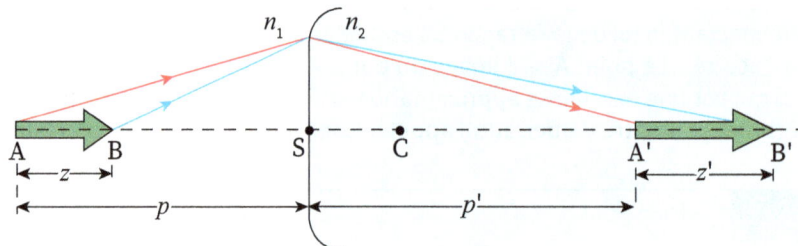

Un dioptre sphérique forme d'un objet étendu ayant une dimension axiale non nulle une image ayant une dimension axiale différente de celle de l'objet.

Si la distance objet de A est p et que la distance image de A' est p', alors ces distances sont reliées entre elles par l'équation de conjugaison :

$$\frac{n_1}{p} + \frac{n_2}{p'} = P \quad ,$$

où n_1 et n_2 sont les indices de réfraction des milieux de part et d'autre du dioptre et P est la puissance du dioptre. Les distances objet et image des points B et B' sont également reliées entre elles par l'équation de conjugaison (voir la figure 6.14) :

$$\frac{n_1}{p-z} + \frac{n_2}{p'+z'} = P \quad .$$

La soustraction de ces deux dernières équations donne :

$$\left(\frac{n_1}{p-z}-\frac{n_1}{p}\right)+\left(\frac{n_2}{p'+z'}-\frac{n_2}{p'}\right)=0 \quad.$$

En mettant chacun des deux termes entre parenthèses au même dénominateur, on obtient :

$$\frac{n_1 z}{p(p-z)}-\frac{n_2 z'}{p'(p'+z')}=0 \quad.$$

On fait l'hypothèse que l'objet et son image ont une dimension axiale petite par rapport aux distances objet et image, de sorte que $p(p-z)\approx p^2$ et $p'(p'+z')\approx p'^2$. Ainsi, l'équation précédente prend la forme simplifiée suivante :

$$\frac{n_1 z}{p^2}=\frac{n_2 z'}{p'^2} \quad.$$

C'est en isolant le rapport z'/z dans cette dernière équation que l'on retrouve l'équation (6.18), ce qu'on voulait démontrer.

| Exemple 6.6 | L'aquarium sphérique |

Un aquarium sphérique rempli d'eau a un diamètre de 60 cm (voir photo ci-contre). Un petit bibelot de 3 cm de hauteur et de 1 cm d'épaisseur est posé sur la table à 15 cm de la paroi de l'aquarium, à l'extérieur de l'aquarium. Quelles sont les caractéristiques de l'image du bibelot (position, nature, hauteur, sens et épaisseur) si vous regardez l'objet à travers l'aquarium? On néglige l'épaisseur de la paroi de verre de l'aquarium.

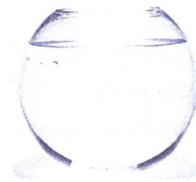

Solution

La figure ci-dessous (elle n'est pas à l'échelle) schématise la situation, où l'aquarium est traité comme une succession de deux dioptres sphériques. Comme à chaque fois, il faut d'abord trouver l'image formée par le premier dioptre, qui devient l'objet pour le deuxième pour finalement trouver l'image formée par le deuxième dioptre.

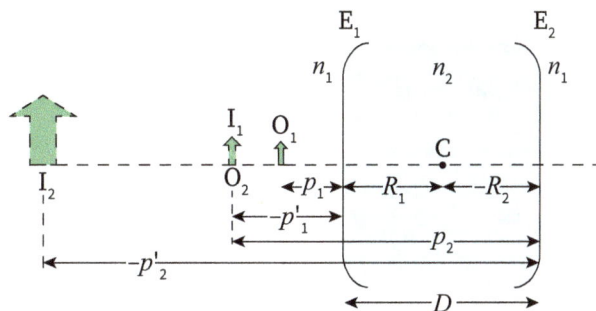

Le bilan est le suivant : $D=60$ cm (le diamètre de l'aquarium), $R_1=+D/2=30$ cm (le rayon de courbure du premier dioptre, positif car le centre de courbure est du côté des rayons émergents du premier dioptre), $R_2=-D/2=-30$ cm (le rayon de courbure du second dioptre, négatif car le centre de courbure n'est pas du côté des rayons émergents du second dioptre), $p_1=15$ cm (la distance objet O_1, positive car l'objet est réel), $y_1=3$ cm (la hauteur de l'objet), $z_1=1$ cm (l'épaisseur de l'objet), $n_1=1$ (l'indice de l'air) et $n_2=1,33$ (l'indice de l'eau).

D'après l'équation de conjugaison, on a la position de l'image I_1 :

$$\frac{n_1}{p_1} + \frac{n_2}{p_1'} = \frac{n_2 - n_1}{R_1} \quad \Rightarrow \quad \frac{1}{15\text{ cm}} + \frac{1,33}{p_1'} = \frac{1,33 - 1}{+30\text{ cm}} \quad \Rightarrow \quad p_1' = -23,9\text{ cm} \quad .$$

L'image I_1 est virtuelle (car $p_1' < 0$). L'expression du grandissement transversal permet de trouver la hauteur de l'image I_1 :

$$g_1 = \frac{y_1'}{y_1} = -\frac{n_1 p_1'}{n_2 p_1} \quad \Rightarrow \quad y_1' = -\frac{n_1 p_1'}{n_2 p_1} y_1 = -\frac{(1)(-23,9\text{ cm})}{(1,33)(15\text{ cm})}(3\text{ cm}) = 3,59\text{ cm} \quad .$$

L'image I_1 est droite par rapport à l'objet (car $y_1' > 0$). Le grandissement longitudinal permet de calculer l'épaisseur de l'image I_1 :

$$g_{L1} = \frac{z_1'}{z_1} = \frac{n_1 p_1'^2}{n_2 p_1^2} \quad \Rightarrow \quad z_1' = \frac{n_1 p_1'^2}{n_2 p_1^2} z_1 = \frac{(1)(-23,9\text{ cm})^2}{(1,33)(15\text{ cm})^2}(1\text{ cm}) = 1,91\text{ cm} \quad .$$

L'image I_1 pour le premier dioptre devient un objet réel O_2 pour le deuxième dioptre; sa hauteur est $y_2 = y_1' = 3,59$ cm et son épaisseur est $z_2 = z_1' = 1,91$ cm. Avec le schéma de la situation, on déduit que la distance objet 2 est :

$$p_2 = \left| p_1' \right| + D = 23,9\text{ cm} + 60\text{ cm} = 83,9\text{ cm} \quad .$$

Cette distance objet est positive, car l'objet O_2 est réel. On applique une autre fois l'équation de conjugaison (avec les indices de réfraction appropriés) :

$$\frac{n_2}{p_2} + \frac{n_1}{p_2'} = \frac{n_1 - n_2}{R_2} \quad \Rightarrow \quad \frac{1,33}{83,9\text{ cm}} + \frac{1}{p_2'} = \frac{1 - 1,33}{-30\text{ cm}} \quad \Rightarrow \quad p_2' = -206\text{ cm} \quad .$$

L'image finale I_2 est virtuelle (car $p_2' < 0$). La hauteur de l'image I_2 est donnée par :

$$g_2 = \frac{y_2'}{y_2} = -\frac{n_2 p_2'}{n_1 p_2} \quad \Rightarrow \quad y_2' = -\frac{n_2 p_2'}{n_1 p_2} y_2 = -\frac{(1,33)(-206\text{ cm})}{(1)(83,9\text{ cm})}(3,59\text{ cm}) = 11,7\text{ cm} \quad .$$

L'image finale I_2 est droite par rapport à l'objet (car $y_2' > 0$). L'épaisseur de l'image I_2 est donnée par :

$$g_{L2} = \frac{z_2'}{z_2} = \frac{n_2 p_2'^2}{n_1 p_2^2} \quad \Rightarrow \quad z_2' = \frac{n_2 p_2'^2}{n_1 p_2^2} z_2 = \frac{(1,33)(-206\text{ cm})^2}{(1)(83,9\text{ cm})^2}(1,91\text{ cm}) = 15,3\text{ cm} \quad .$$

En résumé, l'image finale I_2 est virtuelle, elle est située à 206 cm derrière la paroi de l'aquarium la plus près de l'observateur, elle est droite, elle a une hauteur de 11,7 cm et elle a une épaisseur de 15,3 cm.

D'une part, les schémas ci-dessous récapitulent les différentes situations d'imagerie que l'on peut rencontrer avec un dioptre sphérique convexe.

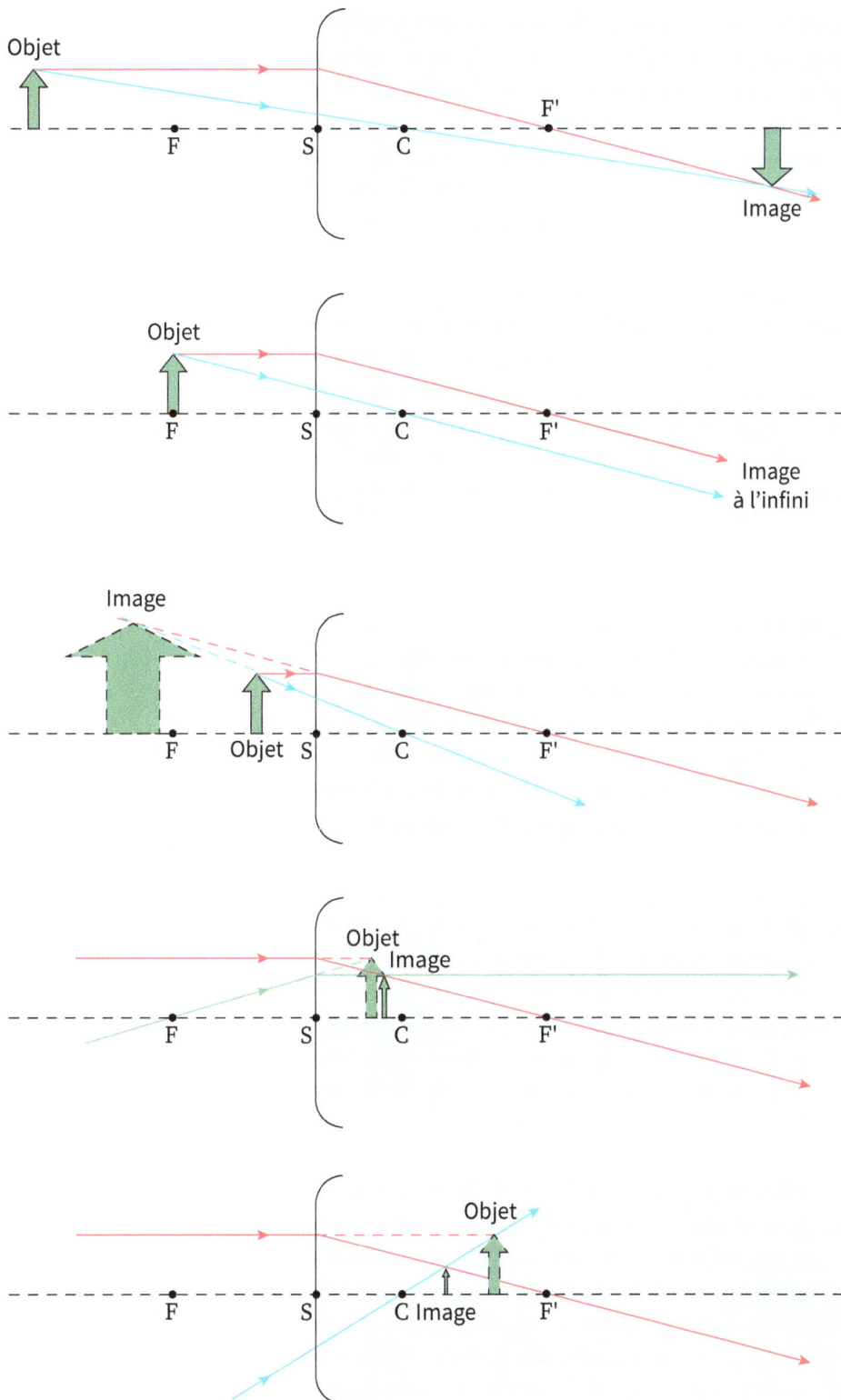

D'autre part, les schémas ci-dessous récapitulent les différentes situations d'imagerie que l'on peut rencontrer avec un dioptre sphérique concave.

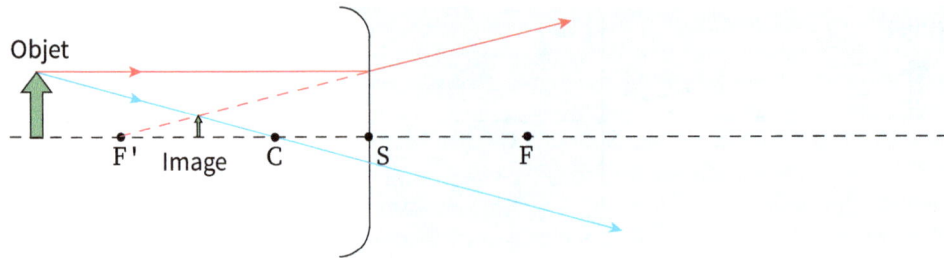

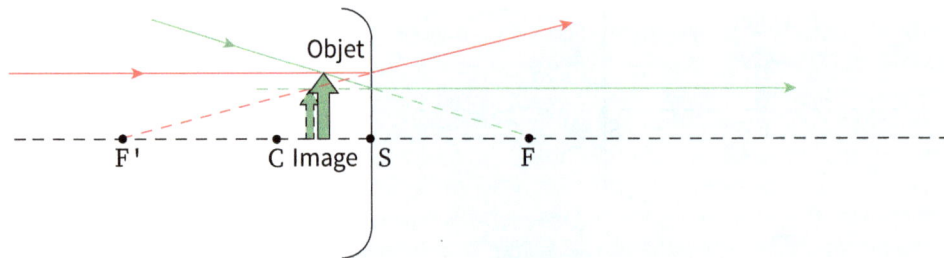

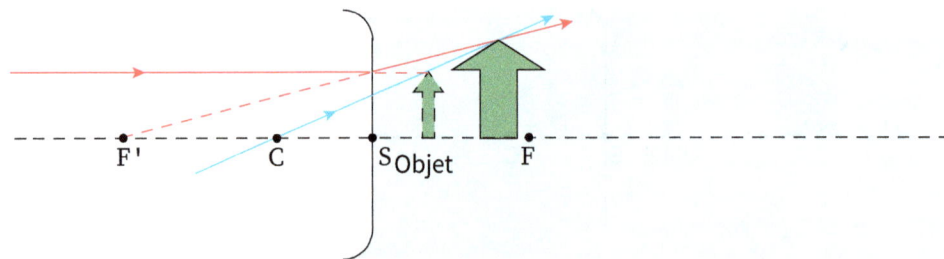

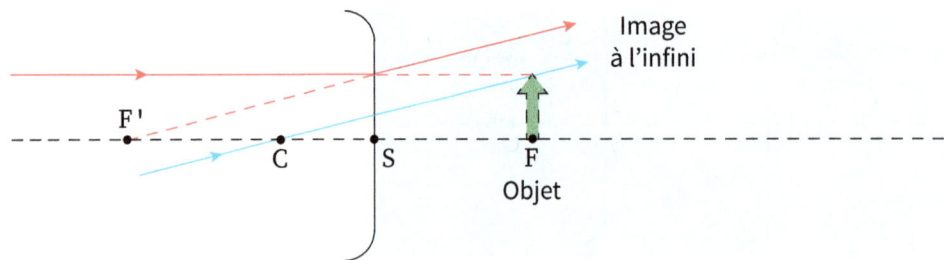

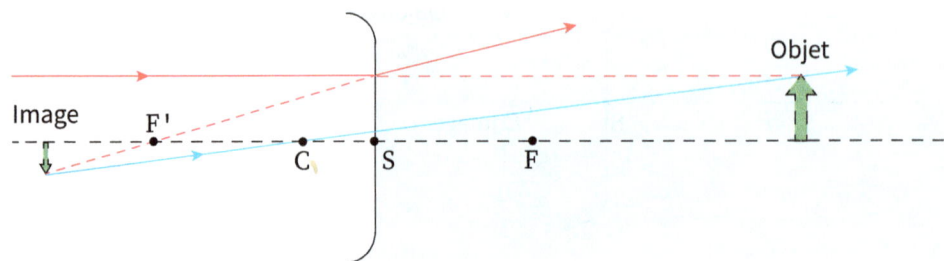

Révision

L'objectif global de ce chapitre est d'être en mesure de déterminer, graphiquement et algébriquement, les caractéristiques de l'image formée par un dioptre sphérique ou par plusieurs dioptres sphériques successifs. Spécifiquement, vous devriez être capable de répondre aux questions suivantes, ce qui vous permettra de vérifier que vous avez atteint les objectifs pédagogiques de ce chapitre.

Pouvez-vous définir :

- un dioptre sphérique (concave et convexe)?
- le centre de courbure et le rayon de courbure d'un dioptre sphérique?
- le sommet d'un dioptre sphérique?
- les foyers (objet et image) et les longueurs focales (objet et image) d'un dioptre sphérique?
- le grandissement transversal?
- le grandissement longitudinal?

Connaissez-vous :

- la convention de signes associée au rayon de courbure d'un dioptre sphérique?
- la puissance d'un dioptre et son unité?
- la convention de signes associée à la hauteur de l'objet et à celle de l'image par rapport à l'axe optique?
- le fait que, pour obtenir des images de qualité satisfaisante, le dioptre doit être utilisé dans le domaine paraxial seulement?
- l'équation de conjugaison des dioptres sphériques?
- la convention de signes associée aux longueurs impliquées dans la formule de Newton?
- les trois rayons principaux des dioptres sphériques dans le domaine paraxial?

Êtes-vous en mesure de :

- déterminer le rayon de courbure d'un dioptre à l'aide d'un sphéromètre?
- calculer les longueurs focales objet et image d'un dioptre sphérique donné et de localiser les foyers objet et image sur un schéma à l'échelle du dioptre?
- résoudre, graphiquement (avec les rayons principaux) et algébriquement (avec l'équation de conjugaison et l'expression du grandissement transversal), des problèmes de formation d'images à l'aide d'un dioptre sphérique ou de plusieurs dioptres sphériques successifs?
- déterminer la nature, la taille et le sens de l'image, par rapport à l'objet, grâce à la valeur du grandissement transversal?
- construire graphiquement le rayon réfléchi (ou incident) qui correspond à un rayon incident (ou réfléchi) paraxial quelconque, en utilisant la méthode graphique sans les foyers et celle du rayon oblique?

Légende :

« Définir » : vous devez être en mesure de donner un énoncé à l'aide de mots seulement.
« Connaitre » : vous devez connaitre par cœur le concept ou le principe.
« En mesure de » : vous devez être capable de faire les exemples, exercices et problèmes en lien avec cet objectif.

Questions

Q1. Qu'est-ce qu'un dioptre (a) convexe; (b) concave?

Q2. Quel est le signe du rayon de courbure d'un dioptre sphérique dont le centre de courbure est du côté (a) des rayons incidents; (b) des rayons émergents?

Q3. Un dioptre sphérique convexe peut-il avoir un rayon de courbure négatif? Si oui, illustrez-en un. Sinon, expliquez pourquoi.

Q4. Quelle est la valeur du rayon de courbure d'un dioptre plan?

Q5. Considérons le dioptre sphérique illustré ci-dessous où la lumière se propage de gauche à droite. (a) Est-il convexe ou concave? (b) Son rayon de courbure est-il positif ou négatif? (c) Sa puissance est-elle positive ou négative?

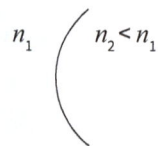

$$n_1 \qquad n_2 < n_1$$

Q6. Vrai ou faux? Si un dioptre sphérique a une puissance positive, alors on peut affirmer qu'il est nécessairement convexe.

Q7. Définissez la sagittale d'une calotte sphérique.

Q8. Qu'est-ce qu'une dioptrie? Donnez une unité équivalente.

Q9. Comment définit-on (a) le foyer objet; (b) le foyer image d'un dioptre sphérique?

Q10. Quelle condition les faisceaux incidents sur le dioptre sphérique et émergeant de lui doivent-ils satisfaire pour que la qualité des images formées soit satisfaisante?

Q11. Le foyer image d'un dioptre sphérique concave se situe-t-il du côté des rayons incidents ou du côté des rayons émergents?

Q12. (a) Que vaut le rapport entre la longueur focale image et la longueur focale objet? (b) Que vaut la différence entre la longueur focale image et la longueur focale objet?

Q13. Pourquoi un rayon lumineux se dirigeant vers le centre de courbure d'un dioptre sphérique n'est-il pas dévié, qu'il soit paraxial ou non?

Q14. Que peut-on déduire au sujet de la nature de l'image par rapport à celle de l'objet si le grandissement transversal produit par un dioptre sphérique vaut −0,3?

Exercices

6.1 Caractéristiques d'un dioptre sphérique

E1. La cornée de l'œil a un indice de réfraction est de 1,377 et sa face antérieure, lorsqu'elle est en contact avec l'air, a une puissance de 48 δ.

    a) Quel est le rayon de courbure de la cornée?

    b) Que vaut la puissance de la cornée si l'œil est dans l'eau?

E2. Lorsqu'il est placé sur un dioptre sphérique concave séparant l'air d'un verre, un sphéromètre permet une lecture de sagittale de 0,95 mm. Le cercle défini par les trois pointes fixes du sphéromètre a un rayon de 3,2 cm.

    a) Quelle est la grandeur du rayon de courbure?

    b) Si le dioptre a une puissance de −1,25 δ, quel est l'indice de réfraction du verre? Accompagnez votre démarche d'un schéma de la situation.

E3.   Les trois pointes fixes d'un sphéromètre définissent un cercle de 2,3 cm de rayon. Lorsque cet instrument est déposé sur sphère de verre d'indice de réfraction 1,52, on mesure une sagittale de 2,68 mm. Quel est le diamètre de cette sphère de verre?

E4.   Un opticien utilise un sphéromètre commercial, étalonné pour un indice de 1,53, pour mesurer la puissance du dioptre sphérique que constitue la face antérieure d'un verre de lunette d'indice de réfraction 1,75 : il fait une lecture de +3,25 δ. Quelle est la véritable puissance de ce dioptre?

6.2 Images formées par un dioptre sphérique

E5.   Un dioptre sphérique, qui sépare l'air et un milieu transparent inconnu, a une puissance de +7,3 δ et une longueur focale image de 24 cm.

   a)   Quelle est la longueur focale objet du dioptre?

   b)   Quel est l'indice de réfraction du milieu inconnu?

   c)   Quelle est la grandeur du rayon de courbure?

E6.   Une longue tige de plexiglas, dont l'indice de réfraction vaut 1,49, est polie à une extrémité de manière à former un dioptre sphérique convexe de 8 cm de rayon de courbure (voir la photo ci-dessous). Un objet ponctuel, situé dans l'air sur l'axe de symétrie de la tige, se trouve à une distance de 5 cm devant le dioptre.

   a)   Quelle est la puissance du dioptre?

   b)   Que valent les longueurs focales du dioptre?

   c)   Quelle est la position de l'image?

E7.   Vous placez un objet ponctuel à 25 cm d'une tige de verre d'indice de réfraction 1,53 présentant un dioptre sphérique concave dont le rayon de courbure est de 3 cm. À quelle position l'image sera-t-elle formée par ce dioptre? Quelle est la nature de l'image?

E8.   La face plane d'un bloc de verre transparent hémisphérique, dont l'indice de réfraction est 1,50 et dont le diamètre est de 8 cm, est déposée sur une table. Une mouche morte (nos condoléances à la famille) est coincée entre la table et le bloc de verre, au centre de la face plane du bloc hémisphérique. Où l'image de la mouche est-elle située si on l'observe verticalement d'au-dessus?

E9.   Les extrémités d'une tige en pyrex ($n = 1,47$) de 5 cm de longueur constituent des dioptres sphériques convexes ayant chacun un rayon de courbure de 4 cm. Un objet ponctuel, situé à l'extérieur de la tige, est placé à 20 cm du premier dioptre, sur l'axe de la tige.

   a)   Quelle est la position de l'image formée par le premier dioptre?

   b)   Quelle est la position de l'objet pour le deuxième dioptre?

   c)   Quelle est la position de l'image finale formée par le deuxième dioptre?

E10.   Vous observez un ciel nuageux à travers une sphère en verre dont l'indice de réfraction est 1,58 et dont le diamètre vaut 5 cm (voir la photo ci-dessous). Où se trouve l'image des nuages lointains par rapport au dioptre sphérique le plus près de vous? Prenez soin de schématiser la situation.

6.3 Méthodes graphiques

Pour les exercices qui suivent, vous devez faire des constructions graphiques à l'échelle, avec les instruments à dessin appropriés. On considère que la lumière incidente voyage de gauche à droite et on se limite au domaine paraxial.

E11. Un dioptre sphérique, dont la grandeur du rayon de courbure vaut $|R| = 2$ cm, sépare l'air (à gauche) et un verre d'indice de réfraction 1,5 (à droite). Un objet ponctuel est situé sur la normale au sommet du dioptre. Par la *méthode graphique sans les foyers*, déterminez graphiquement la position de l'image si...

   a) $p = 2$ cm et que le dioptre est convexe;

   b) $p = -4$ cm et que le dioptre est convexe;

   c) $p = 8$ cm et que le dioptre est concave;

   d) $p = -2$ cm et que le dioptre est concave.

E12. Un dioptre sphérique, dont la grandeur du rayon de courbure vaut $|R| = 2$ cm, sépare l'air (à gauche) et un verre d'indice de réfraction 1,5 (à droite). Calculez d'abord algébriquement les longueurs focales, puis faites le schéma de ce dioptre dans le domaine paraxial en y représentant le centre de courbure et les deux foyers si (a) le dioptre est convexe; (b) le dioptre est concave.

E13. Un dioptre sphérique convexe, dont la longueur focale objet vaut $f = 2$ cm, sépare l'air (à gauche) et un verre d'indice de réfraction 1,5 (à droite). Un objet étendu est situé à proximité du dioptre (voir la figure ci-dessous). À l'aide du tracé de trois rayons principaux, déterminez graphiquement la position de l'image si la distance objet vaut (a) $p = 4$ cm; (b) $p = 1$ cm; (c) $p = -1$ cm; (d) $p = -4$ cm.

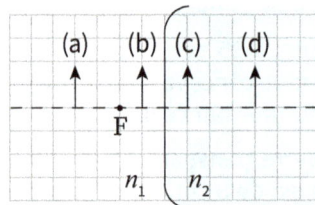

E14. Un dioptre sphérique concave, dont la longueur focale image vaut $f' = -3$ cm, sépare l'air (à gauche) et un verre d'indice de réfraction 1,5 (à droite). Un objet étendu est situé à proximité du dioptre (voir la figure ci-dessous). À l'aide du tracé de trois rayons principaux, déterminez graphiquement la position de l'image si la distance objet vaut (a) $p = 4$ cm; (b) $p = 1$ cm; (c) $p = -1$ cm; (d) $p = -4$ cm.

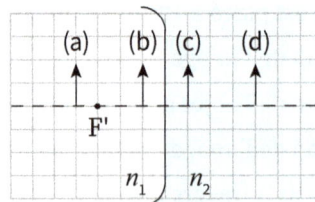

E15. Un dioptre sphérique, dont la grandeur du rayon de courbure vaut $|R| = 1$ cm, sépare l'air (à gauche) et un verre d'indice de réfraction 1,5 (à droite). L'image d'un objet étendu est située près du dioptre. Par un tracé de rayons principaux, déterminez la position de l'objet si...

   a) $p' = 6$ cm et que le dioptre est convexe;

   b) $p' = 2$ cm et que le dioptre est convexe;

   c) $p' = -3$ cm et que le dioptre est convexe;

   d) $p' = 3$ cm et que le dioptre est concave;

   e) $p' = -2$ cm et que le dioptre est concave;

   f) $p' = -4$ cm et que le dioptre est concave.

E16. Un dioptre sphérique, dont la grandeur du rayon de courbure vaut $|R| = 1$ cm, sépare l'air (à gauche) et un verre d'indice de réfraction 1,5 (à droite). Un objet *ponctuel* est situé sur la normale au sommet du dioptre. À l'aide de la méthode du rayon oblique, déterminez graphiquement la position de l'image ponctuelle si…

    a) $p = 5$ cm et que le dioptre est convexe;

    b) $p = 4$ cm et que le dioptre est concave;

    c) $p = 1$ cm et que le dioptre est convexe;

    d) $p = -5$ cm et que le dioptre est concave.

E17. Reproduisez les schémas ci-dessous en respectant les dimensions relatives (prenez « 1 carreau = 1 cm »). À partir du rayon lumineux illustré, déterminez la trajectoire du rayon réfracté ou incident correspondant dans chacun des cas.

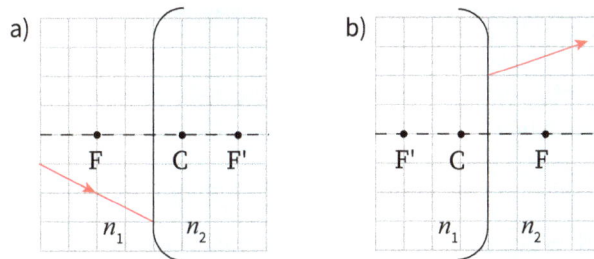

E18. Reproduisez les schémas ci-dessous en respectant les dimensions relatives (prenez « 1 carreau = 1 cm »). À partir des objet et image ponctuels illustrés, déterminez la position du centre de courbure et celle des deux foyers de chacun des dioptres sphériques. Aidez-vous des rayons principaux.

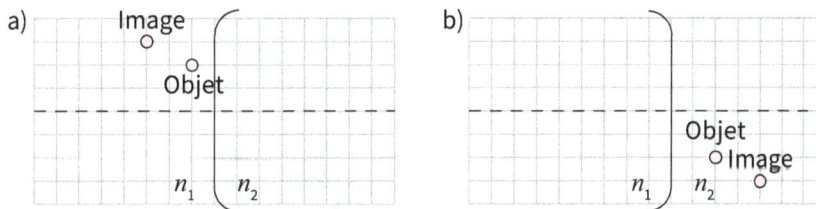

6.4 Caractéristiques de l'image d'un objet étendu

E19. Une longue tige de plastique dont l'indice de réfraction vaut 1,5 a une extrémité concave de 18 cm de rayon de courbure. On place un petit objet cubique de 6 mm de côté sur l'axe de symétrie de la tige à mi-chemin entre le sommet et le centre de courbure du dioptre.

    a) Où l'image de l'objet est-elle formée? Vérifiez votre réponse graphiquement avec un tracé de rayons principaux.

    b) Quelle est la hauteur de l'image du cube?

    c) Quelle est la profondeur de l'image du cube?

E20. Un chat observe un poisson rouge nageant dans un bocal sphérique de 25 cm de rayon rempli d'eau. Le poisson, situé à 15 cm de la paroi la plus près du chat, a une hauteur de 2 cm. On néglige l'épaisseur de la paroi de verre du bocal.

    a) Où le chat perçoit-il l'image du poisson?

    b) Quelle est la taille de l'image du poisson vue par le chat?

    c) Où le poisson perçoit-il l'image du chat, qui est assis à 20 cm de la paroi du bocal?

    d) Quel est le grandissement transversal de l'image du chat perçue par le poisson?

E21. Un aquarium sphérique rempli d'eau a un diamètre de 50 cm. Vous placez votre doigt dans l'air à 10 cm de la paroi de l'aquarium. Si la largeur réelle (transversale) de votre doigt est de 1,5 cm, de quelle largeur (transversale) vous parait-il en le regardant à travers l'aquarium? On néglige l'épaisseur de la paroi de l'aquarium.

Problèmes

P1. L'extrémité d'une tige de verre d'indice de réfraction 1,50 forme un dioptre sphérique dont la puissance vaut +25 δ lorsque la tige baigne dans l'air.

   a) Lorsque la tige est entourée d'air, le dioptre est-il convexe ou concave?

   b) Que vaut la puissance du dioptre lorsque la tige est plongée dans du benzène (*n* = 1,50). Commentez votre résultat.

   c) Que vaut la puissance du dioptre lorsque la tige est plongée dans du disulfure de carbone (*n* = 1,63).

   d) Dans le disulfure de carbone, le dioptre est-il convexe ou concave?

P2. Lorsqu'on plonge la tige du problème précédent dans un bassin rempli d'un liquide transparent inconnu, on observe que le dioptre forme, d'un objet ponctuel situé dans le liquide à 30 cm du dioptre, une image située dans le verre à 60 cm du dioptre. Déterminez l'indice de réfraction du liquide.

P3. L'une des extrémités d'une tige transparente (entourée d'air) de 24 cm de longueur est plane tandis que l'autre est une surface sphérique convexe de 9 cm de rayon de courbure. Lorsqu'on regarde une petite bulle d'air, située au milieu de la tige, à travers l'extrémité plane de la tige, elle parait à une profondeur de 7,6 cm. À quelle profondeur parait-elle si on la regarde à travers l'extrémité sphérique?

P4. La face courbe d'un hémisphère transparent, entouré d'air et fait d'un verre d'indice de réfraction 1,62, a un rayon de courbure de 15 cm. Deux rayons laser parallèles entre eux et distants de 1 cm sont envoyés symétriquement de part et d'autre de l'axe central de l'hémisphère (voir la figure ci-contre).

   a) Quelle est la distance entre les deux points lumineux formés sur la face plane de l'hémisphère?

   b) Par rapport à la face plane de l'hémisphère, où les rayons qui émergent de l'hémisphère se croisent-ils?

   c) Quel est l'angle formé par les deux rayons émergeant de la face plane de l'hémisphère?

P5. Un cylindre plein fait en plastique transparent est placé au-dessus des mots « CODE SECRET » (voir la figure ci-dessous). Alors que ces mots sont écrits à l'endroit (figure a), le mot « CODE » demeure inchangé alors que le mode « SECRET » apparait inversé si on regarde ces mots à travers le cylindre (figure b). Expliquez pourquoi.

P6.   L'œil humain est assimilable à un globe approximativement sphérique. Imaginons que l'œil est une sphère transparente et homogène. La lumière incidente sur l'œil est déviée pour aboutir sur la rétine, qui est située sur la face diamétralement opposée à la face antérieure de l'œil. Une source de lumière très éloignée est située devant l'œil; ce dernier captera une image nette si cette dernière est située sur la rétine (voir la figure ci-dessous). En raison de la présence de l'iris de l'œil, seuls les rayons paraxiaux atteignent la rétine de l'œil. Quel devrait être l'indice de réfraction de la substance transparente à l'intérieur de l'œil pour que l'image de l'objet éloigné soit située sur la rétine de l'œil?

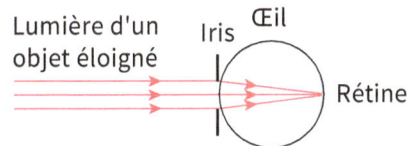

P7.   Le problème précédent montre qu'un modèle de l'œil consistant en une sphère transparente et homogène n'est pas adéquat, puisque son indice de réfraction est trop élevé. De plus, ce modèle ne permet pas de tenir compte de l'accommodation, c'est-à-dire la capacité de l'œil d'ajuster la forme de son cristallin pour être en mesure de voir de manière nette des objets situés à différentes distances de l'œil. Un modèle plus raffiné de l'œil s'impose.

La face avant de l'œil a un renflement appelé cornée, à travers laquelle se produit la majeure partie de la déviation de la lumière qui entre dans l'œil. Le reste de la déviation de la lumière est attribuable au cristallin, dont la forme peut se modifier grâce aux muscles ciliaires, ce qui permet l'accommodation. Après avoir traversé le cristallin, la lumière voyage dans une substance transparente appelée humeur vitrée avant d'aboutir sur la rétine, l'écran au fond de l'œil où se forme normalement l'image.

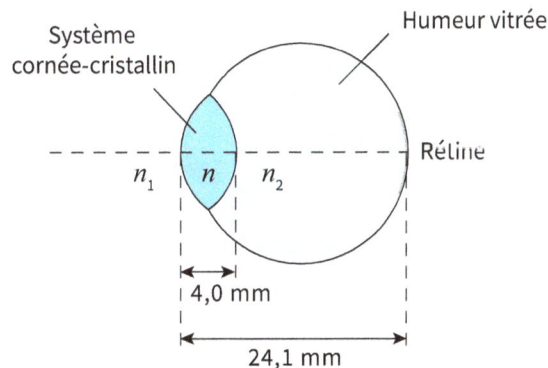

Optiquement parlant, on peut modéliser le système cornée-cristallin de l'œil par deux dioptres sphériques séparant l'air ($n_1 = 1,000$), un milieu d'indice de réfraction $n = 1,420$ et l'humeur vitrée ($n_2 = 1,336$). La distance entre les deux dioptres sphériques est de 4,0 mm. On considère que la profondeur de l'œil (la distance entre le premier dioptre et la rétine) est de 24,1 mm (voir la figure ci-dessus). On supposera ici que les deux dioptres sphériques sont tous les deux convexes et que les rayons de courbure de chacun des deux dioptres ont la même grandeur R. Pour tenir compte de la capacité d'accommodation de l'œil, les rayons de courbure de chaque dioptre peuvent, grâce aux muscles ciliaires, varier entre deux valeurs extrémales (R_{min} et R_{max}).

Pour une personne donnée, la grandeur maximale du rayon de courbure des deux dioptres qui modélisent le système cornée-cristallin (lorsque les muscles ciliaires sont au repos) est $R_{max} = 8,20$ mm. La grandeur minimale de ce rayon de courbure (lorsque l'accommodation est maximale) est $R_{min} = 7,50$ mm. On considère que les deux yeux de la personne sont identiques.

a) Considérons la situation pour laquelle les muscles ciliaires sont au repos. À quelle distance devant l'œil un objet doit-il être placé pour être vu distinctement par l'observateur? Cette distance est par définition le punctum remotum de l'observateur.

b) Supposons maintenant que l'œil accommode au maximum pour examiner un insecte. À quelle distance doit-il être placé devant l'œil pour être vu de manière nette par l'observateur? Cette distance correspond au punctum proximum de l'observateur.

c) Si la taille transversale de l'insecte observé à la question (b) est de 2,0 mm, quelle est alors la taille de l'image rétinienne? L'image est-elle droite ou renversée?

Réponses aux Tests de compréhension

6.1 Un dioptre concave.

6.2 Le dioptre est convexe, son rayon de courbure est négatif et sa puissance est positive.

6.3 10,62 mm (10 mm + 0,5 mm + 0,12 mm).

6.4 (a) 1,67. (b) $R = -20$ cm. (c) Le dioptre est convexe.

6.5 Voir la figure ci-dessous.

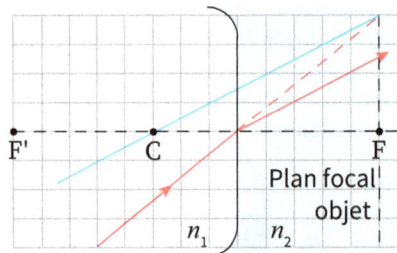

6.6 (a) L'image est droite, plus petite que l'objet et virtuelle; le dioptre est concave. (b) L'image est virtuelle et le dioptre est concave.

Réponses aux Questions, aux Exercices et aux Problèmes

Questions

Q1. (a) Un dioptre est convexe si le milieu ayant l'indice de réfraction le plus grand présente une surface bombée. (b) Un dioptre est concave si le milieu ayant l'indice de réfraction le plus grand présente une surface creuse.

Q2. (a) Négatif. (b) Positif.

Q3. Oui, si le milieu ayant l'indice de réfraction le plus grand présente une surface bombée et que les rayons lumineux voyagent du milieu le plus réfringent vers le milieu le moins réfringent.

Q4. L'infini.

Q5. (a) Concave. (b) Positif. (c) Négative.

Q6.   Vrai.

Q7.   La sagittale d'une calotte sphérique est la hauteur de cette calotte.

Q8.   Une dioptrie est l'unité de mesure de la puissance : $1\,\delta = 1\ \text{m}^{-1}$.

Q9.   (a) Le foyer objet d'un dioptre sphérique est le point où doit être placé un objet ponctuel pour que l'image soit à l'infini. (b) Le foyer image d'un dioptre sphérique est le point où se forme l'image d'un objet situé à l'infini.

Q10.   Les faisceaux doivent être paraxiaux, c'est-à-dire que les rayons lumineux doivent faire des angles n'excédant pas 10° par rapport à l'axe optique.

Q11.   Du côté des rayons incidents.

Q12.   (a) $f_2/f_1 = n_2/n_1$. (b) R, le rayon de courbure.

Q13.   Parce qu'il arrive à incidence normale sur le dioptre. En vertu de la loi de Snell–Descartes, l'angle de réfraction est nul également, donc le rayon n'est pas dévié.

Q14.   L'image et l'objet sont de même nature (tous les deux réels ou tous les deux virtuels).

Exercices

E1.   (a) 7,85 mm. (b) 5,98 δ.

E2.   (a) 0,539 m. (b) 1,67.

E3.   20,0 cm.

E4.   +4,60 δ.

E5.   (a) 13,7 cm. (b) 1,75. (c) 10,3 cm.

E6.   (a) 6,13 δ. (b) $f = 16{,}3$ cm et $f' = 24{,}3$ cm. (c) −10,7 cm.

E7.   −7,06 cm; image virtuelle.

E8.   −4 cm, c'est-à-dire au même endroit que l'objet.

E9.   (a) 21,8 cm. (b) −16,8 cm. (c) 4,88 cm.

E10.   0,905 cm.

E11.   (a) $p' = -6$ cm. (b) $p' = 3$ cm. (c) $p' = -4$ cm. (d) $p' = 6$ cm.

E12.   (a) $R = 2$ cm, $f = 4$ cm et $f' = 6$ cm. (b) $R = -2$ cm, $f = -4$ cm et $f' = -6$ cm.

E13.   (a) $p' = 6$ cm. (b) $p' = -3$ cm. (c) $p' = 1$ cm. (d) $p' = 2$ cm.

E14.   (a) $p' = -2$ cm. (b) $p' = -1$ cm. (c) $p' = 3$ cm. (d) $p' = -6$ cm.

E15.   (a) $p = 4$ cm. (b) $p = -4$ cm. (c) $p = 1$ cm. (d) $p = -1$ cm. (e) $p = 4$ cm. (f) $p = -8$ cm.

E16.   (a) $p' = 5$ cm. (b) $p' = -2$ cm. (c) $p' = -3$ cm. (d) $p' = -5$ cm.

E17.

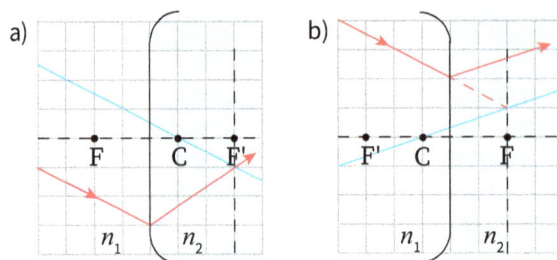

E18. (a) $R = 3$ cm, $f = 3$ cm et $f' = 6$ cm.

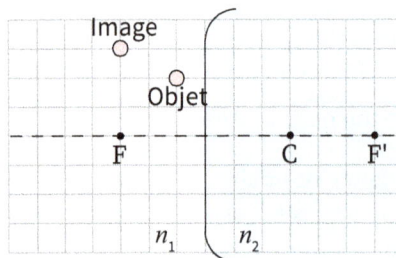

(b) $R = -2$ cm, $f = -6$ cm et $f' = -8$ cm.

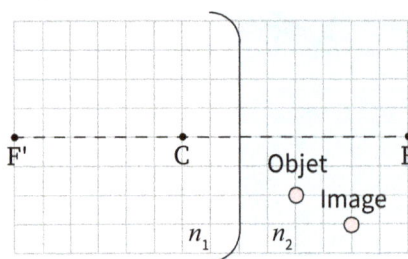

E19. (a) −10,8 cm. (b) 4,80 mm. (c) 5,76 mm.

E20. (a) −13,3 cm. (b) 2,35 cm. (c) −36,1 cm. (d) 1,36.

E21. 4,91 cm.

Problèmes

P1. (a) Convexe. (b) Zéro, car la différence d'indice de réfraction est nulle. Tout se passe comme si la lumière ne changeait pas de milieu, donc la lumière ne subit aucune déviation. (c) −6,5 δ. (d) Concave, car le milieu dont l'indice de réfraction est le plus élevé (le disulfure de carbone) présente une surface creuse. Aussi, la puissance du dioptre est négative, ce qui confirme que le dioptre est concave.

P2. 1,36.

P3. 14,9 cm (dans la tige).

P4. (a) 0,617 cm. (b) 14,9 cm. (c) 2,37°.

P5. Il s'agit d'une simple question de symétrie. Les images des mots CODE et SECRET sont toutes deux renversées par rapport à l'axe horizontal, mais le mot CODE reste inchangé s'il est renversé par rapport à un axe horizontal, contrairement au mot SECRET.

P6. 2.

P7. (a) 37,3 cm. (b) 12,2 cm. (c) −0,284 mm, image renversée.

7 | Lentilles minces

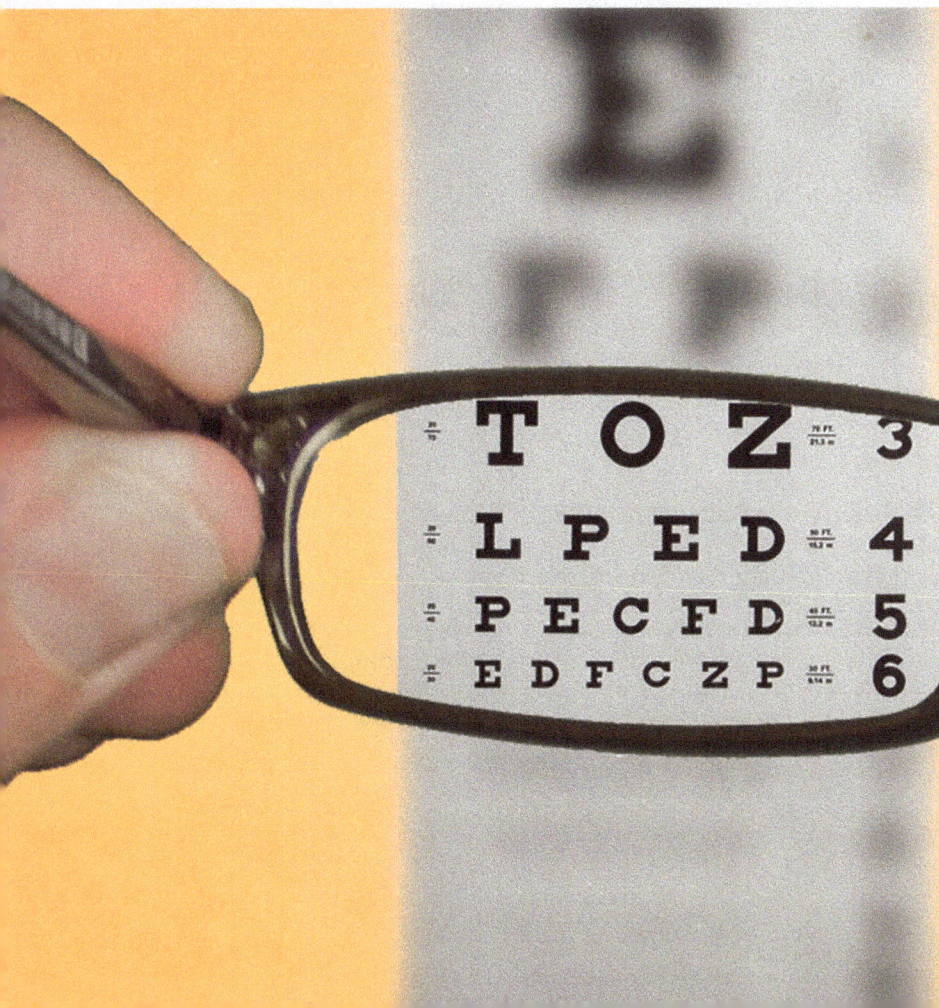

Les verres correcteurs changent la vie de ceux et celles qui en portent et qui en ont besoin! La correction de la vue au moyen d'orthèses visuelles repose essentiellement sur l'emploi de lentilles de longueur focale appropriée. Comment un optométriste s'y prend-il pour déterminer la longueur focale adéquate de l'orthèse visuelle à prescrire à la personne qui le consulte? Dans ce chapitre, nous analyserons les lentilles minces en tant que système optique et nous verrons comment les propriétés de focalisation de ces lentilles peuvent corriger des troubles de la vue comme la myopie ou l'hypermétropie.

Aperçu du chapitre 7

Caractéristiques
d'une lentille
mince

Une lentille est un milieu transparent et homogène limité par deux dioptres sphériques centrés. Elle est caractérisée par son indice de réfraction n, par les deux rayons de courbure (R_1 et R_2) des dioptres sphériques qui délimitent ses faces ainsi que par son épaisseur. La lentille est dite *mince* si son épaisseur est négligeable par rapport aux rayons de courbure et aux distances objet et image. La droite qui passe par les deux centres de courbure est appelée axe principal, et on considère ici le plus souvent qu'il est confondu avec l'axe optique du faisceau qui éclaire la lentille.

Les lentilles se divisent en deux catégories : les lentilles convergentes et les lentilles divergentes (figure ci-dessous). Une lentille convergente (biconvexe, plan convexe ou ménisque convergent) a un centre plus épais que son pourtour, alors qu'une lentille divergente (biconcave, plan concave ou ménisque divergent) est plus épaisse au bord qu'au centre.

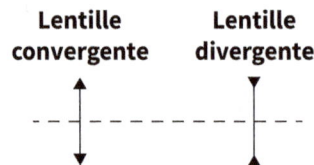

Comme le dioptre sphérique, une lentille possède un foyer objet et un foyer image. Si les milieux de part et d'autre de la lentille mince sont identiques, alors la longueur focale objet est égale à la longueur focale image. Dans un tel cas, la lentille est caractérisée par son unique longueur focale f, laquelle correspond à la distance objet associée à une distance image infinie ou, de manière équivalente, à la distance image associée à une distance objet infinie.

Méthode
graphique

Les trois rayons principaux pour la lentille mince sont les suivants (figure ci-dessous) :

1. Un rayon incident se dirigeant vers le centre S de la lentille n'est pas dévié.
2. Un rayon incident parallèle à l'axe principal émerge aligné avec le foyer image F'.
3. Un rayon incident se dirigeant vers le foyer objet F émerge parallèlement à l'axe principal.

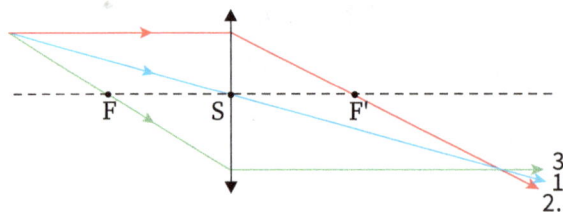

Images
formées par
une lentille mince

Dans le domaine paraxial et pour une lentille mince baignant dans l'air, la distance objet p et la distance image p' sont reliées par une équation de conjugaison identique à celle des miroirs sphériques :

$$\frac{1}{p} + \frac{1}{p'} = \frac{1}{f} \quad .$$

Le grandissement transversal, qui relie la hauteur y de l'objet et la hauteur y' de l'image formée par une lentille mince, est donné par : $g = y'/y = -p'/p$. Le grandissement longitudinal, qui relie la profondeur z d'un objet et la profondeur z' de l'image, s'écrit : $g_L = z'/z = g^2$.

Formule
des opticiens

La longueur focale est une caractéristique propre de la lentille, qui ne dépend que du matériau avec lequel elle est fabriquée (via son indice de réfraction n) et du rayon de courbure de chacune de ses faces. Si elle baigne dans l'air, la longueur focale f de la lentille mince est donnée par la formule des opticiens :

$$\frac{1}{f} = (n-1)\left(\frac{1}{R_1} - \frac{1}{R_2}\right) \quad .$$

La puissance d'une lentille baignant dans l'air est définie par l'inverse de sa longueur focale. Si cette dernière s'exprime en mètres, alors la puissance s'exprime en dioptries.

Lorsque deux lentilles minces sont accolées, il est possible de traiter l'ensemble qu'elles forment comme une seule lentille effective ayant une longueur focale équivalente. La puissance de l'association de plusieurs lentilles minces accolées vaut la somme des puissances individuelles.

L'œil est un système optique permettant de former des images sur la rétine. L'accommodation est la capacité de l'œil de modifier sa puissance afin de produire sur la rétine une image nette d'objets placés à différentes distances. En l'absence d'accommodation, la puissance de l'œil est minimale; lorsque l'accommodation est maximale, la puissance de l'œil est maximale. Le point le plus rapproché où un objet peut être placé pour que la vision soit nette à l'œil nu s'appelle le punctum proximum, tandis que le point le plus éloigné où un objet peut être placé pour être vu distinctement à l'œil nu se nomme le punctum remotum. Pour un œil normal et standardisé, le punctum proximum est situé à 25 cm, alors que le punctum remotum est situé à l'infini.

Troubles de la vue et ses corrections

Par définition, un œil emmétrope a son punctum remotum situé à l'infini. Lorsque le punctum remotum n'est pas à l'infini, on dit que l'œil est amétrope (myope ou hypermétrope). Le punctum remotum d'un œil myope est plus rapproché que l'infini alors que celui d'un œil hypermétrope est situé derrière l'œil (il est virtuel). Pour corriger l'une ou l'autre des amétropies, on place devant l'œil une lentille capable de former, d'un objet situé à l'infini, une image située au punctum remotum de l'œil. Il faut donc une orthèse visuelle dont le foyer image coïncide avec le punctum remotum de l'œil. Dans le cas d'un œil myope, on utilise une lentille divergente, alors que dans le cas d'un œil hypermétrope, on emploie une lentille convergente.

Une lentille peut être vue comme une série de prismes tronqués dont l'angle d'arête est de plus en plus grand au fur et à mesure qu'on s'éloigne du centre de la lentille. Il est donc possible de définir la puissance prismatique d'une lentille en fonction de la distance entre le rayon incident et l'axe principal de la lentille. L'expression de la puissance prismatique Δ de la lentille est donnée par la règle de Prentice :

Effet prismatique d'une lentille

$$\Delta = xP \quad,$$

où x est la hauteur (exprimée en cm) de l'axe optique du faisceau par rapport à l'axe principal de la lentille, P est la puissance (en dioptries) de la lentille et Δ est la puissance prismatique (exprimée en dioptries prismatiques, c'est-à-dire en cm/m).

Les résultats établis pour une lentille mince baignant dans l'air se généralisent dans le cas où la lentille est située entre deux milieux d'indices de réfraction différents. Lorsque les milieux de part et d'autre d'une lentille ne sont pas les mêmes, la longueur focale objet f et la longueur focale image f' n'ont pas la même valeur et leur rapport est donné par :

Lentille entre deux milieux d'indices différents

$$\frac{f'}{f} = \frac{n_2}{n_1},$$

où n_1 est l'indice de réfraction du milieu d'où proviennent les rayons incidents et n_2 est l'indice du milieu où se propagent les rayons émergents. La puissance d'une lentille placée entre deux milieux d'indices de réfraction différents s'écrit en général :

$$P = \frac{n_1}{f} = \frac{n_2}{f'} = \frac{n-n_1}{R_1} + \frac{n_2-n}{R_2},$$

où n est l'indice de réfraction de la lentille et R_1 et R_2 sont les rayons de courbure des dioptres qui délimitent la lentille.

La position de l'image formée par une lentille située entre deux milieux d'indices de réfraction différents peut être prédite par l'équation de conjugaison ou par la formule de Newton. La formule de conjugaison prend la forme généralisée suivante :

$$\frac{n_1}{p} + \frac{n_2}{p'} = P \quad ,$$

où p est la distance objet et p' est la distance image. La formule de Newton est $xx' = ff'$, où $x = p - f$ est la distance entre l'objet et le foyer objet et $x' = p' - f'$ est la distance entre l'image et le foyer image. De façon générale, le grandissement transversal s'exprime :

$$g = \frac{y'}{y} = -\frac{n_1 p'}{n_2 p} = -\frac{f}{x} = -\frac{x'}{f'}.$$

La lentille est caractérisée par un point particulier sur l'axe principal, appelé point nodal : un rayon passant par le point nodal de la lentille n'est pas dévié. Il est situé à une distance s de la lentille qui correspond à la différence des longueurs focales image et objet : $s = f' - f$. La notion de point nodal s'applique à tous les systèmes optiques (par exemple, le point nodal du dioptre sphérique est son centre de courbure). De manière générale, les trois rayons principaux pour tout système optique sont les suivants (figure ci-dessous) :

1. Un rayon incident se dirigeant vers le point nodal N n'est pas dévié.

2. Un rayon incident parallèle à l'axe principal émerge aligné avec le foyer image F'.

3. Un rayon incident se dirigeant vers le foyer objet F émerge parallèlement à l'axe principal.

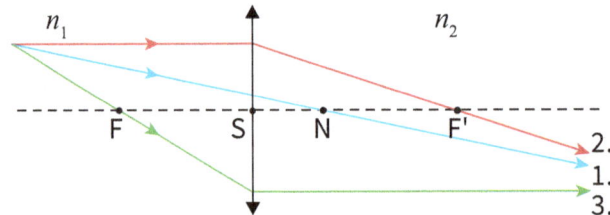

7.1 Caractéristiques d'une lentille mince

Bien qu'elle soit jusqu'à maintenant l'élément optique le plus complexe parmi ceux vus jusqu'ici, la lentille demeure l'élément de base le plus important pour l'opticien. C'est avec des lentilles que les professionnels de la vue peuvent corriger toutes les amétropies de l'œil. Les lunettes et les lentilles cornéennes ne sont rien d'autre que des lentilles (photo ci-contre). La lentille étant fondamentalement une succession de deux dioptres sphériques, les notions du chapitre précédent suffisent pour analyser le comportement de la lumière à travers une lentille et pour étudier les propriétés d'imagerie d'une lentille. Or, on souhaite considérer la lentille comme un tout et non comme deux dioptres sphériques consécutifs analysés séparément; ceci permettra de simplifier grandement l'étude de ce système optique si utile.

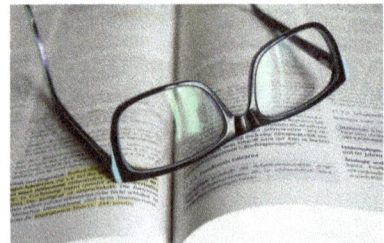

Dans cette section, nous décrirons d'abord la lentille mince et ses propriétés de focalisation. Nous verrons que les lentilles minces entourées d'air, comme celles dont sont constituées les orthèses visuelles, sont caractérisées par deux foyers et une longueur focale. Comme au chapitre précédent, nous nous restreignons dans ce chapitre à l'utilisation d'une lumière monochromatique, c'est-à-dire une lumière de couleur pure, pour que les lentilles ne soient affectées d'aucune aberration chromatique.

7.1.1 Description d'une lentille mince

Une lentille est un milieu transparent et homogène qui est limité par deux dioptres sphériques centrés. Par conséquent, une lentille est caractérisée par son indice de réfraction n, par les deux rayons de courbure — R_1 et R_2 — des dioptres sphériques qui délimitent ses faces ainsi que par son épaisseur (figure 7.1). La droite qui passe par les deux centres de courbure est appelée axe principal. Dans ce qui suit, nous allons toujours considérer, sauf indication contraire, que l'axe optique du faisceau de lumière qui éclaire la lentille est confondu avec l'axe principal; dans un tel cas, l'axe optique du faisceau est perpendiculaire à chacun des dioptres sphériques délimitant la lentille.

Figure 7.1

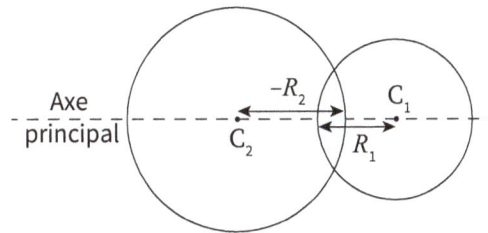

L'intersection entre deux sphères, de rayons R_1 et R_2, définit un volume qui, une fois rempli d'un milieu transparent et homogène d'indice de réfraction n, constitue une lentille.

Les lentilles se divisent en deux catégories : les lentilles convergentes et les lentilles divergentes. Dans tout cet ouvrage, nous ferons l'hypothèse selon laquelle l'indice de réfraction n de la lentille est plus élevé que celui du milieu dans lequel elle baigne; cette hypothèse est vérifiée pour une lentille de verre baignant dans l'air ou dans l'eau. Une lentille convergente a un centre plus épais que son pourtour, alors qu'une lentille divergente est plus épaisse au bord qu'en son centre. Pour chacun des deux types de lentilles, on distingue trois formes de lentilles (figure 7.2). Une lentille biconvexe ou biconcave a des rayons de courbure R_1 et R_2 de signes contraires, une lentille plan convexe ou plan concave est caractérisée par un rayon de courbure infini et un ménisque[1] convergent ou divergent a des rayons de courbure de même signe.

Lentilles convergentes et divergentes

Figure 7.2

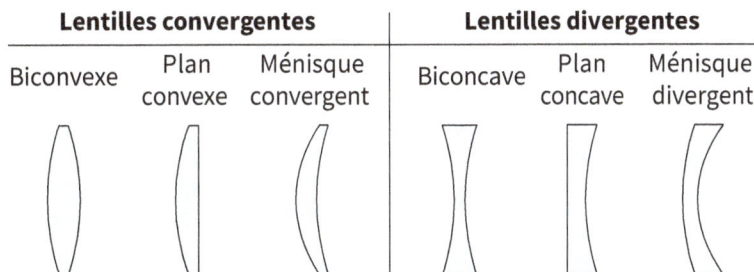

Lentilles convergentes			Lentilles divergentes		
Biconvexe	Plan convexe	Ménisque convergent	Biconcave	Plan concave	Ménisque divergent

En supposant que la lentille baigne dans un milieu moins réfringent que le matériau avec lequel elle est fabriquée, une lentille convergente est soit une lentille biconvexe, une lentille plan convexe ou un ménisque convergent; une lentille divergente est soit une lentille biconcave, une lentille plan concave ou un ménisque divergent.

---

[1] Ménisque, qui vient du grec *meniskos*, signifie « croissant de lune ».

→

Testez votre compréhension 7.1	Forme de la lentille
Quelle est la forme d'une lentille dont les rayons de courbure sont $R_1 = -3$ m et $R_2 = -5$ m?	

Lentille mince

On dit que la lentille est mince si son épaisseur est négligeable par rapport aux rayons de courbure et aux distances objet et image. Dans ce chapitre, on ne s'intéresse qu'aux *lentilles minces*. Pour une lentille mince, les sommets des deux dioptres qui délimitent la lentille sont si rapprochés qu'on les considérera conceptuellement situés en un même point, appelé le centre optique de la lentille. Une lentille mince est représentée par une ligne droite dont les extrémités suggèrent le lien entre l'épaisseur du bord de la lentille et celui de son centre (figure ci-dessous).

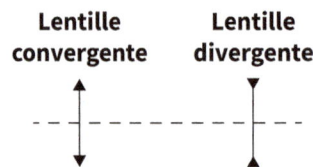

Lentille convergente   **Lentille divergente**

7.1.2 Foyers d'une lentille mince

Une lentille n'est pas un système optique rigoureusement stigmatique; il existe toutefois une condition pour obtenir un stigmatisme approché. Considérons un faisceau de lumière dont les rayons sont parallèles entre eux et dont l'axe optique arrive à incidence normale sur une lentille convergente (figure 7.3). Bien que, physiquement, la lumière soit déviée deux fois dans la lentille (une fois par chacun des deux dioptres délimitant la lentille), on suppose que la lumière est déviée une seule fois par la lentille *mince* en combinant l'effet des deux dioptres. Les rayons émergents de la lentille ne se rencontrent pas tous au même point : les rayons les plus près de l'axe optique se croisent plus loin que ceux loin de l'axe. Toutefois si on se limite aux *rayons paraxiaux*, c'est-à-dire aux rayons *près de l'axe optique* du faisceau, alors on peut dire que les rayons convergent pratiquement tous en un même point F′, appelé foyer image. Dans ce qui suit, on se limitera au domaine paraxial, pour obtenir des images de qualité acceptable.

Figure 7.3

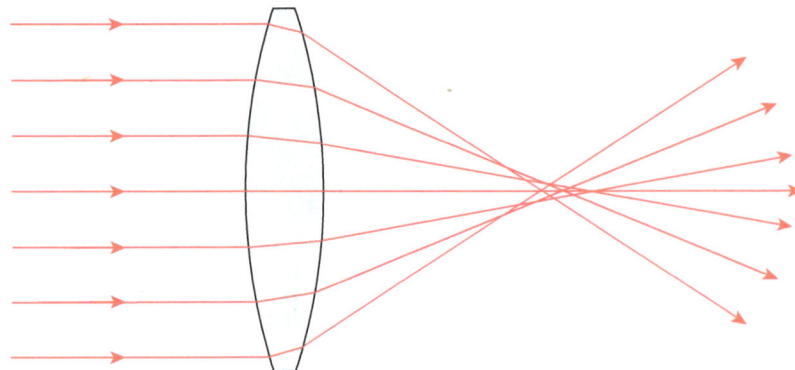

Les rayons parallèles à l'axe principal de la lentille incidents sur la lentille en émergent en général sans se croiser précisément en un foyer image bien défini (aberration sphérique).

À l'instar du dioptre sphérique, une lentille est caractérisée par ses foyers objet et image. Les deux foyers sont réels dans le cas de la lentille convergente et ils sont virtuels dans le cas de la lentille divergente. Par définition des foyers, l'image d'un objet situé à l'infini sur l'axe principal de la lentille est située au foyer image de la lentille, tandis que l'image d'un objet placé au foyer objet d'une lentille est à l'infini sur l'axe principal de la lentille (figure 7.4). La distance entre la lentille mince et le foyer objet est la longueur focale f, qui est exactement la même que la distance f' entre la lentille mince et le foyer image. Conséquence du principe de réversibilité (voir par exemple les schémas de la première colonne ou de la deuxième colonne de la figure 7.4), on déduit effectivement que $f' = f$, ce que nous démontrerons plus formellement à la section 7.4.1.

Foyers objet et image

Figure 7.4

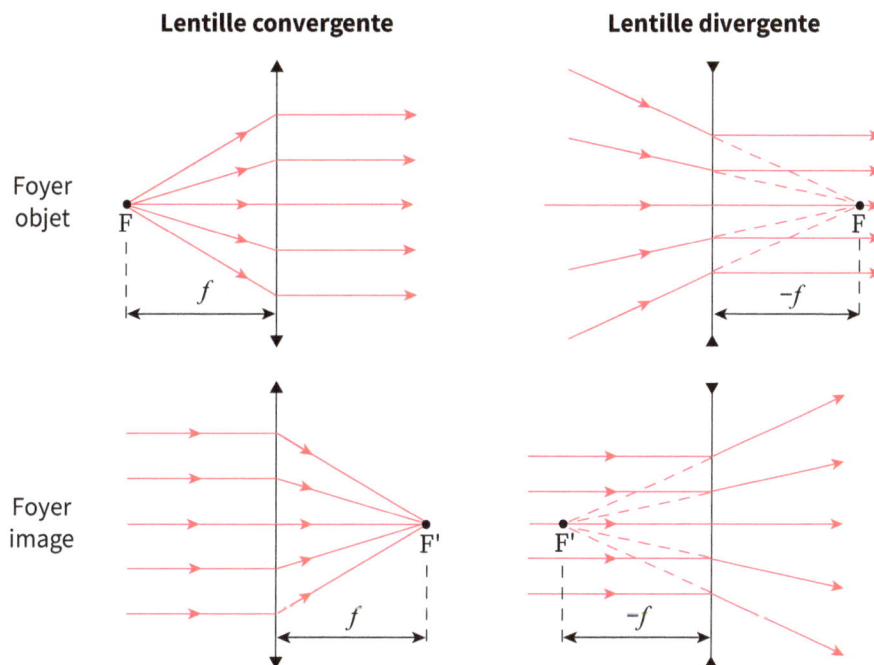

Une lentille mince est caractérisée par son foyer objet F et son foyer image F' ainsi que par sa longueur focale f.

Comme avec les miroirs et les dioptres sphériques, il existe une convention de signes pour la longueur focale d'une lentille :

Convention de signes 7.1	Longueur focale d'une lentille
La longueur focale d'une lentille est positive si les foyers de la lentille sont réels et elle est négative si les foyers sont virtuels. Conséquemment, la longueur focale d'une lentille convergente est positive, alors que celle d'une lentille divergente est négative.	

Le plan focal objet et le plan focal image sont les plans perpendiculaires à l'axe principal de la lentille passant par le foyer objet et par le foyer image, respectivement. Si un faisceau de rayons parallèles entre eux arrive sur la lentille à incidence oblique (avec un angle d'incidence très faible), alors tous les rayons émergents sont alignés vers le foyer secondaire image situé dans le plan focal image. Les rayons émergents se croisent vraiment au foyer secondaire image d'une lentille convergente, tandis qu'ils semblent être issus du foyer secondaire image d'une lentille divergente. À l'inverse, si tous les rayons incidents se dirigent vers un foyer secondaire

Plan focal

objet (situé dans le plan focal objet), ils émergent parallèles entre eux avec un angle (petit), par rapport à l'axe principal de la lentille, qui dépend de la position transversale du foyer secondaire objet. Les rayons incidents passent réellement par le foyer secondaire objet d'une lentille convergente, alors que ce sont leurs prolongements qui passent par le foyer secondaire objet d'une lentille divergente.

7.2 Méthodes graphiques

On l'a vu dans le cas du miroir et du dioptre sphériques, il est utile de se doter de méthodes graphiques pour tracer des rayons lumineux, ce qui peut avantageusement servir à localiser l'image formée par le système optique. Les mêmes approches graphiques existent dans le cas de la lentille mince : la méthode des rayons principaux et la méthode du rayon oblique.

7.2.1 Rayons principaux

La position des foyers de la lentille étant connue, les rayons principaux pour une lentille mince sont trois rayons ayant une trajectoire facile à prédire (on suppose que les milieux de part et d'autre de la lentille sont les mêmes). Les rayons principaux, tant pour les lentilles convergentes que divergentes, sont les suivants (figure 7.5) :

Rayons principaux pour une lentille mince

1. Un rayon incident se dirigeant vers le centre optique de la lentille n'est pas dévié.

2. Un rayon incident parallèle à l'axe principal émerge aligné avec le foyer image.

3. Un rayon incident se dirigeant vers le foyer objet émerge parallèlement à l'axe principal.

Figure 7.5

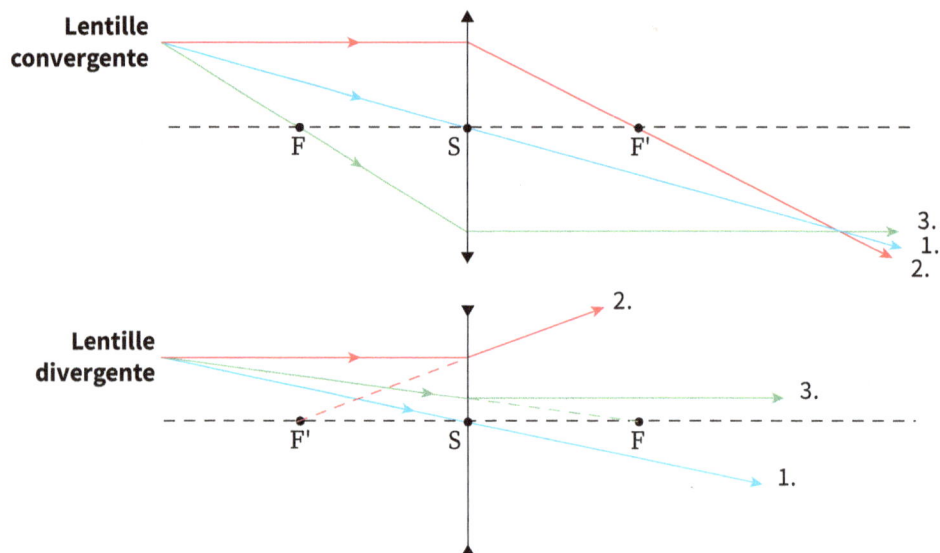

Les trois rayons principaux d'une lentille mince sont des rayons faciles à construire graphiquement; les rayons principaux pour une lentille divergente font intervenir les prolongements des rayons émergents du côté des rayons incidents.

Les rayons principaux 2 et 3 découlent de la définition des foyers objet et image. Une remarque s'impose concernant le rayon principal 1. En réalité, ce rayon est dévié deux fois (incident au centre de la lentille, le rayon « voit » localement une lame à faces parallèles, peu importe les rayons de courbure des dioptres sphériques), ce qui engendre un déplacement latéral (figure ci-contre), bien qu'il ne subisse effectivement pas de déviation. Or, étant proportionnel à l'épaisseur de la lentille, ce déplacement latéral est donc négligeable si on considère que la lentille est mince. En somme, un rayon passant par le centre optique d'une lentille mince continue tout droit.

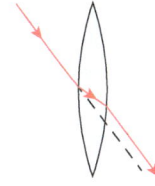

7.2.2 Méthode du rayon oblique

Lorsque vient le temps de tracer un rayon qui n'est pas l'un des rayons principaux, la méthode du rayon oblique (méthode du foyer secondaire) est d'un grand recours. Pour un rayon paraxial incident quelconque donné, cette méthode, qui permet de construire le rayon émergent qui lui est associé, se résume à ces trois étapes (voir la figure 7.6) :

1. On trace le plan focal image (une droite perpendiculaire à l'axe principal de la lentille et qui passe par le foyer image).

2. On trace un rayon fictif parallèle au rayon incident en le dirigeant vers le centre optique de la lentille. Ce rayon fictif n'est pas dévié et coupe le plan focal image en un point P.

3. Par définition du plan focal image, le rayon émergent (ou son prolongement) correspondant au rayon incident quelconque doit passer par ce point P.

Figure 7.6

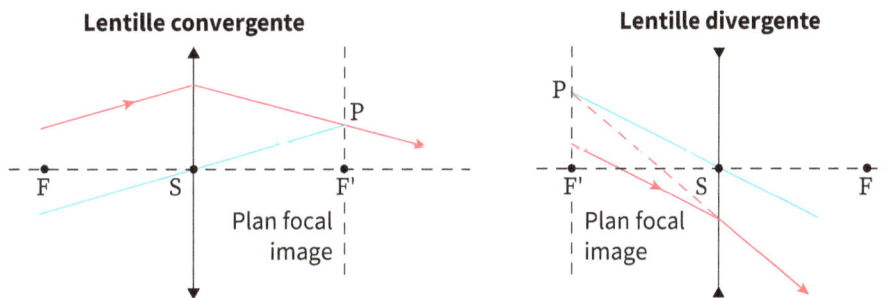

Le tracé du rayon réfracté correspondant à un rayon incident quelconque fait appel à la définition du plan focal image.

Si on cherche la trajectoire du rayon incident correspondant à un rayon émergent quelconque, on peut employer la même méthode, mais en exploitant le plan focal objet.

Testez votre compréhension 7.2	Méthode du rayon oblique

Reproduisez le schéma de la lentille mince ci-contre en respectant les dimensions relatives (prenez « 1 carreau = 1 cm »). À partir du rayon émergent illustré, déterminez à l'aide de la méthode du rayon oblique la trajectoire du rayon incident correspondant.

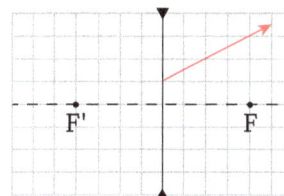

7.3 Images formées par une lentille mince

L'une des fonctions courantes des lentilles est celle de produire des images d'objets de toutes sortes. Dès 1611, l'astronome allemand Johannes Kepler (1571–1630) établit les bases de ce qui allait permettre la mise sur pied d'instruments d'optique, tels que le télescope. À l'aide de la version approximative de la loi de la réfraction de Ptolémée ($n_1\theta_1 = n_2\theta_2$), Kepler fut le premier à analyser la relation existant entre l'objet et l'image formée par des systèmes optiques et il fut en mesure de construire des télescopes. Dans cette section, nous étudierons la formation d'images à l'aide d'une lentille mince en développant l'équation de conjugaison et la formule de Newton pour les lentilles minces, ainsi que les grandissements transversal et longitudinal associés aux lentilles minces.

7.3.1 Équation de conjugaison

La distance objet p et la distance image p' pour une lentille mince sont reliées par l'équation de conjugaison qui, on le remarquera, est identique à celle pour les miroirs sphériques :

Équation de conjugaison pour les lentilles minces

$$\frac{1}{p}+\frac{1}{p'}=\frac{1}{f} \; . \tag{7.1}$$

Cette équation s'applique à tous les cas, que la lentille soit convergente ou divergente, que l'objet soit réel ou virtuel ou que l'image soit réelle ou virtuelle, à condition de respecter la convention de signes sur la longueur focale et sur les distances objet et image. Notons que cette équation de conjugaison repose sur trois hypothèses : l'axe optique du faisceau est confondu avec l'axe principal de la lentille, la lentille est mince et l'approximation paraxiale s'applique.

Nous utiliserons les rayons principaux pour démontrer l'équation de conjugaison pour les lentilles minces. Un objet étendu de hauteur y est à une distance p de la lentille de longueur focale f, tandis que l'image de hauteur y' est à une distance p' (figure 7.7). On trace les rayons principaux 1 et 2 pour localiser cette image.

Figure 7.7

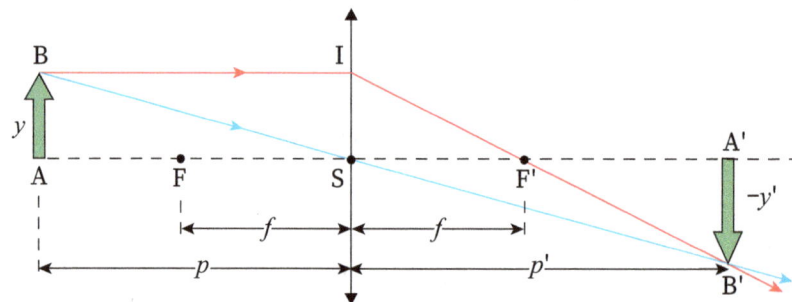

Deux rayons principaux suffisent pour localiser une des extrémités de l'image d'un objet étendu placé devant une lentille; puisque l'autre des extrémités de l'objet étendu est sur l'axe optique, l'autre extrémité de l'image est également sur l'axe optique.

Les triangles ISF' et B'A'F' sont des triangles semblables, ce qui permet d'affirmer :

$$\frac{-y'}{y}=\frac{p'-f}{f} \; . \tag{7.2}$$

Dans l'équation (7.2), nous avons tenu compte de la convention de signes sur les hauteurs des objets et des images : puisque y' est mesuré en dessous de l'axe optique, cette quantité est négative. De même, les triangles BAS et B'A'S sont des triangles semblables, ce qui permet d'écrire :

$$\frac{-y'}{y} = \frac{p'}{p} \quad . \tag{7.3}$$

En égalant les membres de droite des équations (7.2) et (7.3), on trouve :

$$\frac{p'-f}{f} = \frac{p'}{p} \quad \Rightarrow \quad \frac{p'-f}{p'f} = \frac{1}{p} \quad \Rightarrow \quad \frac{1}{f} - \frac{1}{p'} = \frac{1}{p} \quad .$$

La réorganisation des termes de cette dernière équation donne comme prévu l'équation (7.1).

Exemple 7.1	Le système de deux lentilles

Sur un banc d'optique, on place une lentille divergente de longueur focale $f_1 = -30$ cm (élément E_1) et une lentille convergente de longueur focale $f_2 = 20$ cm (élément E_2). Les deux lentilles étant séparées d'une distance $d = 25$ cm, on place un objet O_1 à $p_1 = 40$ cm de la lentille divergente (figure ci-contre). Où se forme l'image finale produite par ce système de deux lentilles? Quelle est la nature de cette image?

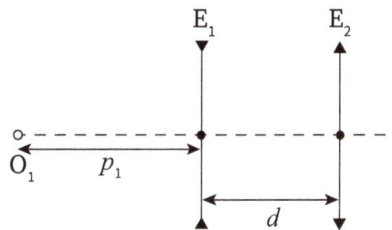

Solution

Il s'agit d'un problème à deux éléments optiques où l'image formée par la première lentille devient l'objet pour la seconde. Représentons d'abord la situation par un schéma clair (il n'est pas à l'échelle).

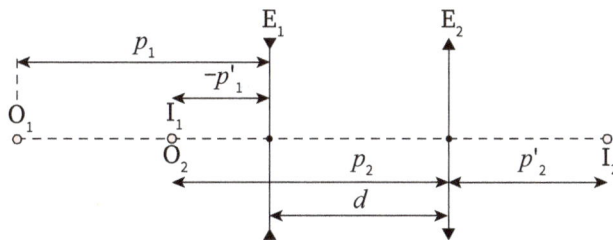

Les données sont les suivantes : $d = 25$ cm (la distance entre les deux lentilles), $p_1 = 40$ cm (la distance objet pour la première lentille, positive car l'objet est réel), $f_1 = -30$ cm et $f_2 = 20$ cm (les longueurs focales des première et deuxième lentilles, respectivement); on cherche la position de l'image finale. Commençons d'abord par localiser l'image I_1 formée par la première lentille à l'aide de l'équation de conjugaison :

$$\frac{1}{p_1} + \frac{1}{p_1'} = \frac{1}{f_1} \quad \Rightarrow \quad \frac{1}{40 \text{ cm}} + \frac{1}{p_1'} = \frac{1}{-30 \text{ cm}} \quad \Rightarrow \quad p_1' = -17,1 \text{ cm} \quad .$$

L'image I_1 est virtuelle (car $p_1' < 0$). L'image I_1 devient un objet réel O_2, lequel se trouve à une distance p_2 de la deuxième lentille, donnée par (voir le schéma de la situation) :

$$p_2 = |p_1'| + d = 17,1 \text{ cm} + 25 \text{ cm} = 42,1 \text{ cm} \quad .$$

Cette distance est positive, car l'objet O_2 est réel pour la seconde lentille. On trouve la position de l'image finale I_2 en appliquant de nouveau l'équation de conjugaison :

$$\frac{1}{p_2} + \frac{1}{p_2'} = \frac{1}{f_2} \quad \Rightarrow \quad \frac{1}{42,1\,\text{cm}} + \frac{1}{p_2'} = \frac{1}{20\,\text{cm}} \quad \Rightarrow \quad p_2' = 38,1\,\text{cm} \quad .$$

L'image finale est donc réelle, située à 38,1 cm à droite de la deuxième lentille.

E | **Exemple 7.2** | L'image projetée sur le mur

La distance entre une source ponctuelle et un mur servant d'écran est de 3 m. On place une lentille convergente de 50 cm de longueur focale entre la source et le mur. À quelle(s) position(s) la lentille doit-elle être placée par rapport à la source pour qu'une image nette de la source soit formée sur le mur?

Solution

Puisqu'une image nette doit être formée sur un mur servant d'écran, il s'agit d'une image réelle ($p' > 0$). Le bilan des données est : $D = 3$ m (la distance entre l'objet et l'image), $f = 0,5$ m (la longueur focale de la lentille); on cherche p, la position objet (voir le schéma de la situation).

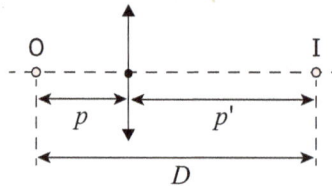

Les distances p et p' sont reliées par les deux équations suivantes :

$$p + p' = D \text{ et } \frac{1}{p} + \frac{1}{p'} = \frac{1}{f} \quad .$$

En substituant la première équation dans la seconde, on trouve :

$$\frac{1}{p} + \frac{1}{D-p} = \frac{1}{f} \quad \Rightarrow \quad \frac{D-p+p}{p(D-p)} = \frac{1}{f} \quad \Rightarrow \quad Df = p(D-p) \quad \Rightarrow \quad p^2 - Dp + Df = 0 \quad .$$

On est en présence d'une équation quadratique, qu'il faut résoudre pour obtenir la distance p :

$$p = \frac{D \pm \sqrt{(-D)^2 - 4Df}}{2} = \frac{3 \pm \sqrt{9 - 4(3)(0,5)}}{2} = \frac{3 \pm \sqrt{3}}{2} \quad ,$$

où les valeurs numériques sont exprimées en cm. Les solutions sont donc : $p_- = 0,63$ m et $p_+ = 2,37$ m. Deux positions de la lentille sont possibles pour former une image nette sur le mur.

La forme newtonienne de l'équation de conjugaison prend elle aussi la même forme que celle qui s'applique au cas des miroirs sphériques :

Formule de Newton pour les lentilles minces

$$xx' = f^2 \,, \tag{7.4}$$

où f est la longueur focale de la lentille, $x = p - f$ est la distance entre l'objet et le foyer objet, $x' = p' - f$ est la distance entre l'image et le foyer image (figure 7.8). L'équation (7.4) prend en compte l'hypothèse selon laquelle les milieux de part et d'autre de la lentille sont identiques. Les quantités x et x' dans l'équation (7.4) sont assujetties à la convention de signes 6.2. Puisque l'équation de conjugaison des lentilles minces est identique à celle des miroirs sphériques, la démonstration pour parvenir à la formule de Newton (7.4) suit exactement les mêmes étapes que celle pour passer de l'équation (3.4) à l'équation (3.8) (voir la section 3.3.2).

Figure 7.8

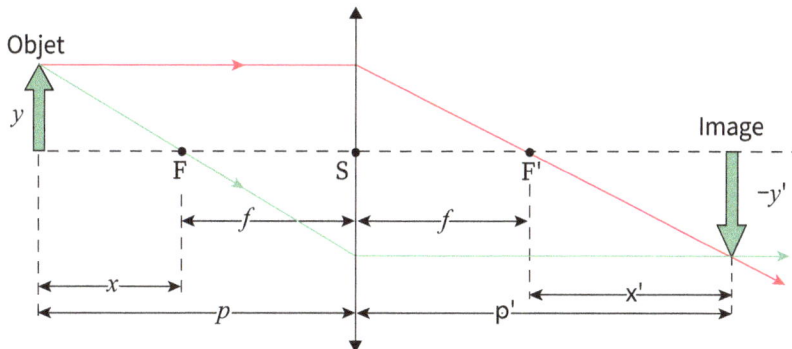

L'objet et l'image sont tous deux localisés par leurs distances x et x' par rapport à leur foyer respectif.

7.3.2 Grandissements transversal et longitudinal

On caractérise l'image d'un objet étendu non seulement par sa position par rapport à la lentille ou par rapport au foyer image, mais aussi à l'aide des grandissements transversal et longitudinal. L'équation (7.3) fournit l'expression du grandissement transversal :

$$g = \frac{y'}{y} = -\frac{p'}{p} \ . \tag{7.5}$$

Grandissement transversal pour une lentille mince

L'interprétation du signe et de la valeur du grandissement transversal est identique à celle des miroirs et des dioptres sphériques. Quant à lui, le grandissement longitudinal s'exprime simplement comme le carré du grandissement transversal :

$$g_L = \frac{z'}{z} = g^2 \ . \tag{7.6}$$

Grandissement longitudinal pour une lentille mince

Encore là, la démonstration pour obtenir cette expression suit les mêmes étapes que celle pour obtenir le grandissement longitudinal dans le cas du miroir sphérique (voir la section 3.4.3). Comme toujours, le grandissement longitudinal est positif en toute circonstance, ce qui signifie que si une flèche pointe vers la lentille (dans le sens des rayons incidents), l'image de cette flèche pointe à l'opposé de la lentille (dans le sens des rayons réfractés), et ce, pour n'importe quelle position de l'objet par rapport à la lentille.

Testez votre compréhension 7.3	La loupe
Quel type de lentille doit-on utiliser pour en faire une loupe et comment doit-on placer la lentille par rapport à l'objet?	

E | **Exemple 7.3** | Le système $2f$–$2f$

Quelles sont la position et les autres caractéristiques de l'image formée par une lentille convergente de longueur focale f si l'objet étendu se trouve à une distance objet équivalente à $2f$?

Solution

Bien qu'il n'y ait pas de valeurs numériques, les données connues sont f (la longueur focale de la lentille convergente) et $p = 2f$ (la distance objet); on cherche les caractéristiques de l'image formée par cette lentille. On peut déterminer la position de l'image en appliquant l'équation de conjugaison :

$$\frac{1}{p} + \frac{1}{p'} = \frac{1}{f} \quad \Rightarrow \quad p' = \left(\frac{1}{f} - \frac{1}{p}\right)^{-1} = \left(\frac{1}{f} - \frac{1}{2f}\right)^{-1} = \left(\frac{1}{2f}\right)^{-1} = 2f \quad.$$

Ainsi, la distance image est identique à la distance objet et correspond à deux fois la longueur focale de la lentille. De plus, on conclut que l'image est réelle (car $p' > 0$). Le grandissement transversal vaut :

$$g = \frac{y'}{y} = -\frac{p'}{p} = -\frac{2f}{2f} = -1 \quad.$$

Ceci veut dire que l'image a la même taille que l'objet, mais que l'image est renversée. Le grandissement longitudinal vaut :

$$g_L = g^2 = (-1)^2 = 1 \quad.$$

Cela signifie que la dimension longitudinale de l'image est identique à celle de l'objet. Un tracé de rayons principaux permet d'arriver aux mêmes résultats (schéma ci-dessous) :

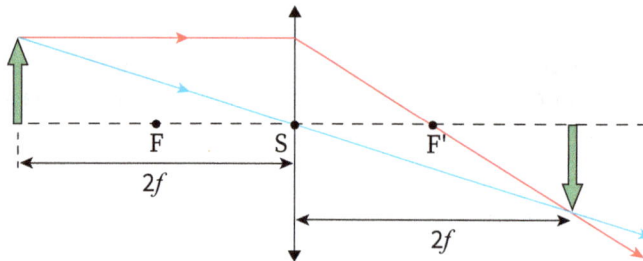

p	p'	$p + p'$
$3{,}0f$	$1{,}50f$	$4{,}50f$
$2{,}5f$	$1{,}67f$	$4{,}17f$
$2{,}2f$	$1{,}83f$	$4{,}03f$
$2{,}1f$	$1{,}91f$	$4{,}01f$
$\mathbf{2{,}0f}$	$\mathbf{2{,}00f}$	$\mathbf{4{,}00f}$
$1{,}9f$	$2{,}11f$	$4{,}01f$
$1{,}8f$	$2{,}25f$	$4{,}05f$
$1{,}5f$	$3{,}00f$	$4{,}50f$

En somme, l'image est virtuelle, renversée, de même dimension et située à la même distance de la lentille que l'objet, c'est-à-dire $2f$. Pour cette raison, on appelle cette configuration particulière le « système $2f$–$2f$ ». On peut montrer que $4f$ est la distance la plus petite qui peut exister entre un objet réel et son image réelle formée par une lentille convergente (voir le tableau ci-dessus). Cette configuration est donc à privilégier si l'on dispose de peu d'espace (par exemple sur un banc d'optique) entre l'objet et l'écran sur lequel on souhaite recueillir l'image.

Exemple 7.4	Deux lentilles et un objet étendu

Une lentille convergente et une lentille divergente, dont les axes principaux sont confondus et dont les grandeurs des longueurs focales respectives sont 25 cm et 15 cm, sont séparées de 5 cm. Un objet de 2 cm de hauteur est situé à 60 cm de la lentille convergente. Si on observe l'objet à travers les deux lentilles, quelles seront les caractéristiques de l'image de l'objet?

Solution

Voici un schéma de la situation (il n'est pas à l'échelle). Les images formées par les lentilles sont placées sur le schéma au fur et à mesure qu'elles sont localisées avec l'équation de conjugaison.

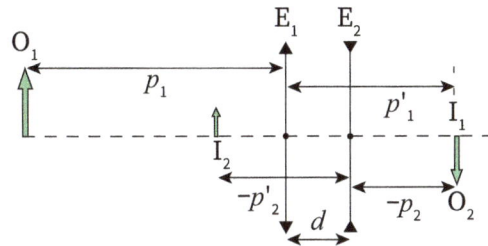

Les données sont les suivantes : $d = 5$ cm (la distance entre les deux lentilles), $p_1 = 60$ cm (la distance objet O_1, positive car l'objet est réel), $y_1 = 2$ cm (la taille de l'objet O_1), $f_1 = 25$ cm (la longueur focale de la première lentille, positive car la lentille est convergente) et $f_2 = -15$ cm (la longueur focale de la deuxième lentille, négative car la lentille est divergente); on cherche l'image finale formée par cette succession de deux lentilles. Localisons d'abord l'image I_1 formée par la première lentille à l'aide de l'équation de conjugaison :

$$\frac{1}{p_1} + \frac{1}{p_1'} = \frac{1}{f_1} \quad \Rightarrow \quad \frac{1}{60 \text{ cm}} + \frac{1}{p_1'} = \frac{1}{25 \text{ cm}} \quad \Rightarrow \quad p_1' = 42,9 \text{ cm} \quad .$$

La taille de l'image I_1 est donnée par :

$$g_1 = \frac{y_1'}{y_1} = -\frac{p_1'}{p_1} \quad \Rightarrow \quad y_1' = -\frac{p_1'}{p_1} y_1 = -\frac{(42,9 \text{ cm})}{(60 \text{ cm})}(2 \text{ cm}) = -1,43 \text{ cm} \quad .$$

L'image I_1 est réelle (car $p_1' > 0$) et renversée (car $y_1' < 0$). L'image I_1 devient un objet virtuel O_2 dont la hauteur est $y_2 = y_1' = -1,43$ cm et dont la distance objet est donnée par (voir le schéma de la situation) :

$$p_2 = -(p_1' - d) = -(42,9 \text{ cm} - 5 \text{ cm}) = -37,9 \text{ cm} \quad .$$

On a ajouté un signe négatif, car l'objet O_2 est virtuel. On localise l'image finale I_2 grâce à l'équation de conjugaison :

$$\frac{1}{p_2} + \frac{1}{p_2'} = \frac{1}{f_2} \quad \Rightarrow \quad \frac{1}{-37,9 \text{ cm}} + \frac{1}{p_2'} = \frac{1}{-15 \text{ cm}} \quad \Rightarrow \quad p_2' = -24,8 \text{ cm} \quad .$$

La taille de l'image I_2 vaut :

$$g_2 = \frac{y_2'}{y_2} = -\frac{p_2'}{p_2} \quad \Rightarrow \quad y_2' = -\frac{p_2'}{p_2} y_2 = -\frac{(-24,8 \text{ cm})}{(-37,9 \text{ cm})}(-1,43 \text{ cm}) = 0,94 \text{ cm} \quad .$$

L'image finale I_2 est virtuelle (car $p_2' < 0$), elle est droite par rapport l'objet O_1 (car $y_2' > 0$) et elle est située à 24,8 cm à gauche de la lentille divergente.

D'une part, les schémas ci-dessous récapitulent les différentes situations d'imagerie que l'on peut rencontrer avec une lentille convergente qui baigne dans un milieu homogène (même milieu de chaque côté de la lentille).

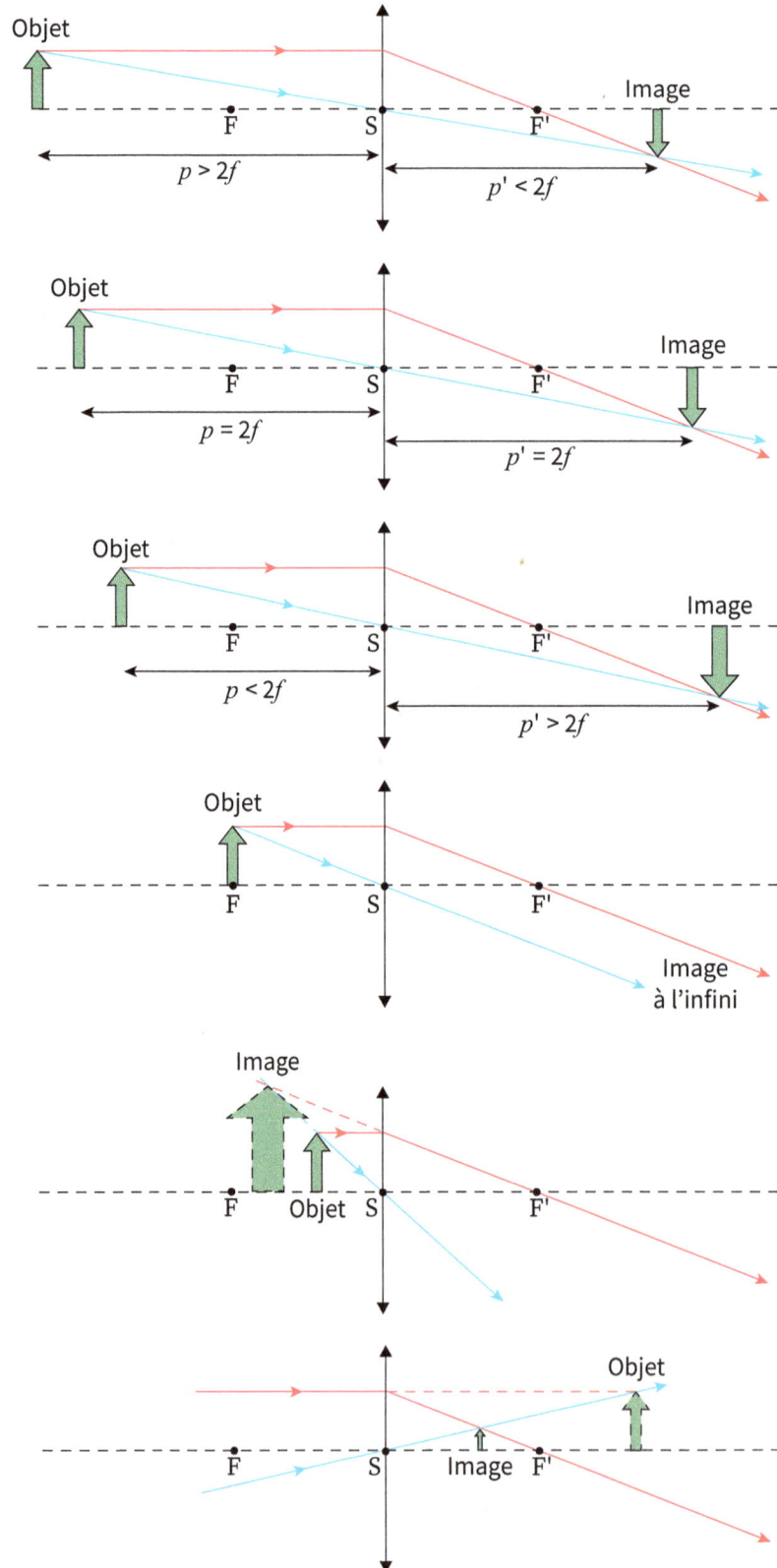

D'autre part, les schémas ci-dessous récapitulent les différentes situations d'imagerie que l'on peut rencontrer avec une lentille divergente qui baigne dans un milieu homogène (même milieu de chaque côté de la lentille).

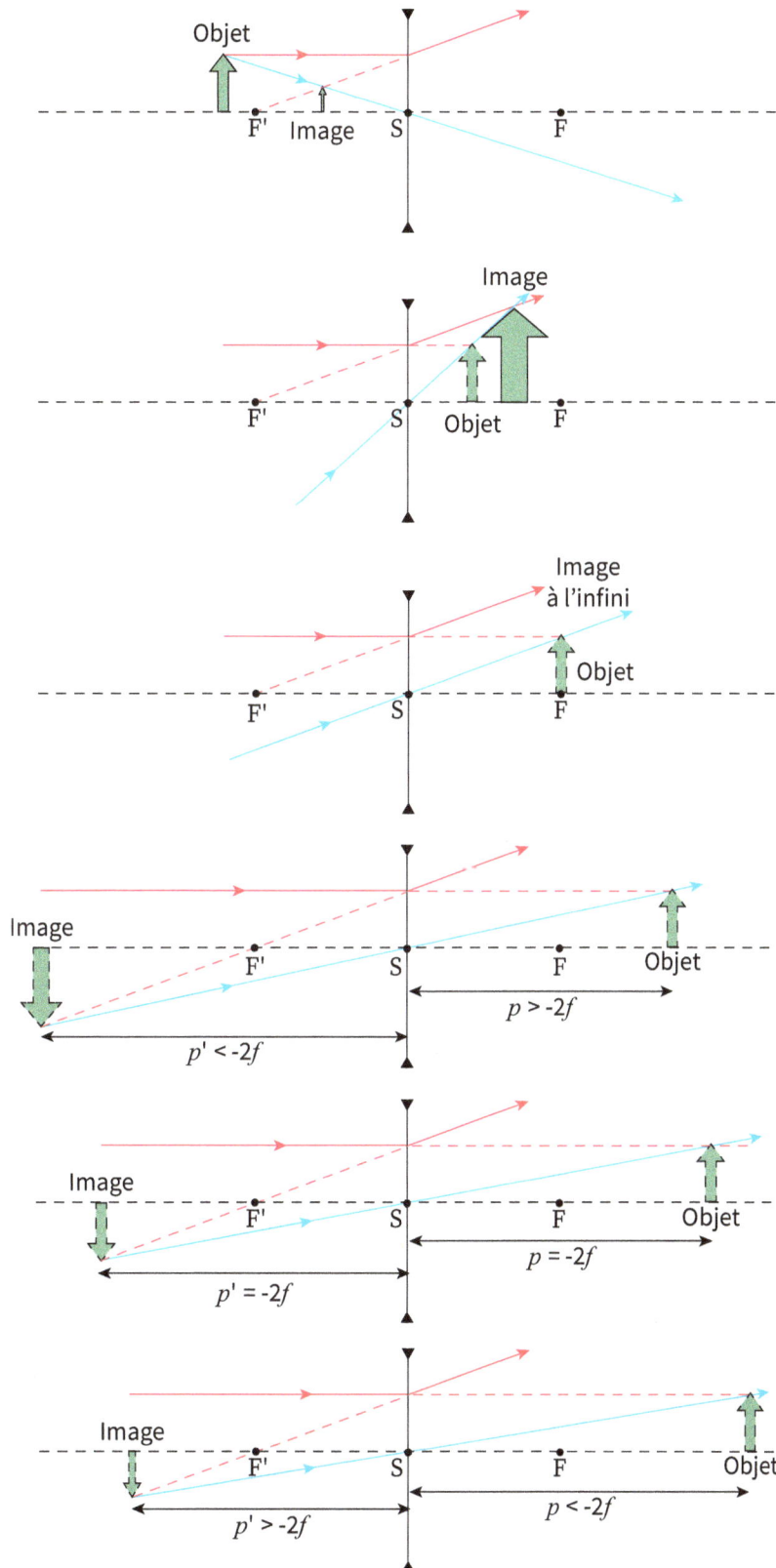

7.4 Formule des opticiens

En décrivant la lentille à la section 7.1, nous avons défini la longueur focale comme étant la distance entre la lentille et l'image lorsque l'objet est à l'infini. Toutefois, la longueur focale est une caractéristique propre de la lentille, qui ne dépend que du matériau avec lequel elle est fabriquée et du rayon de courbure de chacune de ses faces. La relation entre la longueur focale et ses caractéristiques est appelée formule des opticiens (ou formule des lunetiers). À partir des notions vues au chapitre 6, nous allons montrer comment déterminer la longueur focale d'une lentille mince. Puis, nous définirons la puissance d'une lentille et voir comment elle est reliée à la puissance de chacune des faces de la lentille.

7.4.1 Longueur focale d'une lentille mince

La longueur focale objet et la longueur focale image d'une lentille mince ont la même valeur (on suppose que les milieux de part et d'autre de la lentille sont identiques); c'est la raison pour laquelle on parle de *la* longueur focale f de la lentille. Si la lentille est entourée d'air ($n_1 = 1$), cette longueur focale f est donnée par la formule des opticiens :

Formule des opticiens

$$\frac{1}{f} = (n-1)\left(\frac{1}{R_1} - \frac{1}{R_2}\right) , \tag{7.7}$$

où n est l'indice de réfraction de la lentille, R_1 et R_2 sont les rayons de courbure de ses dioptres sphériques. Afin d'utiliser l'équation (7.7), il est primordial de respecter la convention de signes 6.1 pour les rayons de courbure. Mentionnons qu'une lentille dite symétrique signifie que la grandeur des deux rayons de courbure est identique (mais leurs signes sont différents). Aussi, il est important de mentionner que la longueur focale d'une lentille mince est la même, peu importe la face qu'elle présente à la lumière incidente; par exemple, si une lentille plan convexe présente sa face courbe à la lumière incidente, on a $R_1 = R > 0$ et $R_2 = \infty$, alors que si elle lui présente sa face plane, on a $R_1 = \infty$ et $R_2 = -R < 0$, ce qui, en appliquant l'équation (7.7), conduit à la même valeur de longueur focale.

> **(!) Attention!** | **La formule des opticiens s'applique aux lentilles minces**
>
> La formule des opticiens s'appuie sur l'hypothèse que la lentille est mince. En conséquence, on ne peut pas l'utiliser pour analyser un système de deux dioptres sphériques séparés par une distance non négligeable.

L'opticien peut utiliser la formule des opticiens pour choisir les rayons de courbure appropriés, compte tenu du verre dont il dispose, pour obtenir une lentille de la longueur focale désirée. Dans les faits, une infinité de combinaisons de R_1 et R_2 sont possibles pour générer une lentille de longueur focale donnée; en pratique, l'opticien effectue son choix en tenant compte des conditions d'utilisation de la lentille (notamment pour réduire les aberrations).

> **(→) Testez votre compréhension 7.4** | **Choix du rayon de courbure**
>
> Quelle est la grandeur des rayons de courbure d'une lentille biconcave symétrique de 15 cm de longueur focale, si elle est faite d'un verre d'indice de réfraction 1,63?

Nous allons démontrer la formule des opticiens à l'aide de la formule de conjugaison pour les dioptres sphériques. Pour ce faire, considérons un objet A placé sur l'axe principal à une distance p_1 du premier dioptre de la lentille d'indice de réfraction n et d'épaisseur e (figure 7.9). Ce premier dioptre forme à une distance p_1' de lui l'image de A au point A' (sur la figure 7.9, A' est une image virtuelle et, par conséquent, p_1' est une distance négative). L'image A' sert d'objet pour le deuxième dioptre : le point A' se trouve à une distance $p_2 = e - p_1'$ du deuxième dioptre (voir la figure 7.9). Puisqu'on considère la lentille comme étant mince, on pose $e \approx 0$, ce qui donne $p_2 \approx -p_1'$. Le deuxième dioptre forme finalement à une distance p_2' de lui l'image de A' au point A''.

Figure 7.9

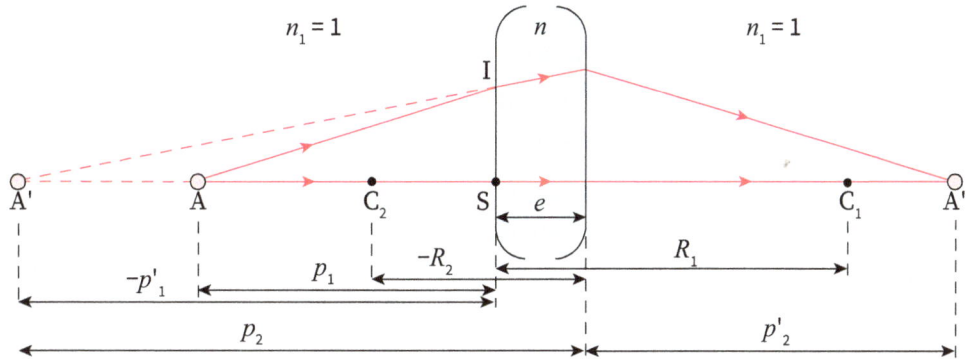

Pour localiser l'image A'' d'un objet ponctuel A, on peut considérer les deux réfractions successives de deux rayons lumineux incidents sur une lentille (qui consiste en deux dioptres sphériques consécutifs).

En appliquant l'équation de conjugaison (6.3), on dispose de la relation entre p_1 et p_1' :

$$\frac{1}{p_1} + \frac{n}{p_1'} = \frac{n-1}{R_1} \quad ,$$

où R_1 est le rayon de courbure du premier dioptre et où on a tenu compte que $n_1 = 1$, puisque la lentille baigne dans l'air. Similairement, on obtient la relation entre les distances p_2 et p_2' en appliquant l'équation de conjugaison (6.3) :

$$\frac{n}{p_2} + \frac{1}{p_2'} = \frac{1-n}{R_2} \quad ,$$

où R_2 est le rayon de courbure du deuxième dioptre. En substituant dans la dernière équation l'expression $p_2 \approx -p_1'$ (qui tient compte de l'hypothèse de la lentille *mince*) et en additionnant membre à membre les deux équations de conjugaison, on trouve :

$$\left(\frac{1}{p_1} + \frac{n}{p_1'} \right) + \left(\frac{n}{-p_1'} + \frac{1}{p_2'} \right) = \frac{n-1}{R_1} + \frac{1-n}{R_2} \quad \Rightarrow \quad \frac{1}{p_1} + \frac{1}{p_2'} = (n-1)\left(\frac{1}{R_1} - \frac{1}{R_2} \right) \ .$$

Puisque la lentille est mince, p_1 représente la distance objet par rapport à la lentille et p_2' représente la distance image. On posera plus simplement $p_1 = p$ et $p_2' = p'$, de sorte que la précédente l'équation devient finalement :

$$\frac{1}{p} + \frac{1}{p'} = (n-1)\left(\frac{1}{R_1} - \frac{1}{R_2} \right) \ . \tag{7.8}$$

Par définition du foyer objet, on a $p = f$ si $p' = \infty$. En remplaçant ces valeurs dans l'équation (7.8), on trouve que l'expression de la longueur focale objet est celle de l'équation (7.7). Par définition du foyer image, si on substitue les quantités $p = \infty$ et $p' = f'$ dans l'équation (7.8), on déduit alors que l'expression de la longueur focale image est identique à la longueur focale objet : $f = f'$, comme mentionné à la section 7.1.2. Ceci complète donc la démonstration de la formule des opticiens donnée par l'équation (7.7). Remarquons pour finir qu'en substituant l'équation (7.7) dans l'équation (7.8), on retrouve l'équation de conjugaison des lentilles minces, c'est-à-dire l'équation (7.1).

E

Exemple 7.5	Imagerie avec une lentille plan concave

Une lentille plan concave, dont l'indice de réfraction vaut 1,66 et dont la grandeur du rayon de courbure de la face courbe vaut 15 cm, est placée à 80 cm d'un objet?

a) Où l'image formée par cette lentille se trouve-t-elle?

b) Quels sont les grandissements transversal et longitudinal?

Solution

a) On a $R = 15$ cm (le rayon de courbure de la face courbe de la lentille), $n = 1,66$ (l'indice de réfraction de la lentille) et $p = 80$ cm (la distance objet, positive car l'objet est réel); on cherche p', la distance image. On suppose comme d'habitude que la lumière incidente voyage de gauche à droite. Pour localiser l'image, on doit d'abord connaitre la longueur focale de la lentille, qu'on peut déterminer avec la formule des opticiens. Pour une lentille plan concave, on a R_1 infini et $R_2 = +R$ (positif, car le centre de courbure est du côté des rayons émergents : voir le cas 1 de la figure ci-dessous). On aurait très bien pu prendre R_2 infini et $R_1 = -R$ (négatif, car le centre de courbure n'est pas du côté des rayons émergents : voir le cas 2 de la figure ci-dessous), ce qui donnerait exactement le même résultat.

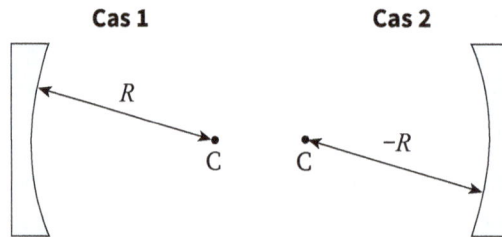

Cas 1   **Cas 2**

D'après la formule des opticiens :

$$\frac{1}{f} = (n-1)\left(\frac{1}{R_1} - \frac{1}{R_2}\right) \implies \frac{1}{f} = (n-1)\left(\frac{1}{\infty} - \frac{1}{R}\right) \implies f = \frac{-R}{n-1} = \frac{-15 \text{ cm}}{1,66-1} = -22,7 \text{ cm} \quad .$$

Le signe négatif de f confirme qu'il s'agit d'une lentille divergente. Considérons maintenant l'objet placé à une distance $p = 80$ cm à gauche de la lentille. On peut localiser son image à l'aide de l'équation de conjugaison :

$$\frac{1}{p} + \frac{1}{p'} = \frac{1}{f} \implies \frac{1}{80 \text{ cm}} + \frac{1}{p'} = \frac{1}{-22,7 \text{ cm}} \implies p' = -17,7 \text{ cm} \quad .$$

L'image est virtuelle (car $p' < 0$) et elle est située à 17,7 cm à gauche de la lentille.

b) Le grandissement transversal est donné par :

$$g = -\frac{p'}{p} = -\frac{(-17,7 \text{ cm})}{80 \text{ cm}} = 0,22 \quad .$$

L'image est droite (car $g > 0$). Le grandissement longitudinal vaut :

$$g_L = g^2 = 0,049 \quad .$$

7.4.2 Puissance d'une lentille mince

L'expression de la puissance d'un dioptre sphérique correspond au membre de droite de son équation de conjugaison; par analogie, l'expression de la puissance d'une lentille mince est le membre de droite de l'équation (7.1), c'est-à-dire l'inverse de la longueur focale de la lentille :

$$P = \frac{1}{f} \quad . \tag{7.9}$$

Puissance
d'une lentille

Si le numérateur de l'équation (7.9) vaut un, c'est parce que l'indice de réfraction de l'air est un. La puissance étant exprimée en dioptries (δ), la longueur focale doit obligatoirement être exprimée en mètres (car $1\ \delta = 1\ m^{-1}$). Découlant de la convention de signes 7.1 sur la longueur focale d'une lentille, la puissance d'une lentille convergente est positive alors que la puissance d'une lentille divergente est négative.

Testez votre compréhension 7.5	Puissance d'une lentille

Quelle est la puissance (en dioptries) d'une lentille divergente de 25 cm de longueur focale?

La formule des opticiens (7.7), en tenant compte de la définition de la puissance d'une lentille, peut s'écrire sous la forme :

$$P = \frac{n-1}{R_1} + \frac{1-n}{R_2} \quad . \tag{7.10}$$

En se référant à la définition (6.1) de la puissance d'un dioptre, on peut interpréter l'équation (7.10) comme suit : la puissance totale de la lentille est égale à la somme algébrique des puissances des deux dioptres qui constituent les faces de la lentille. En effet, le premier terme de l'équation (7.10) correspond à la puissance du premier dioptre, alors que le deuxième terme est celle du deuxième dioptre. En somme, la formule des opticiens peut se réécrire sous la forme simplifiée, facile à retenir :

$$P = P_1 + P_2 \quad ,$$

où P_1 et P_2 sont les puissances des premier et deuxième dioptres, respectivement, de la lentille.

Exemple 7.6	La lentille cornéenne

Une lentille cornéenne (un ménisque) est faite d'un plastique ayant un indice de réfraction de 1,50 et doit être conçue pour avoir une puissance de −5 dioptries lorsqu'elle baigne dans l'air. Le rayon de courbure de sa face arrière est de 7,8 mm (ce qui correspond également au rayon de courbure de la cornée sur laquelle la lentille sera déposée).

    a)   Quelle est la puissance du dioptre arrière de la lentille cornéenne?

    b)   Quel est le rayon de courbure de sa face avant?

Solution

Les données sont $P = -5\ \delta$ (la puissance de la lentille), $n = 1,50$ (l'indice de réfraction de la lentille) et $R_2 = 7,8$ mm $= 0,0078$ m (le rayon de courbure de la face arrière de la lentille, positif car le centre de courbure est du côté des rayons émergents – voir la figure ci-dessous).

Œil

Lentille
cornéenne

a) Pour trouver la puissance P_2 du deuxième dioptre, on utilise la définition de la puissance pour un dioptre :

$$P = \frac{n_2 - n_1}{R} \quad \Rightarrow \quad P_2 = \frac{1-n}{R_2} = \frac{1-1,50}{0,0078 \text{ m}} = -64,1\,\delta \quad .$$

Puisque la puissance du deuxième dioptre est « trop » négative par rapport à la puissance de la lentille, ceci veut dire que la puissance du dioptre avant doit être positive.

b) On peut d'abord trouver la puissance du dioptre avant de la lentille avec la formule des opticiens :

$$P = P_1 + P_2 \quad \Rightarrow \quad P_1 = P - P_2 = (-5\,\delta) - (-64,1\,\delta) = 59,1\,\delta \quad ,$$

ce qui positif, comme prédit. À partir de la définition de la puissance d'un dioptre, on peut trouver le rayon de courbure du dioptre avant de la lentille :

$$P = \frac{n_2 - n_1}{R} \quad \Rightarrow \quad R_1 = \frac{n-1}{P_1} = \frac{1,50-1}{59,1\,\delta} = 0,0085 \text{ m} \quad .$$

Pour avoir une puissance globale de −5 δ, la lentille doit avoir un rayon de courbure de 8,5 mm pour sa face avant. On aurait pu trouver ce résultat directement avec la forme standard de la formule des opticiens. D'abord, on déduit la longueur focale de la lentille :

$$P = \frac{1}{f} \quad \Rightarrow \quad f = \frac{1}{P} = \frac{1}{-5\,\delta} = -0,20 \text{ m} = -200 \text{ mm} \quad .$$

Puis, on trouve le rayon de courbure R_1 avec la formule des opticiens :

$$\frac{1}{f} = (n-1)\left(\frac{1}{R_1} - \frac{1}{R_2}\right) \quad \Rightarrow \quad \frac{1}{-200 \text{ mm}} = (1,50-1)\left(\frac{1}{R_1} - \frac{1}{7,8 \text{ mm}}\right) \quad \Rightarrow \quad R_1 = 8,5 \text{ mm} \quad .$$

7.4.3 Lentilles minces accolées

Lorsque deux lentilles minces sont accolées, il est possible de traiter l'ensemble qu'elles forment comme une seule lentille effective ayant une longueur focale équivalente. Cette approche est analogue à traiter comme un ensemble — la lentille mince — deux dioptres sphériques « accolés ». Comme on l'a vu à la section 7.4.2, la puissance de la lentille mince correspond à la somme des puissances des dioptres. De la même manière, la puissance de l'ensemble formé par deux lentilles accolées vaut la somme des puissances des deux lentilles :

$$P = P_1 + P_2 \quad \Rightarrow \quad \frac{1}{f} = \frac{1}{f_1} + \frac{1}{f_2} \quad . \tag{7.11}$$

L'équation (7.11) donne ainsi la longueur focale équivalente f de l'association de deux lentilles minces accolées. En généralisant, la puissance d'un système formé de N lentilles minces accolées est égale à la somme des N puissances des lentilles, c'est-à-dire :

Puissance d'une association de lentilles minces accolées

$$\frac{1}{f} = \frac{1}{f_1} + \frac{1}{f_2} + \ldots + \frac{1}{f_N} \quad , \tag{7.12}$$

où $f_1, f_2, \ldots, f_N$ sont les longueurs focales des N lentilles. On pourra considérer que les lentilles sont accolées si la distance qui les sépare est négligeable par rapport aux longueurs focales et aux distances objet et image.

| Attention! | L'équation (7.12) s'appuie sur deux hypothèses |

On peut additioner les puissances d'une association de lentilles seulement si les lentilles peuvent être considérées *minces* et *accolées*. Si une distance non négligeable sépare les lentilles, on ne peut pas utiliser l'équation (7.12).

Figure 7.10

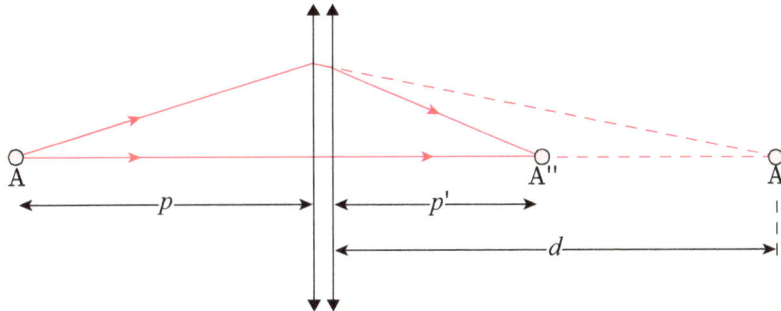

Les rayons lumineux issus de l'objet A subissent deux déviations, une pour chaque lentille, avant d'aboutir à l'image finale A''.

Nous allons démontrer l'équation (7.11) avec une démarche similaire à celle présentée pour démontrer la formule des opticiens. Supposons qu'un objet A est placé sur l'axe principal à une distance p de l'ensemble formé par deux lentilles minces accolées (figure 7.10). Les deux lentilles étant accolées, on considère que la distance qui les sépare est conceptuellement nulle. La première lentille forme à une distance d d'elle l'image de A au point A'. L'image A' sert d'objet pour la deuxième lentille : le point A' se trouve à une distance objet $-d$ de la lentille (sur la figure 7.10, A' est un objet virtuel pour la deuxième lentille, d'où le signe moins devant d). La deuxième lentille forme finalement à une distance p' d'elle l'image de A' au point A''. En exploitant la formule de conjugaison (7.1) pour la première lentille, on peut écrire :

$$\frac{1}{p}+\frac{1}{d}=\frac{1}{f_1} \quad .$$

De même, on a pour la deuxième lentille (en tenant compte du fait que la distance objet pour cette lentille est négative) :

$$\frac{1}{-d}+\frac{1}{p'}=\frac{1}{f_2} \quad .$$

Si on additionne ensemble ces deux équations, on trouve :

$$\frac{1}{p}+\frac{1}{p'}=\frac{1}{f_1}+\frac{1}{f_2} \quad .$$

Cette dernière équation n'est rien d'autre que l'équation de conjugaison pour le système formé par les deux lentilles. En comparant avec l'équation (7.1), on conclut que la longueur focale effective du système est telle que définie par l'équation (7.11).

Il est relativement facile de déterminer expérimentalement la longueur focale d'une lentille convergente : il suffit de former l'image d'une source lumineuse très éloignée (le Soleil, par exemple) sur un écran, puis de mesurer la distance entre la lentille et l'écran. Cette approche est toutefois impraticable pour une lentille divergente. Une technique pour remédier à la situation est d'accoler deux lentilles minces : la lentille divergente dont on cherche la longueur focale et une lentille convergente de puissance connue suffisamment grande. On peut alors déterminer la longueur focale effective du système formé par ces deux lentilles en utilisant l'écran et la source de lumière. Enfin, à partir de l'équation (7.11), on peut déduire la longueur focale de la lentille divergente (voir l'exemple qui suit).

E | **Exemple 7.7** | Déterminer la longueur focale d'une lentille divergente

Dans le but de déterminer la longueur focale d'une lentille divergente, on accole la lentille divergente à une lentille convergente de 15 cm de longueur focale. Avec le système que forme l'ensemble des deux lentilles, on produit d'un objet situé à 50 cm une image située à 35 cm. Quelle est la longueur focale de la lentille divergente?

Solution

Les données sont p = 50 cm (la distance objet), p' = 35 cm (la distance image) et f_1 = +15 cm (la longueur focale — positive — de la lentille convergente). On cherche f_2, la longueur focale de la lentille divergente. Désignons par f la longueur focale du système optique constitué des deux lentilles accolées. On peut la déterminer en appliquant l'équation de conjugaison :

$$\frac{1}{p} + \frac{1}{p'} = \frac{1}{f} \quad \Rightarrow \quad \frac{1}{50 \text{ cm}} + \frac{1}{35 \text{ cm}} = \frac{1}{f} \quad \Rightarrow \quad f = 20{,}6 \text{ cm} \quad .$$

La puissance d'un système de deux lentilles accolées étant donnée par la somme des puissances des lentilles prises individuellement, on peut déduire la longueur focale de la lentille divergente :

$$\frac{1}{f} = \frac{1}{f_1} + \frac{1}{f_2} \quad \Rightarrow \quad \frac{1}{20{,}6 \text{ cm}} = \frac{1}{15 \text{ cm}} + \frac{1}{f_2} \quad \Rightarrow \quad f_2 = -55{,}2 \text{ cm} \quad .$$

La longueur focale de la lentille divergente est donc de –55,2 cm.

Le concept de lentilles accolées est utile pour corriger le phénomène d'aberration chromatique. Puisque l'indice de réfraction est différent pour chaque couleur (phénomène de dispersion), les différents rayons d'un faisceau de lumière blanche incident sur une lentille convergente ne convergeront pas tous au même foyer (figure 5.10). Autrement dit, chaque couleur a son foyer, le violet ayant le foyer le plus près de la lentille. Il s'agit de *l'aberration chromatique* (voir la section 5.4.2). On peut corriger l'aberration chromatique à l'aide d'un doublet achromatique (ou achromat), qui est essentiellement constitué de deux lentilles accolées dont les caractéristiques sont judicieusement ajustées pour que toutes les couleurs aient le même foyer (voir le problème P5). Généralement, le doublet achromatique est formé d'une première lentille, convergente et fabriquée avec un verre crown (faiblement dispersif), suivie d'une seconde lentille, divergente et fabriquée avec un verre flint (fortement dispersif).

Doublet
achromatique

7.5 Troubles de la vue et ses corrections

À ce stade-ci, nous avons tous les éléments en main pour aborder le sujet des troubles de la vue, tels que la myopie et l'hypermétropie, et les moyens simples pour les corriger. Ces troubles, appelés amétropies, peuvent être corrigés simplement en plaçant une lentille de puissance appropriée devant l'œil amétrope. Nous ferons une description sommaire de l'œil où l'accommodation et l'œil emmétrope sont définis et où le punctum proximum et le punctum remotum sont rappelés. Puis, nous examinerons sommairement les deux amétropies : la myopie et l'hypermétropie.

7.5.1 L'œil normal

L'œil est un système optique permettant de former des images sur la rétine (l'écran situé dans le fond de l'œil), lesquelles sont analysées par le cerveau. Lorsque la lumière entre dans l'œil, la majeure partie de la déviation se produit au niveau de la cornée (la membrane transparente externe de l'œil); le reste de la déviation étant attribuable au cristallin (une lentille biconvexe de puissance variable, située derrière la cornée). La cornée possède une puissance d'environ 48 δ, tandis que le cristallin possède une puissance minimale de l'ordre de 12 δ. La lumière convergente aboutit sur la rétine, qui contient des cellules photosensibles (cônes et bâtonnets), les informations étant ensuite acheminées au cerveau via le nerf optique. Lorsque l'œil fait l'observation d'un objet réel, l'image sur la rétine est réelle et renversée; le cerveau traite l'information de manière à interpréter l'image comme étant droite. Si l'image ne se forme pas précisément sur la rétine, alors l'image apparait floue aux yeux de l'observateur.

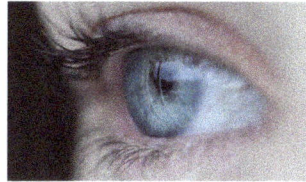

L'*accommodation* est la capacité de l'œil de modifier sa puissance afin de produire une image nette d'objets placés à différentes distances. Jouant le rôle d'une lentille convergente souple, le cristallin peut être comprimé ou relâché par des muscles ciliaires qui l'entourent de manière à modifier la courbure de ses faces et, conséquemment, la puissance P de l'œil. Lorsque les muscles ciliaires sont relâchés, il n'y a pas d'accommodation, le cristallin est bombé au minimum et la puissance l'œil est minimale (P_{min}). En revanche, lorsque les muscles ciliaires font un effort maximal, l'accommodation est maximale, le cristallin est bombé au maximum et la puissance l'œil atteint sa valeur maximale (P_{max}).

Accommodation

Comme mentionné à la section 1.5.2, le point le plus rapproché où un objet peut être placé pour que la vision soit nette à l'œil nu s'appelle le *punctum proximum* (PP) tandis que le point le plus éloigné où un objet peut être placé pour être vu distinctement à l'œil nu se nomme le *punctum remotum* (PR). Lorsqu'un objet est placé au PP et que le cristallin est bombé au maximum (puissance P_{max}), l'image sur la rétine est nette. À l'opposé, si l'objet est placé au PR et que le cristallin est bombé au minimum (puissance P_{min}), l'image sur la rétine est nette également. Dans le cas de l'œil nu, la région entre le PP et le PR correspond au domaine de vision distincte. La position du PP et du PR dépend de chaque individu; en particulier, la position du PP tend à s'éloigner à mesure que l'âge de la personne augmente. Pour un œil normal et standardisé, le PP est situé à 25 cm tandis que le PR est situé à l'infini (voir la figure 7.11).

Figure 7.11

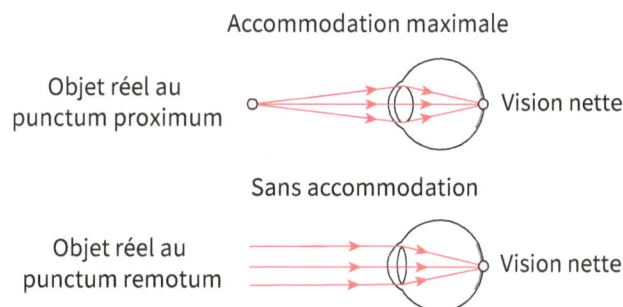

Lorsque l'objet est placé au punctum proximum, l'accommodation de l'œil est maximale et le cristallin est bombé au maximum. À l'inverse, lorsque l'objet est placé au punctum remotum, il n'y a aucune accommodation (muscles ciliaires relâchés) et le cristallin est bombé au minimum. (Les distances ne sont pas à l'échelle.)

7.5.2 Amétropies

Emmétropie   Un œil emmétrope, par définition, voit distinctement des objets infiniment lointains sans fatigue oculaire (muscles ciliaires relâchés). Le PR d'un œil emmétrope est donc à l'infini. Lorsque le PR n'est pas situé à l'infini, on dit que l'œil est *amétrope*. Il existe deux types d'amétropie : la myopie et l'hypermétropie. Chez les personnes atteintes de myopie ou d'hypermétropie, la profondeur de l'œil n'est pas correctement adaptée à la puissance de l'œil au repos (P_{min}). On peut prescrire à une personne atteinte d'amétropie une orthèse visuelle (par exemple une lentille cornéenne comme celle illustrée sur la photo ci-contre) qui a pour rôle de former, d'un objet situé à l'infini, une image au PR de l'œil amétrope.

Myopie   Pour une personne myope, la puissance de l'œil au repos est trop grande pour la profondeur de l'œil. D'un objet à l'infini, l'œil myope forme une image située devant la rétine, ce qui est perçu par le cerveau comme étant une image floue (voir la figure 7.12 (a)). Une personne myope a un PP plus rapproché que la normale, ce qui fait qu'elle peut observer distinctement des objets situés plus près que ne peut le faire un œil emmétrope (c'est là le seul avantage d'être myope). Une lentille divergente placée devant l'œil myope corrige cette amétropie, puisque l'image se forme alors plus loin dans l'œil, c'est-à-dire sur la rétine. Cette correction affecte aussi la distance minimale de vision distincte en l'augmentant légèrement, mais le gain considérable sur la vision éloignée est beaucoup plus avantageux que la perte minime sur la vision rapprochée.

Figure 7.12

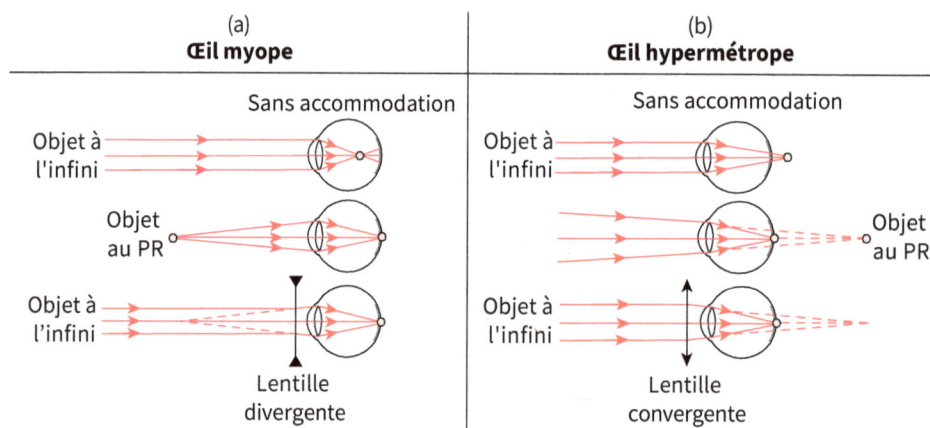

(a) Sans accommodation, un œil myope forme, d'un objet à l'infini, une image devant la rétine; pour corriger la myopie, on place une lentille divergente devant l'œil pour former d'un objet à l'infini une image située au PR. (b) Sans accommodation, un œil hypermétrope forme, d'un objet à l'infini, une image derrière la rétine; pour corriger l'hypermétropie, on place une lentille convergente devant l'œil pour former d'un objet à l'infini une image située au PR. (Les distances ne sont pas à l'échelle et le verre correcteur est considéré comme étant collé sur l'œil même si, pour plus de clarté, les schémas les montrent légèrement séparés.)

Hypermétropie   Pour une personne hypermétrope, la puissance de l'œil au repos est trop faible pour la profondeur de l'œil. En ce sens, l'hypermétropie est le problème opposé de la myopie. D'un objet à l'infini, l'œil hypermétrope forme sans accommoder une image située derrière la rétine, ce qui résulte en une image floue sur la rétine (voir la figure 7.12 (b)). Si l'amétropie n'est pas trop prononcée, l'œil hypermétrope parvient tout de même, avec un certain effort d'accommodation, à former l'image nette d'un objet éloigné. Toutefois, cet effort d'accommodation, utilisé en pratique presque toute la journée chez une personne hypermétrope, exige un usage fréquent et prolongé des muscles ciliaires; ceci entraine une fatigue oculaire qui se traduit généralement par des maux de tête (ce sont eux, d'ailleurs, qui permettent souvent de diagnostiquer l'hypermétropie). L'œil hypermétrope a un PP plus éloigné que la normale et éprouve donc aussi de la difficulté à observer des objets très rapprochés. Bien que l'hypermétrope ait une vision de près moins bonne qu'un emmétrope, l'hypermétropie reste un trouble de la vision lointaine, puisque le PR de l'hypermétrope n'est pas situé à l'infini. Une lentille convergente placée devant l'œil hypermétrope corrige l'amétropie. Cette correction, en plus de corriger la vision (sans accommodation) d'objets éloignés, a aussi pour effet d'améliorer la vision d'objets rapprochés en diminuant la distance minimale de vision distincte.

Le PR d'un œil myope est plus rapproché que l'infini. Pour corriger la myopie, il faut utiliser une lentille qui donne l'impression à la personne myope que les objets à l'infini sont situés à son PR (réel). Autrement dit, *la lentille doit former d'un objet à l'infini une image virtuelle située au PR de l'œil myope*. Grâce à une lentille divergente placée devant l'œil, les rayons qui entrent dans l'œil sont juste assez divergents pour que l'œil soit en mesure, sans accommodation, de former une image nette sur la rétine (voir la figure 7.12 (a)).

Exemple 7.8	Corriger la myopie

L'objet le plus éloigné que Caroline peut voir distinctement sans orthèse visuelle est à 50 cm.

   a) Quelle est la puissance des verres correcteurs que l'on doit lui prescrire pour qu'elle puisse observer distinctement des objets très éloignés? On néglige la distance entre les verres correcteurs et l'œil.

   b) Avec ses verres correcteurs, l'objet le plus près qu'elle peut observer distinctement est à 25 cm. Où se trouve son punctum proximum?

Solution

   a) Le punctum remotum de Caroline est à 0,5 m. Avec l'orthèse visuelle, Caroline doit pouvoir distinguer un objet situé à l'infini. Par conséquent, le rôle de l'orthèse visuelle est de former, à partir d'un objet à l'infini, une image virtuelle située à 0,5 m devant son œil. L'image virtuelle formée par la lentille sert alors d'objet réel pour l'œil. On a donc $p = \infty$ (objet à l'infini pour la lentille) et $p' = -0,5$ m (image virtuelle formée par la lentille). D'après l'équation de conjugaison, on a :

$$\frac{1}{p} + \frac{1}{p'} = \frac{1}{f} \quad \Rightarrow \quad \frac{1}{\infty} + \frac{1}{-0,50\ \mathrm{m}} = \frac{1}{f} \quad \Rightarrow \quad P = \frac{1}{f} = \frac{1}{-0,50\ \mathrm{m}} = -2,0\ \delta \quad .$$

L'orthèse visuelle à prescrire est donc une lentille divergente de puissance $-2,0\ \delta$.

   b) Lorsqu'un objet est placé à 25 cm devant la lentille correctrice, Caroline est capable de voir distinctement l'objet à condition d'accommoder au maximum : l'image formée par la lentille est donc située à son punctum proximum. En utilisant l'équation de conjugaison avec $1/f = -2,0\ \mathrm{m}^{-1}$ (la puissance des verres correcteurs) et $p = 0,25$ m, on trouve :

$$\frac{1}{p} + \frac{1}{p'} = \frac{1}{f} \quad \Rightarrow \quad \frac{1}{0,25\ \mathrm{m}} + \frac{1}{p'} = -2,0\ \delta \quad \Rightarrow \quad p' = -16,7\ \mathrm{cm} \quad .$$

Le punctum proximum de Caroline est donc à 16,7 cm *devant* la lentille (l'image est virtuelle), ce qui fait que Caroline est capable de voir des objets plus rapprochés qu'une personne emmétrope. Donc, Caroline a intérêt à enlever ses verres correcteurs pour examiner plus facilement des objets rapprochés.

Le PR d'un œil hypermétrope est derrière l'œil : en effet, un œil hypermétrope sans accommodation ne peut voir distinctement un objet que si ce dernier est virtuel. Ainsi, dans ces conditions, les rayons incidents sur l'œil hypermétrope doivent être convergents pour avoir une vision nette. Pour corriger l'hypermétropie, il faut utiliser une lentille qui donne l'impression à la personne hypermétrope que les objets à l'infini sont situés sur son PR (virtuel). Ceci veut dire que *la lentille doit former d'un objet à l'infini une image réelle au PR, qui est situé derrière l'œil hypermétrope*. Grâce à une lentille convergente placée devant l'œil, les rayons qui entrent dans l'œil sont juste assez convergents, si bien que l'œil est capable, sans accommoder, de former une image directement sur la rétine (voir la figure 7.12 (b)).

E | **Exemple 7.9** | Corriger l'hypermétropie

Nathalie possède un punctum remotum situé à une distance de 70 cm derrière son œil.

a) Quelle est la puissance des verres correcteurs que l'on doit lui prescrire pour qu'elle puisse observer dinstinctement des objets très éloignés, et ce, sans accommoder? On néglige la distance entre les verres correcteurs et l'œil.

b) Avec ses verres correcteurs, l'objet le plus près qu'elle peut observer dinstinctement est à 25 cm. Où se trouve son punctum proximum?

Solution

a) Le rôle de l'orthèse visuelle devant l'œil de Nathalie est de former, à partir d'un objet à l'infini, une image réelle située à 0,70 m derrière son œil. L'image réelle formée par la lentille sert alors d'objet virtuel pour l'œil. On a donc $p = \infty$ (objet à l'infini) et $p' = 0,70$ m (image réelle formée par la lentille). D'après l'équation de conjugaison, on a :

$$\frac{1}{p} + \frac{1}{p'} = \frac{1}{f} \;\;\Rightarrow\;\; \frac{1}{\infty} + \frac{1}{0,70\text{ m}} = \frac{1}{f} \;\;\Rightarrow\;\; P = \frac{1}{f} = \frac{1}{0,70\text{ m}} = +1,43\,\delta \;.$$

L'orthèse visuelle à prescrire est donc une lentille convergente de puissance 1,43 dioptries. Avec son orthèse visuelle, Nathalie peut voir distinctement des objets très éloignés en gardant ses muscles ciliaires au repos. Finis les maux de tête !

b) Lorsqu'un objet est placé à 25 cm devant la lentille correctrice, l'image formée par la lentille est située au punctum proximum de l'œil. En utilisant l'équation de conjugaison avec $1/f = 1,43$ m^{-1} (la puissance de la lentille) et $p = 0,25$ m, on trouve :

$$\frac{1}{p} + \frac{1}{p'} = \frac{1}{f} \;\;\Rightarrow\;\; \frac{1}{0,25\text{ m}} + \frac{1}{p'} = 1,43\,\delta \;\;\Rightarrow\;\; p' = -38,9\text{ cm} \;.$$

Le punctum proximum de Nathalie est à 38,9 cm devant la lentille. Ceci signifie que sans verres correcteurs, Nathalie ne voit pas distinctement les objets situés entre 38,9 cm et 25 cm. En plus d'éliminer ses maux de tête, son orthèse visuelle lui procure donc une meilleure vision de près.

En résumé, les amétropies peuvent être corrigées selon le même principe de base, en se rappelant que l'image formée par l'orthèse visuelle devient l'objet pour l'œil :

Principe de correction d'une amétropie

> Pour corriger une amétropie, on place devant l'œil une lentille capable de former, d'un objet situé à l'infini, une image située au punctum remotum de l'œil. Il faut donc une orthèse visuelle dont le foyer image coïncide avec le punctum remotum de l'œil.

Testez votre compréhension 7.6	Une puissante orthèse visuelle

Si votre père porte une orthèse visuelle dont la puissance est de −6,0 dioptries, quelle est son amétropie et où son punctum remotum se trouve-t-il?

Testez votre compréhension 7.7	Gardez l'œil ouvert!

De quel type d'amétropie l'homme de la photo ci-dessous souffre-t-il? Justifiez votre réponse.

7.6 Effet prismatique d'une lentille mince

Jusqu'ici, nous avons analysé le comportement de la lumière lorsque l'axe optique du faisceau de lumière qui traverse la lentille est confondu avec l'axe principal de la lentille. Dans un tel cas, l'axe optique du faisceau n'est pas dévié, puisqu'il passe par les centres de courbure de chacun des deux dioptres qui délimitent la lentille. Qu'arrive-t-il si l'axe optique du faisceau est décentré, c'est-à-dire qu'il est situé à une certaine distance au-dessus ou en dessous de l'axe principal de la lentille? Nous verrons dans cette section que l'axe optique sera dévié, à la manière d'un rayon lumineux dévié par un prisme (voir le chapitre 5). Cela nous permettra d'introduire la notion de puissance prismatique d'une lentille (la règle de Prentice) et d'aborder brièvement un nouveau type de lentille : la lentille de Fresnel.

7.6.1 Puissance prismatique d'une lentille

Une lentille peut être vue comme un empilement de prismes tronqués dont l'angle d'arête est de plus en plus grand au fur et à mesure qu'on s'éloigne du centre de la lentille. Imaginons une lentille mince définie par son axe principal et un rayon lumineux parallèle à l'axe principal incident sur la lentille à une distance x au-dessus de l'axe principal (figure 7.13 (a)).

Figure 7.13

Empilement de prismes tronqués — Prisme équivalent — Empilement de prismes tronqués — Lame à faces parallèles équivalente

(a)   (b)

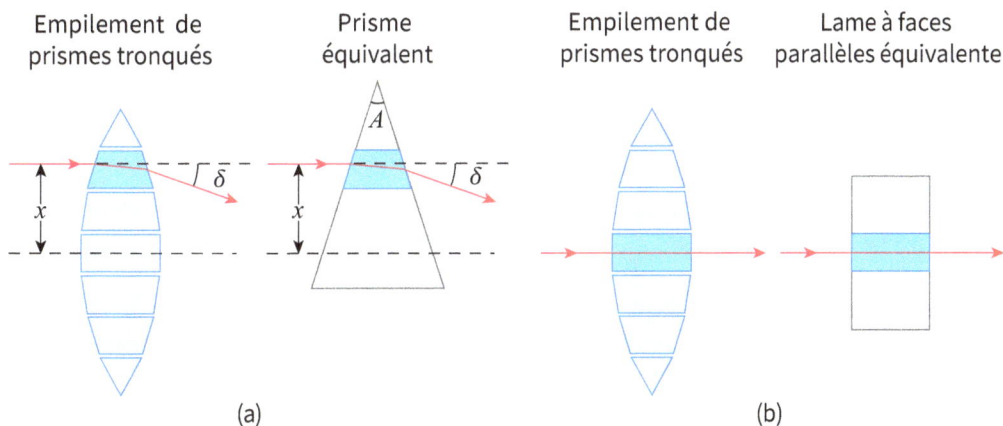

(a) Un rayon incident tombant ailleurs que sur le centre optique de la lentille « voit » un prisme. (b) Un rayon passant par le centre optique de la lentille ($x = 0$) « voit » une lame à faces parallèles.

Au point d'incidence, le rayon ne « voit » que deux dioptres plans formant un angle A entre eux, ce qui correspond à un prisme équivalent d'angle d'arête A (figure 7.13 (a)). Plus x est grand, plus A est grand et plus la déviation subie par le rayon lumineux est grande, comme mentionné à la section 5.2.2. À l'opposé, au centre optique de la lentille (à $x = 0$), le prisme a un angle d'arête nul et consiste en fait en une lame à faces parallèles : comme indiqué à la section 4.3.1, le rayon lumineux passant par ce point ne subit par conséquent aucune déviation (figure 7.13 (b)). Si un faisceau de rayons parallèles à l'axe principal est incident sur cet empilement de prismes, chaque prisme produit sa propre déviation et fait en sorte que les rayons émergents se croisent au foyer image du système (figure ci-dessous). Le foyer est d'autant mieux défini que le nombre de prismes de l'empilement est grand.

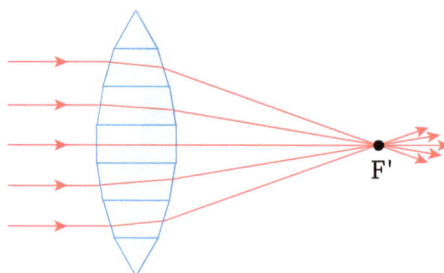

Puisque la lentille se comporte localement comme un prisme, il est possible de définir la puissance prismatique d'une lentille en fonction de la distance entre le rayon incident et l'axe principal de la lentille. Considérons un rayon parallèle à l'axe principal rencontrant une lentille mince convergente, de longueur focale f, à une distance x par rapport à l'axe principal. Par définition du foyer image, le rayon émergent passe par le foyer image F' de la lentille et il est par conséquent dévié d'un certain angle δ (voir la figure ci-dessous).

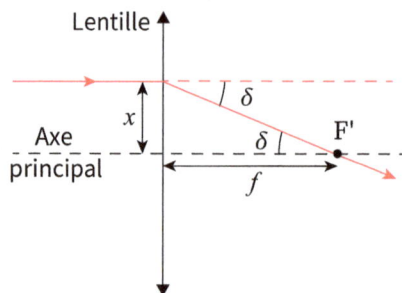

À l'aide de la figure, on déduit par géométrie que la déviation δ (l'angle entre le rayon incident et le rayon émergent) est telle que :

$$\tan\delta = \frac{x}{100 f} \quad . \tag{7.13}$$

On a ajouté le facteur 100 car on mesure ici x en centimètres et f en mètres. En remplaçant l'équation (7.13) dans la définition de la puissance prismatique – l'équation (5.14) –, on trouve $\Delta = 100\tan\delta = x/f$. Puisque la puissance P d'une lentille est l'inverse de sa longueur focale, on a $P = 1/f$ (rappelons que si f est exprimé en mètres comme c'est le cas ici, alors P est en dioptries). Finalement, l'expression de la puissance prismatique Δ de la lentille (toujours considérée positive), appelée règle de Prentice, est :

Règle de
Prentice

$$\Delta = x|P| \, , \tag{7.14}$$

où x est la hauteur (exprimée en centimètres) de l'axe optique du faisceau par rapport à l'axe principal de la lentille et P est la puissance (en dioptries) de la lentille. Avec x en cm et P en dioptries, alors Δ est en dioptries prismatiques (cm/m). Imaginons, par exemple, qu'un des verres d'une orthèse visuelle de $+4\,\delta$ soit incorrectement positionné, de sorte que son centre optique est décentré de 3 mm par rapport à l'axe principal de l'œil (voir la figure ci-contre). D'après la règle de Prentice, une personne qui porte cette orthèse visuelle doit endurer une puissance prismatique de $1{,}2^\Delta$, ce qui n'est pas souhaitable. En effet, une telle puissance prismatique nécessite au globe oculaire derrière la lentille décentrée de tourner d'un angle correspondant à la déviation produite par la lentille décentrée, puisque l'œil regarde naturellement là où se trouve l'image formée par la lentille décentrée.

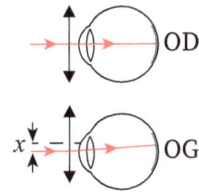

Testez votre compréhension 7.8	Puissance prismatique d'une lentille

Le verre droit d'une orthèse visuelle de puissance $+4{,}75\,\delta$ est décentré de 2,5 mm du côté temporal par rapport à l'axe principal de l'œil. Quel angle de rotation δ du globe oculaire ce décentrement provoque-t-il? Du côté temporal ou du côté nasal?

7.6.2 Formule des opticiens

Le pouvoir focalisant d'une lentille provient des différentes déviations, produites par les nombreux prismes tronqués qui constituent la lentille, qui font en sorte que les rayons émergents se croisent tous en un même point (dans l'approximation paraxiale). Ainsi, on peut obtenir la formule des opticiens par une analyse différente, en examinant la déviation produite par le prisme équivalent illustré à la figure 7.13a. Pour ce faire, analysons le prisme représenté à la figure 7.14 : un rayon parallèle à l'axe principal est incident sur le prisme à une hauteur x par rapport à l'axe principal; le rayon qui émerge du prisme croise l'axe principal en un point désigné par F' (le foyer image de la lentille).

Figure 7.14

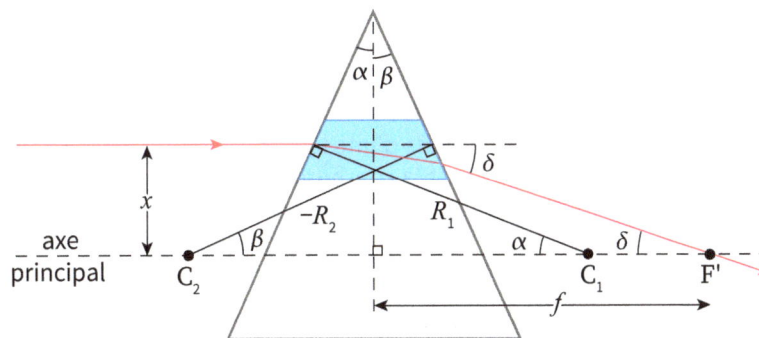

Un rayon parallèle à l'axe principal de la lentille est incident sur un des prismes équivalents constituant la lentille et subit une déviation qui le fait passer par le foyer image F' de la lentille. L'angle d'arête du prisme sur la figure est exagéré pour plus de clarté.

Dans le contexte de l'approximation des lentilles *minces*, la largeur du prisme est très petite, de sorte que la distance parcourue par le rayon dans le prisme (exagérée sur la figure 7.14) est très petite par rapport à la longueur focale f de la lentille. Ainsi, comme à la section 7.6.1, on peut établir une relation entre l'angle de déviation δ (petit dans l'approximation paraxiale), la hauteur x et la longueur focale f de la lentille (la distance entre le prisme et F') :

$$\tan\delta = \frac{x}{f} \quad \Rightarrow \quad \delta \approx \frac{x}{f} \ .$$

Ici, x et f sont exprimés avec les mêmes unités. Les points de rencontre entre l'axe principal de la lentille et les normales à chacune des deux faces du prisme aux points d'incidence définissent les centres de courbure C_1 et C_2 des deux dioptres sphériques de la lentille. La distance entre la première face du prisme et le centre de courbure C_1 est le rayon de courbure R_1, alors que la distance entre la deuxième face du prisme et le centre de courbure C_2 est le rayon de courbure R_2 (sur la figure 7.14, on a tenu compte de la convention de signes 6.1 pour les rayons de courbure).

Le prisme de la figure 7.14 est divisé en deux par une droite perpendiculaire à l'axe principal de la lentille qui passe par l'arête du prisme. L'angle d'arête du prisme est donc $A = \alpha + \beta$ (voir la figure 7.14). Par trigonométrie, on a les relations suivantes pour les angles α et β :

$$\sin\alpha \approx \alpha \approx \frac{x}{R_1} \quad \text{et} \quad \sin\beta \approx \beta \approx \frac{x}{-R_2} \quad ,$$

où on a utilisé l'approximation des petits angles, justifiée car on est dans le domaine paraxial (x est petit par rapport aux rayons de courbure R_1 et R_2). Lorsque l'angle d'arête du prisme et l'angle d'incidence sont petits (comme c'est le cas ici), l'angle de déviation δ est relié à l'angle d'arête A par l'équation (5.11); l'angle de déviation s'écrit donc ici $\delta = (n-1)(\alpha + \beta)$, où n est l'indice de réfraction de la lentille. En remplaçant trois dernières équations dans cette expression pour l'angle de déviation, on obtient :

$$\delta = (n-1)(\alpha + \beta) \quad \Rightarrow \quad \frac{x}{f} = (n-1)\left(\frac{x}{R_1} + \frac{x}{-R_2}\right) \quad \Rightarrow \quad \frac{1}{f} = (n-1)\left(\frac{1}{R_1} - \frac{1}{R_2}\right) \quad .$$

Ceci est bel et bien la formule des opticiens, donnée à l'équation (7.7).

7.6.3 Lentilles de Fresnel

Une lentille de Fresnel est une lentille découpée en sections annulaires concentriques, agissant comme une série de prismes annulaires (figure ci-contre). Chacun de ces prismes annulaires a sa propre puissance prismatique, de plus en plus grande à mesure qu'on s'éloigne de l'axe principal de la lentille de Fresnel.

Conçu en 1822 par le physicien français Augustin Fresnel (1788–1827), ce type de lentille a été inventé lorsque Fresnel a été confronté au problème de concevoir une lentille de grand diamètre et de courte longueur focale, appropriée pour un phare guidant les navires en mer; or, le support était incapable de soutenir le poids d'une lentille conventionnelle d'une telle taille. Fresnel a fait le raisonnement suivant : c'est la courbure de la surface réfringente qui donne le pouvoir focalisant de la lentille. Il a donc séparé la volumineuse lentille en plusieurs sections et il n'a conservé que les parties courbes du verre. Le composant optique conservait ainsi la même longueur focale, mais avec une fraction du poids et du volume de la lentille originale.

Pour construire conceptuellement une lentille de Fresnel, on procède comme suit (voir la figure ci-dessous) :

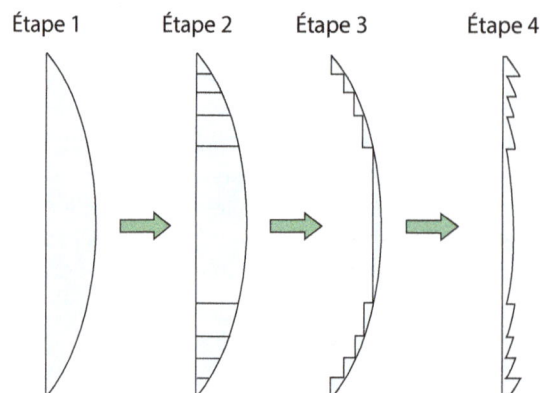

- Étape 1 : On part d'une lentille convergente conventionnelle dont la longueur focale f est celle de la lentille de Fresnel désirée.
- Étape 2 : On tranche la lentille en une série d'anneaux concentriques (comme les anneaux d'un arbre).
- Étape 3 : On retire tout le verre qui ne contribue pas à la courbure de la surface.
- Étape 4 : On rassemble tous les anneaux concentriques pour obtenir la lentille de Fresnel.

Chaque facette de la lentille de Fresnel a la même inclinaison que la surface convexe de la lentille conventionnelle correspondante. Si le nombre de facettes est élevé, il devient alors possible d'utiliser les facettes planes plutôt que sphériques. De ce point de vue, la lentille de Fresnel est en fait un ensemble de prismes circulaires concentriques dont la puissance prismatique augmente linéairement avec le décentrement x par rapport à l'axe principal de la lentille (figure 7.15).

Figure 7.15

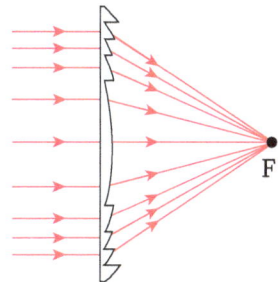

À la manière d'une lentille conventionnelle, une lentille de Fresnel a la propriété de focaliser la lumière.

Les lentilles de Fresnel offrent une qualité d'images inférieure à celle des lentilles conventionnelles; par exemple, on n'utiliserait pas des lentilles de Fresnel dans un télescope ou dans un appareil photographique. Par contre, une lentille de Fresnel est particulièrement utile pour concentrer une grande quantité d'énergie lumineuse sans égard à la qualité des images, notamment pour rendre parallèle la lumière émise par un phare de signalisation maritime. Les lentilles de Fresnel sont également couramment utilisées dans les projecteurs de cinéma et les rétroprojecteurs comme ceux dans les salles de cours.

7.7 Lentille mince entre deux milieux d'indices différents

Jusqu'ici, nous avons étudié en détail une lentille mince qui baigne dans l'air. Or, les milieux de part et d'autre d'une lentille ne sont pas toujours identiques. Un bon exemple est la cornée de l'œil qui joue le rôle d'une lentille, de puissance d'environ 48 δ, dont le milieu 1 est l'air ($n_1 = 1$) et dont le milieu 2 est l'humeur aqueuse ayant un indice de réfraction de $n_2 = 1{,}337$. Nous allons dans cette section-ci généraliser les résultats obtenus précédemment. Nous verrons ainsi comment sont modifiés les résultats si les milieux de part et d'autre de la lentille sont différents.

7.7.1 Relation générale entre les longueurs focales

Lorsque les milieux de part et d'autre d'une lentille ne sont pas les mêmes, les longueurs focales objet et image n'ont pas la même valeur. Comme dans le cas du dioptre sphérique — voir l'équation (6.10) —, les longueurs focales objet et image sont dans le même rapport que les indices de réfraction des milieux 1 et 2 :

$$\frac{f'}{f} = \frac{n_2}{n_1} \quad . \tag{7.15}$$

Pour le prouver, considérons un faisceau lumineux de rayons parallèles entre eux arrivant sur une lentille à incidence oblique; on suppose que l'axe optique du faisceau croise l'axe principal de la lentille au centre géométrique (le sommet S) avec un angle d'incidence θ_1 très petit. Analysons deux des rayons du faisceau incident : celui qui passe par le foyer objet et celui qui passe par le sommet S (figure ci-contre). Par définition du foyer objet F, le rayon passant par F émerge parallèlement à l'axe principal de la lentille. Par définition du plan focal image (plan perpendiculaire à l'axe principal de la lentille et passant par le foyer image F'), le rayon passant par S rencontre le premier rayon au foyer secondaire image, dans le plan focal image.

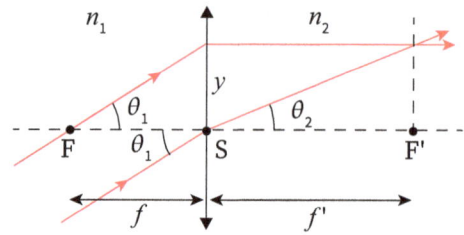

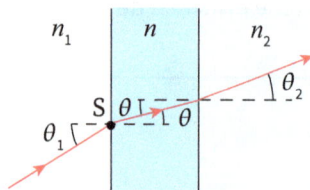

Le rayon passant par S respecte la loi de Snell–Descartes, $n_1\sin\theta_1 = n_2\sin\theta_2$. Localement, la lentille se comporte comme une lame à faces parallèles (figure ci-contre). Le rayon lumineux subit une déviation, car les milieux de part et d'autre de cette « lame à faces parallèles » ne sont pas identiques. Au point S, la normale aux dioptres est confondue avec l'axe principal de la lentille. À la première face de la lentille, la loi de Snell–Descartes donne, pour ce rayon incident au point S : $n_1\sin\theta_1 = n\sin\theta$ (voir la figure ci-dessus à gauche); à la deuxième face, elle donne : $n\sin\theta = n_2\sin\theta_2$. En regroupant ces deux équations, on trouve $n_1\sin\theta_1 = n_2\sin\theta_2$, comme il se doit.

Dans l'approximation paraxiale, la loi de Snell–Descartes devient $n_1\theta_1 = n_2\theta_2$. Par trigonométrie, on déduit à partir de la figure ci-dessus à droite que $\tan\theta_1 = y/f$ et $\tan\theta_2 = y/f'$. Dans le domaine paraxial, les tangentes des angles sont approximativement égales aux angles eux-mêmes, exprimés en radians : $\theta_1 \approx y/f$ et $\theta_2 \approx y/f'$. En substituant ces expressions dans la version approchée de la loi de Snell–Descartes et en simplifiant les facteurs y communs, on retrouve comme prévu l'équation (7.15).

7.7.2 Formule de Newton et équation de conjugaison

La position de l'image formée par une lentille située entre deux milieux d'indices de réfraction différents peut être prédite grâce à la formule de Newton ou à l'équation de conjugaison. Considérons un objet étendu dans un milieu d'indice de réfraction n_1 placé devant une lentille, qui forme l'image de l'objet dans un milieu d'indice de réfraction n_2 (figure 7.16). On identifie la position de l'objet et de l'image par rapport à leur foyer respectif avec les distances x et x'.

Figure 7.16

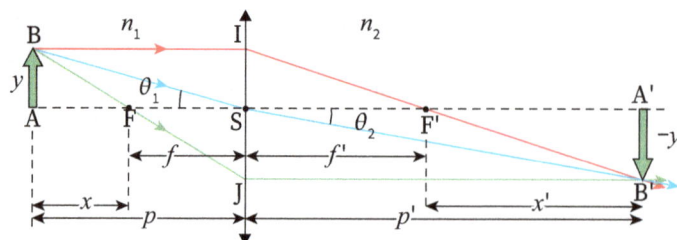

Deux rayons principaux et un rayon passant par le sommet de la lentille mince servent à localiser l'image d'un objet étendu.

La relation entre les positions objet et image est donnée par la formule de Newton :

$$xx' = ff' \; ,$$
(7.16)

où $x = p - f$ est la distance entre l'objet et le foyer objet et $x' = p' - f'$ est la distance entre l'image et le foyer image. L'équation (7.16) est en fait une équation tout à fait générale qui s'applique à tous les systèmes optiques.

Démontrons la formule de Newton à l'aide de la figure 7.16. Pour localiser l'image de l'objet étendu, on se sert de deux rayons principaux (ceux qui font intervenir les foyers objet et image de la lentille). Les triangles ABF et SJF sont des triangles semblables, ce qui permet d'écrire :

$$\frac{y}{x} = \frac{-y'}{f} \quad \Rightarrow \quad \frac{y'}{y} = -\frac{f}{x} \; .$$
(7.17)

De même, les triangles A'B'F' et SJF' étant semblables, on a :

$$\frac{-y'}{x'} = \frac{y}{f'} \quad \Rightarrow \quad \frac{y'}{y} = -\frac{x'}{f'} \; .$$
(7.18)

En égalant entre elles les quantités y'/y des deux dernières équations, on peut réorganiser pour obtenir la formule de Newton (7.16).

On peut trouver le grandissement à partir de la figure 7.16, lequel s'écrit en général :

$$g = \frac{y'}{y} = -\frac{n_1 p'}{n_2 p} = -\frac{f}{x} = -\frac{x'}{f'} \; .$$
(7.19)

Sur la figure 7.16, on a aussi représenté un rayon passant par le sommet de la lentille, qui respecte la loi de Snell–Descartes : $n_1 \sin\theta_1 = n_2 \sin\theta_2$. Dans l'approximation paraxiale, on peut remplacer les sinus des angles par les angles eux-mêmes, en radians : $n_1 \theta_1 = n_2 \theta_2$. Par trigonométrie, les petits angles θ_1 et θ_2 peuvent s'exprimer $\theta_1 \approx y/p$ et $\theta_2 \approx -y'/p'$. En substituant ces expressions dans la forme approchée de la loi de Snell–Descartes, on obtient $n_1(y/p) = n_2(-y'/p')$. En isolant le rapport y'/y, qui est le grandissement transversal, on retrouve l'équation (7.19). Les autres égalités proviennent des équations (7.17) et (7.18).

À partir de la formule de Newton, on peut trouver la formule de conjugaison, qui s'applique à tous les systèmes optiques :

$$\frac{n_1}{p} + \frac{n_2}{p'} = \frac{n_1}{f} = \frac{n_2}{f'} \; .$$
(7.20)

En remplaçant les définitions $p = x + f$ et $p' = x' + f'$ dans la formule de Newton, on a :

$$(p - f)(p' - f') = ff' \quad \Rightarrow \quad pp' - pf' - fp' = 0 \; .$$

En divisant tous les termes de l'équation précédente par $pp'f$, on trouve :

$$\frac{1}{f} - \frac{f'}{p'f} - \frac{1}{p} = 0 \; .$$

Si on utilise l'équation (7.15) dans cette dernière équation et qu'on réorganise les termes de l'équation résultante, on retrouve l'équation (7.20), ce qu'on voulait démontrer.

7.7.3 Formule des opticiens généralisée

Nous avons dit dans le présent chapitre et dans le précédent que la puissance d'un système optique correspond au membre de droit de son équation de conjugaison. De plus, nous avons vu en établissant la formule des opticiens que la puissance d'une lentille est la somme des puissances de chacun de ses dioptres – voir l'équation (7.10). En combinant ces conclusions, on peut affirmer que la puissance d'une lentille placée entre deux milieux d'indices de réfraction n_1 et n_2 différents est :

Puissance d'une lentille entre deux milieux d'indices différents

$$P = \frac{n_1}{f} = \frac{n_2}{f'} = \frac{n-n_1}{R_1} + \frac{n_2-n}{R_2} \; , \tag{7.21}$$

où R_1 et R_1 sont les rayons de courbure des dioptres qui délimitent la lentille. Pour obtenir plus formellement l'équation (7.21), on peut utiliser une démarche analogue à celle présentée à la section 7.4.1. L'équation (7.21) peut être vue comme la généralisation de la formule des opticiens.

7.7.4 Point nodal d'une lentille

À la figure 7.16, nous avons représenté deux rayons principaux, tandis que le troisième (celui qui passe par le sommet de la lentille) n'en est pas un. Si on se réfère aux rayons principaux pour le dioptre sphérique (voir la figure 6.11, page 209) et ceux pour la lentille mince qui baigne dans l'air (voir la figure 7.5, page 234), le troisième rayon principal est celui qui traverse le système optique sans être dévié.

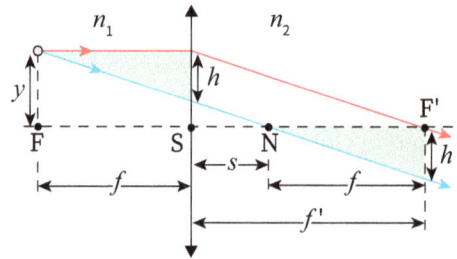

Un rayon qui traverse une lentille sans être dévié existe toujours, même si la lentille est située entre deux milieux d'indices de réfraction différents. Pour le constater, imaginons une source ponctuelle placée à une distance y (très petite) de l'axe principal de la lentille, située juste au-dessus de son foyer objet F. Puisque la source se trouve dans le plan focal objet, les rayons émergeant de la lentille sont tous parallèles entre eux, par définition du foyer secondaire objet. De tous les rayons issus de la source, analysons deux d'entre eux qui sont incidents sur la lentille : un rayon incident parallèle à l'axe principal de la lentille et le rayon qui n'est pas dévié en traversant la lentille (voir la figure ci-dessus). Le rayon incident parallèle à l'axe principal émerge de la lentille en passant par le foyer image F', par définition de F'. Le rayon qui n'est pas dévié passe par un point situé sur l'axe principal, noté N et appelé *point nodal*, et ce point est à une distance s du centre géométrique de la lentille (le sommet S).

Sur la figure ci-dessus, les deux triangles rectangles ombrés sont identiques, en raison du fait que le rayon lumineux passant par N n'est pas dévié (l'angle qu'il fait avec l'axe principal ne change pas en traversant la lentille). Puisque ces deux triangles ont la même hauteur h, ils ont donc aussi la même base f. Autrement dit, la distance entre le point nodal N et le point focal image F' correspond à la longueur focale objet f. On déduit par conséquent que la distance s entre le point nodal N et le centre S de la lentille est donnée par :

$$s = f' - f \; .$$

Point nodal

Le point nodal (le point sur l'axe principal par lequel passe un rayon qui n'est pas dévié par la lentille) est à une distance du centre géométrique de la lentille qui correspond à la différence des longueurs focales image et objet. Autrement dit, la distance entre le point nodal N et le foyer image F' correspond à la distance entre le foyer objet F et le centre S de la lentille. Bien entendu, pour une lentille qui baigne dans l'air, les longueurs focales sont identiques et le point nodal est donc situé au centre de la lentille, comme on l'a vu à la section 7.3. Dans le cas du dioptre sphérique, le point nodal correspond au centre de courbure du dioptre et la distance s vaut le rayon de courbure R du dioptre (voir l'équation (6.11), page 203).

L'introduction du concept de point nodal pour une lentille située entre deux milieux d'indices de réfraction différents permet de définir un rayon principal tout à fait général, qui s'applique à tous les systèmes optiques (lentilles et dioptres). De manière générale, les trois rayons principaux sont donc (figure 7.17) :

1. Un rayon incident se dirigeant vers le *point nodal* du système optique n'est pas dévié.

2. Un rayon incident parallèle à l'axe principal émerge aligné avec le foyer image.

3. Un rayon incident se dirigeant vers le foyer objet émerge parallèlement à l'axe principal.

Rayons principaux généraux pour une lentille mince

Figure 7.17

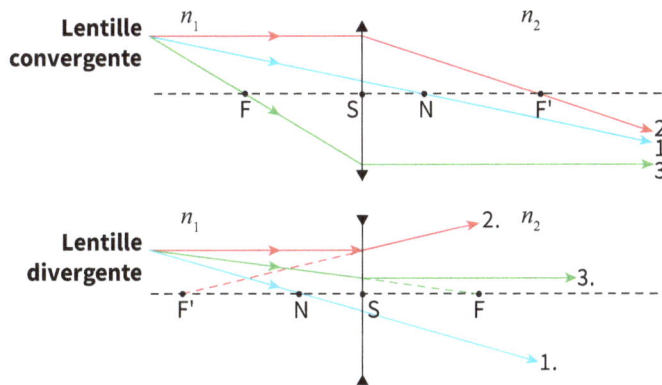

Les trois rayons principaux d'une lentille mince placée entre deux milieux d'indices de réfraction différents font intervenir trois points caractéristiques de la lentille : le point nodal, le point focal objet et le point focal image.

Exemple 7.10 | L'œil emmétrope

Optiquement parlant, on peut modéliser l'œil par une lentille de puissance variable située entre deux milieux d'indices de réfraction différents : la face avant de la lentille est en contact avec l'air ($n_1 = 1$) et la face arrière de la lentille est en contact avec l'humeur vitrée, une substance gélatineuse transparente d'indice de réfraction $n_2 = 1,336$ (voir la figure ci-dessous). On suppose ici que la puissance minimale de l'œil (sa puissance au repos) vaut $P_{min} = 60\ \delta$.

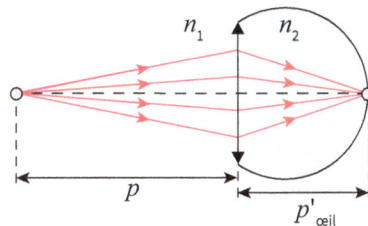

a) Considérant que l'œil est emmétrope, quelle est la profondeur de l'œil?

b) En supposant que le punctum proximum de l'œil est à 25 cm, quelle est la puissance maximale de l'œil?

c) Si l'œil accommode pour examiner un objet situé à 60 cm devant lui, quel doit être la puissance de l'œil? Quelle sera alors le grandissement de l'image rétinienne?

Solution

a) On peut utiliser la forme générale de l'équation de conjugaison d'une lentille mince pour déterminer la puissance P requise pour faire l'observation d'un objet situé à une distance p de l'œil (voir la figure donnée dans l'énoncé) :

$$\frac{n_1}{p} + \frac{n_2}{p'} = P \quad \Rightarrow \quad \frac{1}{p} + \frac{n_2}{p'_{\text{œil}}} = P \quad ,$$

où $n_2 = 1{,}336$ est l'indice de réfraction de l'humeur vitrée et $p'_{\text{œil}}$ est la distance image. Pour former une image nette sur la rétine, la distance image $p'_{\text{œil}}$ doit correspondre à la profondeur de l'œil. Pour faire l'observation d'un objet situé au punctum remotum, l'œil est au repos et sa puissance est minimale. Pour un œil emmétrope, le punctum remotum est situé à l'infini, de sorte que, si $P = P_{\text{min}}$, alors $p = \infty$:

$$\frac{1}{\infty} + \frac{n_2}{p'_{\text{œil}}} = P_{\text{min}} \quad \Rightarrow \quad p'_{\text{œil}} = \frac{n_2}{P_{\text{min}}} = \frac{1{,}336}{60\,\delta} = 0{,}0223 \text{ m} = 22{,}3 \text{ mm} \quad .$$

Selon ce modèle, la profondeur de l'œil est de 22,3 mm. Or, lorsque l'objet est à l'infini, on sait que l'image se forme au foyer image de l'œil au repos. Pour un œil emmétrope, le foyer image de l'œil au repos coïncide donc, par définition, avec la rétine (voir la figure ci-dessous). Autrement dit, la profondeur de l'œil correspond à la longueur focale image de l'œil au repos ($f' = n_2/P_{\text{min}}$).

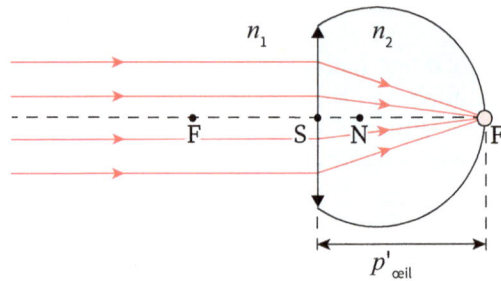

b) Le punctum proximum est la position de l'objet le plus près de l'œil permettant une vision distincte à l'œil nu. Si un objet est placé au punctum proximum (lequel est ici situé à $p = 0{,}25$ m), la puissance de l'œil est alors maximale ($P = P_{\text{max}}$) et l'équation de conjugaison devient :

$$\frac{n_1}{p} + \frac{n_2}{p'} = P \quad \Rightarrow \quad P_{\text{max}} = \frac{1}{0{,}25 \text{ m}} + \frac{n_2}{p'_{\text{œil}}} = \frac{1}{0{,}25 \text{ m}} + \frac{1{,}336}{0{,}0223 \text{ m}} = 64\,\delta \quad .$$

Dans cette équation, la distance image doit rester $p'_{\text{œil}}$ pour que l'image se forme sur la rétine. Ainsi, la puissance maximale de cet œil est de 64 δ. Dans les faits, en général, cette valeur de puissance maximale dépend grandement de l'âge de l'individu.

c) La profondeur de l'œil ne change pas, bien que la puissance de la lentille soit variable. Ainsi, la distance image pour toute valeur de puissance P reste $p'_{\text{œil}} = 0{,}0223$ m afin de former des images nettes sur la rétine. Avec $p = 0{,}60$ m, l'équation de conjugaison s'écrit :

$$\frac{n_1}{p} + \frac{n_2}{p'} = P \quad \Rightarrow \quad P = \frac{1}{p} + \frac{n_2}{p'_{\text{œil}}} = \frac{1}{0{,}60 \text{ m}} + \frac{1{,}336}{0{,}0223 \text{ m}} = 61{,}7\,\delta \quad .$$

Cette valeur est bien entendu comprise entre les valeurs extrémales de puissance, c'est-à-dire entre 60 δ et 64 δ. Le grandissement de l'image rétinienne vaut :

$$g = -\frac{n_1 p'}{n_2 p} \quad \Rightarrow \quad g = -\frac{p'_{\text{oeil}}}{n_2 p} = -\frac{(0{,}0223 \text{ m})}{(1{,}336)(0{,}60 \text{ m})} = -0{,}0278 \quad .$$

L'image sur la rétine est renversée (car $g < 0$); malgré tout, le cerveau interprète l'information qu'il reçoit via le nerf optique comme une image droite. On constate que la taille de l'image rétinienne vaut moins de 3% de la taille réelle de l'objet; néanmoins, l'image recouvre un nombre suffisant de cellules photosensibles de la rétine pour obtenir une grande résolution.

Révision

L'objectif global de ce chapitre est d'être en mesure de déterminer, graphiquement et algébriquement, les caractéristiques de l'image formée par une lentille mince ou par plusieurs lentilles minces successives. Spécifiquement, vous devriez être capable de répondre aux questions suivantes, ce qui vous permettra de vérifier que vous avez atteint les objectifs pédagogiques de ce chapitre.

Pouvez-vous définir :

- une lentille mince?
- une lentille biconvexe (biconcave), une lentille plan convexe (plan concave) et un ménisque convergent (divergent)?
- l'axe principal d'une lentille?
- le centre optique d'une lentille mince?
- les foyers (objet et image) et les longueurs focales (objet et image) d'une lentille mince?
- le punctum proximum et le punctum remotum d'un œil?
- un œil emmétrope et un œil amétrope?
- la myopie et l'hypermétropie?
- le point nodal d'une lentille mince?

Connaissez-vous :

- la convention de signes associée à la longueur focale des lentilles minces?
- le fait que, pour obtenir des images de qualité satisfaisante, la lentille doit être utilisée dans le domaine paraxial seulement?
- les hypothèses utilisées pour obtenir l'équation de conjugaison des lentilles minces?
- la convention de signes associée aux longueurs impliquées dans la formule de Newton?
- l'équation de conjugaison des lentilles minces?
- les trois rayons principaux des lentilles minces dans le domaine paraxial?
- la convention de signes associée aux rayons de courbure des deux dioptres sphériques qui constituent la lentille?
- l'expression qui donne la puissance d'une lentille mince?
- la puissance prismatique d'une lentille mince (règle de Prentice)?
- le principe général de correction d'une amétropie?
- la relation entre les longueurs focales objet et image d'une lentille mince située entre deux milieux d'indices de réfraction différents?

Êtes-vous en mesure de :

- résoudre, graphiquement (avec les rayons principaux) et algébriquement (avec l'équation de conjugaison et l'expression du grandissement transversal), des problèmes de formation d'images à l'aide d'une lentille mince ou de plusieurs lentilles minces successives?

- déterminer la nature, la taille et le sens de l'image, par rapport à l'objet, grâce à la valeur du grandissement transversal?

- construire graphiquement le rayon réfléchi (ou incident) qui correspond à un rayon incident (ou réfléchi) quelconque, en utilisant la méthode du rayon oblique?

- calculer la longueur focale d'une lentille à l'aide de la formule des opticiens?

- déterminer la longueur focale d'un système de plusieurs lentilles minces accolées?

- calculer la puissance prismatique d'une lentille mince pour un décentrement donné?

Légende :

« Définir » : vous devez être en mesure de donner un énoncé à l'aide de mots seulement.
« Connaitre » : vous devez connaitre par cœur le concept ou le principe.
« En mesure de » : vous devez être capable de faire les exemples, exercices et problèmes en lien avec cet objectif.

Questions

Q1. Pour une lentille biconvexe, quel est le signe du rayon de courbure (a) du premier dioptre; (b) du deuxième dioptre de la lentille?

Q2. Le plus grand rayon de courbure (en valeur absolue) d'un ménisque convergent appartient-il au dioptre convexe ou au dioptre concave de la lentille?

Q3. Définissez en mots (a) le foyer objet; (b) le foyer image d'une lentille mince.

Q4. Où doit-on placer l'objet par rapport à une loupe (une lentille convergente) si on désire voir une image droite par rapport à l'objet et plus grande que l'objet?

Q5. Pourquoi une lentille divergente est-elle incapable de former, d'un objet réel, une image réelle?

Q6. Des rayons émergeant d'une lentille convergente peuvent-ils être divergents? Si oui, donnez un exemple. Sinon, expliquez pourquoi.

Q7. Des rayons lumineux parallèles entre eux sont focalisés à une certaine distance d'une lentille convergente entourée d'air. Si on retourne la lentille de manière à lui faire présenter à la lumière son autre face, comment la distance de focalisation est-elle affectée?

Q8. Pourquoi un rayon lumineux passant par le centre optique d'une lentille entourée d'air n'est-il jamais dévié?

Q9. Vrai ou faux? (a) Une lentille convergente produit toujours une image réelle. (b) Une lentille divergente produit toujours une image virtuelle.

Q10. Où doit-on placer un objet devant une lentille mince convergente entourée d'air pour obtenir une image de même taille que l'objet?

Q11. D'un objet réel, une lentille mince forme une image dont le grandissement vaut +0,8. (a) L'image est-elle plus grande ou plus petite que l'objet? (b) L'image est-elle droite ou renversée? (c) Quelle est la nature de l'image? (d) La lentille est-elle convergente ou divergente?

Q12. Si cela est possible, à quelle condition l'image formée par une lentille convergente est-elle (a) réelle; (b) virtuelle; (c) droite; (d) renversée; (e) plus grande que l'objet; (f) plus petite que l'objet?

Q13. Reprenez la question précédente dans le cas où la lentille est divergente.

Q14. Qu'est-ce que (a) le punctum proximum; (b) le punctum remotum d'un œil?

Q15. Qu'entend-on par œil emmétrope?

Q16. Décrivez brièvement en quoi consistent les amétropies de l'œil :
(a) la myopie; (b) l'hypermétropie.

Q17. La personne dont l'orthèse visuelle est illustrée sur la photo ci-dessous souffre-t-elle d'hypermétropie ou de myopie? Justifiez votre réponse.

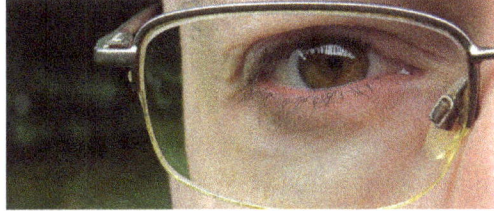

Q18. Si une personne dont les yeux sont emmétropes porte une orthèse visuelle conçue pour une personne hypermétrope, l'observation d'objets éloignés est floue peu importe son accommodation. Pourquoi?

Exercices

Dans ces exercices, sauf indication contraire, les lentilles sont minces et entourées d'air.

7.2 Méthodes graphiques

Pour les exercices de la section 7.2, vous devez faire des constructions graphiques à l'échelle, avec les instruments à dessin appropriés. On considère que la lumière voyage de gauche à droite et on se limite au domaine paraxial.

E1. Un objet étendu est situé à proximité d'une lentille convergente de longueur focale $f = 3$ cm (voir la figure ci-dessous). À l'aide du tracé des rayons principaux, déterminez graphiquement la position de l'image si la distance objet vaut

a) $p = 6$ cm;

b) $p = 3$ cm;

c) $p = 2$ cm;

d) $p = -6$ cm.

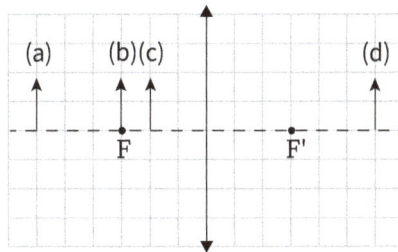

E2. Un objet étendu est situé à proximité d'une lentille divergente de longueur focale $f = -3$ cm (voir la figure ci-dessous). À l'aide du tracé des rayons principaux, déterminez graphiquement la position de l'image si la distance objet vaut

a) $p = 6$ cm;

b) $p = -2$ cm;

c) $p = -3$ cm;

d) $p = -6$ cm.

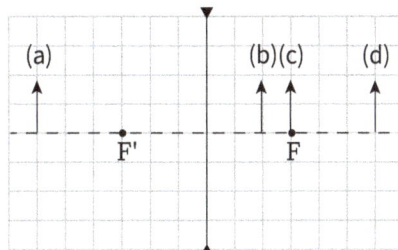

E3. L'image d'un objet étendu est située à proximité d'une lentille mince dont la grandeur de la longueur focale est $|f| = 4$ cm. Par un tracé de rayons principaux, localisez graphiquement l'objet si…

  a) $p' = 6$ cm et que la lentille est convergente;

  b) $p' = -4$ cm et que la lentille est convergente;

  c) $p' = 4$ cm et que la lentille est divergente;

  d) $p' = -12$ cm et que la lentille est divergente.

E4. Un objet *ponctuel* est situé sur l'axe principal d'une lentille mince dont la grandeur de la longueur focale est $|f| = 2$ cm. À l'aide de la méthode du rayon oblique, localisez graphiquement l'image ponctuelle si…

  a) $p = 3$ cm et que la lentille est convergente;

  b) $p = 6$ cm et que la lentille est divergente;

  c) $p = -6$ cm et que la lentille est convergente;

  d) $p = -3$ cm et que la lentille est divergente.

E5. Reproduisez les schémas ci-dessous en respectant les dimensions relatives (prenez par exemple « 1 carreau = 1 cm »). À partir du rayon lumineux illustré, déterminez la trajectoire du rayon émergent ou incident correspondant.

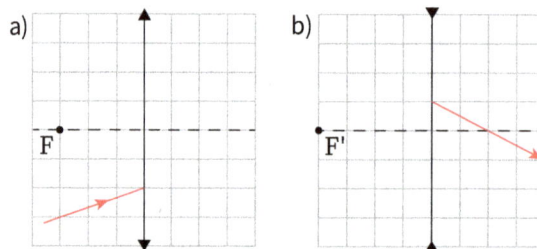

E6. Reproduisez les schémas ci-dessous en respectant les dimensions relatives (prenez par exemple « 1 carreau = 1 cm »). À partir des rayons lumineux illustrés, déterminez la position des foyers objet et image de chacune des lentilles.

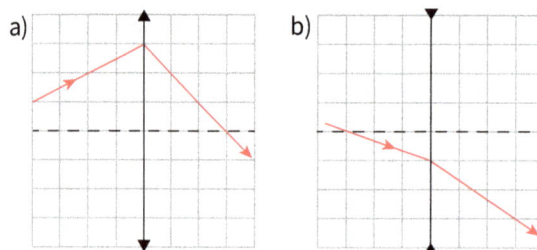

7.3 Images formées par une lentille mince

E7. Un mince faisceau de rayons parallèles entre eux est incident sur une lentille convergente dont la longueur focale est de 8 cm. L'axe optique du faisceau, qui ne dévie pas en traversant la lentille, fait un angle de 3° par rapport à l'axe principal de la lentille. Où les rayons émergeant de la lentille se croisent-ils tous?

E8. Une ampoule sphérique de 4 cm est située à 2 m d'une loupe de 30 cm de longueur focale.

  a) Quelle est la position de l'image de l'ampoule formée par la loupe? Quelle est la nature de l'image? Vérifiez vos réponses par un tracé de rayons principaux.

  b) Quelle est la taille transversale de l'image? L'image est-elle droite ou renversée?

  c) Quelle est la taille longitudinale de l'image?

E9. La grandeur de la longueur focale d'une lentille divergente vaut 25 cm. Trouvez la position de l'objet par rapport à la lentille, sachant que l'image est…

   a) virtuelle, droite et de dimension transversale égale à 25 % de celle de l'objet;

   b) réelle, droite et de dimension transversale égale à 150 % de celle de l'objet;

   c) virtuelle, renversée et de dimension longitudinale égale à celle de l'objet.

E10. À l'aide d'une lentille convergente, on désire former l'image de la flamme d'une bougie sur un écran situé à 3 m de la bougie. Si on souhaite que l'image sur l'écran soit dix fois plus grande que l'objet, quelle doit être la longueur focale de la lentille utilisée? Justifiez aussi le signe du grandissement transversal.

E11. Deux lentilles minces (f_1 = 2 cm et f_2 = −4 cm), partageant le même axe principal, sont séparées de 10 cm. Un objet étendu est placé à 6 cm de la première lentille, sur l'axe principal (voir la figure ci-dessous).

   a) Quelle est la position de l'image formée par la première lentille?

   b) Quelle est la position de l'objet pour la deuxième lentille?

   c) Quelle est la position de l'image finale formée par la deuxième lentille?

   d) Vérifiez vos réponses par un tracé de rayons principaux.

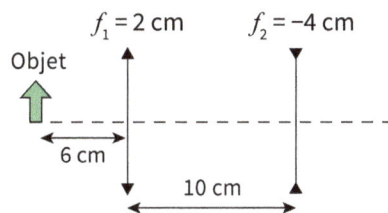

E12. Deux lentilles minces (f_1 = 4 cm et f_2 = 2 cm), ayant des axes principaux confondus, sont séparées de 8 cm. Un objet de 5 mm de hauteur est placé à 6 cm de la première lentille, sur l'axe principal (voir la figure ci-dessous).

   a) Quelle est la position de l'image finale formée par la deuxième lentille? Vérifiez votre réponse par un tracé de rayons principaux.

   b) Quelle est la hauteur de l'image finale?

   c) Quel est le grandissement longitudinal global, c'est-à-dire le rapport entre la profondeur de l'image finale et celle de l'objet?

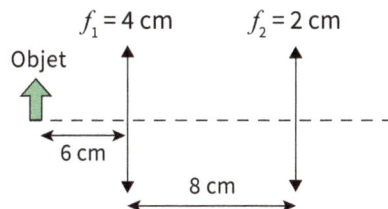

E13. Sur un banc d'optique, lorsqu'on place un écran à 50 cm d'une lentille convergente, une image nette d'un objet est formée sur l'écran. On ajoute ensuite une lentille divergente à mi-distance entre l'écran et la lentille convergente : il faut reculer l'écran de 15 cm pour que l'image redevienne nette sur lui. Déterminez la longueur focale de la lentille divergente.

7.4 Formule des opticiens

E14. Les deux dioptres d'une lentille d'indice de réfraction 1,54 ont des rayons de courbure $R_1 = -8$ cm et $R_2 = -24$ cm.

    a) Schématisez la forme de cette lentille.

    b) Quelle est la longueur focale de la lentille?

    c) Quelle est sa puissance?

E15. Un ménisque convergent d'indice de réfraction 1,77 est fait de dioptres dont les rayons de courbure sont de 20 cm et 15 cm. Trouvez la position de l'image formée par cette lentille d'un objet situé à 1 m de la lentille, sachant que le dioptre faisant face à l'objet est (a) concave; (b) convexe.

E16. Un opticien fabrique une lentille biconvexe symétrique faite avec un verre flint d'indice de réfraction 1,66. Quels doivent être les rayons de courbure des dioptres de la lentille pour que la puissance de la lentille soit de +3,25 δ.

E17. Une lentille convergente forme d'un objet à l'infini une image à 10 cm de la lentille. En accolant une lentille biconcave à la lentille convergente, on s'aperçoit que l'ensemble forme d'un objet à l'infini une image à 14 cm. Avec un sphéromètre, on déduit que la grandeur des rayons courbure des dioptres de la lentille biconcave valent 31,4 cm et 37,8 cm.

    a) Que vaut la longueur focale de la lentille biconcave?

    b) Quel est l'indice de réfraction de la lentille biconcave? Schématisez la lentille et justifiez le signe des rayons de courbure des dioptres.

7.5 Troubles de la vue et ses corrections

E18. Béatrice est incapable de voir distinctement au-delà de 40 cm devant elle.

    a) De quelle amétropie Béatrice souffre-t-elle? Justifiez votre réponse.

    b) Des verres correcteurs de quelle puissance doit-on prescrire à Béatrice pour corriger son problème de vision de loin? On néglige la distance entre les verres et l'œil.

    c) Si, avec ses lunettes, Béatrice est capable de voir distinctement avec une accommodation maximale des objets situés à 16 cm, où son punctum proximum est-il situé?

E19. Votre ami porte des lunettes dont la puissance est de +2 δ, ajustées à sa vue, de sorte qu'il peut voir distinctement des objets éloignés sans accommoder. On néglige la distance entre les lunettes et l'œil.

    a) De quelle amétropie votre ami souffre-t-il? Justifiez votre réponse.

    b) Où son punctum remotum est-il situé?

    c) Si son punctum proximum est à 40 cm devant son œil, à quelle distance minimale peut-il voir distinctement des objets rapprochés avec ses lunettes?

E20. Une personne emmétrope peut, avec une accommodation maximale, observer distinctement des objets situés à 25 cm devant son l'œil. Si elle place une lentille de +3 δ tout près devant son œil, dans quelle région de l'espace les objets qu'elle peut voir distinctement sont-ils situés? On néglige la distance entre la lentille et l'œil.

7.6 Effet prismatique d'une lentille

E21. Le verre gauche d'une orthèse visuelle dont la puissance est +5 δ est décentré de 2 mm du côté nasal par rapport à l'axe principal de l'œil, ce qui provoque une rotation du globe oculaire.

    a) Quelle puissance prismatique ce décentrement produit-il?

    b) Quel angle de rotation ce décentrement engendre-t-il?

Problèmes

P1.   Une source ponctuelle et un écran sont séparés d'une distance fixe de 1 m. On place une lentille convergente de 20 cm de longueur focale entre la source et l'écran.

   a)   Quelles sont les deux positions de la lentille, par rapport à la source, pour lesquelles une image nette de la source est formée sur l'écran?

   b)   Quel est le grandissement transversal dans chacun des cas?

P2.   Une diapositive 5 cm par 3 cm (voir la photo ci-dessous), placée dans son carrousel, est à 4 m d'un écran. Quelle longueur focale la lentille du projecteur doit-elle avoir pour que l'image sur l'écran ait une dimension 1,5 m par 0,9 m?

P3.   L'image d'une source lumineuse ponctuelle est produite sur un écran placé à 18 cm d'une lentille (voir la figure ci-dessous, en haut). Si la lentille est déplacée d'une distance $d = 3$ cm vers l'écran, l'écran doit être déplacé de 3 cm vers la lentille afin de retrouver une image nette sur l'écran (voir la figure ci-dessous, en bas). Déterminez la longueur focale de la lentille employée.

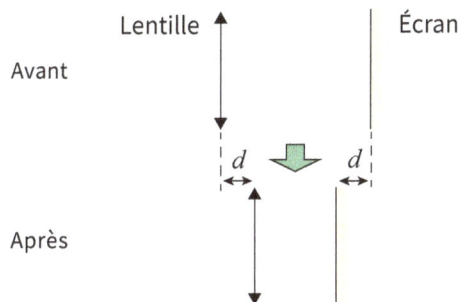

P4.   En raison de la dispersion, les différentes couleurs d'une lumière blanche ne focalisent pas toutes au même foyer d'une lentille convergente. L'écart Δf entre le foyer du rouge et celui du violet correspond à l'aberration chromatique (voir la figure ci-dessous). Considérons un rayon de lumière blanche parallèle et près de l'axe principal d'une lentille plan convexe dont la face sphérique a un rayon de courbure de 15 cm. Les indices de réfraction du verre de la lentille pour les deux couleurs aux extrémités du spectre du visible sont $n_V = 1,62$ (violet) et $n_R = 1,58$ (rouge). Quelle est l'aberration chromatique de cette lentille?

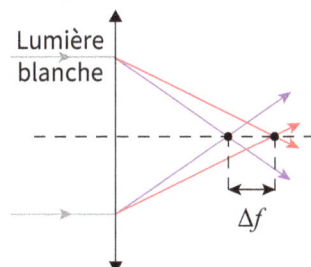

P5. Pour corriger l'aberration chromatique dans un système optique, on utilise souvent un doublet achromatique, aussi appelé achromat, qui consiste en une association de deux lentilles accolées, A et B, d'indices de réfraction différents (figure ci-contre). La lentille A est biconvexe symétrique et elle est faite d'un verre crown ($n_A = 1,51$); la lentille B est plan concave et elle est faite d'un verre flint ($n_B = 1,62$). Les deux dioptres de la lentille A et le dioptre sphérique de la lentille B ont tous la même grandeur de rayon de courbure (voir la figure ci-contre). On désire concevoir un achromat dont la longueur focale est de 30 cm. Quelle doit être la grandeur du rayon de courbure des faces courbes de chacune des lentilles.

P6. Un objet de 1 cm de dimension transversale est situé à 15 cm d'une lentille convergente de 10 cm de longueur focale. Un miroir plan est à 8 cm derrière la lentille. Quelle la position et la taille de l'image finale?

P7. Assimilons un œil emmétrope à une lentille mince de $62,0\,\delta$ dont la face antérieure est en contact avec l'air et dont la face postérieure est en contact avec l'humeur vitrée d'indice 1,336. La puissance de cette lentille peut augmenter grâce au mécanisme d'accommodation de l'œil.

   a) Sachant que l'œil est emmétrope, où se forme l'image d'un objet situé à l'infini?

   b) Calculez la distance entre la lentille et la rétine? Notez que cette distance est une caractéristique de l'œil et ne varie pas.

   c) Quelle est la puissance de l'œil si ce dernier observe distinctement un objet situé à 1 m devant lui?

   d) Si la puissance maximale que peut atteindre l'œil est de $67,0\,\delta$, à quelle distance minimale peut-il voir distinctement des objets rapprochés.

Réponses aux Tests de compréhension

7.1 La lentille est un ménisque divergent.

7.2

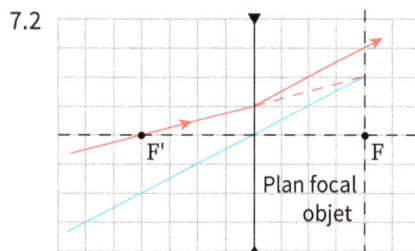

7.3 Une loupe est une lentille convergente. L'objet doit être placé entre la lentille et le foyer objet de la lentille, pour produire une image droite et agrandie.

7.4 $R = 2f(n-1) = 18,9$ cm.

7.5 $-4\,\delta$.

7.6 Votre père est myope et son punctum remotum est à 16,7 cm devant lui.

7.7 La personne souffre d'hypermétropie. On peut déduire que la personne porte des verres convergents en raison de ses yeux qui ont l'air plus gros qu'en réalité (effet de loupe).

7.8 0,68° du côté nasal.

Réponses aux Questions, aux Exercices et aux Problèmes

Questions

Q1.   (a) Positif. (b) Négatif.

Q2.   Au dioptre concave.

Q3.   (a) Le foyer objet d'une lentille est le point sur l'axe principal de la lentille où doit être placé un objet ponctuel pour que l'image soit à l'infini. (b) Le foyer image d'une lentille est le point où se forme l'image d'un objet situé infiniment loin sur l'axe principal de la lentille.

Q4.   L'objet doit être placé entre la lentille et son foyer objet.

Q5.   Les rayons issus d'un objet réel sont divergents. Or, une lentille divergente a la propriété de faire davantage diverger les rayons lumineux. Donc, les rayons qui émergent de la lentille sont nécessairement divergents, ce qui définit une image virtuelle.

Q6.   Oui, si l'objet est situé entre la lentille et son foyer objet, les rayons émergents seront moins divergents que les rayons incidents, mais seront tout de même divergents.

Q7.   Elle est inchangée.

Q8.   Un rayon incident sur le centre optique d'une lentille entourée d'air ne « voit » qu'une lame à faces parallèles, laquelle ne produit aucune déviation (voir la section 4.3.1, page 140). Il existe néanmoins un léger déplacement latéral, qu'on peut négliger lorsque la lentille est *mince*.

Q9.   (a) Faux. (b) Faux.

Q10.   À une distance correspondant au double de la longueur focale de la lentille (système $2f$–$2f$).

Q11.   (a) Plus petite. (b) Droite. (c) Virtuelle. (d) Divergente.

Q12.   (a) Si $p > f$ ou si $p < 0$. (b) Si $0 < p < f$. (c) Si $p < f$. (d) Si $p > f$. (e) Si $0 < p < 2f$. (f) Si $p > 2f$ ou si $p < 0$.

Q13.   (a) Si $0 > p > -|f|$. (b) Si $p > 0$ ou si $p < -|f|$. (c) Si $p > -|f|$. (d) Si $p < -|f|$. (e) Si $0 > p > -2|f|$. (f) Si $p > 0$ ou si $p < -2|f|$.

Q14.   (a) Le punctum proximum est le point le plus rapproché de l'œil où peut être placé un objet pour qu'il soit vu distinctement à l'œil nu. (b) Le punctum remotum est le point le plus éloigné de l'œil où peut être placé un objet pour qu'il soit vu distinctement à l'œil nu.

Q15.   Un œil emmétrope est un œil dont le punctum remotum est situé à l'infini.

Q16.   (a) On est en présence de myopie lorsque le punctum remotum est réel et qu'il n'est pas situé à l'infini; ceci est une conséquence du fait que le foyer image de l'œil est situé devant la rétine. (b) L'hypermétropie survient lorsque le punctum remotum est virtuel et qu'il n'est pas situé à l'infini; ceci est une conséquence du fait que le foyer image de l'œil est situé derrière la rétine.

Q17.   Si on regarde le visage de la personne à travers l'orthèse visuelle, le visage parait plus étroit qu'il ne l'est en réalité. Seule une lentille divergente peut produire cet effet (vérifiez-le par un tracé de rayons lumineux) et, puisqu'une lentille divergente corrige la myopie, on peut conclure que la personne souffre de myopie.

Q18.   Un œil emmétrope a un punctum remotum situé à l'infini. Ainsi, sans accommodation, l'image d'un objet éloigné se forme sur la rétine, puisque le système cornée-cristallin fait converger juste assez la lumière pour que le foyer image de l'œil soit exactement situé sur la rétine. Or, en plaçant une lentille convergente devant l'œil emmétrope, le système lentille-cornée-cristallin fait trop converger la lumière, ce qui fait focaliser la lumière devant la rétine. Autrement dit, la puissance du système optique est trop élevée pour former une image nette sur la rétine. Puisque l'accommodation ne peut qu'augmenter davantage la puissance du système, il est impossible de ramener l'image sur la rétine en portant les lunettes.

Exercices

E1.   (a) p' = 6 cm. (b) p' = infini. (c) p' = –6 cm. (d) p' = 2 cm.

E2.   (a) p' = –2 cm. (b) p' = 6 cm. (c) p' = infini. (d) p' = –6 cm.

E3.   (a) p = 12 cm. (b) p = 2 cm. (c) p = –2 cm. (d) p = –6 cm.

E4.   (a) p' = 6 cm. (b) p' = –1,5 cm. (c) p' = 1,5 cm. (d) p' = –6 cm.

E5.

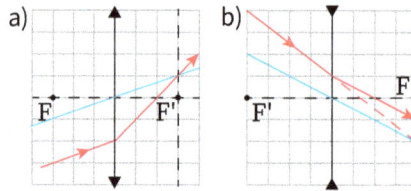

E6.

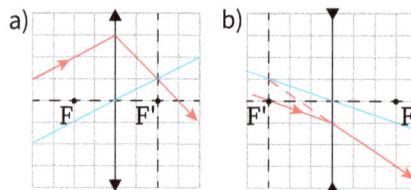

E7.   À une distance longitudinale de 8 cm par rapport à la lentille et à une distance transversale de 4,19 mm par rapport à l'axe principal de la lentille.

E8.   (a) 35,3 cm (réelle). (b) 7,06 mm (renversée). (c) 1,25 mm.

E9.   (a) à 75,0 cm devant la lentille. (b) à 8,33 cm derrière la lentille. (c) à 50,0 cm derrière la lentille

E10.   24,8 cm.

E11.   (a) 3,00 cm. (b) 7,00 cm. (c) –2,55 cm.

E12.   (a) 1,33 cm. (b) –3,33 mm. (c) 0,444.

E13.   –66,7 cm.

E14.   (a) Ménisque divergent. (b) –22,2 cm. (c) –4,50 δ.

E15.   (a) 3,53 m. (b) 3,53 m.

E16.   40,6 cm et –40,6 cm.

E17.   (a) –35,0 cm. (b) 1,49.

E18.   (a) Myopie. (b) –2,50 δ. (c) 11,4 cm.

E19.   (b) Hypermétropie. (b) –50 cm. (c) 22,2 cm.

E20.   Entre 14,3 cm et 33,3 cm.

E21.   (a) $1,00^{\Delta}$. (b) 0,573° du côté temporal.

Problèmes

P1.   (a) 27,6 cm et 72,4 cm. (b) –2,62 et –0,381, respectivement.

P2.   12,5 cm.

P3.   6,00 cm.

P4.   1,67 cm.

P5.   12,0 cm.

P6. p_3' = 5,83 cm et y_3' = –0,833 cm.

P7.   (a) Sur la rétine. (b) 21,5 mm. (c) 63,0 δ. (d) 20,0 cm.

8 | Systèmes optiques centrés

L'œil est un formidable instrument d'optique constitué de quatre dioptres sphériques séparant cinq milieux de propagation différents (air, cornée, humeur aqueuse, cristallin et humeur vitrée). La cornée et le cristallin peuvent être correctement modélisés par des lentilles épaisses, c'est-à-dire des lentilles, contrairement à celles étudiées au chapitre 7, dont on tient compte de leur épaisseur. Comment de tels systèmes optiques (dits centrés), qui sont relativement complexes dû au nombre assez élevé d'interfaces qui les constituent, peuvent être analysés efficacement? Les méthodes graphiques et algébriques développées dans les précédents chapitres peuvent être utilisées, mais elles deviennent assez rapidement plutôt laborieuses. La méthode des éléments ABCD, que nous développerons dans le présent chapitre, s'avère un outil très utile pour analyser plus aisément des systèmes optiques centrés arbitrairement complexes.

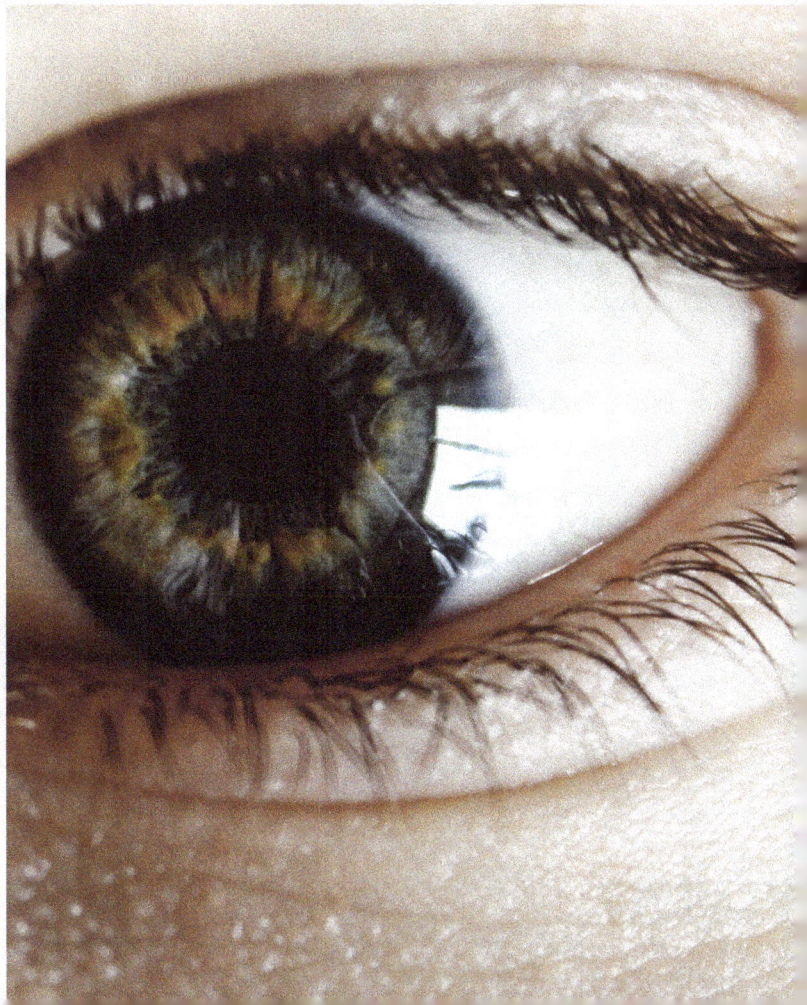

Aperçu du chapitre 8

Éléments ABCD d'un système centré

Un système optique centré est un ensemble d'éléments optiques dont les centres de courbure sont tous sur une même droite appelée axe principal. La méthode des éléments ABCD permet de connaitre entièrement tous les paramètres d'un système centré, dans la limite de l'approximation paraxiale. Un rayon lumineux méridional (c'est-à-dire un rayon qui se propage dans un plan contenant l'axe optique du faisceau) est entièrement défini par sa hauteur y par rapport à l'axe optique et par l'angle α qu'il fait par rapport à l'axe optique.

La méthode des éléments ABCD est un outil servant à décrire le changement d'orientation des rayons lumineux à chaque interface, au moyen de systèmes d'équations caractérisant le système optique. De façon générale, les paramètres (y', α') du rayon dans le plan de sortie sont reliés aux paramètres (y, α) du rayon dans le plan d'entrée grâce au système d'équations linéaires suivant :

$$y' = Ay + B\alpha$$
$$\alpha' = Cy + D\alpha,$$

où A, B, C et D sont des constantes qui caractérisent entièrement ce qui se trouve entre les plans d'entrée et de sortie. Ces éléments, pour une propagation libre, pour un dioptre sphérique et pour une lentille mince, sont donnés dans le tableau ci-dessous.

Propagation sur une distance L	**Dioptre sphérique de puissance** $P = (n_2 - n_1)/R$	**Lentille mince de longueur focale** f
$A = 1 \quad B = L$ $C = 0 \quad D = 1$	$A = 1 \qquad B = 0$ $C = -P/n_2 \quad D = n_1/n_2$	$A = 1 \qquad B = 0$ $C = -1/f \quad D = 1$

Points cardinaux d'un système centré

Un système centré arbitrairement complexe est entièrement caractérisé par six points dits cardinaux : deux points focaux (foyers F et F'), deux points principaux (H et H') et deux points nodaux (N et N'). Le foyer objet F est le point sur l'axe principal où doit se trouver l'objet pour que le système optique en fasse une image à l'infini; le foyer image F' est l'endroit sur l'axe principal où se forme l'image d'un objet situé à l'infini. Les points de rencontre des prolongements des rayons incidents issus d'un objet ponctuel placé au foyer objet F et des rayons émergents parallèles à l'axe principal définissent le plan principal objet, alors que les points de rencontre des prolongements des rayons incidents parallèles à l'axe principal et des rayons émergents convergeant vers le foyer image F' définissent le plan principal image. Les points principaux objet et image, H et H', sont les points d'intersection entre l'axe principal et les plans principaux objet et image, respectivement. Les points nodaux sont les deux points sur l'axe principal pour lesquels un rayon incident sur le système optique et passant par le point N émergera du système sans être dévié en passant par le point N'. En termes des éléments ABCD, les positions des points cardinaux, par rapport aux plans d'entrée et de sortie du système, sont données dans le tableau suivant.

Point	Position	Position mesurée par rapport
Point focal objet F	$q = -\dfrac{D}{C}$	au plan d'entrée
Point focal image F'	$q' = -\dfrac{A}{C}$	au plan de sortie
Point principal objet H	$r = \dfrac{1}{C}\left(D - \dfrac{n_{\text{entrée}}}{n_{\text{sortie}}}\right)$	au plan d'entrée
Point principal image H'	$r' = \dfrac{(A-1)}{C}$	au plan de sortie
Point nodal objet N	$s = \dfrac{(D-1)}{C}$	au plan d'entrée
Point nodal image N'	$s' = \dfrac{1}{C}\left(A - \dfrac{n_{\text{entrée}}}{n_{\text{sortie}}}\right)$	au plan de sortie

où $n_{\text{entrée}}$ est l'indice de réfraction à gauche du plan d'entrée et n_{sortie} est l'indice de réfraction à droite du plan de sortie, en supposant que la lumière voyage de gauche à droite (figure ci-dessous).

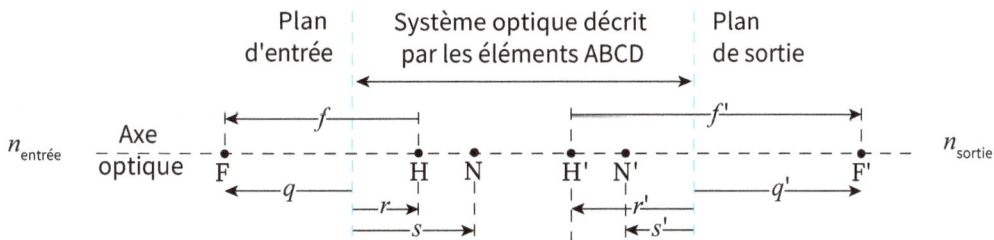

La distance entre le point principal objet H et le foyer objet F est la longueur focale objet f, tandis que la distance entre le point principal image H' et le foyer image F' est la longueur focale image f'. L'élément C contient toute l'information sur les longueurs focales du système optique :

$$f' = -\frac{1}{C} \quad \text{et} \quad f = -\frac{n_{\text{entrée}}}{n_{\text{sortie}} C} \quad .$$

La puissance P du système optique est lui aussi liée à l'élément C du système :

$$P = -n_{\text{sortie}} C = \frac{n_{\text{entrée}}}{f} = \frac{n_{\text{sortie}}}{f'} \quad .$$

On considère que l'axe optique du faisceau de lumière se propageant dans le système optique centré est confondu avec l'axe principal du système. Les trois rayons principaux valides pour tout système centré sont les suivants :

1. Un rayon incident se dirige vers le point nodal objet du système optique. Le rayon émergent quitte le point nodal image parallèlement à la direction du rayon incident.

2. Un rayon incident parallèle à l'axe optique, à une certaine hauteur par rapport à l'axe optique, se rend jusqu'au plan principal objet. Quittant le plan principal image à la même hauteur, le rayon émergent est aligné avec le foyer image.

3. Un rayon incident se dirige vers le foyer objet, rencontrant le plan principal objet à une certaine hauteur. Quittant le plan principal image à la même hauteur, le rayon émergent est parallèle à l'axe optique.

Formation d'images par un système centré

La position d' de l'image par rapport au plan de sortie du système est reliée à la position d de l'objet par rapport au plan d'entrée du système par l'équation suivante :

$$d' = -\frac{Ad + B}{Cd + D} \quad ,$$

où A, B, C et D sont les éléments ABCD qui décrivent le système entre les plans d'entrée et de sortie. On peut également localiser l'image formée par le système optique à l'aide de la formule de Newton :

$$xx' = ff' \quad ,$$

où x est la distance entre l'objet et le foyer objet F et x' est la distance entre l'image et le foyer image F'. Enfin, il est possible de déterminer la position de l'image au moyen de l'équation de conjugaison :

$$\frac{n_{entrée}}{p} + \frac{n_{sortie}}{p'} = P \quad ,$$

où p est la position objet mesurée par rapport au point principal objet H et p' est la position image mesurée par rapport au point principal image H'. La hauteur y d'un objet étendu et la hauteur y' de l'image sont reliées par le grandissement transversal, donné par :

$$g = \frac{y'}{y} = A + Cd' = \frac{n_{entrée}/n_{sortie}}{Cd + D} = -\frac{n_{entrée}\, p}{n_{sortie}\, p'} \quad .$$

La profondeur z d'un objet étendu et la profondeur z' de l'image sont reliées par le grandissement longitudinal, qui s'écrit :

$$g_L = \frac{z'}{z} = \frac{n_{sortie}}{n_{entrée}} g^2 \quad .$$

La convention de signes pour les différentes quantités rencontrées dans ce chapitre est illustrée ci-dessous (les quantités négatives, implicites, ne sont pas indiquées).

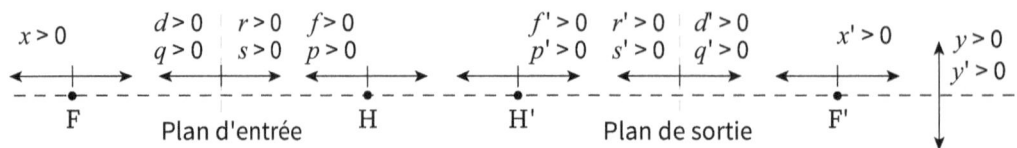

8.1 Éléments ABCD d'un système centré

On sait que la lumière se propage en ligne droite dans un milieu homogène et qu'elle est déviée par un dioptre ou par une lentille mince. Si le système optique est composé de plusieurs éléments, un simple tracé de rayons lumineux ou des calculs basés sur l'application d'équations de conjugaison permettent de connaitre la trajectoire de la lumière à l'intérieur du système (c'est ce que nous avons fait aux chapitres 6 et 7 pour analyser des systèmes composés de deux dioptres ou de deux lentilles minces successifs). Or, ces stratégies peuvent devenir fastidieuses si le système optique comporte un plus grand nombre de dioptres. Il est donc souhaitable de se doter d'une technique efficace, comme celle des éléments ABCD, pour décrire la trajectoire d'un rayon lumineux qui traverse un système arbitrairement complexe. Dans ce chapitre, on se limite à des rayons *méridionaux*, c'est-à-dire des rayons qui se propagent dans un plan contenant l'axe optique du faisceau. Dans cette section, nous examinerons d'abord comment est caractérisé un rayon méridional par rapport à l'axe optique du faisceau lumineux. Puis, nous déterminerons les éléments ABCD de systèmes optiques simples, tels que la propagation libre dans un milieu homogène, le dioptre sphérique et la lentille mince. Enfin, nous verrons comment obtenir les éléments ABCD de systèmes optiques plus complexes à partir de ceux de systèmes plus simples.

Rayon méridional

8.1.1 Propagation d'un rayon lumineux dans un système optique

Un faisceau lumineux est un groupe de rayons lumineux et il est caractérisé par son axe optique, défini par l'axe moyen du groupe de rayons. En un point sur l'axe optique, un rayon lumineux (méridional) est entièrement défini par deux quantités (figure ci-dessous) :

1. sa hauteur y par rapport à l'axe optique;

2. l'angle α qu'il fait par rapport à l'optique.

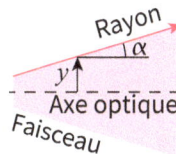

Dans le présent contexte, l'angle α est mesuré en radians. Pour caractériser l'ensemble des rayons qu'on retrouve dans le faisceau, on a besoin d'une convention de signes pour les quantités y et α.

Convention de signes 8.1	Hauteur et angle d'un rayon par rapport à l'axe optique
La hauteur y et l'angle α d'un rayon par rapport à l'axe optique sont positifs s'ils sont mesurés au-dessus de l'axe optique et ils sont négatifs s'ils sont mesurés en dessous de l'axe optique.	

Définissons deux plans perpendiculaires à l'axe optique : le plan d'entrée et le plan de sortie. Entre ces deux plans, il peut exister un nombre arbitrairement grand d'éléments optiques susceptibles de faire dévier les rayons lumineux par rapport à l'axe optique. Conceptuellement, on peut suivre le trajet parcouru par un rayon lumineux par rapport à l'axe optique du faisceau à partir du plan d'entrée jusqu'au plan de sortie. En évoluant entre ces deux plans, le rayon lumineux :

- est réfracté sur chaque dioptre;

- se propage en ligne droite dans le milieu homogène compris entre chaque dioptre;

- est dévié par chaque lentille mince.

Dans le plan d'entrée, on caractérise le rayon lumineux par ses paramètres (y, α) et, dans le plan de sortie, le rayon est quant à lui caractérisé par les quantités (y', α') (figure 8.1).

Figure 8.1

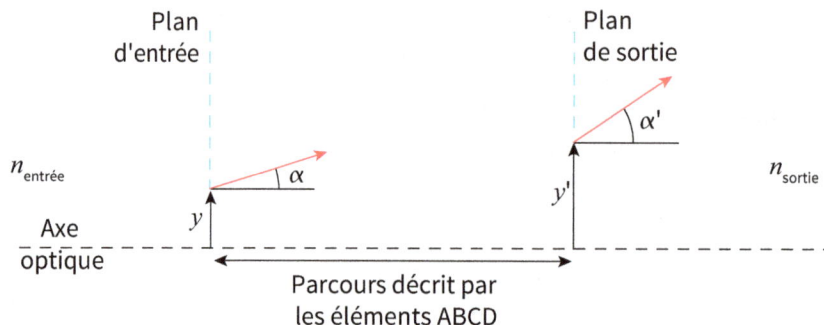

Un rayon dans le plan d'entrée, caractérisé par une hauteur y et un angle α par rapport à l'axe optique, est transformé en un rayon dans le plan de sortie, caractérisé par une hauteur y' et un angle α' par rapport à l'axe optique.

Dans le domaine paraxial, les quantités (y', α') sont reliées aux quantités (y, α) par des relations linéaires. Ceci veut dire que, dans les expressions de y' et de α', il n'y a pas de y ou de α au carré ou au cube, par exemple, ni de fonctions trigonométriques de α (en effet, dans l'approximation paraxiale, où α est petit, les fonctions $\tan\alpha$ et $\sin\alpha$ peuvent être remplacées par α exprimé en radians). Ainsi, de façon générale, les paramètres (y', α') sont reliés aux paramètres (y, α) grâce au système d'équations linéaires suivant :

$$y' = Ay + B\alpha$$
$$\alpha' = Cy + D\alpha, \tag{8.1}$$

où A, B, C et D sont des constantes qui caractérisent entièrement ce qui se trouve entre les plans d'entrée et de sortie (voir la figure 8.1). Ce sont des constantes au sens où elles ne dépendent ni de y ni de α. Ce que dit le système d'équations (8.1), c'est que les constantes A, B, C et D transforment le rayon lumineux (y, α) du plan d'entrée en un rayon lumineux (y', α') dans le plan de sortie. Pour que le système d'équations soit homogène en dimensions, il importe de souligner que les constantes A et D n'ont pas d'unité; si les hauteurs y et y' sont exprimées en cm, alors l'unité de la constante B est le cm et celle de la constante C est le cm^{-1}.

Il s'avère que, de façon générale, pour n'importe quel système optique, les constantes A, B, C et D ne sont pas indépendantes. Elles sont reliées par l'équation suivante :

$$AD - BC = \frac{n_{\text{entrée}}}{n_{\text{sortie}}} \quad , \tag{8.2}$$

où $n_{\text{entrée}}$ est l'indice de réfraction du milieu à gauche du plan d'entrée et n_{sortie} est celui du milieu à droite du plan de sortie (en supposant que la lumière se propage de gauche à droite). Il est toujours bon de vérifier, pour un système optique donné, que l'équation (8.2) est respectée. Si le milieu d'où vient le rayon incident et le milieu où se dirige le rayon émergent ont le même indice de réfraction, alors $n_{\text{entrée}} = n_{\text{sortie}}$ et l'équation (8.2) se réduit à $AD - BC = 1$.

8.1.2 Quelques éléments ABCD de base

Propagation libre dans un milieu homogène

Puisque la lumière se propage en ligne droite dans un milieu homogène, une propagation libre sur une distance L dans un tel milieu change la hauteur du rayon par rapport à l'axe optique, mais ne change pas son angle (figure ci-dessous).

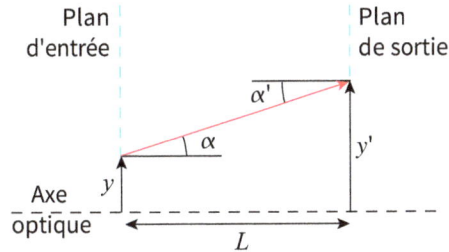

Par conséquent, on a $\alpha' = \alpha$. Par trigonométrie, on déduit que la différence de hauteurs est $y' - y = L\tan\alpha$. Or, dans l'approximation paraxiale où α est petit (inférieur à 10°), on peut dire $\tan\alpha \approx \alpha$, où α est exprimé en radians. En somme, la hauteur y' et l'angle α' du rayon, par rapport à l'axe optique, dans le plan de sortie sont :

$$y' = y + L\alpha$$
$$\alpha' = \alpha.$$

En comparant ce système d'équations à celui de l'équation (8.1), on déduit les éléments ABCD pour une propagation libre sur une distance L :

$$A = 1, \quad B = L, \quad C = 0, \quad D = 1, \tag{8.3}$$

Éléments ABCD pour une propagation libre

où L est la distance, mesurée le long de l'axe optique, entre le plan d'entrée et le plan de sortie. Notons que ces constantes ABCD sont indépendantes de la valeur de l'indice de réfraction du milieu de propagation dans lequel se propage le rayon lumineux entre les plans d'entrée et de sortie.

Dioptre sphérique

Considérons cette fois un faisceau de lumière dont l'axe optique arrive à incidence normale sur un dioptre sphérique; le plan d'entrée (juste avant la réfraction) et de sortie (juste après la réfraction) sont confondus avec le dioptre. La réfraction par le dioptre sphérique ne modifie pas la hauteur du rayon par rapport à l'axe optique : $y' = y$. Cependant, en raison de la réfraction, l'angle du rayon par rapport à l'axe optique change.

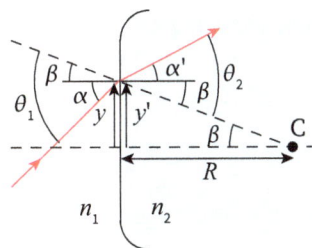

En référant à la figure ci-dessus, on déduit les relations suivantes pour les angles d'incidence et de réfraction : $\theta_1 = \beta + \alpha$ et $\theta_2 = \beta + \alpha'$, où β est l'angle entre l'axe optique et la normale au point d'incidence sur le dioptre. Dans le domaine paraxial, la loi de Snell–Descartes s'écrit $n_1\theta_1 = n_2\theta_2$, ce qui donne explicitement $n_1(\beta + \alpha) = n_2(\beta + \alpha')$ ou encore $n_1\alpha - n_2\alpha' = (n_2 - n_1)\beta$. Par trigonométrie, on déduit que $\tan\beta \approx \beta \approx y/R$ (voir la figure précédente), où l'approximation s'applique dans le domaine paraxial. Bref, la hauteur et l'angle du rayon, par rapport à l'axe optique, dans le plan de sortie sont :

$$y' = y$$
$$\alpha' = -\left(\frac{n_2 - n_1}{n_2 R}\right)y + \frac{n_1}{n_2}\alpha.$$

En comparant ce système d'équations à celui de l'équation (8.1), on déduit les éléments ABCD pour un dioptre sphérique :

Éléments ABCD pour un dioptre sphérique

$$A = 1, \qquad B = 0, \qquad C = -\frac{P}{n_2}, \qquad D = \frac{n_1}{n_2}, \tag{8.4}$$

où $P = (n_2 - n_1)/R$ est la puissance du dioptre, R est son rayon de courbure, n_1 et n_2 sont les indices de réfraction des milieux de part et d'autre du dioptre. Dans le cas particulier d'un dioptre plan, pour lequel la puissance P est nulle (car le rayon de courbure R est infini), l'élément C se réduit à $C = 0$.

Lentille mince

Considérons finalement un faisceau de lumière dont l'axe optique arrive à incidence normale sur une lentille mince qui baigne dans l'air; le plan d'entrée (juste avant le premier dioptre) et de sortie (juste après le deuxième dioptre) sont confondus, puisque la lentille est *mince* (figure ci-dessous). Pour cette raison, la hauteur du rayon n'a pas le temps de changer et donc $y' = y$. Par la méthode du rayon oblique, on peut trouver la direction du rayon émergent de la lentille.

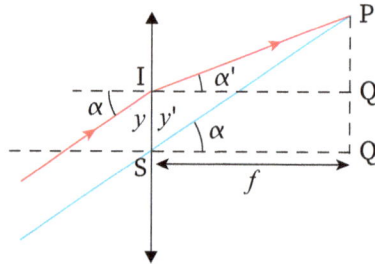

À partir du triangle rectangle SPQ de la figure ci-dessus, on trouve par trigonométrie que la hauteur du point P par rapport à l'axe optique est $f\tan\alpha$. Du triangle rectangle IPQ′, on obtient par trigonométrie la relation suivante entre l'angle α du rayon incident et l'angle α' du rayon émergent : $\tan\alpha' = (f\tan\alpha - y)/f$. Or, dans l'approximation paraxiale où les angles sont petits, on peut remplacer la tangente de l'angle par l'angle lui-même, exprimé en radians. En somme, la hauteur et l'angle du rayon, par rapport à l'axe optique, dans le plan de sortie sont :

$$y' = y$$
$$\alpha' = -\frac{1}{f}y + \alpha.$$

En comparant ce système d'équations à celui de l'équation (8.1), on déduit les éléments ABCD pour une lentille mince dont la longueur focale est f :

Éléments ABCD pour une lentille mince

$$A = 1, \qquad B = 0, \qquad C = -P, \qquad D = 1. \tag{8.5}$$

où $P = 1/f$ est la puissance de la lentille mince qui baigne dans l'air.

Récapitulation

Résumons l'ensemble des résultats obtenus dans cette section dans le tableau ci-dessous, qui réfère à la figure 8.2 plus bas :

Tableau 8.1 — Éléments ABCD des trois principaux systèmes optiques de base

	A	B	C	D
(a) Propagation libre	1	L	0	1
(b) Dioptre sphérique	1	0	$-P/n_2$	n_1/n_2
(c) Lentille mince	1	0	$-1/f$	1

Figure 8.2

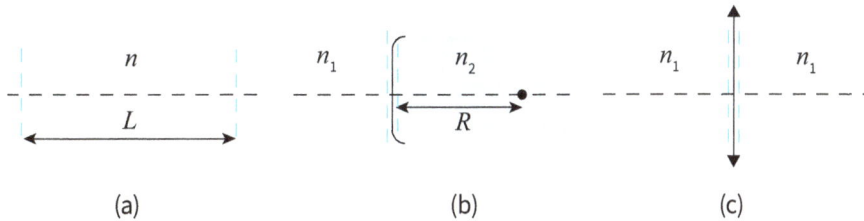

(a) Propagation libre sur une distance L dans un milieu d'indice de réfraction n. (b) Dioptre sphérique de rayon de courbure R, séparant un milieu d'indice de réfraction n_1 et un milieu d'indice de réfraction n_2, dont la puissance est $P = (n_2 - n_1)/R$. (c) Lentille mince de longueur focale f baignant dans un milieu d'indice de réfraction n_1.

On peut vérifier que chacun des ensembles d'éléments ABCD du tableau 8.1 vérifie la condition (8.2).

Exemple 8.1 — Éléments ABCD d'une lame à faces parallèles

Considérons une lame à faces parallèles d'indice de réfraction n et d'épaisseur e, qui baigne dans l'air ($n_{\text{entrée}} = n_{\text{sortie}} = 1$) (figure ci-dessous) Déterminez les éléments ABCD de ce système optique.

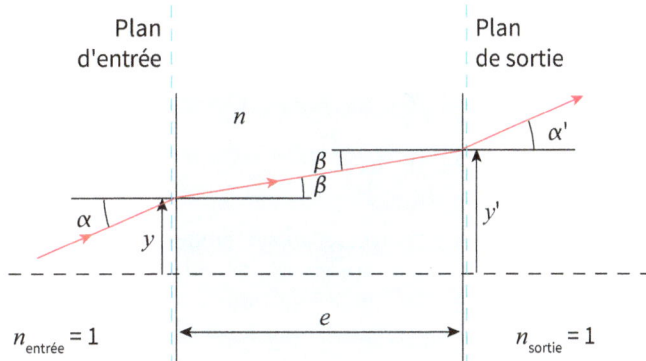

Solution

D'abord, comme mentionné à la section 4.3.1, un rayon traversant une lame à faces parallèles ne subit aucune déviation. Par conséquent, on a $\alpha' = \alpha$ (voir la figure de l'énoncé). Par ailleurs, la hauteur y' du rayon dans le plan de sortie est donnée par :

$$y' = y + e\tan\beta \Rightarrow y' \approx y + e\beta \ ,$$

où y est la hauteur du rayon dans le plan d'entrée et β est l'angle de réfraction dans la lame à faces parallèles. Dans cette équation, on a utilisé l'approximation des petits angles ($\tan\beta \approx \beta$, où l'angle est exprimé en radians), valide dans le domaine paraxial. La loi de Snell–Descartes fournit la relation entre l'angle d'incidence α et l'angle de réfraction β :

$$\sin\alpha = n\sin\beta \Rightarrow \alpha \approx n\beta \Rightarrow \beta = \alpha/n \ ,$$

où l'approximation des petits angles ($\sin\alpha \approx \alpha$) a de nouveau été exploitée. On obtient donc :

$$y' = y + (e/n)\alpha$$
$$\alpha' = \alpha \ .$$

En comparant avec le système d'équations (8.1), on déduit que les éléments ABCD de la lame à faces parallèles sont $A = 1$, $B = e/n$, $C = 0$ et $D = 1$.

8.1.3 Propagation d'un rayon dans un système de plusieurs éléments

La méthode des éléments ABCD est un outil efficace qui permet de décrire le changement de hauteur et d'orientation des rayons lumineux au moyen d'une combinaison des éléments ABCD de base du dioptre sphérique, de ceux de la lentille mince et de ceux d'une propagation libre dans un milieu homogène. Nous présentons maintenant un moyen de déterminer les éléments ABCD d'un système plus complexe qui peut être décomposé en plusieurs sous-systèmes tels que des propagations, des dioptres et des lentilles minces. Dans tout ce chapitre, nous nous intéressons aux systèmes optiques dits centrés.

Définition : système centré

Un système centré est un ensemble d'éléments optiques dont les centres de courbure sont tous sur une même droite appelée axe principal.

On suppose dans tout ce chapitre que l'axe optique du faisceau lumineux qui traverse le système centré est confondu avec l'axe principal du système (figure 8.3).

Figure 8.3

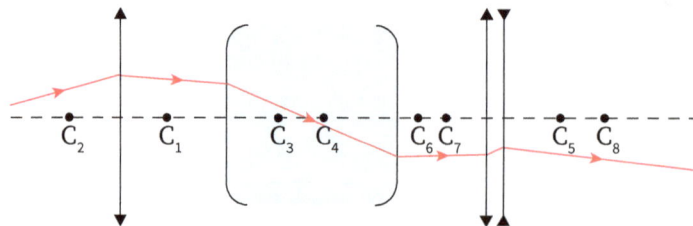

Un des rayons du faisceau lumineux traverse un système centré, c'est-à-dire un système dont tous les centres de courbure sont situés sur l'axe principal, ici confondu avec l'axe optique du faisceau et représenté par la ligne pointillée.

Dans le domaine paraxial, un système optique arbitrairement complexe est entièrement défini par ses éléments ABCD. Pour illustrer ce propos, considérons un rayon incident sur une lentille épaisse (deux dioptres sphériques séparés par une distance non négligeable). Ce rayon incident est décrit dans le plan du premier dioptre par les paramètres (y_1, α_1), où y_1 est la hauteur et α_1 est l'angle du rayon par rapport à l'axe optique. Pour décrire le trajet global du rayon lumineux dans l'ensemble de la lentille épaisse, on procède ainsi (figure 8.4) :

- pour décrire la réfraction à la première face de la lentille, on écrit (y_2, α_2) en termes de (y_1, α_1) avec les éléments ABCD, définis par l'équation (8.4), du premier dioptre sphérique;

- pour décrire la propagation à l'intérieur de la lentille, on écrit (y_3, α_3) en termes de (y_2, α_2) avec les éléments ABCD définis par l'équation (8.3), où L est l'épaisseur e de la lentille;

- pour décrire la réfraction à la deuxième face de la lentille, on écrit (y_4, α_4) en termes de (y_3, α_3) avec les éléments ABCD, définis par l'équation (8.4), du deuxième dioptre sphérique.

Figure 8.4

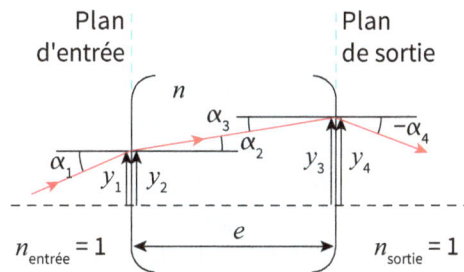

Le rayon émergent de la lentille épaisse, décrit par les paramètres (y_4, α_4), est relié au rayon incident, décrit par les paramètres (y_1, α_1), par les éléments ABCD de l'équation (8.1), lesquels caractérisent entièrement le système optique.

En substituant ces équations les unes dans les autres, on exprime ultimement les paramètres (y_4, α_4) du rayon dans le plan de sortie de la lentille en termes des paramètres (y_1, α_1) du rayon dans le plan d'entrée[1]. Le système d'équations obtenu aura la même forme que celui de l'équation (8.1) et, de ce dernier, on peut en déduire les éléments ABCD de la lentille épaisse prise dans son ensemble. Autrement dit, les éléments ABCD ainsi obtenus « transforment » le rayon incident sur la première face de la lentille (plan d'entrée) en un rayon émergent de la deuxième face de la lentille (plan de sortie). De façon générale, un système optique est entièrement défini par ses éléments ABCD.

Exemple 8.2	Éléments ABCD d'une lentille épaisse plan convexe

Considérons une lentille épaisse plan convexe d'épaisseur e et d'indice de réfraction n, délimitée par un dioptre plan dans le plan d'entrée et par un dioptre sphérique de rayon de courbure R_2 dans le plan de sortie (figure ci-contre). La lentille baigne dans l'air ($n_{entrée} = n_{sortie} = 1$). À partir des éléments ABCD de base du dioptre sphérique et de ceux d'une propagation libre dans un milieu homogène, déterminez les éléments ABCD de cette lentille plan convexe.

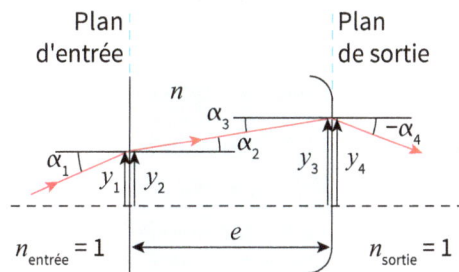

---

[1] On peut effectuer de telles opérations algébriques avec beaucoup plus d'efficacité en tirant profit du produit de matrices; or, puisque la maitrise du formalisme matriciel n'est pas un prérequis mathématique de cet ouvrage, nous allons nous contenter d'effectuer des manipulations algébriques élémentaires, largement suffisantes pour nos besoins dans le présent chapitre.

Solution

Un rayon lumineux qui traverse la lentille, du plan d'entrée jusqu'au plan de sortie, subira trois choses : une réfraction sur le dioptre plan, une propagation sur une distance e dans la lentille et, enfin, une réfraction sur le dioptre sphérique. Considérons que le rayon incident sur le plan d'entrée est décrit par une hauteur y_1 et par un angle α_1 par rapport à l'axe optique (voir la figure précédente). Analysons d'abord la réfraction sur le dioptre plan. D'après l'équation (8.4), les éléments ABCD du dioptre plan sont $A = 1$, $B = 0$, $C = 0$, $D = 1/n$, car $P_1 = 0$ (R_1 est infini), $n_1 = 1$ et $n_2 = n$. Le système d'équations (8.1) s'écrit donc, pour cette première réfraction :

$$y_2 = y_1$$
$$\alpha_2 = \alpha_1/n \ . \tag{i}$$

Ce nouveau rayon, décrit par les paramètres (y_2, α_2), se propage sur une distance e entre les deux dioptres de la lentille pour devenir le rayon décrit par les paramètres (y_3, α_3). D'après l'équation (8.3), les éléments ABCD décrivant cette propagation sont $A = 1$, $B = e$, $C = 0$, $D = 1$. En ce qui a trait à la propagation entre les deux dioptres, le système d'équations (8.1) permet d'écrire :

$$y_3 = y_2 + e\alpha_2$$
$$\alpha_3 = \alpha_2. \tag{ii}$$

En substituant les équations (i) dans les équations (ii), on obtient les relations qui donnent les paramètres (y_3, α_3) en termes des paramètres initiaux (y_1, α_1) :

$$y_3 = y_1 + e\alpha_1/n$$
$$\alpha_3 = \alpha_1/n. \tag{iii}$$

Finalement, examinons la réfraction sur le dioptre sphérique, qui transforme le rayon décrit par les paramètres (y_3, α_3) en le rayon dans le plan de sortie décrit par les paramètres (y_4, α_4). D'après l'équation (8.4), les éléments ABCD du dioptre sphérique de la lentille sont $A = 1$, $B = 0$, $C = -P_2 = (n-1)/R_2$ et $D = n$, car $n_1 = n$ et $n_2 = 1$. Le système d'équations (8.1) s'écrit donc, pour cette deuxième réfraction :

$$y_4 = y_3$$
$$\alpha_4 = -P_2 y_3 + n\alpha_3. \tag{iv}$$

En remplaçant les équations (iii) dans les équations (iv), on obtient les relations qui donnent les paramètres finaux (y_4, α_4) en termes des paramètres initiaux (y_1, α_1) :

$$y_4 = y_1 + \left(\frac{e}{n}\right)\alpha_1$$
$$\alpha_4 = -P_2 y_1 + \left(1 - \frac{P_2 e}{n}\right)\alpha_1. \tag{v}$$

En somme, on a trouvé les paramètres (y_4, α_4) du rayon dans le plan de sortie de la lentille en termes des paramètres (y_1, α_1) du rayon dans le plan d'entrée. En comparant le système d'équations (v) avec celui de l'équation (8.1), on peut en déduire les éléments ABCD de cette lentille :

$$A = 1, \quad B = \frac{e}{n}, \quad C = -P_2 = \frac{n-1}{R_2}, \quad D = 1 - \frac{P_2 e}{n} = 1 + \frac{(n-1)e}{nR_2}. \tag{vi}$$

Remarquons, pour conclure cet exemple, que si le rayon de courbure R_2 du dioptre sphérique tend vers l'infini, on a alors plutôt affaire à une lame à faces parallèles (deux dioptres plans séparés d'une distance e). Dans un tel cas, les éléments ABCD définis aux équations (vi) se réduisent à $A = 1$, $B = e/n$, $C = 0$ et $D = 1$, comme on avait obtenu pour la lame à faces parallèles dans l'exemple 8.1.

À quoi servent les éléments ABCD d'un système optique donné? Dans les sections qui suivent, on verra que l'effort mis pour déterminer les éléments ABCD d'un système donné est largement récompensé par le fait qu'on peut ensuite aisément analyser le système optique en question par la suite. En outre, la connaissance des éléments ABCD d'un système permet de localiser les images formées par le système à l'aide d'une équation simple et générale ainsi que de tracer à l'échelle des rayons principaux définis en termes des points cardinaux du système optique, facilement localisables grâce aux éléments ABCD.

8.2 Points cardinaux d'un système centré

Un système optique arbitrairement complexe est entièrement caractérisé par six points dits cardinaux : deux points focaux (foyers objet et image), deux points principaux (points principaux objet et image) et deux points nodaux (points nodaux objet et image). Par exemple, une lentille mince située entre deux milieux d'indices de réfraction identiques semble à priori entièrement caractérisée par ses deux foyers (objet et image); c'est parce que ses deux points principaux et ses deux points nodaux coïncident tous les quatre avec le centre géométrique de la lentille mince et qu'il n'est donc pas très pertinent de les évoquer dans un tel cas. Or, comme mentionné à la section 7.7.4, une lentille mince située entre deux milieux d'indices de réfraction différents est non seulement caractérisée par ses deux foyers, mais aussi par son point nodal (les points nodaux objet et image coïncident dans ce cas particulier). Dans le cas encore plus général d'une lentille épaisse placée entre deux milieux d'indices de réfraction différents, il faut bel et bien six points cardinaux pour la définir entièrement.

8.2.1 Définition des points cardinaux d'un système optique

Une lentille épaisse est une lentille pour laquelle l'hypothèse de l'épaisseur nulle ne permet pas d'obtenir des résultats d'une précision suffisante. Une lentille épaisse est donc deux dioptres sphériques séparés par une distance non négligeable (comparable aux rayons de courbure des dioptres), comme celle examinée dans l'exemple 8.2. Ce type de lentille fait intervenir de nouveaux aspects, comme la notion de plan principal. Nous supposerons dans ce qui suit que l'axe optique du faisceau incident sur le système optique est confondu avec l'axe principal de la lentille (c'est-à-dire l'axe qui relie les deux centres de courbure des dioptres sphériques qui constituent la lentille). Également, pour avoir des images de qualité satisfaisante, nous nous restreindrons comme précédemment au domaine paraxial.

Comme une lentille mince, une lentille épaisse possède des foyers objet et image. Si on place une source ponctuelle au foyer objet d'une lentille épaisse, les rayons émergent de la lentille parallèlement à l'axe principal de la lentille; à l'inverse, si des rayons incidents sur la lentille épaisse sont parallèles à l'axe principal de la lentille, alors les rayons émergents se dirigent vers le foyer image de la lentille (figure 8.5).

Foyers objet et image

Un système optique est également caractérisé par deux plans principaux : son plan principal objet et son plan principal image (figure 8.5). Un plan principal est un plan fictif se rapportant à un système optique où prennent effet les déviations des rayons lumineux qui le traversent. En prolongeant les rayons incidents et les rayons émergents, on obtient une suite de points de rencontre formant un plan, appelé plan principal.

Définition : plans principaux

Les points de rencontre des prolongements des rayons incidents issus d'un objet ponctuel placé au foyer objet et de ceux des rayons émergents parallèles définissent le plan principal objet, alors que les points de rencontre des prolongements des rayons incidents parallèles et de ceux des rayons émergents convergeant vers le foyer image définissent le plan principal image.

Figure 8.5

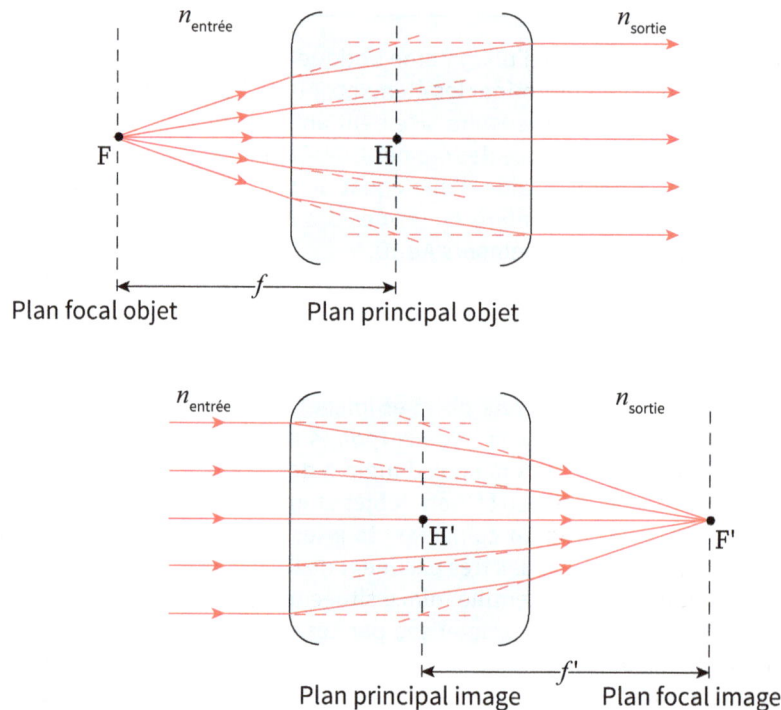

Le plan principal objet est le plan où prend effet la déviation des rayons incidents lorsque l'objet ponctuel est situé sur le foyer objet (l'image est donc située à l'infini), alors que le plan principal image est le plan où prend effet la déviation des rayons émergents lorsque l'image ponctuelle est située sur le foyer image (l'objet est donc à l'infini).

Points principaux objet et image

En fait, les « plans » principaux sont des surfaces légèrement courbes, qui peuvent être considérées planes dans l'approximation paraxiale. Le point principal objet H est le point d'intersection entre le plan principal objet et l'axe principal du système optique, tandis que le point principal image H' est le point d'intersection entre le plan principal image et l'axe principal du système optique.

Les longueurs focales sont mesurées à partir des plans principaux, et non à partir du système optique lui-même. Ainsi, la distance entre le plan principal objet et le plan focal objet est la longueur focale objet f, tandis que la distance entre le plan principal image et le plan focal image est la longueur focale image f' (voir la figure 8.5). Autrement dit :

$$\overline{FH} = f \quad \text{et} \quad \overline{H'F'} = f' \ .$$

Le rapport des longueurs focales est le même que celui des indices de réfraction $n_{\text{entrée}}$ et n_{sortie} des milieux qui se trouvent de part et d'autre du système optique (ce résultat est démontré à la section 8.2.4) :

$$\frac{f}{f'} = \frac{n_{\text{entrée}}}{n_{\text{sortie}}} \qquad (8.6)$$

Rapport des longueurs focales

Les points nodaux N et N' sont les deux points sur l'axe principal du système optique définis de telle sorte qu'un rayon incident sur le système optique se dirigeant vers le point N émergera du système sans être dévié en provenant du point N' (figure ci-contre). Mentionnons que le centre de courbure d'un dioptre sphérique seul (voir le chapitre 6) constitue le point nodal de ce système optique (les points N et N' coïncident). Dans un système optique entouré des deux côtés du même milieu (généralement l'air), les points nodaux N et N' coïncident avec les points principaux H et H', respectivement.

Points nodaux objet et image

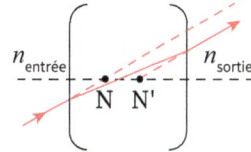

Exemple 8.3 | Localisation des points focaux et des points principaux

Considérons un système optique constitué de deux lentilles minces convergentes baignant dans l'air. La première lentille a une longueur focale f_1 = 12 cm alors que la deuxième a une longueur focale f_2 = 6 cm; la distance qui sépare les deux lentilles est de 9 cm.

a) Déterminez graphiquement la position, par rapport à la deuxième lentille, du foyer image et celle du point principal image, ainsi que la longueur focale image.

b) Déterminez graphiquement la position, par rapport à la première lentille, du foyer objet et celle du point principal objet, ainsi que la longueur focale objet.

Solution

a) Points F' et H' :

Pour trouver le foyer image F' du système formé des deux lentilles, il suffit de repérer l'endroit sur l'axe principal où passe un rayon émergent correspondant à un rayon incident parallèle à l'axe principal du système. On représente les deux lentilles minces convergentes ainsi que la position de leurs foyers respectifs (figure ci-dessous).

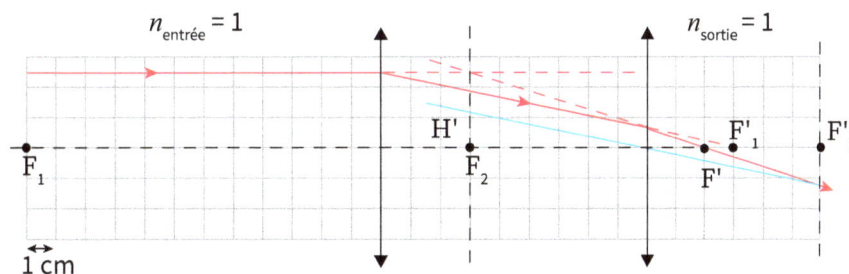

On trace un rayon incident sur la première lentille parallèle à l'axe principal; le rayon émergent de la première lentille se dirige vers le foyer image F'_1 de la lentille 1. Ce rayon se propage en ligne droite jusqu'à ce qu'il rencontre la deuxième lentille. On emploie ici la méthode du rayon oblique (voir la section 7.2.2) pour trouver la trajectoire du rayon émergent de la deuxième lentille. Le point de rencontre entre ce rayon émergent et l'axe principal définit le foyer image F' du système optique formé des deux lentilles.

En prolongeant le rayon incident de la première lentille et le rayon émergent de la deuxième, on trouve leur point de rencontre qui, par définition, a lieu dans le plan principal image. Le point principal image H′ est le point d'intersection entre le plan principal image et l'axe principal. Puisque le tracé a été fait à l'échelle, il suffit de mesurer les distances pour déduire que F′ est à 2 cm à droite de la deuxième lentille et que H′ est 6 cm à gauche de la deuxième lentille. La longueur focale image f' est la distance entre F′ et H′, qui est de 8 cm.

b) Points F et H :

Afin de localiser le foyer objet F du système, il faut trouver l'endroit sur l'axe principal vers où doit se diriger un rayon incident sur le système pour que le rayon émergent du système soit parallèle à l'axe principal. Sur la figure ci-dessous, on schématise les deux lentilles minces ainsi que la position de leurs foyers respectifs. On trace un rayon émergent de la deuxième lentille parallèle à l'axe principal; le rayon incident sur la deuxième lentille passe par le foyer objet F_2 de la lentille 2 (on s'assure de tracer le rayon sur toute la distance séparant les deux lentilles). Ce rayon est celui qui émerge de la lentille 1. On exploite encore une fois la méthode du rayon oblique pour déterminer la trajectoire du rayon incident sur la lentille 1.

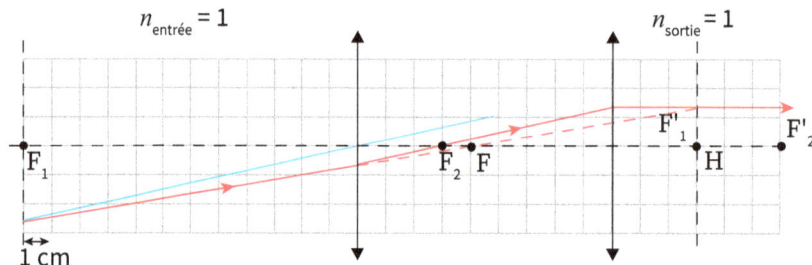

Le point de rencontre entre le prolongement du rayon incident sur la lentille 1 et l'axe principal définit le foyer objet F du système optique. En prolongeant le rayon incident de la première lentille, on remarque qu'il croise le rayon émergent de la deuxième lentille, et ce, en un point qui, par définition, a lieu dans le plan principal objet. Le point principal objet H est le point d'intersection entre le plan principal objet et l'axe principal. Le tracé ayant été réalisé à l'échelle, on mesure directement les distances pour déduire que F est à 4 cm à droite de la première lentille et que H est 12 cm à droite de la première lentille. La longueur focale objet f est la distance entre F et H, qui est de 8 cm. On remarque que, comme prévu, la longueur focale objet est égale à la longueur focale image, puisque $n_{entrée} = n_{sortie}$.

8.2.2 Rayons principaux

La connaissance de la position de l'ensemble des six points cardinaux permet de définir les rayons principaux pour un système optique centré arbitraire, qui sont (figure 8.6) :

Rayons principaux pour un système arbitraire

1. Un rayon incident se dirige vers le point nodal objet du système optique. Le rayon émergent quitte le point nodal image parallèlement à la direction du rayon incident.

2. Un rayon incident parallèle à l'axe optique, à une certaine hauteur par rapport à l'axe optique, se rend jusqu'au plan principal objet. Quittant le plan principal image à la même hauteur, le rayon émergent est aligné avec le foyer image.

3. Un rayon incident se dirige vers le foyer objet, rencontrant le plan principal objet à une certaine hauteur. Quittant le plan principal image à la même hauteur, le rayon émergent est parallèle à l'axe optique.

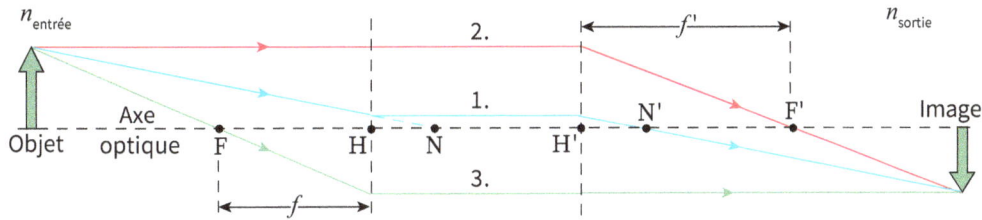

Figure 8.6

Les trois rayons principaux d'un système optique quelconque sont des rayons dont la trajectoire est facilement prévisible, connaissant la position des six points cardinaux du système optique.

On construit les trois rayons principaux de la manière suivante : on trace le rayon incident jusqu'à ce qu'il rencontre le plan principal objet; le rayon émergent correspondant quitte, à la même hauteur, le plan principal image. Des traits non fléchés sont utilisés pour relier les rayons incidents aux rayons émergents, car ils ne décrivent pas le chemin réel suivi par la lumière entre les deux plans principaux. Il ne faut pas perdre de vue que la représentation du système optique au moyen de ses six points cardinaux est une abstraction utile qui nous permet de correctement faire correspondre les rayons émergents aux rayons incidents qui leur sont associés.

L'intérêt des points cardinaux réside dans le fait que, une fois qu'ils sont localisés, ils permettent de considérer le système optique, aussi compliqué soit-il, comme une simple lentille mince (avec un espace entre les deux plans principaux). Ainsi, le tracé de rayons se ramène essentiellement à celui utilisé avec les lentilles minces, en se rappelant que le rayon incident sur le plan principal objet émerge ensuite du plan principal image après une « propagation » horizontale entre ces deux plans. La méthode des rayons principaux, comme précédemment, permet de trouver graphiquement la position de l'image formée par un système optique quelconque, pour autant que l'on connaisse la position des points cardinaux du système (figure 8.6).

Pour trouver quelques relations entre les positions des points cardinaux, imaginons un objet étendu placé dans le plan focal objet d'un système optique arbitraire caractérisé par ses six points cardinaux. Par définition du plan focal objet, l'image de cet objet est située à l'infini. De tous les rayons issus de l'extrémité de l'objet, analysons deux d'entre eux qui sont incidents sur le système optique : un rayon incident parallèle à l'axe principal du système et le rayon qui se dirige vers le point nodal objet N du système (figure ci-dessous).

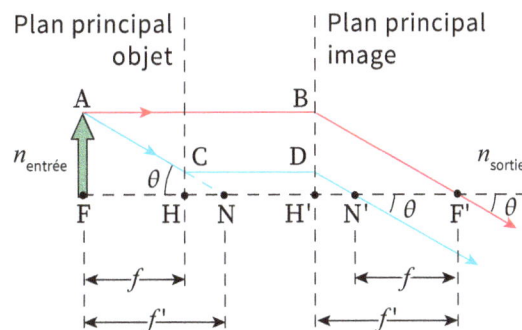

Le rayon incident parallèle à l'axe principal émerge du système en passant par le foyer image F', par définition de F'. Le rayon qui passe par le point nodal objet N émerge du système en quittant le point nodal image N', et ce, parallèlement au rayon incident. Puisque l'image est à l'infini, les deux rayons émergents sont parallèles entre eux (l'angle θ — petit — que ces deux rayons font avec l'axe principal est le même pour les deux).

Distances entre les points cardinaux

En référant à la figure précédente, on constate que les triangles AFN et BH'F' sont identiques et que les triangles CHN et DH'N' le sont aussi. De là, on peut déduire les relations suivantes entre les différents points cardinaux (voir la figure précédente) :

$$\overline{FN} = \overline{H'F'} = f' \quad , \quad \overline{FH} = \overline{N'F'} = f \quad , \quad \overline{HN} = \overline{H'N'} = f' - f \quad , \quad \overline{HH'} = \overline{NN'} \quad .$$

E | **Exemple 8.4** | Localisation d'une image par la méthode des rayons principaux

Considérons un système optique dont la position des points principaux est connue et illustrée à la figure ci-dessous (on prend « 1 carreau = 1 cm ») : le point principal objet H est à gauche du point principal image H' et la distance entre les deux plans principaux est de 4 cm. L'indice de réfraction du milieu où sont les rayons incidents (à gauche) est $n_{\text{entrée}} = 1$ et celui du milieu où vont les rayons émergents (à droite) est $n_{\text{sortie}} = 1{,}5$. Le système possède une longueur focale objet $f = -6$ cm (le signe moins indique que le système est divergent). Un objet étendu est placé à 10 cm devant le plan principal objet (voir la figure ci-dessous). À l'aide des rayons principaux, localisez l'image formée par ce système optique et donnez-en les caractéristiques.

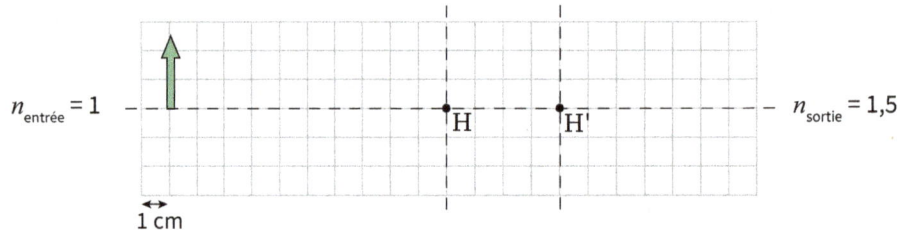

Solution

Avant de tracer les rayons principaux, il importe de localiser les quatres autres points cardinaux (les foyers F et F' ainsi que les points nodaux N et N'). Ici, on connait la longueur focale objet ($f = -6$ cm); on peut trouver la longueur focale image f' avec l'équation (8.6) :

$$f' = \frac{n_{\text{sortie}}}{n_{\text{entrée}}} f = \frac{1{,}5}{1}(-6 \text{ cm}) = -9 \text{ cm} \quad .$$

Par définition de la longueur focale objet f, elle correspond à la distance entre le foyer objet F et le point principal objet H (le signe moins nous dit que le foyer objet F est à *droite* de H). De même, la longueur focale image f' correspond à la distance entre le point principal image H' et le foyer image F' (le signe moins nous dit que le foyer image F' est à *gauche* de H'). Ainsi, on peut localiser les points focaux sur le schéma (voir la figure de la page suivante) :

$$\overline{HF} = 6 \text{ cm} \quad \text{et} \quad \overline{F'H'} = 9 \text{ cm} \quad .$$

De plus, on sait aussi que la distance entre le foyer objet F et le point nodal objet N correspond à la longueur focale image (le signe moins nous dit que N est à *gauche* de F). Aussi, la distance entre le point nodal image N′ et le foyer image F′ correspond à la longueur focale objet (le signe moins nous dit que N′ est à *droite* de F′). On a donc :

$$\overline{NF} = 9\ cm \quad et \quad \overline{F'N'} = 6\ cm \quad .$$

Avec ces informations, on peut compléter le schéma de l'énoncé en y plaçant les six points cardinaux (figure ci-dessous).

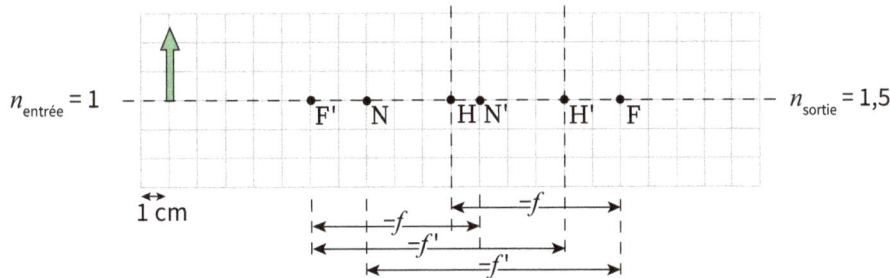

Maintenant qu'on a localisé l'ensemble des six points cardinaux, on peut utiliser les trois rayons principaux pour localiser l'image formée par le système optique (figure ci-dessous) :

1. Un rayon incident se dirigeant vers le point nodal objet N émerge du point nodal image N′ parallèlement à la direction du rayon incident.

2. Un rayon incident voyageant parallèlement à l'axe optique quitte le plan principal image aligné avec le foyer image F′.

3. Un rayon incident se dirigeant vers le foyer objet F rencontre le plan principal objet et est dévié parallèlement à l'axe optique.

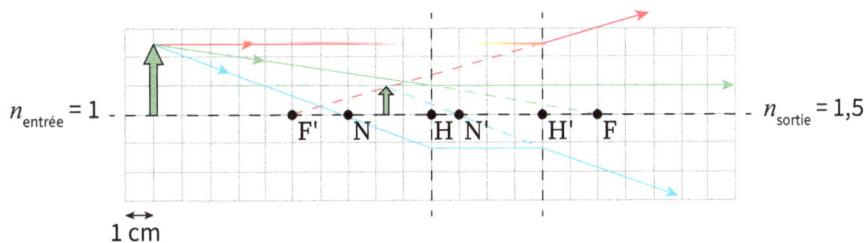

L'image est située au point de rencontre des rayons émergeants (ici, leurs prolongements). Elle est virtuelle (rayons émergents divergents), droite et plus petite que l'objet et elle est située à environ −5,5 cm du plan principal image (le signe moins indique que l'image est virtuelle, c'est-à-dire située à *gauche* de H′).

8.2.3 Points cardinaux d'un système optique décrit par ses éléments ABCD

Puisque les éléments ABCD d'un système optique contiennent toute l'information qui le concerne, il existe des relations entre les constantes A, B, C et D et les positions des points cardinaux du système. Ainsi, la méthode des éléments ABCD donne tous les outils pour localiser efficacement les points cardinaux dont on a besoin pour utiliser la méthode des rayons principaux. Tous les points cardinaux d'un système optique arbitraire sont indiqués sur la figure 8.7. Les distances q et q' représentent les distances des points focaux objet et image, par rapport aux plans d'entrée et de sortie, respectivement. Quant à elles, les distances r et r' correspondent aux distances des points principaux objet et image, par rapport aux plans d'entrée et de sortie du système, respectivement. Enfin, les distances s et s' représentent les distances des points nodaux objet et image, par rapport aux plans d'entrée et de sortie, respectivement. Les distances f et f' sont les longueurs focales objet et image, respectivement, *mesurées par rapport à leur plan principal respectif*. Sur la figure 8.7, les distances sont orientées, c'est-à-dire qu'elles sont positives, par convention, dans le sens dans lequel elles sont indiquées; une mesure dans l'autre sens donne une mesure négative (voir la convention de signes 8.2).

Figure 8.7

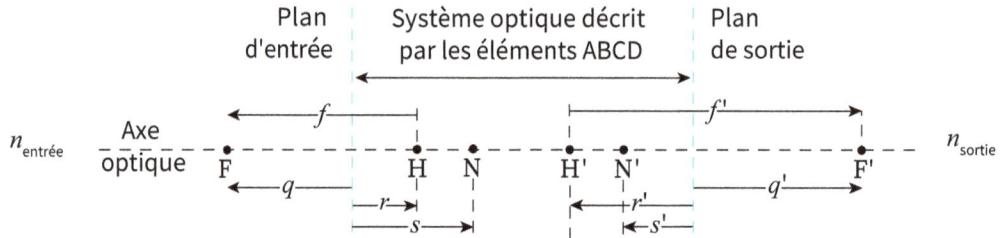

Un système optique centré est caractérisé par ses six points cardinaux, c'est-à-dire ses deux points focaux, ses deux points principaux et ses deux points nodaux.

Attention! | Les longueurs focales sont mesurées par rapport aux plans principaux

Les distances q et q' donnent la position des foyers objet et image par rapport aux plans d'entrée et de sortie du système optique. Il ne faut pas les confondre avec les longueurs focales f et f' qui sont mesurées *par rapport aux plans principaux objet et image*, respectivement.

Convention de signes 8.2 | Position des points focaux, principaux et nodaux

En supposant que la lumière voyage de gauche à droite dans le système optique :
- la distance q est positive si elle est mesurée à gauche du plan d'entrée du système optique et elle est négative si elle est mesurée à droite de ce plan.
- la distance q' est positive si elle est mesurée à droite du plan de sortie du système optique et elle est négative si elle est mesurée à gauche de ce plan.
- les distances r et s sont positives si elles sont mesurées à droite du plan d'entrée du système optique et elles sont négatives si elles sont mesurées à gauche de ce plan.
- les distances r' et s' sont positives si elles sont mesurées à gauche du plan de sortie du système optique et elles sont négatives si elles sont mesurées à droite de ce plan.

La constante C des éléments ABCD contient toute l'information sur les longueurs focales du système (ces résultats sont démontrés à la section 8.2.4) :

Longueurs focales d'un système décrit par ses éléments ABCD

$$f' = -\frac{1}{C} \quad \text{et} \quad f = -\frac{n_{\text{entrée}}}{n_{\text{sortie}}C} \ . \tag{8.7}$$

où f est la longueur focale objet, f' est la longueur focale image, $n_{entrée}$ est l'indice de réfraction du milieu à gauche du plan d'entrée et n_{sortie} est celui du milieu à droite du plan de sortie. On peut vérifier que les résultats de l'équation (8.7) sont cohérents avec l'équation (8.6).

De façon générale, la puissance d'un système optique correspond au membre de droite de l'équation de conjugaison (voir la section 8.3.2). La puissance d'un système optique centré arbitraire est définie par :

$$P = -n_{sortie}C = \frac{n_{entrée}}{f} = \frac{n_{sortie}}{f'} \quad .$$

(8.8)

Puissance d'un système centré

La puissance est une mesure de la capacité qu'a un système optique à focaliser la lumière. Ainsi, un système caractérisé par un élément C qui vaut zéro est un système *afocal*, c'est-à-dire qu'il ne fait pas focaliser la lumière (par exemple la lame à faces parallèles de l'exemple 8.1).

Les positions des points cardinaux, par rapport aux plans d'entrée et de sortie du système, sont données dans le tableau suivant (les résultats compilés dans le tableau 8.2 sont démontrés dans la section 8.2.4).

Tableau 8.2 — **Position des points cardinaux en termes des éléments ABCD du système optique**

Point	Position	Position mesurée par rapport
Point focal objet F	$q = Df'$	au plan d'entrée
Point focal image F'	$q' = Af'$	au plan de sortie
Point principal objet H	$r = \left(\frac{n_{entrée}}{n_{sortie}} - D\right)f'$	au plan d'entrée
Point principal image H'	$r' = (1-A)f'$	au plan de sortie
Point nodal objet N	$s = (1-D)f'$	au plan d'entrée
Point nodal image N'	$s' = \left(\frac{n_{entrée}}{n_{sortie}} - A\right)f'$	au plan de sortie

où f' est la longueur focale image du système optique, $n_{entrée}$ est l'indice de réfraction du milieu où se trouvent les rayons incidents et n_{sortie} est l'indice de réfraction du milieu où vont les rayons émergents. Le point focal objet F est situé à une longueur focale objet f du plan principal objet et le point focal image F' est situé à une longueur focale image f' du plan principal image. Si les milieux à chaque extrémité du système ont le même indice de réfraction ($n_{entrée} = n_{sortie}$), alors $f = f'$ d'après l'équation (8.6) et ceci implique que les points nodaux N et N' coïncident avec les points principaux H et H', respectivement.

Le tableau 8.2 montre clairement l'intérêt de connaitre les éléments ABCD d'un système optique donné, aussi complexe soit-il : ces éléments permettent de calculer directement les longueurs focales et la position de tous les points cardinaux du système.

E	**Exemple 8.5**	Points cardinaux d'un dioptre sphérique

Considérons un dioptre sphérique convexe, de rayon de courbure $R = 3$ cm, qui sépare l'air (dont l'indice de réfraction est $n_1 = 1$) d'un verre dont l'indice de réfraction est $n_2 = 1,5$ (figure ci-dessous). À partir de ses éléments ABCD, trouvez les longueurs focales objet et image du dioptre sphérique, ainsi que la position de ses six points cardinaux.

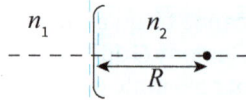

Solution

Les plans d'entrée et de sortie sont confondus avec la surface du dioptre et on a $n_{\text{entrée}} = n_1$ et $n_{\text{sortie}} = n_2$. L'équation (8.4) nous fournit les éléments ABCD d'un dioptre sphérique :

$$A = 1, \qquad B = 0, \qquad C = -\frac{P}{n_2} = -\left(\frac{n_2 - n_1}{n_2 R}\right), \qquad D = \frac{n_1}{n_2} \, ,$$

où $P = (n_2 - n_1)/R$ est la puissance du dioptre. À partir des équations (8.7), on trouve :

$$f' = -\frac{1}{C} = \frac{n_2 R}{n_2 - n_1} = \frac{(1,5)(3\,\text{cm})}{1,5 - 1} = 9\,\text{cm}$$

$$f = -\frac{n_1}{n_2 C} = \frac{n_1}{n_2}\left(\frac{n_2 R}{n_2 - n_1}\right) = \frac{n_1 R}{n_2 - n_1} = \frac{(1)(3\,\text{cm})}{1,5 - 1} = 6\,\text{cm} \quad .$$

Mentionnons qu'il s'agit bel et bien des résultats présentés à l'équation 6.9 du chapitre 6. On calcule maintenant la position des points focaux :

$$q = Df' = \frac{n_1}{n_2}f' = \frac{1}{1,5}(9\,\text{cm}) = 6\,\text{cm} \quad \text{et} \quad q' = Af' = f' = 9\,\text{cm} \quad .$$

On calcule ensuite la position des points principaux :

$$r = \left(\frac{n_1}{n_2} - D\right)f' = \left(\frac{n_1}{n_2} - \frac{n_1}{n_2}\right)f' = 0 \quad \text{et} \quad r' = (1 - A)f' = (1 - 1)f' = 0 \quad .$$

On en déduit que les points principaux coïncident et sont tous les deux localisés sur la surface du dioptre, au sommet. Ce constat permet de mieux comprendre pourquoi $q = f$ et $q' = f'$: c'est parce que le plan d'entrée et le plan principal objet sont confondus, de même que le plan de sortie et le plan principal image qui sont eux aussi confondus. On calcule finalement la position des points nodaux :

$$s = (1 - D)f' = \left(1 - \frac{n_1}{n_2}\right)\left(\frac{n_2 R}{n_2 - n_1}\right) = \left(\frac{n_2 - n_1}{n_2}\right)\left(\frac{n_2 R}{n_2 - n_1}\right) = R = 3\,\text{cm}$$

$$s' = \left(\frac{n_1}{n_2} - A\right)f' = \left(\frac{n_1}{n_2} - 1\right)\left(\frac{n_2 R}{n_2 - n_1}\right) = \left(\frac{n_1 - n_2}{n_2}\right)\left(\frac{n_2 R}{n_2 - n_1}\right) = -R = -3\,\text{cm} \quad .$$

Ceci veut dire que le point nodal objet N est situé à une distance R à droite de la surface du dioptre et que le point nodal image N' est situé à une distance R à droite (à cause du signe moins) de la surface du dioptre. On en conclut que les points nodaux objet et image coïncident et qu'ils correspondent au centre de courbure C du dioptre. Il doit en être ainsi, puisque c'est effectivement lorsqu'un rayon passe par ce point qu'il n'est pas dévié par le dioptre sphérique. Un schéma du dioptre sphérique avec ses six points cardinaux est présenté ci-dessous :

| **Exemple 8.6** | Points cardinaux d'une lentille épaisse plan convexe |

Une lentille épaisse plan convexe, qui baigne dans l'air, a une épaisseur de 6 cm et un indice de réfraction de 1,5. Elle est délimitée, dans le plan d'entrée, par un dioptre plan et, dans le plan de sortie, par un dioptre sphérique dont la grandeur du rayon de courbure est $|R_2| = 4$ cm. Déterminez, par rapport à ses dioptres, la position de ses points cardinaux.

Solution

On a $e = 6$ cm (l'épaisseur de la lentille), $n = 1,5$ (l'indice de réfraction de la lentille) et $R_2 = -4$ cm (le rayon de courbure de la face courbe de la lentille, négatif car le centre de courbure n'est pas du côté des rayons émergents). Grâce à la démarche présentée dans l'exemple 8.2, on dispose des éléments ABCD de la lentille épaisse décrite dans l'énoncé :

$$A = 1, \quad B = \frac{e}{n}, \quad C = -P_2 = \frac{n-1}{R_2}, \quad D = 1 - \frac{P_2 e}{n} = 1 + \frac{(n-1)e}{nR_2} \quad .$$

Puisque la lentille baigne dans l'air ($n_{\text{entrée}} = n_{\text{sortie}} = 1$), on sait que les longueurs focales objet et image sont identiques et valent :

$$f = f' = -\frac{1}{C} = \frac{1}{P_2} = \frac{R_2}{1-n} = \frac{-4 \text{ cm}}{1-1,5} = 8 \text{ cm} \quad .$$

On calcule la position des points focaux par rapport aux plans d'entrée et de sortie :

$$q = Df' = \left[1 + \frac{(n-1)e}{nR_2}\right]f' = \left[1 + \frac{(1,5-1)(6 \text{ cm})}{(1,5)(-4 \text{ cm})}\right](8 \text{ cm}) = 4 \text{ cm} \quad \text{et} \quad q' = Af' = f' = 8 \text{ cm} \quad .$$

Comme $q > 0$, le foyer objet F est situé à gauche du plan d'entrée alors que, puisque $q' > 0$, le foyer image F' est situé à droite du plan de sortie. Parce que les milieux de part et d'autre de la lentille sont les mêmes, les points nodaux N et N' coïncident avec les points principaux H et H', respectivement. Par rapport au dioptre plan de la lentille, la position du point principal objet H (équivalente à celle du point nodal objet N) est :

$$r = s = (1-D)f' = \left[1 - \left(1 - \frac{P_2 e}{n}\right)\right]\left(\frac{1}{P_2}\right) = \frac{e}{n} = \frac{6 \text{ cm}}{1,5} = 4 \text{ cm} \quad .$$

Par rapport à la surface courbe de la lentille, la position du point principal image H' (équivalente à celle du point nodal image N') est $r' = s' = (1 - A)f' = (1 - 1)f' = 0$, ce qui veut dire que les points H' et N' sont situés sur le sommet de la face courbe de la lentille. Si on place sur un schéma de la lentille les six points cardinaux, on obtient la figure suivante.

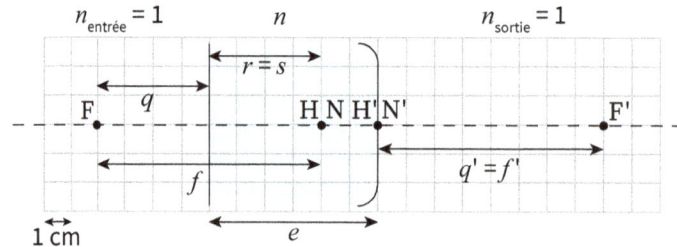

8.2.4 Démonstration de la position des points cardinaux

Nous allons maintenant démontrer les relations qui permettent d'écrire les distances q, q', r, r', s, s', f et f' en termes des éléments ABCD du système optique. Pour ce faire, nous examinons trois cas :

1. Cas 1 : un rayon incident parallèle à l'axe optique émerge du système optique en se dirigeant vers le foyer image F'.

2. Cas 2 : un rayon incident passant par le foyer objet F du système optique émerge du système parallèlement à l'axe optique.

3. Cas 3 : un rayon incident se dirigeant vers le point nodal N objet émerge du point nodal image N' sans être dévié.

Cas 1 : En vue de déterminer les expressions pour f' et pour r', on prend les paramètres d'entrée $(y, 0)$ et les paramètres de sortie (y', α') (figure 8.8).

Figure 8.8

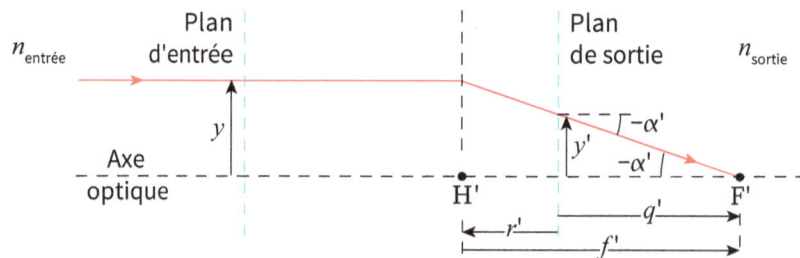

Un rayon incident parallèle à l'axe optique émerge du système optique en se dirigeant vers le foyer image F', situé à une distance f' du point principal image H'; la déviation des rayons prend effet dans le plan principal image.

Avec ces paramètres ($\alpha = 0$), le système d'équations (8.1) se réduit à :

$$y' = Ay \text{ et } \alpha' = Cy \ . \tag{8.9}$$

Or, sur la figure 8.8, on a (dans l'approximation des petits angles) : $-\alpha' = y/f'$. En comparant cette équation avec la deuxième de l'équation (8.9), on déduit l'expression de la longueur focale image :

$$f' = -\frac{1}{C} \cdot$$
(8.10)

Longueur focale image

De plus, on déduit à partir de la figure 8.8 que :

$$-\alpha' = \frac{y'}{q'} \cdot$$
(8.11)

Or, en faisant le rapport des deux équations de (8.9), on trouve $y'/\alpha' = A/C$. Ainsi, en utilisant cette dernière équation dans l'équation (8.11), on obtient :

$$q' = -\frac{A}{C} = Af' \cdot$$
(8.12)

Position du point focal image

où on a utilisé l'équation (8.10). Sur la figure, on observe que $r' = f' - q'$, ce qui donne finalement :

$$r' = f' + \frac{A}{C} = (1 - A)f' \ ,$$
(8.13)

Position du point principal image

Les équations (8.10), (8.12) et (8.13) sont les résultats que nous cherchions.

Cas 2 : Afin de trouver les expressions pour f et pour r, on utilise cette fois-ci les paramètres d'entrée (y, α) et les paramètres de sortie $(y', 0)$ (figure 8.9).

Figure 8.9

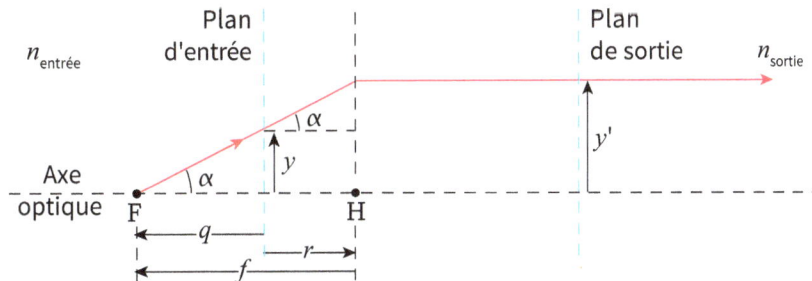

Un rayon incident passant par le foyer objet F du système optique, situé à une distance f du point principal objet H, émerge du système parallèlement à l'axe optique; la déviation des rayons prend effet dans le plan principal objet.

Avec ces paramètres $(\alpha' = 0)$, le système d'équations (8.1) donne :

$$y' = Ay + B\alpha \ \text{et} \ 0 = Cy + D\alpha \ .$$
(8.14)

Sur la figure 8.9, on déduit que $\alpha = y'/f$. En utilisant les résultats de l'équation (8.14), on peut écrire :

$$f = \frac{y'}{\alpha} = \frac{Ay + B\alpha}{\alpha} = A\frac{y}{\alpha} + B = A\left(-\frac{D}{C}\right) + B = -\frac{(AD - BC)}{C} \ .$$
(8.15)

Or, comme l'indique l'équation (8.2), la quantité $AD - BC$ vaut toujours le rapport des indices de réfraction ($n_{entrée}/n_{sortie}$), ce qui permet de simplifier l'équation (8.15) :

Longueur
focale objet

$$f = -\frac{n_{entrée}}{n_{sortie}C} \quad .$$

(8.16)

Notons que le rapport des équations (8.16) et (8.10) donne bien l'équation (8.6). Ceci veut dire que les longueurs focales sont dans le même rapport que les indices de réfraction des milieux aux extrémités. Maintenant, à partir de la figure 8.9, on a (dans l'approximation des petits angles) :

$$\alpha = \frac{y}{q} \quad .$$

(8.17)

La deuxième équation de (8.14) permet d'écrire : $y/\alpha = -D/C$. Donc, en utilisant cette dernière équation après avoir isolé q dans l'équation (8.17), on obtient :

Position du
point focal objet

$$q = -\frac{D}{C} = Df' \quad .$$

(8.18)

Sur la figure, on constate que $r = f - q$, ce qui donne finalement :

Position du point
principal objet

$$r = f + \frac{D}{C} = \left(\frac{n_{entrée}}{n_{sortie}} - D\right)f' \quad ,$$

(8.19)

où on a utilisé les équations (8.16) et (8.10). Les équations (8.16), (8.18) et (8.19) sont les résultats que nous recherchions.

Cas 3 : Dans l'objectif d'obtenir les expressions pour s et pour s', on emploie finalement les paramètres d'entrée (y, α) et les paramètres de sortie (y', α) (figure 8.10).

Figure 8.10

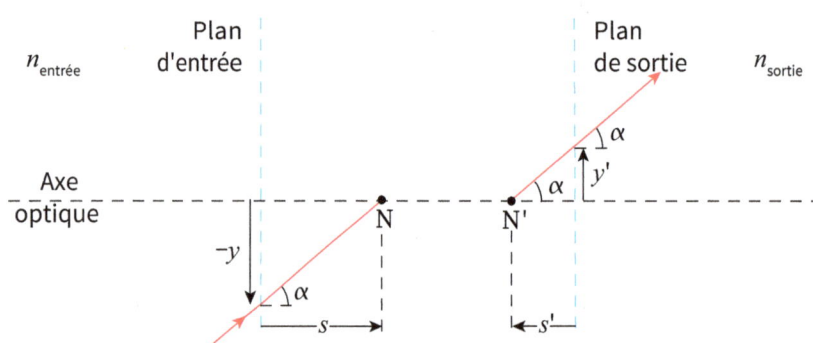

Un rayon incident se dirigeant vers le point nodal N objet, situé à une distance s du plan d'entrée, émerge sans être dévié du point nodal image N', situé à une distance s' du plan de sortie.

Avec ces paramètres ($\alpha' = \alpha$), le système d'équations (8.1) s'écrit :

$$y' = Ay + B\alpha \text{ et } \alpha = Cy + D\alpha \quad .$$

(8.20)

En examinant la figure 8.10, on constate que (dans l'approximation des petits angles) :

$$\alpha = \frac{-y}{s} \text{ et } \alpha = \frac{y'}{s'} \quad .$$

(8.21)

En substituant la première équation de (8.21) dans la deuxième de (8.20), on trouve :

$$s = -\frac{(1-D)}{C} = (1-D)f' \quad , \tag{8.22}$$

où on a utilisé l'équation (8.10). Puis, en substituant le premier résultat de l'équation (8.20) dans la deuxième expression de l'équation de (8.21), on obtient :

$$s' = \frac{Ay + B\alpha}{\alpha} = A\frac{y}{\alpha} + B = A\left(\frac{1-D}{C}\right) + B = \frac{A-(AD-BC)}{C} \quad , \tag{8.23}$$

où on a employé le premier résultat de l'équation (8.21) ainsi que l'équation (8.22). Encore ici, on utilise l'équation $AD - BC = n_{\text{entrée}}/n_{\text{sortie}}$, ce qui permet de simplifier l'équation (8.23) :

$$s' = -\left(\frac{n_{\text{entrée}}}{n_{\text{sortie}}} - A\right)\frac{1}{C} = \left(\frac{n_{\text{entrée}}}{n_{\text{sortie}}} - A\right)f' \quad , \tag{8.24}$$

où l'équation (8.10) a été employée. Les équations (8.22) et (8.24) sont les résultats que nous souhaitions trouver.

8.3 Formation d'images dans un système centré

Connaissant la position des points cardinaux du système optique décrit par ses éléments ABCD (voir la section 8.2.3), on peut aisément déterminer la position de l'image formée par le système en utilisant le tracé des rayons principaux (voir la section 8.2.2). Au lieu d'employer une méthode graphique, on peut bien entendu utiliser une méthode algébrique qui fournit les expressions donnant la position de l'image et les grandissements transversal et longitudinal en termes des éléments ABCD du système. Les relations qui seront établies dans cette section permettront de voir encore mieux la puissance et d'efficacité de la méthode des éléments ABCD, ici dans le contexte de la formation d'images dans le domaine paraxial.

8.3.1 Condition d'imagerie

Par définition, l'objet est le point de rencontre des rayons incidents et l'image est le point de rencontre des rayons émergents du système optique. Considérons un objet étendu placé à une distance d du plan d'entrée d'un système optique dont les éléments ABCD sont connus (figure 8.11).

Figure 8.11

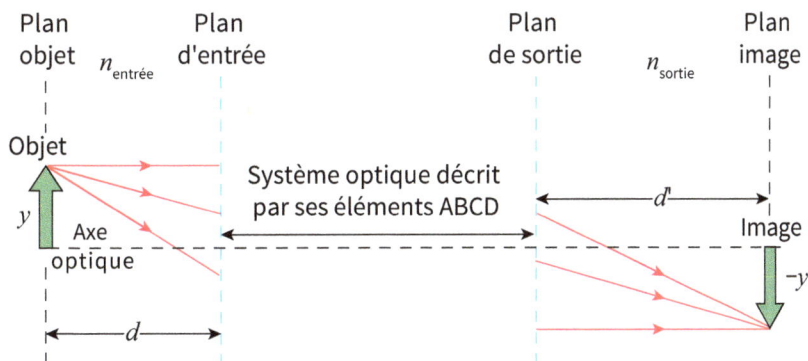

Un objet étendu est placé à une distance d devant le plan d'entrée d'un système optique arbitraire (utilisé dans le domaine paraxial) décrit par ses éléments ABCD. L'image formée par le système est à une distance d' du plan de sortie.

Tous points de l'objet émettent de la lumière; analysons plus spécifiquement les rayons issus de l'une des extrémités de l'objet (on suppose que l'autre extrémité est sur l'axe principal du système optique). De tous les rayons issus de cette extrémité, seule une portion atteint le plan d'entrée du système optique (on suppose que l'approximation paraxiale s'applique). À l'intérieur du système optique arbitraire, le trajet de la lumière est plus ou moins complexe et ne nous intéresse pas. Dans le plan de sortie émergent les rayons lumineux qui vont tous se rencontrer à l'extrémité de l'image, par définition de l'image. L'image est à une distance d' du plan de sortie du système (voir la figure 8.11).

Convention de signes 8.3	Distances objet et image par rapport aux plans d'entrée et de sortie

En supposant que la lumière voyage de gauche à droite dans le système optique :

- la distance d est positive si elle est mesurée à gauche du plan d'entrée du système optique et elle est négative si elle est mesurée à droite.
- la distance d' est positive si elle est mesurée à droite du plan de sortie du système optique et elle est négative si elle est mesurée à gauche.

La position d' de l'image par rapport au plan de sortie du système est liée à la position d de l'objet par rapport au plan d'entrée par la relation suivante :

Position de l'image par rapport au plan de sortie

$$d' = -\frac{Ad + B}{Cd + D} \quad ,$$ (8.25)

où A, B, C et D sont les éléments qui décrivent le système optique entre les plans d'entrée et de sortie (voir la section 8.1).

Utilisons la méthode des éléments ABCD pour décrire le trajet de la lumière à partir du plan objet jusqu'au plan image. Dans le plan objet, les différents rayons quittant l'extrémité supérieure de l'objet sont caractérisés par les paramètres (y, α) : y est le même pour tous les rayons (ils partent tous du même point de l'objet), mais les angles α sont tous différents car ils partent dans toutes les directions (voir la figure 8.11). Précisons toutefois que seuls les angles α petits par rapport à l'axe optique sont considérés ici (pour que l'approximation paraxiale soit applicable). La lumière voyage alors sur une distance d du plan objet jusqu'au plan d'entrée du système optique; cette propagation est décrite par les éléments de l'équation (8.3) avec $L = d$. Les rayons dans le plan d'entrée du système sont caractérisés par les paramètres (y_e, α_e) suivants (figure 8.12) :

$$y_e = y + d\alpha$$
$$\alpha_e = \alpha$$ (8.26)

Figure 8.12

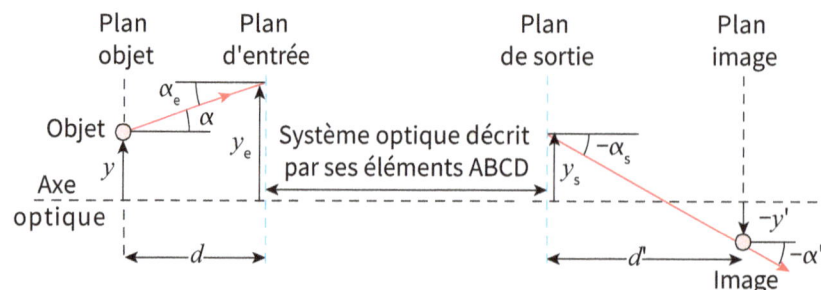

Un rayon quitte le point objet, situé à une distance d du plan d'entrée, pour se rendre jusqu'au point image, situé à une distance d' du plan de sortie.

Puis, la lumière traverse le système optique à proprement parler, qui est décrit par ses éléments ABCD. Un système d'équations comme celui de l'équation (8.1) relie les paramètres (y_e, α_e) dans le plan d'entrée et les paramètres (y_s, α_s) dans le plan de sortie du système :

$$y_s = Ay_e + B\alpha_e$$
$$\alpha_s = Cy_e + D\alpha_e \tag{8.27}$$

Enfin, tous les rayons lumineux qui émergent du plan de sortie du système optique se rendent dans le plan image en se propageant sur une distance d', propagation décrite par les éléments de l'équation (8.3) avec $L = d'$. Les rayons dans le plan image sont caractérisés par des paramètres (y', α') donnés par (voir la figure 8.12) :

$$y' = y_s + d'\alpha_s$$
$$\alpha' = \alpha_s \tag{8.28}$$

Ce parcours global divisé en trois grandes étapes, décrites par les systèmes d'équations (8.26), (8.27) et (8.28), résulte en un rayon dont les paramètres sont (y', α') : y' est le même pour tous les rayons (ils arrivent au même point sur l'image), mais les angles α' sont tous différents (voir la figure 8.11).

On souhaite maintenant exprimer les paramètres (y', α') dans le plan image en termes des paramètres (y', α') dans le plan objet seulement. Pour ce faire, on commence d'abord par utiliser les résultats des équations (8.27) dans les équations (8.28) :

$$y' = (Ay_e + B\alpha_e) + d'(Cy_e + D\alpha_e) = (A + Cd')y_e + (B + Dd')\alpha_e$$
$$\alpha' = Cy_e + D\alpha_e \tag{8.29}$$

Enfin, on emploie les expressions des équations (8.26) dans les équations (8.29) :

$$y' = (A + Cd')(y + d\alpha) + (B + Dd')\alpha = (Cd' + A)y + (Ad + B + Cd'd + Dd')\alpha \tag{8.30}$$

$$\alpha' = C(y + d\alpha) + D\alpha = Cy + (Cd + D)\alpha \tag{8.31}$$

Or, tous les rayons qui sont issus de l'extrémité de l'objet doivent, en émergeant du système optique, se rencontrer à l'extrémité de l'image, par définition de l'image. Ceci signifie que, dans l'équation (8.30), la hauteur y' est doit être indépendante de l'angle α des rayons quittant le plan objet. Cette condition est vérifiée si :

$$Ad + B + Cd'd + Dd' = 0 \tag{8.32}$$

Condition générale d'imagerie

L'équation (8.32) peut être vue comme la *condition générale d'imagerie*. En isolant d' dans cette équation, on trouve l'équation (8.25).

8.3.2 Formule de Newton et équation de conjugaison

La condition d'imagerie (8.32) prend une forme remarquablement simple si on localise l'objet et l'image par rapport aux foyers objet et image du système, respectivement. Comme aux chapitres 3, 6 et 7, on désigne par x la distance entre l'objet et le foyer objet F et par x' la distance entre l'image et le foyer image F' (figure 8.13).

Figure 8.13

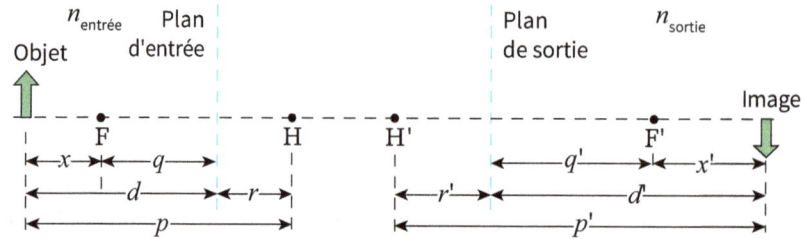

On peut localiser l'objet avec sa distance p par rapport au point principal objet H ou avec sa distance x par rapport au point focal objet F du système optique; on peut repérer l'image avec sa distance p' par rapport au point principal image H' ou avec sa distance x' par rapport au point focal image F' du système.

La condition d'imagerie, exprimée en termes de x et x', porte le nom de formule de Newton, et elle s'énonce de façon tout à fait générale comme suit :

Formule de Newton

$$xx' = ff' \ , \tag{8.33}$$

où f et f' sont les longueurs focales objet et image, respectivement. Les distances x et x' sont assujetties à la convention de signes 6.2.

Pour montrer l'équivalence entre la condition générale d'imagerie (8.32) et la formule de Newton (8.33), exprimons les distances d et d' en termes des distances x et x'. Pour ce faire, on s'aide de la figure 8.13 et des expressions pour q et q' données aux équations (8.12) et (8.18) :

$$d = x + q = x - \frac{D}{C} \quad \text{et} \quad d' = x' + q' = x' - \frac{A}{C} \ , \tag{8.34}$$

où l'équation (8.10) a été utilisée. En substituant les expressions de l'équation (8.34) dans la condition générale d'imagerie (8.32), on trouve, après simplifications :

$$A\left(x - \frac{D}{C}\right) + B + C\left(x' - \frac{A}{C}\right)\left(x - \frac{D}{C}\right) + D\left(x' - \frac{A}{C}\right) = 0 \quad \Rightarrow \quad -\frac{AD}{C} + B + Cxx' = 0 \ . \tag{8.35}$$

On peut exprimer la constante B en termes des constantes A, C et D en l'isolant dans l'équation (8.2) :

$$B = \frac{AD}{C} - \frac{n_{\text{entrée}}}{n_{\text{sortie}}C} \ . \tag{8.36}$$

En remplaçant l'équation (8.36) dans l'équation (8.35), on obtient :

$$-\frac{n_{\text{entrée}}}{n_{\text{sortie}}C} + Cxx' = 0 \quad \Rightarrow \quad f - \frac{1}{f'}xx' = 0 \ . \tag{8.37}$$

où les équations (8.16) et (8.10) ont été utilisées. En réorganisant l'équation (8.37), on retrouve la formule de Newton donnée par l'équation (8.33). Bien qu'elle soit formellement plus simple que la condition générale d'imagerie, la formule de Newton nécessite de connaitre la position des foyers; ainsi, des calculs sont préalables à l'application de la formule de Newton (voir l'exemple 8.7).

Comme il a été d'usage de faire dans les chapitres précédents pour localiser algébriquement l'image formée par un système optique, on peut faire appel à une équation de conjugaison de la même forme que celle utilisée aux chapitres 6 et 7. Considérons un système optique dont la puissance P est donnée par l'équation (8.8); de façon générale, l'équation de conjugaison s'écrit :

$$\frac{n_{\text{entrée}}}{p} + \frac{n_{\text{sortie}}}{p'} = P \quad \text{ou} \quad \frac{f}{p} + \frac{f'}{p'} = 1 \; . \tag{8.38}$$

Équation de conjugaison

L'équation de conjugaison est parfaitement équivalente à la condition d'imagerie (8.25), pourvu que la position objet p soit mesurée par rapport au plan principal objet et que la position image p' soit mesurée par rapport au plan principal image. Comme précédemment, les distances p et p' sont assujetties à la convention de signes 1.1. Les distances objet et image sont reliées aux positions des plans principaux par (voir la figure 8.13) :

$$p = d + r \quad \text{et} \quad p' = d' + r' \; , \tag{8.39}$$

où r est la position du plan principal objet et r' est la position du plan principal image, telles que données dans le tableau 8.2. Par un raisonnement identique à celui présenté à la section 7.7.2 du chapitre 7, on peut montrer que les équations (8.38) et (8.33) sont équivalentes. En somme, on dispose de trois équations pour localiser algébriquement une image formée par un système optique quelconque (voir l'exemple 8.7) : la condition d'imagerie (8.25), la formule de Newton (8.33) et l'équation de conjugaison (8.38).

8.3.3 Grandissements transversal et longitudinal

Non seulement peut-on déterminer la position de l'image à l'aide des éléments ABCD d'un système optique, mais on peut aussi déterminer les grandissements transversal et longitudinal. Le grandissement transversal s'écrit :

$$g = \frac{y'}{y} = Cx' = \frac{n_{\text{entrée}}/n_{\text{sortie}}}{Cd + D} = Cd' + A = -\frac{n_{\text{entrée}} \, p'}{n_{\text{sortie}} \, p} \; , \tag{8.40}$$

Grandissement transversal

où y' et y sont les hauteurs de l'image et de l'objet, respectivement.

Pour démontrer les égalités (8.40), considérons un objet étendu placé devant un système optique et l'image étendue formée par le système, localisée au moyen des trois rayons principaux (figure 8.14).

Figure 8.14

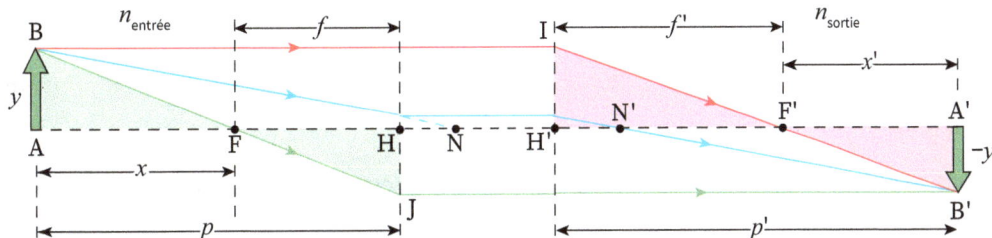

L'image d'un objet, formée par un système optique défini par ses points cardinaux, est localisée au moyen des rayons principaux.

Sur la figure 8.14, les triangles BAF et JHF sont semblables, ce qui permet de tirer l'égalité suivante :

$$\frac{y}{x} = \frac{-y'}{f} \quad \Rightarrow \quad \frac{y'}{y} = -\frac{f}{x} \quad . \tag{8.41}$$

De la même façon, les triangles IH'F' et B'A'F' sont semblables, ce qui permet d'affirmer que :

$$\frac{y}{f'} = \frac{-y'}{x'} \quad \Rightarrow \quad \frac{y'}{y} = -\frac{x'}{f'} \quad . \tag{8.42}$$

Au passage, on remarque que, en égalant entre elles les équations (8.41) et (8.42), on trouve $f/x = x'/f'$, ce qu'on peut réarranger pour obtenir la formule de Newton (8.33). Le grandissement transversal g étant défini par le rapport y'/y, on dispose donc, grâce aux équations (8.41) et (8.42), de deux expressions pour cette quantité. D'abord, puisque $-1/f' = C$, on trouve directement que l'équation (8.42) peut s'écrire $g = Cx'$. À partir de l'équation (8.34), on déduit que $x = d + D/C$; en remplaçant cette égalité dans l'équation (8.41), on trouve :

$$g = -\frac{f}{x} = \frac{n_{\text{entrée}}}{n_{\text{sortie}} C(d + D/C)} = \frac{n_{\text{entrée}}/n_{\text{sortie}}}{Cd + D} \quad , \tag{8.43}$$

où l'équation (8.16) a été utilisée. De l'équation (8.34), on a $x' = d' + A/C$; en substituant cette expression dans l'équation (8.42), on trouve : $g = -x'/f' = C(d' + A/C) = Cd' + A$, où l'équation (8.10) a été employée. Enfin, grâce à l'équation de conjugaison (8.38) et la définition de la puissance P (équation (8.8)), on a :

$$\frac{n_{\text{entrée}}}{p} + \frac{n_{\text{sortie}}}{p'} = \frac{n_{\text{sortie}}}{f'} \quad \Rightarrow \quad \frac{p'}{f'} = \frac{n_{\text{entrée}} p'}{n_{\text{sortie}} p} + 1 \quad , \tag{8.44}$$

Puisque $x' = p' - f'$ (voir la figure 8.14), on peut exprimer l'équation (8.42) sous la forme :

$$g = -\frac{x'}{f'} = -\frac{(p' - f')}{f'} = 1 - \frac{p'}{f'} = 1 - \left(\frac{n_{\text{entrée}} p'}{n_{\text{sortie}} p} + 1 \right) = -\frac{n_{\text{entrée}} p'}{n_{\text{sortie}} p} \quad , \tag{8.45}$$

où l'équation (8.44) a été employée. Ceci complète les démonstrations de l'équation (8.40).

Le grandissement longitudinal pour un système optique quelconque est donné par :

Grandissement longitudinal

$$g_L = \frac{z'}{z} = \frac{n_{\text{sortie}}}{n_{\text{entrée}}} g^2 \quad , \tag{8.46}$$

où z' et z sont les profondeurs de l'image et de l'objet, respectivement, et g est le grandissement transversal du système.

Démontrons l'expression du grandissement longitudinal g_L à partir de sa définition et de la figure 8.15.

Figure 8.15

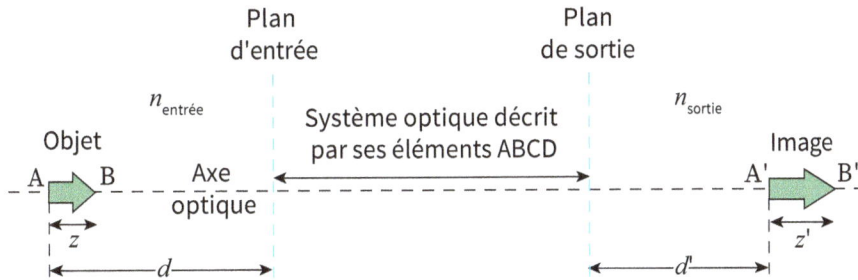

Le système optique forme, d'un objet de dimension longitudinale z, une image de dimension longitudinale z'.

L'image du point A (l'extrémité de l'objet la plus éloignée du système optique) formée par le système est au point A'. Si la distance entre l'objet A et le plan d'entrée est d et que la distance entre l'image A' et le plan de sortie est d', alors ces distances sont reliées entre elles par l'équation (8.25) :

$$d' = -\frac{Ad + B}{Cd + D} \quad , \tag{8.47}$$

où A, B, C et D sont les éléments qui caractérisent le système optique. Quant à elle, l'image du point B (l'extrémité de l'objet la plus près du système) est au point B'. La distance entre le point B et le plan d'entrée est $d - z$ alors que la distance entre le point B' et le plan de sortie est $d' + z'$ (voir la figure 8.15). Ces distances sont elles aussi reliées entre elles par l'équation (8.25) :

$$d' + z' = -\frac{A(d-z) + B}{C(d-z) + D} \quad . \tag{8.48}$$

En soustrayant l'équation (8.47) de l'équation (8.48), on obtient :

$$z' = \frac{Ad + B}{Cd + D} - \frac{A(d-z) + B}{C(d-z) + D} \quad . \tag{8.49}$$

En mettant chacun des deux termes de l'équation (8.49) au même dénominateur et en simplifiant, on trouve :

$$z' = \frac{(AD - BC)z}{[Cd + D][C(d-z) + D]} \quad . \tag{8.50}$$

On suppose que l'objet a une dimension longitudinale petite par rapport à la distance d, de sorte que $C(d-z) + D \approx Cd + D$ au dénominateur de la dernière équation. De plus, le facteur $AD - BC$ au numérateur de l'équation (8.50) correspond, d'après l'équation (8.2), à $n_{\text{entrée}}/n_{\text{sortie}}$. Ainsi, l'équation (8.50) devient :

$$z' = \frac{n_{\text{entrée}}}{n_{\text{sortie}}} \frac{z}{(Cd + D)^2} \quad . \tag{8.51}$$

En isolant le rapport z'/z dans l'équation (8.51) et en utilisant la deuxième égalité de l'équation (8.43), on trouve le résultat donné à l'équation (8.46), ce qu'on voulait démontrer.

E | Exemple 8.7 | Image formée par une lentille épaisse plan concave |

Une lentille épaisse plan concave, qui baigne dans l'air, a une épaisseur de 6 cm et un indice de réfraction de 1,5. Elle est délimitée, dans le plan d'entrée, par un dioptre plan et, dans le plan de sortie, par un dioptre sphérique dont le rayon de courbure est de 4 cm. Un objet, d'une hauteur de 2 mm, est situé à une distance de 10 cm par rapport à la face plane de la lentille. Déterminez, par rapport au deuxième dioptre de la lentille, la position l'image formée par cette lentille:

a) en utilisant la condition d'imagerie (8.25);

b) en utilisant la formule de Newton;

c) en utilisant l'équation de conjugaison.

De plus, déterminez la hauteur de l'image.

Solution

On a $n_{entrée} = n_{sortie} = 1$ (la lentille baigne dans l'air), $e = 6$ cm (l'épaisseur de la lentille), $n = 1,5$ (l'indice de réfraction de la lentille), $R_2 = 4$ cm (le rayon de courbure de la face courbe de la lentille, positif car le centre de courbure de cette face est du côté des rayons émergents), $d = 10$ cm (la position de l'objet par rapport au plan d'entrée) et $y = 2$ mm (la hauteur de l'objet).

Les éléments ABCD d'une lentille épaisse dont le premier dioptre est plan ont été obtenus dans l'exemple 8.2 de la section 8.1. On peut donc calculer les valeurs numériques de ces éléments dans le contexte de la lentille plan concave étudiée ici :

$$A = 1$$

$$B = \frac{e}{n} = \frac{6\text{ cm}}{1,5} = 4\text{ cm}$$

$$C = \frac{n-1}{R_2} = \frac{1,5-1}{4\text{ cm}} = 0,125\text{ cm}^{-1}$$

$$D = 1 + \frac{(n-1)e}{nR_2} = 1 + \frac{(1,5-1)(6\text{ cm})}{1,5(4\text{ cm})} = 1,5.$$

a) Condition d'imagerie :

En remplaçant les valeurs numériques dans l'équation (8.25), on obtient directement la position de l'image par rapport au plan de sortie :

$$d' = -\frac{Ad+B}{Cd+D} = -\left(\frac{10\text{ cm} + 4\text{ cm}}{(0,125\text{ cm}^{-1})(10\text{ cm}) + 1,5}\right) = -5,09\text{ cm} \quad.$$

Puisque $d' < 0$, l'image est située à gauche du plan de sortie; elle est donc située à l'intérieur de la lentille.

b) Formule de Newton :

Les longueurs focales objet et image sont identiques et valent :

$$f = f' = -\frac{1}{C} = -\frac{1}{0,125\text{ cm}^{-1}} = -8\text{ cm} \quad.$$

Le signe moins signifie que le système est divergent. Par rapport au dioptre plan de la lentille, la position du foyer objet F est :

$$q = Df' = (1{,}5)(-8\text{ cm}) = -12\text{ cm} \ .$$

Puisque $q < 0$, on sait que le foyer objet est situé à droite du plan d'entrée. Par rapport à la surface courbe de la lentille, la position du foyer image F' est :

$$q' = f' = -8\text{ cm} \ .$$

Comme $q' < 0$, le foyer image est situé à gauche du plan de sortie. Par rapport au dioptre plan de la lentille, la position du point principal objet H est :

$$r = (1-D)f' = (1-1{,}5)(-8\text{ cm}) = 4\text{ cm} \ .$$

Puisque $r > 0$, le point principal objet est à droite de la surface plane de la lentille. Par rapport à la surface courbe de la lentille, la position du point principal image H' est :

$$r' = (1-A)f' = 0 \ ,$$

ce qui veut dire que le point principal image est situé sur le plan de sortie. Connaissant la position des six points cardinaux, on peut les représenter sur un schéma à l'échelle (voir la figure ci-dessous).

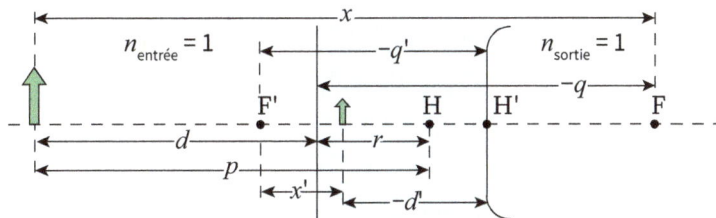

En vue d'appliquer la formule de Newton, il faut déterminer la distance x entre l'objet et le foyer objet F. Pour ce faire, on s'aide de la figure ci-dessus pour établir l'égalité suivante :

$$x = d + (-q) = 10\text{ cm} + 12\text{ cm} = 22\text{ cm} \ .$$

La distance x est positive, car l'objet est à gauche de F. La formule de Newton permet de trouver la distance x' entre l'image et le foyer image F' :

$$xx' = ff' \implies x' = \frac{ff'}{x} = \frac{(8\text{ cm})(8\text{ cm})}{(22\text{ cm})} = 2{,}91\text{ cm} \ .$$

Comme $x' > 0$, l'image est à droite du foyer image F'. Aidé de la figure ci-dessus, on peut établir une relation permettant de déterminer la distance d' entre l'image et le plan de sortie est :

$$x' + (-d') = -q' \implies d' = x' + q' = 2{,}91\text{ cm} - 8\text{ cm} = -5{,}09\text{ cm} \ .$$

c) Équation de conjugaison :

La puissance du système est donnée par l'équation (8.8) :

$$P = \frac{n_{\text{entrée}}}{f} = \frac{1}{-0{,}08\text{ m}} = -12{,}5\,\delta \ .$$

Pour appliquer l'équation de conjugaison, on a besoin de la distance objet p entre l'objet et le point principal objet H. À partir de la figure précédente, on déduit que est $p = d + r = 10\text{ cm} + 4\text{ cm} = 14\text{ cm} = 0,14\text{ m}$. L'équation de conjugaison permet de calculer p' :

$$\frac{n_{\text{entrée}}}{p} + \frac{n_{\text{sortie}}}{p'} = P \quad \Rightarrow \quad p' = n_{\text{sortie}}\left(P - \frac{n_{\text{entrée}}}{p}\right)^{-1} = \left(-12,5\,\delta - \frac{1}{0,14\text{ m}}\right)^{-1} = -0,0509\text{ m}\ .$$

Puisque le plan de sortie et le plan principal image sont ici confondus (car $r' = 0$), on a donc $d' = p' = -5,09\text{ cm}$. Comme $p' < 0$, l'image est virtuelle. On constate que les trois méthodes donnent toutes la même réponse.

Le grandissement transversal est :

$$g = \frac{n_{\text{entrée}}/n_{\text{sortie}}}{Cd + D} = \frac{1}{(0,125\text{ cm}^{-1})(10\text{ cm}) + 1,5} = 0,364 \quad \text{ou}$$

$$g = Cd' + A = (0,125\text{ cm}^{-1})(-5,09\text{ cm}) + 1 = 0,364\ .$$

Alternativement, on peut calculer le grandissement transversal ainsi :

$$g = Cx' = (0,125\text{ cm}^{-1})(2,91\text{ cm}) = 0,364 \quad \text{et} \quad g = -\frac{n_{\text{entrée}}p'}{n_{\text{sortie}}p} = -\frac{(-5,09\text{ cm})}{14\text{ cm}} = 0,364\ ,$$

ce qui donne, dans tous les cas, le même résultat. La taille transversale de l'image est donc :

$$g = \frac{y'}{y} \quad \Rightarrow \quad y' = gy = (0,364)(2\text{ mm}) = 0,728\text{ mm}\ .$$

8.4 Quelques systèmes optiques centrés

Jusqu'ici, nous avons analysé un système optique général et arbitraire, décrit par ses éléments ABCD (à l'exception des systèmes spécifiques étudiés dans les exemples, comme le dioptre sphérique et la lentille plan convexe). Dans cette section, nous examinons plus en détail certains systèmes centrés comme la lentille épaisse et une association de deux lentilles non accolées. Nous compléterons cette section par un modèle de l'œil emmétrope vu comme un système centré constitué de quatre dioptres sphériques. On verra que le modèle simplifié de l'œil, fait à l'exemple 7.10 du chapitre 7, est une excellente approximation, ce que les outils développés dans ce chapitre 8 nous permettront de confirmer.

8.4.1 Lentille épaisse

Pour analyser efficacement la lentille épaisse, il faut d'abord déterminer les éléments ABCD de cette lentille. Considérons une lentille constituée de deux dioptres sphériques de puissances P_1 et P_2, séparés d'une distance e (figure ci-dessous). La lentille est faite d'un matériau dont l'indice de réfraction est n; pour rester général, la face 1 de la lentille est en contact avec un milieu d'indice de réfraction n_1 alors que la face 2 est en contact avec un milieu d'indice de réfraction n_2.

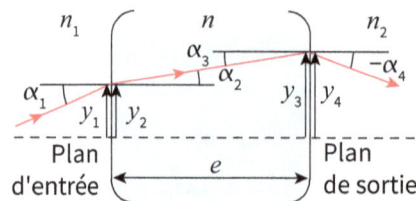

Un faisceau de lumière, dont l'axe optique est confondu avec l'axe principal de la lentille épaisse, traverse la lentille; on analyse le parcours d'un rayon de ce faisceau lumineux, du plan d'entrée (surface du premier dioptre) jusqu'au plan de sortie (surface du deuxième dioptre). Partons d'un rayon incident décrit dans le plan d'entrée par les paramètres (y_1, α_1), où y_1 est la hauteur et α_1 est l'angle du rayon par rapport à l'axe optique. La première réfraction donne un rayon dont la hauteur par rapport à l'axe optique est y_2 et dont l'angle est α_2 (voir la figure précédente). D'après l'équation (8.4), les éléments ABCD du dioptre sphérique 1 sont $A = 1$, $B = 0$, $C = -P_1/n$, $D = n_1/n$. Le système d'équations (8.1) s'écrit donc, pour la première réfraction :

$$y_2 = y_1$$
$$\alpha_2 = -\frac{P_1}{n}y_1 + \frac{n_1}{n}\alpha_1. \tag{8.52}$$

Ce nouveau rayon, décrit par les paramètres (y_2, α_2), se propage sur une distance $L = e$ entre les deux dioptres de la lentille pour devenir le rayon décrit par les paramètres (y_3, α_3). D'après l'équation (8.3), les éléments ABCD décrivant cette propagation sont $A = 1$, $B = e$, $C = 0$, $D = 1$. Pour la propagation entre les deux dioptres, le système d'équations (8.1) donne :

$$y_3 = y_2 + e\alpha_2$$
$$\alpha_3 = \alpha_2. \tag{8.53}$$

En substituant les équations (8.52) dans les équations (8.53), on obtient les relations qui donnent les paramètres (y_3, α_3) en termes des paramètres initiaux (y_1, α_1) :

$$y_3 = y_1 + e\left(-\frac{P_1}{n}y_1 + \frac{n_1}{n}\alpha_1\right) = \left(1 - \frac{P_1 e}{n}\right)y_1 + \frac{n_1 e}{n}\alpha_1$$
$$\alpha_3 = -\frac{P_1}{n}y_1 + \frac{n_1}{n}\alpha_1. \tag{8.54}$$

Finalement, la réfraction sur le dioptre 2 transforme le rayon décrit par les paramètres (y_3, α_3) en le rayon dans le plan de sortie décrit par les paramètres (y_4, α_4). D'après l'équation (8.4), les éléments ABCD du dioptre 2 sont $A = 1$, $B = 0$, $C = -P_2/n_2$, $D = n/n_2$. Le système d'équations (8.1) s'écrit donc, pour la deuxième réfraction :

$$y_4 = y_3$$
$$\alpha_4 = -\frac{P_2}{n_2}y_3 + \frac{n}{n_2}\alpha_3. \tag{8.55}$$

En remplaçant les équations (8.54) dans les équations (8.55), on obtient les relations qui donnent les paramètres (y_4, α_4) du rayon dans le plan de sortie de la lentille en termes des paramètres (y_1, α_1) du rayon dans le plan d'entrée :

$$y_4 = \left(1 - \frac{P_1 e}{n}\right)y_1 + \frac{n_1 e}{n}\alpha_1$$
$$\alpha_4 = -\frac{P_2}{n_2}\left[\left(1 - \frac{P_1}{n}\right)y_1 + \frac{n_1 e}{n}\alpha_1\right] + \frac{n}{n_2}\left(-\frac{P_1}{n}y_1 + \frac{n_1}{n}\alpha_1\right) = \left(-\frac{P_1}{n_2} - \frac{P_2}{n_2} + \frac{P_1 P_2 e}{n_2 n}\right)y_1 + \left(\frac{n_1}{n_2} - \frac{P_2 n_1 e}{n_2 n}\right)\alpha_1. \tag{8.56}$$

En comparant le système d'équations (8.56) avec celui de l'équation (8.1), on peut en déduire les éléments ABCD de la lentille épaisse :

$$A = 1 - \frac{P_1 e}{n}, \quad B = \frac{n_1 e}{n}, \quad C = -\frac{P_1}{n_2} - \frac{P_2}{n_2} + \frac{P_1 P_2 e}{n_2 n}, \quad D = \frac{n_1}{n_2} - \frac{P_2 n_1 e}{n_2 n}. \tag{8.57}$$

Éléments
ABCD d'une
lentille épaisse

Ces éléments, valides pour une lentille épaisse, sont une généralisation des résultats que nous avons obtenus dans l'exemple 8.2.

La connaissance de l'élément C de la lentille épaisse permet de déterminer une expression générale pour la puissance d'une telle lentille. Selon les équations (8.7) et (8.8), la puissance d'une lentille épaisse est $P = -n_2 C$, c'est-à-dire :

Formule de Gullstrand

$$P = P_1 + P_2 - \frac{e}{n} P_1 P_2 \ , \tag{8.58}$$

où P_1 et P_2 sont les puissances des dioptres sphériques pris séparément, e est l'épaisseur de la lentille et n est l'indice de réfraction de la lentille. L'équation (8.58) est appelée la *formule de Gullstrand*, énoncée par l'ophtalmologue suédois Allvar Gullstrand (1862–1930).

Le tableau 8.3 fournit la position des points cardinaux de la lentille épaisse. Ces expressions sont obtenues en remplaçant les éléments ABCD de l'équation (8.57) dans les résultats compilés dans le tableau 8.2.

Tableau 8.3   **Position des points principaux et nodaux pour une lentille épaisse**

Point	Position	Position mesurée par rapport
Point focal objet F	$q = \dfrac{1}{P}\left(n_1 - \dfrac{n_1 P_2 e}{n} \right)$	au plan d'entrée
Point focal image F'	$q' = \dfrac{1}{P}\left(n_2 - \dfrac{n_2 P_1 e}{n} \right)$	au plan de sortie
Point principal objet H	$r = \dfrac{n_1 P_2 e}{nP}$	au plan d'entrée
Point principal image H'	$r' = \dfrac{n_2 P_1 e}{nP}$	au plan de sortie
Point nodal objet N	$s = \dfrac{1}{P}\left(n_2 - n_1 + \dfrac{n_1 P_2 e}{n} \right)$	au plan d'entrée
Point nodal image N'	$s' = \dfrac{1}{P}\left(n_1 - n_2 + \dfrac{n_2 P_1 e}{n} \right)$	au plan de sortie

où la puissance P de la lentille épaisse est donnée par la formule de Gullstrand.

En utilisant la formule de Gullstrand, il faut d'abord calculer les puissances P_1 et P_2 de chacun des dioptres qui constituent la lentille :

Puissances des dioptres

$$P_1 = \frac{n - n_1}{R_1} \quad \text{et} \quad P_2 = \frac{n_2 - n}{R_2} \ , \tag{8.59}$$

où R_1 et R_2 sont les rayons de courbure des surfaces courbes de la lentille. D'après l'équation (8.8), la longueur focale objet f et la longueur focale image f' de la lentille épaisse sont :

$$f = \frac{n_1}{P} \quad \text{et} \quad f' = \frac{n_2}{P} \quad .$$

(8.60)

Longueurs focales de la lentille

On remarque au passage que si $n_1 = n_2 = 1$ (de l'air de part et d'autre de la lentille) et que $e = 0$, la formule de Gullstrand n'est rien d'autre que la formule des opticiens donnée par l'équation (7.7) du chapitre 7, qui est effectivement valide pour les lentilles *minces* ($e = 0$) entourées d'air.

Exemple 8.8   L'aquarium sphérique

Un aquarium sphérique rempli d'eau a un diamètre de 60 cm. Un petit bibelot de 3 cm de hauteur est posé sur la table à 15 cm de la paroi de l'aquarium, à l'extérieur de l'aquarium. Où l'image du bibelot se situe-t-elle en le regardant à travers l'aquarium? De quelle largeur vous parait-il alors? On néglige l'épaisseur de la paroi de l'aquarium.

Solution

Le bocal d'eau constitue une lentille épaisse dont l'épaisseur correspond au diamètre du bocal sphérique. On a $R = 30$ cm (le rayon de la sphère), $R_1 = R$ (le rayon de courbure du premier dioptre, positif puisque le centre de courbure du dioptre 1 est du côté des rayons émergents), $R_2 = -R$ (le rayon de courbure du deuxième dioptre, négatif puisque le centre de courbure du dioptre 2 n'est pas du côté des rayons émergents), $e = 2R$ (l'épaisseur de la lentille), $n_1 = n_2 = 1$ (la lentille baigne dans l'air), $n = 1,33$ (l'indice de réfraction de la lentille), $d = 15$ cm (la distance entre l'objet et la première face de la sphère) et $y = 3$ cm (la hauteur de l'objet).

La puissance de chacun des dioptres de la lentille est $P_1 = P_2 = (n - 1)/R$. Les éléments ABCD de la lentille épaisse sont donnés par l'équation (8.57); dans le présent contexte, ils prennent la forme suivante et valent :

$$A = 1 - \frac{P_1 e}{n} = 1 - \frac{(n-1)2R}{nR} = 1 - 2\left(1 - \frac{1}{n}\right) = \frac{2}{n} - 1 = \frac{2}{1,33} - 1 = 0,504$$

$$B = \frac{e}{n} = \frac{2R}{n} = \frac{2(30 \text{ cm})}{1,33} = 45,1 \text{ cm}$$

$$C = -P_1 - P_2 + \frac{P_1 P_2 e}{n} = -\frac{2(n-1)}{R} + \frac{(n-1)^2 2R}{nR^2} = \frac{2}{R}\left(\frac{1}{n} - 1\right) = \frac{2}{30 \text{ cm}}\left(\frac{1}{1,33} - 1\right) = -0,01654 \text{ cm}^{-1}$$

$$D = 1 - \frac{P_2 e}{n} = A = 0,504.$$

Par rapport à la deuxième face de la sphère, la position de l'image est :

$$d' = -\frac{Ad + B}{Cd + D} = -\frac{(0,504)(15 \text{ cm}) + 45,1 \text{ cm}}{(-0,01654 \text{ cm}^{-1})(15 \text{ cm}) + 0,504} = -206 \text{ cm} \quad .$$

La hauteur de l'image est :

$$g = \frac{y'}{y} = \frac{n_1/n_2}{Cd + D} \quad \Rightarrow \quad y' = \frac{y}{Cd + D} = \frac{3 \text{ cm}}{(-0,01654 \text{ cm}^{-1})(15 \text{ cm}) + 0,504} = 11,7 \text{ cm} \quad .$$

Cet exemple fournit une solution alternative à l'exemple 6.6 du chapitre 6.

L'épaisseur d'une lentille n'est pas constante le long de l'axe radial de la lentille. Par exemple, dans une lentille biconcave, le centre de la lentille est plus mince que sur son bord. Il est peut être utile de connaitre, pour une puissance de lentille et une épaisseur centrale e_c données, l'épaisseur e_b de la lentille sur son pourtour (figure ci-contre). En effet, il peut exister des contraintes pratiques à la valeur maximale de l'épaisseur en périphérie de la lentille. Il est néanmoins possible, pour fabriquer la lentille, d'utiliser un matériau réfringent ayant un indice de réfraction plus élevée afin d'amincir la lentille.

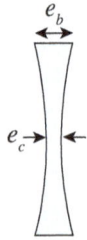

Exemple 8.9 — L'épaisseur de la lentille cornéenne

Une lentille cornéenne, d'indice de réfraction 1,49, forme un ménisque divergent dont les rayons de courbure sont 7,8 mm et 8,1 mm. Cette lentille, qui baigne dans l'air, a une puissance de $-2\,\delta$ et son rayon r (la distance entre son centre et un point de sa circonférence) est de 5 mm (figure ci-dessous).

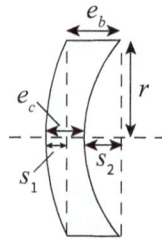

a) Quelle est son épaisseur au centre?

b) Quelle est son épaisseur en un point de sa périphérie?

Solution

Les données sont les suivantes : $n = 1,49$ (l'indice de réfraction de la lentille), $P = -2\,\delta$ (la puissance de la lentille), $r = 6$ cm (le rayon de la lentille), $R_1 = 8,1$ mm (le rayon de courbure de la première face, positif car le centre de courbure est du côté des rayon émergents) et $R_2 = 7,8$ mm (le rayon de courbure de la deuxième face, positif car le centre de courbure est également du côté des rayon émergents). Remarquons qu'on a tenu compte du fait que la lentille est un ménisque divergent ($R_1 > R_2$). On cherche les épaisseurs e_c et e_b de la lentille, au centre et au bord, respectivement.

a) On calcule d'abord la puissance de chaque dioptre de la lentille :

$$P_1 = \frac{n-1}{R_1} = \frac{1,49-1}{0,0081\ \text{m}} = 60,5\,\delta \quad \text{et} \quad P_2 = \frac{1-n}{R_2} = \frac{1-1,49}{0,0078\ \text{m}} = -62,8\,\delta .$$

On déduit l'épaisseur centrale de la lentille en utilisant la formule de Gullstrand (8.58) :

$$P = P_1 + P_2 - \frac{e_c}{n}P_1 P_2 \implies e_c = \frac{n(P_1+P_2-P)}{P_1 P_2} = \frac{(1,49)(60,5\,\delta - 62,8\,\delta - (-2\,\delta))}{(60,5\,\delta)(-62,8\,\delta)} = 0,12\ \text{mm} .$$

La lentille cornéenne a une épaisseur centrale de 0,12 mm.

b) On cherche maintenant l'épaisseur e_b en périphérie de la lentille (voir la figure ci-dessus). En examinant cette figure, on peut établir la relation suivante :

$$e_b + s_1 = e_c + s_2 \implies e_b = e_c + s_2 - s_1 .$$

où s_1 et s_2 sont les sagittales des calottes des première et deuxième faces, respectivement (voir la section 6.1.3 sur la sphérométrie). À ce stade-ci, l'objectif est d'exprimer les sagittales en termes des rayons de courbure R_1 et R_2 ainsi que du rayon r. Aidé de la figure ci-dessous, on utilise le théorème de Pythagore pour écrire :

$$x^2 + r^2 = R^2 \quad \Rightarrow \quad x = \sqrt{R^2 - r^2} \quad .$$

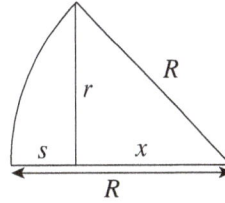

De plus, la sagittale est $s = R - x$. De là, on peut calculer les deux sagittales :

$$s_1 = R_1 - x_1 = R_1 - \sqrt{R_1^2 - r^2} = 8{,}1\ \text{mm} - \sqrt{(8{,}1\ \text{mm})^2 - (5\ \text{mm})^2} = 1{,}73\ \text{mm} \quad ,$$

$$s_2 = R_2 - x_2 = R_2 - \sqrt{R_2^2 - r^2} = 7{,}8\ \text{mm} - \sqrt{(7{,}8\ \text{mm})^2 - (5\ \text{mm})^2} = 1{,}81\ \text{mm} \quad .$$

On peut maintenant calculer l'épaisseur e_b au bord de la lentille avec l'équation établie précédemment :

$$e_b = 0{,}12\ \text{mm} + 1{,}81\ \text{mm} - 1{,}73\ \text{mm} = 0{,}20\ \text{mm} \quad .$$

L'épaisseur de la lentille sur son pourtour est de 0,20 mm.

8.4.2 Association de deux lentilles minces non accolées

De la même façon qu'on a pu considérer comme un seul système optique une association de deux dioptres sphériques séparés d'une distance e, on peut également considérer comme un seul système optique une association de deux lentilles minces baignant dans l'air séparées d'une distance L (figure ci-dessous). Pour trouver la longueur focale équivalente de cette association et la position de ses points cardinaux, il suffit de trouver les éléments ABCD de ce système. Pour ce faire, il suffirait de procéder comme à la section précédente et analyser les paramètres d'un rayon traversant le système dans son ensemble. Toutefois, au lieu de refaire cette procédure à partir du début, nous allons exploiter un argument de similitude pour trouver les résultats cherchés à partir de ceux présentés dans le cas d'une lentille épaisse.

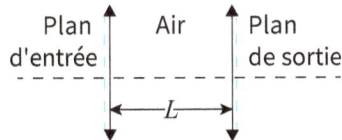

En examinant les éléments ABCD pour un dioptre sphérique (équation (8.4)) et ceux pour une lentille mince (équation (8.5)), on se rend compte qu'ils sont formellement identiques si on pose $n_1 = 1$ et $n_2 = 1$. Par conséquent, les résultats qui s'appliquent à une association de deux lentilles dans l'air séparées d'une distance L sont identiques à ceux développés pour une lentille épaisse, posant $n_1 = n_2 = n = 1$, $e = L$ et en réinterprétant les quantités P_1 et P_2 comme étant les puissances de chacune des lentilles minces (et non celles des dioptres pris séparément). Par conséquent, à partir des éléments de l'équation (8.57), on déduit directement les éléments ABCD de l'association de deux lentilles minces entourées d'air séparées d'une distance L :

Éléments ABCD d'une association de deux lentilles minces

$$A = 1 - P_1 L, \quad B = L, \quad C = -P_1 - P_2 + P_1 P_2 L, \quad D = 1 - P_2 L. \tag{8.61}$$

où $P_1 = 1/f_1$ et $P_2 = 1/f_2$ sont les puissances des deux lentilles minces dans l'air de l'association. Selon les équations (8.7), la longueur focale effective $f = -1/C$ de l'association des deux lentilles est :

$$\frac{1}{f} = \frac{1}{f_1} + \frac{1}{f_2} - \frac{L}{f_1 f_2} \quad . \tag{8.62}$$

Remarquons que, si les lentilles sont accolées ($L = 0$), on retrouve l'équation (7.11) du chapitre 7. À la lumière de l'équation (8.62), on constate qu'une association de deux lentilles *convergentes* ($f_1 > 0$ et $f_2 > 0$) peut constituer un système optique *divergent* ($f < 0$), pourvu que la distance L entre les deux lentilles soit suffisamment grande (plus précisément si la distance L est supérieure à $f_1 + f_2$). On peut former un système afocal (f infini) en ajustant la distance entre les deux lentilles de sorte que la somme des longueurs focales individuelles corresponde à la distance entre les lentilles. Pour le montrer, considérons l'équation (8.62) avec $1/f = 0$:

$$\frac{1}{f_1} + \frac{1}{f_2} - \frac{L}{f_1 f_2} = 0 \quad \Rightarrow \quad \frac{f_1 f_2}{f_1} + \frac{f_1 f_2}{f_2} - \frac{L f_1 f_2}{f_1 f_2} = 0 \quad \Rightarrow \quad f_2 + f_1 - L = 0 \quad . \tag{8.63}$$

Dans l'équation centrale, on a simplement multiplié tous les termes par le produit $f_1 f_2$. L'équation (8.63), qui se lit $L = f_1 + f_2$, confirme qu'il suffit que le foyer image F_1' de la première lentille coïncide avec le foyer objet F_2 de la deuxième lentille pour former un système afocal (figure ci-dessous). Cette configuration est notamment utilisée dans une lunette astronomique.

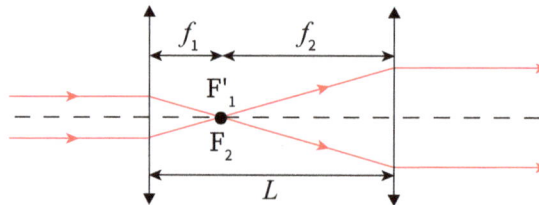

E | **Exemple 8.10** | Points cardinaux d'une association de deux lentilles minces

Considérons un système optique constitué de deux lentilles minces convergentes baignant dans l'air. La première lentille a une longueur focale $f_1 = 12$ cm alors que la deuxième a une longueur focale $f_2 = 6$ cm et la distance qui sépare les deux lentilles est $L = 9$ cm (voir l'exemple 8.3). À partir des éléments ABCD de l'association de deux lentilles minces non accolées,

    a)   calculez la longueur focale du système optique formé par les deux lentilles.

    b)   déterminez la position, par rapport à la deuxième lentille, du foyer image et celle du point principal image.

    c)   déterminez la position, par rapport à la première lentille, du foyer objet et celle du point principal objet.

Solution

Les éléments ABCD de ce système optique sont donnés par l'équation (8.61) :

$$A = 1 - P_1 L = 1 - \frac{L}{f_1} = 1 - \frac{9}{12} = 0,25$$

$$B = L = 9 \text{ cm}$$

$$C = -P_1 - P_2 + P_1 P_2 L = -\frac{1}{f_1} - \frac{1}{f_2} + \frac{L}{f_1 f_2} = -\frac{1}{12} - \frac{1}{6} + \frac{9}{(12)(6)} = -0,125 \text{ cm}^{-1}$$

$$D = 1 - P_2 L = 1 - \frac{L}{f_2} = 1 - \frac{9}{6} = -0,5.$$

a) Longueur focale f :

On calcule la longueur focale du système à l'aide de l'équation (8.7) :

$$f = f' = -\frac{1}{C} = -\frac{1}{(-0,125\ \text{cm}^{-1})} = 8\ \text{cm} \quad .$$

Ce résultat est conforme à celui obtenu à l'exemple 8.3.

b) Points F' et H' :

Par rapport à la deuxième lentille, la position du foyer image est donnée par l'équation (8.12) :

$$q' = Af' = (0,25)(8\ \text{cm}) = 2\ \text{cm} \quad .$$

Comme $q' > 0$, le foyer image est à droite de la deuxième lentille. Par rapport à la deuxième lentille, la position du point principal image est quant à elle donnée par l'équation (8.13) :

$$r' = (1-A)f' = (1-0,25)(8\ \text{cm}) = 6\ \text{cm} \quad .$$

Puisque $r' > 0$, le point principal image est à gauche de la deuxième lentille. Ces résultats sont identiques à ceux déduits à l'exemple 8.3.

c) Points F et H :

La position du foyer objet par rapport à la première lentille est donnée par l'équation (8.18) :

$$q = Df' = (-0,5)(8\ \text{cm}) = -4\ \text{cm} \quad .$$

En raison du fait que $q < 0$, le foyer objet est à droite de la première lentille. La position du point principal objet est obtenue grâce à l'équation (8.19) :

$$r = \left(\frac{n_{\text{entrée}}}{n_{\text{sortie}}} - D\right)f' = \left[1-(-0,5)\right](8\ \text{cm}) = 12\ \text{cm} \quad .$$

Comme $r > 0$, le point principal objet est à droite de la première lentille. Encore une fois, ces résultats sont les mêmes à ceux trouvés à l'exemple 8.3. La figure ci-dessous illustre l'ensemble des points cardinaux. Puisque $n_{\text{entrée}} = n_{\text{sortie}}$ dans ce système particulier, les points principaux objet et image coïncident avec les points nodaux objet et image, respectivement.

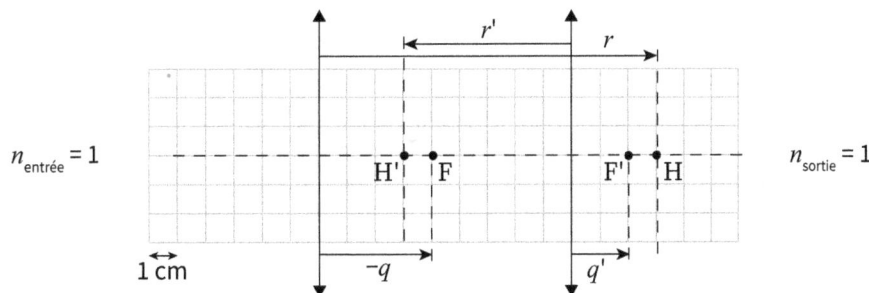

Exemple 8.11 Imagerie avec une association de deux lentilles minces

Une lentille mince convergente et une lentille mince divergente, dont les grandeurs des longueurs focales respectives sont 25 cm et 15 cm, baignent dans l'air et sont séparées de 5 cm. Un objet de 2 cm de hauteur est situé à 60 cm de la lentille convergente. Si on observe l'objet à travers les deux lentilles, où l'image formée par le système est-elle située par rapport à la deuxième lentille? Quelle est la hauteur de cette image?

Solution

Les données sont les suivantes : $L = 5$ cm (la distance entre les deux lentilles), $d = 60$ cm (la distance de l'objet par rapport au plan d'entrée), $y = 2$ cm (la taille de l'objet), $f_1 = 25$ cm (la longueur focale de la première lentille, positive car la lentille est convergente) et $f_2 = -15$ cm (la longueur focale de la seconde lentille, négative car la lentille est divergente); on cherche les caractéristiques de l'image finale formée par cette association de deux lentilles minces.

Les puissances des lentilles sont $P_1 = 1/f_1$ et $P_2 = 1/f_2$. Les éléments ABCD de l'association de deux lentilles minces sont donnés par l'équation (8.61) :

$$A = 1 - P_1 L = 1 - \frac{L}{f_1} = 1 - \frac{5}{25} = 0,8$$

$$B = L = 5 \text{ cm}$$

$$C = -P_1 - P_2 + P_1 P_2 L = -\frac{1}{f_1} - \frac{1}{f_2} + \frac{L}{f_1 f_2} = -\frac{1}{25} - \frac{1}{(-15)} + \frac{5}{(25)(-15)} = 0,01333 \text{ cm}^{-1}$$

$$D = 1 - P_2 L = 1 - \frac{L}{f_2} = 1 - \frac{5}{(-15)} = 1,333.$$

Par rapport à la deuxième lentille, la position de l'image est :

$$d' = -\frac{Ad + B}{Cd + D} = -\frac{(0,8)(60 \text{ cm}) + 5 \text{ cm}}{(0,01333 \text{ cm}^{-1})(60 \text{cm}) + 1,333} = -24,8 \text{ cm} \quad .$$

La hauteur de l'image est :

$$g = \frac{y'}{y} = \frac{n_1/n_2}{Cd + D} \quad \Rightarrow \quad y' = \frac{y}{Cd + D} = \frac{2 \text{ cm}}{(0,01333 \text{cm}^{-1})(60 \text{cm}) + 1,333} = 0,94 \text{ cm} \quad .$$

Cet exemple fournit une solution alternative à l'exemple 7.4 du chapitre 7.

8.4.3 L'œil comme système centré

À la section 7.7 du chapitre 7, on a décrit une lentille mince située entre deux milieux d'indices de réfraction différents dans le but, entre autres, de présenter un modèle simple de l'œil. La lentille mince représentait le système cornée-cristallin séparant l'air (devant le système) et l'humeur vitrée (derrière le système). Pourtant, l'œil est plus rigoureusement constitué de quatre dioptres sphériques séparant cinq milieux successifs : l'air, la cornée, l'humeur aqueuse, le cristallin et l'humeur vitrée (figure ci-contre).

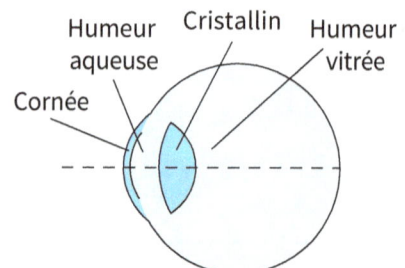

Est-il raisonnable de modéliser l'œil par une seule lentille mince? Si oui, où est-elle située par rapport au sommet cornéen? Où se trouvent les points cardinaux de l'œil? Dans cette dernière section, nous répondrons à ces questions.

À l'aide de la méthode des éléments ABCD introduite dans ce chapitre, nous allons étudier la structure détaillée de l'œil, en tant que système formé de quatre dioptres sphériques séparant cinq milieux de propagation différents. Plus spécifiquement, nous déterminerons les éléments ABCD de l'œil moyen au repos (sans accommodation). Les caractéristiques physiques des différentes parties de l'œil sont présentées dans le tableau 8.4 (les dimensions ne sont bien entendu que des valeurs moyennes, qui peuvent varier d'un individu à l'autre).

Tableau 8.4	Caractéristiques physiques et optiques d'un œil moyen au repos

Milieu	Caractéristiques physiques et optiques
Air	Indice de réfraction : 1
Cornée	Rayon de courbure de la face antérieure : R_1 = +7,8 mm Rayon de courbure de la face postérieure : R_2 = +6,5 mm Indice de réfraction : n = 1,377 Épaisseur : e = 0,55 mm
Humeur aqueuse	Indice de réfraction : 1,337 Épaisseur : L = 3,05 mm
Cristallin	Rayon de courbure de la face antérieure : R_1 = +10,2 mm Rayon de courbure de la face postérieure : R_2 = −6,0 mm Indice de réfraction moyen : n = 1,42 Épaisseur : e = 4,0 mm
Humeur vitrée	Indice de réfraction : 1,336

En vue d'analyser l'œil globalement, remarquons que la cornée ainsi que le cristallin jouent chacune le rôle d'une lentille épaisse comme celles étudiées en détail à la section 8.4.1. En somme, l'œil peut être vu plus simplement comme une association de deux lentilles épaisses. Trouvons les éléments ABCD de la cornée et ceux du cristallin, puis ceux de l'œil dans son ensemble.

Cornée

En référant au tableau 8.4, on peut considérer la cornée comme une lentille épaisse (voir la section 8.4.1) dont $n_1 = 1$, $n = 1{,}377$, $n_2 = 1{,}337$, $R_1 = 7{,}8$ mm et $R_2 = 6{,}5$ mm et $e = 0{,}55$ mm (figure ci-dessous).

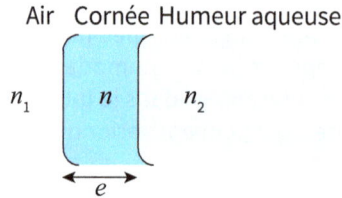

Air   Cornée   Humeur aqueuse

n_1 n n_2

e

Avec ces valeurs numériques, on peut calculer les puissances de chacun des dioptres qui constituent la cornée avec les expressions de l'équation (8.59) :

$$P_1 = \frac{n-n_1}{R_1} = \frac{1{,}377-1}{0{,}0078 \text{ m}} = 48{,}3\,\delta \quad \text{et} \quad P_2 = \frac{n_2-n}{R_2} = \frac{1{,}337-1{,}377}{0{,}0065 \text{ m}} = -6{,}15\,\delta \ .$$

Avec toutes ces valeurs, on évalue directement les éléments ABCD de la cornée à l'aide des expressions de l'équation (8.57) :

Éléments ABCD de la cornée

$$A = 0{,}981, \quad B = 0{,}399 \text{ mm}, \quad C = -0{,}0316 \text{ mm}^{-1}, \quad D = 0{,}750. \tag{8.64}$$

Cristallin

De même, on peut voir le cristallin comme une lentille épaisse dont $n_1 = 1{,}337$, $n = 1{,}42$, $n_2 = 1{,}336$, $R_1 = 10{,}2$ mm et $R_2 = -6{,}0$ mm et $e = 4{,}0$ mm (figure ci-dessous).

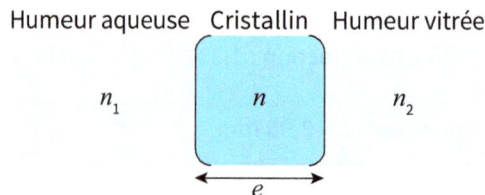

Humeur aqueuse   Cristallin   Humeur vitrée

n_1 n n_2

e

Avec ces valeurs numériques, on calcule la puissance de chacun des dioptres qui constituent le cristallin :

$$P_1 = \frac{n-n_1}{R_1} = \frac{1{,}42-1{,}337}{0{,}0102 \text{ m}} = 8{,}14\,\delta \quad \text{et} \quad P_2 = \frac{n_2-n}{R_2} = \frac{1{,}336-1{,}42}{-0{,}0060 \text{ m}} = 14{,}0\,\delta \ .$$

On calcule ensuite les éléments ABCD du cristallin à l'aide des expressions de l'équation (8.57) :

Éléments ABCD du cristallin au repos

$$A = 0{,}977, \quad B = 3{,}77 \text{ mm}, \quad C = -0{,}0163 \text{ mm}^{-1}, \quad D = 0{,}961. \tag{8.65}$$

L'œil dans son ensemble

Avec un raisonnement identique à celui utilisé dans le cas de la lentille épaisse (voir la section 8.4.1), on examine le parcours d'un des rayons lumineux d'un faisceau de lumière traversant l'œil dans son ensemble, du plan d'entrée (surface antérieure de la cornée) jusqu'au plan de sortie (surface postérieure du cristallin). On débute avec un rayon dans le plan d'entrée décrit par les paramètres (y_1, α_1), où y_1 est la hauteur et α_1 est l'angle du rayon par rapport à l'axe optique du faisceau, qu'on considère confondu avec l'axe principal de l'œil (figure 8.16).

Figure 8.16

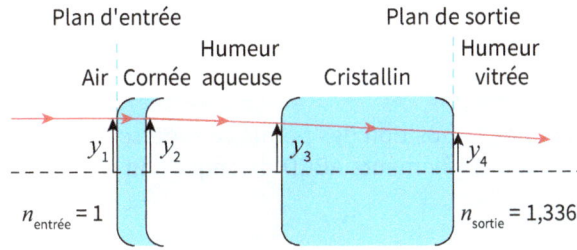

Un rayon lumineux dans le plan d'entrée, caractérisé par ses paramètres (y_1, α_1), est transformé en un rayon lumineux dans le plan de sortie, caractérisé par ses paramètres (y_4, α_4). La figure n'est pas à l'échelle. (Par souci d'alléger le schéma, les angles α_1, α_2, α_3 et α_4 ne sont pas illustrés.)

Le fait de traverser la cornée modifie la trajectoire du rayon lumineux : sa hauteur par rapport à l'axe optique sur la surface postérieure de la cornée est alors y_2 et son angle par rapport à l'axe optique est α_2. Connaissant les éléments ABCD de la cornée (équation (8.64)), on peut écrire le système d'équations (8.1) pour la traversée de la cornée :

$$y_2 = 0{,}981y_1 + 0{,}399\alpha_1$$
$$\alpha_2 = -0{,}0316y_1 + 0{,}750\alpha_1.$$

Ce nouveau rayon, décrit par les paramètres (y_2, α_2), voyage sur une distance $L = 3{,}05$ mm entre la surface postérieure de la cornée et la surface antérieure du cristallin, pour devenir le rayon décrit par les paramètres (y_3, α_3). D'après l'équation (8.3), les éléments ABCD décrivant cette propagation sont $A = 1$, $B = 3{,}05$ mm, $C = 0$, $D = 1$. En ce qui a trait à la propagation entre la cornée et le cristallin, le système d'équations (8.1) suivant donne :

$$y_3 = y_2 + 3{,}05\alpha_2$$
$$\alpha_3 = \alpha_2.$$

Finalement, la traversée du cristallin transforme le rayon décrit par les paramètres (y_3, α_3) en le rayon dans le plan de sortie décrit par les paramètres (y_4, α_4). On connait les éléments ABCD du cristallin (équation (8.65)); on a donc le système d'équations (8.1) pour la traversée du cristallin :

$$y_4 = 0{,}977y_3 + 3{,}77\alpha_3$$
$$\alpha_4 = -0{,}0163y_3 + 0{,}961\alpha_3.$$

En exprimant les paramètres (y_4, α_4) du rayon dans le plan de sortie de l'œil en termes des paramètres (y_1, α_1) du rayon dans le plan d'entrée, on trouve après quelques manipulations algébriques :

$$y_4 = 0{,}745y_1 + 5{,}45\alpha_1$$
$$\alpha_4 = -0{,}0449y_1 + 0{,}677\alpha_1. \tag{8.66}$$

En comparant le système d'équations (8.66) avec celui de l'équation (8.1), on peut en déduire les éléments ABCD de l'œil pris dans son ensemble :

$$A = 0{,}745, \quad B = 5{,}45 \text{ mm}, \quad C = -0{,}0449 \text{ mm}^{-1}, \quad D = 0{,}677. \tag{8.67}$$

Éléments ABCD de l'œil au repos

On peut vérifier avec ces valeurs que l'équation (8.2) est satisfaite : ici, $AD - BC = 0{,}749$ et $n_{\text{entrée}}/n_{\text{sortie}} = 1/1{,}336 = 0{,}749$, de sorte que $AD - BC = n_{\text{entrée}}/n_{\text{sortie}}$, comme il se doit.

Grâce à l'élément C de l'œil, on peut déduire la puissance de l'œil au repos avec l'équation (8.8) et ses longueurs focales objet et image avec l'équation (8.7) :

$$P = -n_{\text{sortie}}C = 60,0\,\delta, \quad f' = -\frac{1}{C} = 22,3\,\text{mm}, \quad f = -\frac{n_{\text{entrée}}}{n_{\text{sortie}}C} = 16,7\,\text{mm} \quad . \qquad (8.68)$$

Dans le tableau 8.5, on donne la position des points cardinaux de l'œil au repos. Ces résultats sont obtenus en substituant les éléments ABCD de l'équation (8.67) dans les expressions du tableau 8.2.

Tableau 8.5   **Position des points cardinaux de l'œil au repos (sans accommodation)**

Point	Position	Position mesurée par rapport
Point focal objet F	$q = -\dfrac{D}{C} = 15,1\,\text{mm}$	au plan d'entrée
Point focal image F'	$q' = -\dfrac{A}{C} = 16,6\,\text{mm}$	au plan de sortie
Point principal objet H	$r = \dfrac{1}{C}\left(D - \dfrac{n_{\text{entrée}}}{n_{\text{sortie}}}\right) = 1,59\,\text{mm}$	au plan d'entrée
Point principal image H'	$r' = \dfrac{A-1}{C} = 5,68\,\text{mm}$	au plan de sortie
Point nodal objet N	$s = \dfrac{D-1}{C} = 7,19\,\text{mm}$	au plan d'entrée
Point nodal image N'	$s' = \dfrac{1}{C}\left(A - \dfrac{n_{\text{entrée}}}{n_{\text{sortie}}}\right) = 0,0780\,\text{mm}$	au plan de sortie

Caractéristiques de l'œil au repos

Selon les résultats du tableau 8.4, la distance entre le plan d'entrée (face antérieure de la cornée) et le plan de sortie (face postérieure du cristallin) est 0,55 mm + 3,05 mm + 4,0 mm = 7,60 mm. Par conséquent, la position du plan principal image *par rapport au plan d'entrée* est 7,60 mm − 5,68 mm = 1,92 mm. La distance entre les deux plans principaux est donc 0,33 mm (cette distance correspond à 4 % de la distance entre les plans d'entrée et de sortie), ce qui veut dire que les plans principaux sont presque confondus (figure suivante). Quant à elle, la position du point nodal image *par rapport au plan d'entrée* est 7,60 mm − 0,0780 mm = 7,52 mm. Comme il se doit, la distance entre les points nodaux objet et image est identique à la distance entre les points principaux et vaut 0,33 mm. On en conclut que les points nodaux coïncident presque eux aussi (voir la figure suivante). Les points principaux sont situés à environ 1,8 mm derrière le sommet de la face antérieure de la cornée (le sommet cornéen), alors que les points nodaux sont pratiquement situés sur la face postérieure du cristallin (figure suivante).

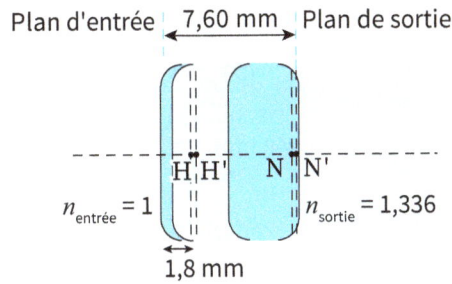

Plan d'entrée | 7,60 mm | Plan de sortie

$n_{\text{entrée}} = 1$ H H'   N N' $n_{\text{sortie}} = 1,336$

1,8 mm

Puisque les plans principaux de l'œil sont pratiquement confondus, il est possible de modéliser plus simplement l'œil comme une seule lentille *mince*, située au même endroit que les plans principaux pratiquement confondus du système cornée-cristallin, dont la face antérieure est en contact avec l'air et la face postérieure avec l'humeur vitrée (figure 8.17). C'est ce que nous avons fait à l'exemple 7.10 du chapitre 7. Sur la figure 8.17, on parle de modèle « rigoureux » au sens où l'on tient compte du fait que l'œil est composé de quatre dioptres et de cinq milieux, par opposition au modèle simplifié qui remplace le système cornée-cristallin par une seule lentille mince. Puisque le foyer image de l'œil emmétrope est situé sur la rétine, la lentille mince effective est située à une distance $f' = 22,3$ mm devant la rétine. Si le foyer image du système cornée-cristallin n'est pas sur la rétine, l'œil souffre d'amétropie (voir la section 7.5 du chapitre 7).

Figure 8.17

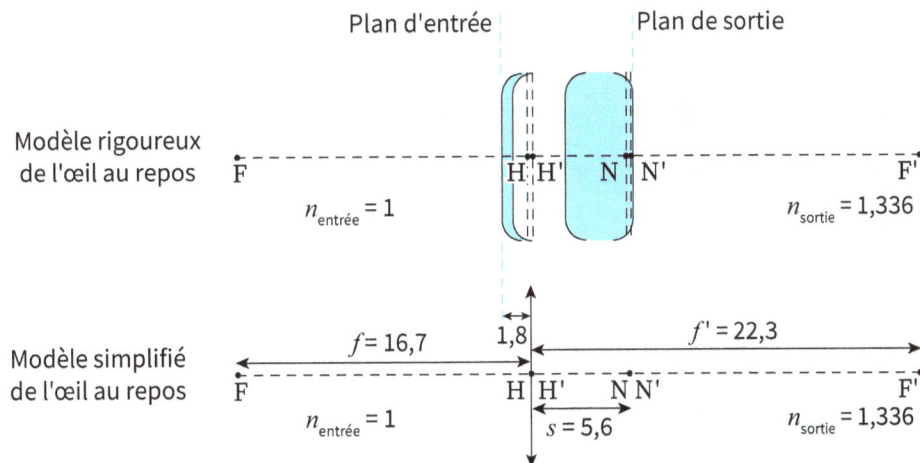

Modèle rigoureux de l'œil au repos   F $n_{\text{entrée}} = 1$ H H'   N N' $n_{\text{sortie}} = 1,336$ F'

Modèle simplifié de l'œil au repos   F $f = 16,7$ 1,8 $f' = 22,3$ $n_{\text{entrée}} = 1$ H H'   N N' $s = 5,6$ $n_{\text{sortie}} = 1,336$ F'

L'œil possède des plans principaux qui coïncident presque, ce qui fait qu'il peut être modélisé, avec un bon degré de précision, comme une seule lentille mince placée entre l'air et l'humeur vitrée. Toutes les distances sont exprimées en mm.

Exemple 8.12	L'œil myope

Pour corriger sa myopie, Léa doit porter, à la distance standard de 12 mm de son sommet cornéen, des lunettes (modélisées par une lentille mince divergente) dont la puissance est de −5 δ. L'œil au repos de Léa est correctement modélisé par un système centré, dont le plan d'entrée correspond à la face antérieure de la cornée et dont le plan de sortie correspond à la face postérieure du cristallin, pour lequel les éléments ABCD sont donnés à l'équation (8.67). Quelle est la distance entre le foyer image de l'œil de Léa et sa rétine?

Solution

On a $P = -5\,\delta$ (la puissance des lunettes de Léa), $L = 12$ mm (la distance entre la lunette et le plan d'entrée du système cornée-cristallin), ainsi que les éléments ABCD de l'œil au repos : $A = 0{,}745$, $B = 5{,}45$ mm, $C = -0{,}0449$ mm^{-1} et $D = 0{,}677$. On cherche la distance entre le foyer image de l'œil et la rétine.

Pour trouver la position de la rétine de l'œil de Léa par rapport au plan de sortie du système cornée-cristallin, il faut d'abord déterminer la position du punctum remotum (PR) de l'œil. En effet, on sait que si on place un objet au PR de l'œil, l'image de cet objet sera formée exactement sur la rétine de l'œil au repos (sans accommodation), par définition du PR. Considérons le verre correcteur de Léa : lorsqu'un objet est situé à l'infini, la lentille divergente en fait une image au PR de l'œil de Léa. On cherche donc la position p' de l'image formée par la lentille mince avec l'équation de conjugaison lorsque $p = \infty$:

$$\frac{1}{p}+\frac{1}{p'}=P \quad \Rightarrow \quad p'=\frac{1}{P}=\frac{1}{-5\,\delta}=-0{,}2\text{ m}=-200\text{ mm}\quad.$$

L'image formée par la lentille correctrice est donc virtuelle, située à une distance de 200 mm *devant* la lentille. Toutefois, il existe un espace de 12 mm entre le verre correcteur et le sommet cornéen de Léa. Le PR de Léa est donc à $d = |p'| + L = 200$ mm $+ 12$ mm $= 212$ mm devant son sommet cornéen (voir la figure ci-dessous).

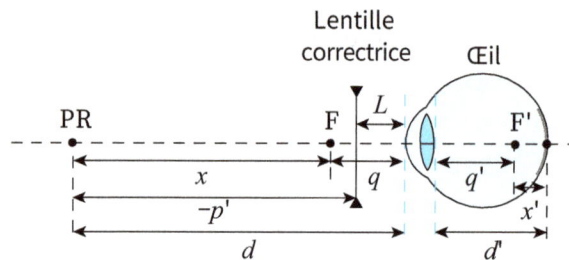

Donc, sans le verre correcteur, si un objet est placé au PR, l'image se forme exactement sur la rétine, par définition du PR. Avec la distance $d = 212$ mm entre l'objet et le plan d'entrée du système cornée-cristallin, on trouve la distance d' entre la rétine (là où se forme l'image) et le plan de sortie :

$$d'=-\frac{Ad+B}{Cd+D}=-\frac{(0{,}745)(212\text{ mm})+5{,}45\text{ mm}}{(-0{,}0449\text{ mm}^{-1})(212\text{ mm})+0{,}677}=18{,}5\text{ mm}\quad.$$

Avec l'équation (8.12), on calcule directement la position du foyer image F′ de l'œil par rapport au plan de sortie du système cornée-cristallin :

$$q'=-\frac{A}{C}=-\frac{0{,}745}{(-0{,}0449\text{ mm}^{-1})}=16{,}6\text{ mm}\quad.$$

La distance entre le foyer image F′ de l'œil de Léa et sa rétine est donc :

$$x'=d'-q'=18{,}5\text{ mm}-16{,}6\text{ mm}=1{,}9\text{ mm}\quad.$$

On remarque que le foyer image de l'œil est bel et bien *devant* la rétine, ce qui est caractéristique de la myopie (figure 7.12). Si Léa avait souffert d'hypermétropie, le foyer image de son œil aurait été *derrière* la rétine. Il est tout de même stupéfiant qu'un écart aussi petit que 1,9 mm entre la position du foyer image de l'œil et la rétine puisse provoquer chez Léa une myopie relativement sévère qui l'empêche, sans orthèse visuelle, de voir distinctement des objets situés au-delà de 21,2 cm.

On aurait pu répondre à la question en exploitant la formule de Newton, qui donne directement la distance x' entre le foyer F' et l'image (située sur la rétine). Par rapport au plan d'entrée, le foyer objet est situé à :

$$q = -\frac{D}{C} = -\frac{0{,}677}{(-0{,}0449 \text{ mm}^{-1})} = 15{,}1 \text{ mm} \quad.$$

La distance entre l'objet au PR et le foyer objet F est $x = d - q = 212$ mm – 15,1 mm = 197 mm (voir la figure précédente). Les longueurs focales objet et image de l'œil sont :

$$f' = -\frac{1}{C} = -\frac{1}{(-0{,}0449 \text{ mm}^{-1})} = 22{,}3 \text{ mm}$$

$$f = -\frac{n_{\text{entrée}}}{n_{\text{sortie}}C} = -\frac{1}{(1{,}336)(-0{,}0449 \text{ mm}^{-1})} = 16{,}7 \text{ mm} \quad.$$

La formule de Newton donne donc :

$$xx' = ff' \quad \Rightarrow \quad x' = \frac{ff'}{x} = \frac{(16{,}7 \text{ mm})(22{,}3 \text{ mm})}{197 \text{ mm}} = 1{,}9 \text{ mm} \quad,$$

ce qui est la même réponse que celle obtenue grâce l'autre méthode.

On pourrait finalement obtenir le même résultat sans même faire intervenir explicitement la position du PR. Il suffit de trouver la différence entre la position du foyer image F' de l'œil et celle du foyer image F'_{tot} du *système* lunette-œil (figure ci-dessous). Puisque les lunettes sont ajustées à la vue de Léa, on sait que, d'un objet à l'infini, le système lunette-œil forme une image sur la rétine, c'est-à-dire au foyer image F'_{tot} du système. Pour trouver la position du foyer image F'_{tot} du système lunette-œil par rapport au plan de sortie (la face postérieure du cristallin), il faut trouver les éléments ABCD de ce système, qu'on appellera A_{tot}, B_{tot}, C_{tot} et D_{tot}.

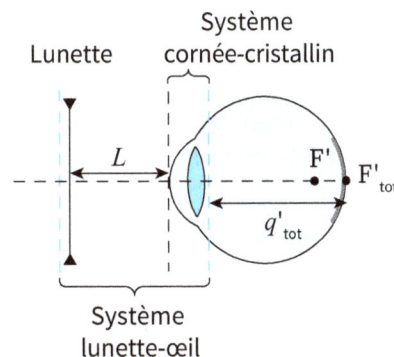

Considérons un rayon incident sur la lunette avec des paramètres (y_1, α_1). Sachant que la puissance de la lentille est $P = -5 \text{ m}^{-1} = -0{,}005 \text{ mm}^{-1}$, le transfert du rayon d'un côté de la lentille correctrice à l'autre est décrit par le système d'équations suivant (voir l'équation (8.5)) :

$$y_2 = y_1$$
$$\alpha_2 = 0{,}005 y_1 + \alpha_1.$$

Le transfert du rayon de la lentille correctrice à la face antérieure de la cornée, séparées d'une distance L = 12 mm, est décrit par le système d'équations suivant (voir l'équation (8.3)) :

$$y_3 = y_2 + 12\alpha_2$$
$$\alpha_3 = \alpha_2.$$

Enfin, le transfert du rayon de la face antérieure de la cornée à la face postérieure du cristallin est décrit par les éléments ABCD de l'œil au repos (voir l'équation (8.67)) :

$$y_4 = 0{,}745y_3 + 5{,}45\alpha_3$$
$$\alpha_4 = -0{,}0449y_3 + 0{,}677\alpha_3.$$

En exprimant les paramètres (y_4, α_4) en termes des paramètres (y_1, α_1), on trouve :

$$y_4 = 0{,}817y_1 + 14{,}4\alpha_1$$
$$\alpha_4 = -0{,}0442y_1 + 0{,}138\alpha_1.$$

De là, on déduit donc les éléments ABCD du système lunette-œil :

$$A_{tot} = 0{,}817, \quad B_{tot} = 14{,}4 \text{ mm}, \quad C_{tot} = -0{,}0442 \text{ mm}^{-1}, \quad D_{tot} = 0{,}138.$$

D'après l'équation (8.12), la position du foyer image par rapport au plan de sortie est :

$$q'_{tot} = -\frac{A_{tot}}{C_{tot}} = -\frac{0{,}817}{(-0{,}0442 \text{ mm}^{-1})} = 18{,}5 \text{ mm} \quad .$$

Sans les lunettes, on avait trouvé que la position du foyer image de l'œil seulement est q' = 16,6 mm. La distance entre la position du foyer image F'$_{tot}$ du système lunette-œil et celle du foyer image F' de l'œil sans lunettes est :

$$x' = q'_{tot} - q' = 18{,}5 \text{ mm} - 16{,}6 \text{ mm} = 1{,}9 \text{ mm} \quad ,$$

ce qui est exactement le même résultat que précédemment. En somme, le rôle de la lentille correctrice est de remplacer le système cornée-cristallin, dont le foyer image F' n'est pas sur la rétine (ce qui donne une vision floue), par un système lunette-cornée-cristallin (ou système lunette-œil), dont le foyer image F'$_{tot}$ est sur la rétine (ce qui assure une vision nette).

L'avantage de cette dernière méthode est qu'elle fournit une foule d'autres renseignements sur le système lunette-œil, telle que la puissance du système pris dans son ensemble et la position des plans principaux de ce système global. La puissance du système est ici $P_{tot} = -1{,}336C_{tot} = 59{,}1 \, \delta$ et la position du point principal image du système est $r'_{tot} = (A_{tot} - 1)/C_{tot} = 4{,}14$ mm. On constate donc que l'effet de la lunette n'a pas été de modifier significativement la puissance (elle n'a diminué que de 0,9 δ), mais de déplacer le plan principal image (il s'est rapproché de la rétine de 5,68 mm – 4,14 mm = 1,54 mm). En effet, une lunette corrige typiquement l'amétropie en déplaçant le plan principal image sans modifier de façon substantielle la puissance; une lentille cornéenne, quant à elle, change typiquement la puissance de manière relativement importante sans déplacer significativement le plan principal image. N'empêche que, dans tous les cas, l'orthèse visuelle (lunette ou lentille cornéenne) corrige l'amétropie de la même façon : elle fait en sorte que le foyer image F'$_{tot}$ du système orthèse-œil coïncide avec la rétine.

Révision

L'objectif global de ce chapitre est d'être en mesure de déterminer, graphiquement et algébriquement, les caractéristiques de l'image formée par un système décrit par ses éléments ABCD. Spécifiquement, vous devriez être capable de répondre aux questions suivantes, ce qui vous permettra de vérifier que vous avez atteint les objectifs pédagogiques de ce chapitre.

Pouvez-vous définir :

- système optique centré?
- axe principal d'un système centré?
- rayon méridional?
- les points focaux objet et image d'un système optique?
- les points principaux objet et image d'un système optique?
- les points nodaux objet et image d'un système optique?
- les longueurs focales objet et image d'un système optique?

Connaissez-vous :

- les plans par rapport auxquels les points focaux, principaux et nodaux sont mesurés?
- la convention de signes associée aux quantités f, q, r, s, d, x, p et $f', q', r', s', d', x', p'$?
- les trois rayons principaux d'un système centré?
- la formule de Newton et l'équation de conjugaison pour un système centré?
- le lien entre le rapport des longueurs focales objet et image et les indices de réfraction des milieux d'entrée et de sortie?
- la relation qui existe entre la puissance du système et l'élément C du système?

Êtes-vous en mesure de :

- trouver les éléments ABCD de systèmes optiques simples?
- déterminer graphiquement (avec les rayons principaux) la position et les caractéristiques de l'image formée par un système centré quelconque dont la position des points cardinaux est connue?
- résoudre algébriquement (avec la condition d'imagerie, la formule de Newton ou l'équation de conjugaison) des problèmes de formation d'images à l'aide d'un système centré décrit par ses éléments ABCD?
- déterminer les dimensions de l'image, par rapport à celles de l'objet, grâce aux grandissements transversal et longitudinal?
- utiliser la formule de Gullstrand?
- représenter l'œil au repos (sans accommodation) grâce à ses points cardinaux?
- déterminer l'écart entre la rétine et le foyer image de l'œil à partir d'une orthèse visuelle prescrite?

Légende :

« Définir » : vous devez être en mesure de donner un énoncé à l'aide de mots seulement.
« Connaitre » : vous devez connaitre par cœur le concept ou le principe.
« En mesure de » : vous devez être capable de faire les exemples, exercices et problèmes en lien avec cet objectif.

Questions

Q1.   Qu'est-ce qu'un système centré?

Q2.   Donnez la définition d'un foyer (a) objet; (b) image.

Q3.   Donnez la définition (a) d'un plan principal objet; (b) d'un plan principal image; (c) du point principal objet; (d) du point principal image.

Q4.   Si un rayon lumineux se dirige vers le point nodal objet d'un système centré, que peut-on dire du rayon émergent correspondant?

Q5.   À quoi les longueurs focales objet et image d'un système correspondent-elles?

Q6.   Quelle est la principale caractéristique d'un système optique mince (comme une lentille mince)?

Q7.   (a) Où l'image d'un objet placé dans le plan principal objet d'un système centré est-elle située? (b) Quel est alors le grandissement transversal?

Q8.   Que peut-on dire d'un système centré dont l'élément C est nul?

Q9.   Que peut-on dire du plan de sortie d'un système centré dont l'élément A est nul (mais dont l'élément B est non nul)? Expliquez.

Q10. Que peut-on dire du plan d'entrée d'un système centré dont l'élément D est nul (mais dont l'élément C est non nul)? Expliquez.

Q11. Que peut-on dire d'un système centré dont l'élément B est nul et dont les plans d'entrée et de sortie ne sont pas confondus? Comment interprète-t-on alors l'élément A? Expliquez.

Q12. Un objet est situé à droite du foyer objet d'un système optique centré. L'image formée par ce système est-elle à gauche ou à droite du foyer image du système? Expliquez votre raisonnement.

Q13. Vrai ou faux? La puissance d'une lentille épaisse est, en général, la somme des puissances individuelles des dioptres qui la constituent.

Q14. (a) Est-il possible, à partir de deux lentilles minces convergentes baignant dans l'air, de former un système optique divergent? Élaborez. (b) Est-il possible, à partir de deux lentilles minces divergentes baignant dans l'air, de former un système optique convergent? Expliquez.

Exercices

8.1 Éléments ABCD d'un système centré

E1.   Quelles sont les valeurs numériques des éléments ABCD d'une lentille mince divergente entourée d'air dont la grandeur de la longueur focale est de 20 cm?

E2.   Quelles sont les valeurs numériques des éléments ABCD d'un dioptre sphérique convexe, dont la grandeur du rayon de courbure est de 30 cm, qui sépare un verre d'indice de réfraction 1,6 (à gauche) et l'air (à droite)?

E3.   Un rayon se propage dans l'eau avec un angle de 5° par rapport à l'axe optique sur une distance de 4 m. Quelles sont les valeurs numériques des éléments ABCD décrivant cette propagation?

E4.   Une lame à faces parallèles, qui baigne dans l'air, a une épaisseur de 3 cm. Si les éléments ABCD du système défini par ses deux faces sont $A = 1$, $B = 2$ cm, $C = 0$ et $D = 1$, quelle est l'indice de réfraction de cette lame?

E5. Vérifiez que les éléments ABCD d'une lentille plan convexe entourée d'air, trouvés dans l'exemple 8.2, respectent bien la condition $AD - BC = 1$.

E6. Un système optique est défini par les éléments ABCD suivants : $A = 0,9$, $B = 3$ cm, $C = -0,04$ cm^{-1} et $D = 0,7$. Le milieu à gauche du plan d'entrée est l'air. Quel est l'indice de réfraction du milieu à droite du plan de sortie?

E7. Une lentille épaisse plan convexe baignant dans l'air, qui a une épaisseur e et un indice de réfraction n, est délimitée par un dioptre sphérique de puissance P_1 dans le plan d'entrée et par un dioptre plan dans le plan sortie. À partir des éléments ABCD de base du dioptre sphérique et de ceux d'une propagation libre dans un milieu homogène, déterminez les éléments ABCD de cette lentille.

8.2 Points cardinaux d'un système centré

E8. Un système optique centré possède deux plans principaux confondus. Ses longueurs focales objet et image sont respectivement $f = 6,2$ cm et $f' = 4,0$ cm. Les rayons qui émergent du système se propagent dans l'air.

    a) Le système optique a-t-il une puissance positive ou négative?

    b) Quel est l'indice de réfraction du milieu dans lequel se propagent les rayons incidents sur le système?

    c) Où les points nodaux objet et image du système se trouvent-ils?

E9. On a représenté les plans principaux objet et image d'un système centré sur la figure ci-dessous. La longueur focale objet du système est $f = -9$ cm. Les rayons qui sont incident sur le système se propagent dans l'air et les rayons qui émergent du système se propagent dans l'eau.

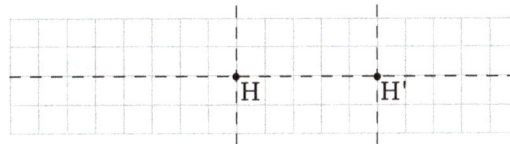

    a) Quelle est la longueur focale image du système?

    b) Sur le schéma du système centré, placez les foyers objet et Image ainsi que les points nodaux objet et image.

8.3 Formation d'images dans un système centré

E10. Dans le système centré illustré ci-dessous, qui baigne dans l'air, la lumière se propage de gauche à droite. Les points focaux et principaux sont représentés sur la figure. On considère que la largeur d'une case vaut 1 cm.

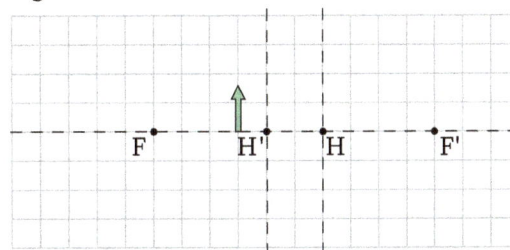

    a) Avec les rayons principaux, déterminez graphiquement la position de l'image de l'objet réel illustré.

    b) Avec la formule de Newton, déterminez algébriquement la position de l'image.

    c) Avec l'équation de conjugaison, déterminez algébriquement la position de l'image.

    d) Quel est le grandissement transversal?

E11. Dans le système centré illustré ci-dessous, qui baigne dans l'air, la lumière se propage de gauche à droite. Les points focaux et principaux sont représentés sur la figure. On considère que la largeur d'une case vaut 1 cm.

a) Avec les rayons principaux, déterminez graphiquement la position de l'image de l'objet virtuel illustré.

b) Avec la formule de Newton, déterminez algébriquement la position de l'image.

c) Avec l'équation de conjugaison, déterminez algébriquement la position de l'image.

d) Quel est le grandissement transversal?

E12. Un système centré est caractérisé par les éléments ABCD suivants : $A = 0{,}6$, $B = 7{,}2$ cm, $C = -0{,}2$ cm^{-1} et $D = -0{,}4$. Un objet réel d'une hauteur de 3 mm est situé à 7 cm du plan d'entrée du système.

a) Quel est le rapport $n_{entrée}/n_{sortie}$ pour ce système?

b) Par rapport au plan d'entrée, quelle est la position des points cardinaux objet?

c) Par rapport au plan de sortie, quelle est la position des points cardinaux image?

d) Par rapport au plan de sortie, où se trouve l'image formée par le système?

e) Quelle est la hauteur de l'image formée?

8.4 Quelques systèmes optiques centrés

E13. Une lentille cornéenne est faite d'un matériau dont l'indice de réfraction est de 1,49. Les dioptres de la lentille (un ménisque) possèdent le même rayon de courbure, qui vaut 7,80 mm.

a) Quelle est la puissance de la lentille cornéenne si on fait l'hypothèse qu'elle est mince, c'est-à-dire que l'on considère son épaisseur nulle?

b) Quelle est la puissance de la lentille si on fait l'hypothèse plus réaliste que son épaisseur centrale est de 0,15 mm?

E14. Un oculaire de Huygens est une association de deux lentilles baignant dans l'air dont les longueurs focales f_1 et f_2 sont telles que $f_1 = 3f_2$ et dont la distance qui les sépare vaut $2f_2$. Considérons ici un oculaire de Huygens pour lequel $f_1 = 6$ cm.

a) Déterminez graphiquement la position du foyer objet et du point principal objet.

b) Déterminez graphiquement la position du foyer image et du point principal image.

c) Quelle est la longueur focale de cet oculaire?

d) Vérifiez algébriquement vos résultats.

E15. Un oculaire de Ramsden est une association de deux lentilles baignant dans l'air dont les longueurs focales f_1 et f_2 sont identiques ($f_1 = f_2$) et dont la distance qui les sépare correspond à $2f_1/3$. Considérons ici un oculaire de Ramsden pour lequel $f_1 = 6$ cm.

   a) Déterminez graphiquement la position du foyer objet et du point principal objet.

   b) Déterminez graphiquement la position du foyer image et du point principal image.

   c) Quelle est la longueur focale de cet oculaire?

   d) Vérifiez algébriquement vos résultats.

Pour les deux exercices qui suivent, on considère que les éléments ABCD de l'œil au repos donnés à l'équation (8.67) sont ceux des yeux analysés dans ces exercices.

E16. Un œil myope a un punctum remotum situé à 40 cm du sommet cornéen.

   a) Quelle est la distance entre le foyer image de l'œil et la rétine? Précisez si le foyer image de l'œil se trouve devant ou derrière la rétine.

   b) Quelle est la puissance de l'orthèse visuelle qui permettrait de corriger l'amétropie, si l'orthèse est placée à 12 mm du sommet cornéen?

E17. La rétine d'un œil hypermétrope est située à 0,8 mm devant le foyer image de l'œil.

   a) Par rapport au sommet cornéen, où le punctum remotum de l'œil est-il situé?

   b) Quelle doit être la puissance de la lentille cornéenne qui permet de corriger l'amétropie? La distance entre la lentille cornéenne et le sommet cornéen est nulle.

Problèmes

P1. Déterminez les éléments ABCD d'un miroir sphérique concave de rayon de courbure R.

P2. À partir des éléments ABCD du dioptre sphérique, démontrez la formule des opticiens (voir l'équation (7.7), page 244), valide pour une lentille mince entourée d'air.

P3. À partir des éléments ABCD de la lentille mince entourée d'air, démontrez que la puissance P d'un système de deux lentilles minces accolées correspond à la somme des puissances de chacune des lentilles : $P = P_1 + P_2$ (voir la section 7.4.3, page 248).

P4. Considérons un rayon lumineux tombant sur le point principal objet H d'un système centré selon un angle d'incidence θ_1 par rapport à l'axe principal (voir la figure ci-dessous).

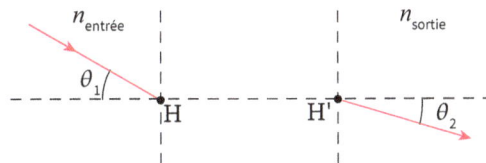

Montrez que le rayon émergeant du système, qui passe par le point principal image H', fait un angle θ_2 par rapport à l'axe principal qui obéit à la loi de Snell–Descartes (dans l'approximation des petits angles), c'est-à-dire que :

$$n_{\text{entrée}}\theta_1 = n_{\text{sortie}}\theta_2$$

Indice : Utilisez l'expression du grandissement transversal qui fait intervenir les distances p et p'.

Qu'arrive-t-il si $n_{\text{entrée}} = n_{\text{sortie}}$? Pourquoi en est-il ainsi?

P5. Soit une lentille mince dont la longueur focale est f. Le plan d'entrée est situé à une distance p devant la lentille et le plan de sortie est à une distance p' derrière la lentille (figure ci-dessous).

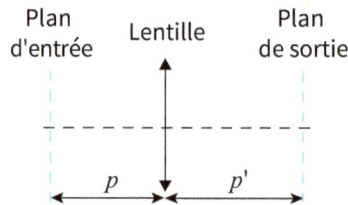

a) Montrez que les éléments ABCD de ce système optique sont les suivants :

$$A = 1 - \frac{p'}{f}, \ B = p' + p - \frac{pp'}{f}, \ C = -\frac{1}{f}, \ D = 1 - \frac{p}{f}$$

b) À quelle condition a-t-on $A = 0$? Cela est-il cohérent avec votre réponse à la question Q9?

c) À quelle condition a-t-on $D = 0$? Cela est-il cohérent avec votre réponse à la question Q10?

d) À quoi correspond l'équation $B = 0$? Que représente alors l'élément A? Cela est-il cohérent avec votre réponse à la question Q11?

P6. Soit une lentille plan convexe hémisphérique, c'est-à-dire en forme de demi-lune, dont le rayon de courbure de la face courbe est R (figure ci-contre). On souhaite connaître la puissance de cette lentille. Lorsque la lentille est mince, on peut utiliser la formule des opticiens. Or, la lentille hémisphérique a une épaisseur R, loin d'être négligeable! Quelle est la différence entre la puissance réelle de cette lentille et celle calculée en négligeant son épaisseur? Expliquez votre réponse.

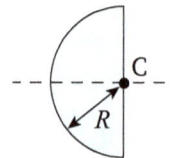

P7. Considérons une lentille biconvexe symétrique entourée d'air. Une telle lentille est formée de deux dioptres sphériques dont les rayons de courbure R_1 et R_2 sont de même grandeur mais de signes opposés ($R_1 = -R_2 = R$). Quelle doit être l'épaisseur e de cette lentille pour que ses points nodaux soient confondus? Deux réponses sont possibles. Interprétez schématiquement vos réponses.

Réponses aux Questions, aux Exercices et aux Problèmes

Questions

Q1. Un système centré est un système optique dont les centres de courbure de tous les éléments optiques qui le constituent sont alignés sur une même droite (appelée axe principal).

Q2. (a) Le foyer objet d'un système centré correspond au point de rencontre des rayons incidents lorsqu'un faisceau de rayons parallèles à l'axe principal émerge du système. (b) Le foyer image d'un système centré correspond au point de rencontre des rayons émergents lorsqu'un faisceau de rayons parallèles à l'axe principal est incident sur le système.

Q3. (a) Le plan principal objet d'un système centré est le plan formé par les points de rencontre des rayons émergents parallèles à l'axe principal avec leurs rayons incidents correspondants (qui passent par le foyer objet). (b) Le plan principal image d'un système centré est le plan formé par les points de rencontre des rayons incidents parallèles à l'axe principal avec leurs rayons émergents correspondants (qui passent par le foyer image). (c) Le point principal objet est le point d'intersection entre le plan principal objet et l'axe principal du système. (d) Le point principal image est le point d'intersection entre le plan principal image et l'axe principal du système.

Q4.   Le rayon émergent est aligné avec le point nodal image et il a la même direction de propagation que celle du rayon incident (il n'est pas dévié).

Q5.   La longueur focale objet est la distance entre le foyer objet et le point principal objet, alors que la longueur focale image est la distance entre le foyer image et le point principal image.

Q6.   Un système optique mince est un système dont les plans principaux objet et image sont confondus.

Q7.   (a) Par un tracé de rayons principaux, on trouve que l'image est localisée dans le plan principal image (voir la figure ci-dessous).

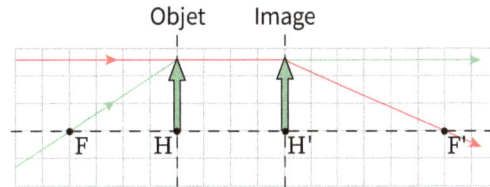

(b) Le grandissement transversal vaut un.

Q8.   Un système pour lequel $C = 0$ est un système afocal, c'est-à-dire un système dont la puissance est nulle ou, de façon équivalente, dont les longueurs focales sont infinies.

Q9.   Lorsque $A = 0$, la première équation du système d'équations (8.1) est $y' = B\alpha$. Ceci signifie que la hauteur y' des rayons émergents dans le plan de sortie est indépendante de la hauteur y dans le plan d'entrée. Ainsi, tous les rayons quittant le plan d'entrée avec le même angle α, peu importe la position y dans le plan d'entrée, arrivent à la même hauteur y' dans le plan de sortie. Par conséquent, le plan de sortie correspond au plan focal image du système (figure ci-dessous).

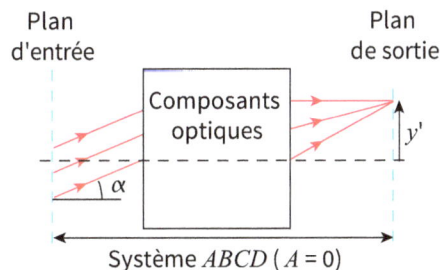

Système $ABCD$ ($A = 0$)

Q10.   Lorsque $D = 0$, la deuxième équation du système d'équations (8.1) est $\alpha' = Cy$. Ceci signifie que l'angle α' des rayons arrivant dans le plan de sortie est indépendant de l'angle α dans le plan d'entrée. Ainsi, tous les rayons quittant le plan d'entrée avec la même hauteur y, peu importe l'angle α dans le plan d'entrée, arrivent dans le plan de sortie avec le même angle α'. Par conséquent, le plan d'entrée correspond au plan focal objet du système (figure ci-dessous).

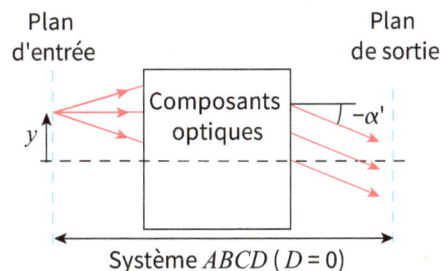

Système $ABCD$ ($D = 0$)

Q11. Lorsque $B = 0$, le système est en condition d'imagerie. En effet, la première équation du système d'équations (8.1) est $y' = Ay$. Ceci veut dire que la hauteur y' des rayons dans le plan de sortie est indépendante de l'angle α des rayons incidents, qui quittent le plan d'entrée à une hauteur y. Autrement dit, on trouve dans le plan de sortie le point de rencontre de tous les rayons émergents du système. Ainsi, le plan d'entrée est le plan objet alors que le plan de sortie est le plan image (figure ci-dessous). Puisque $y'/y = A$, on interprète A comme étant le grandissement transversal g.

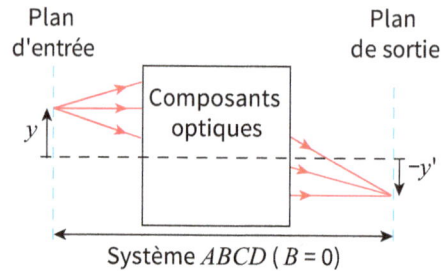

Q12. À gauche du foyer image F'. D'après la formule de Newton ($xx' = ff'$), le produit xx' est toujours positif, puisque f et f' sont toujours de même signe. Ici, $x < 0$ puisque l'objet est à droite F; donc $x' < 0$ (de sorte que le produit xx' est positif), ce qui fait en sorte, d'après la convention de signes, que l'image est à gauche de F'.

Q13. Faux. D'après la formule de Gullstrand ($P = P_1 + P_2 - eP_1P_2/n$), l'épaisseur e de la lentille a, en général, pour effet de diminuer la puissance globale P de la lentille épaisse par rapport à la somme $P_1 + P_2$ des puissances individuelles des deux dioptres qui la constituent.

Q14. (a) Oui, en plaçant la deuxième lentille, par rapport à la première, à une distance L plus grande que la somme de leurs longueurs focales individuelles ($L > f_1 + f_2$). (b) Non, car le terme $-P_1P_2L$ de la formule de Gullstrand, ici négatif, ne fait que rendre encore plus négatif la puissance P d'un système dont la puissance est déjà négative lorsque les lentilles sont accolées.

Exercices

E1. $A = 1$, $B = 0$, $C = 5 \text{ m}^{-1}$ et $D = 1$.

E2. $A = 1$, $B = 0$, $C = -2 \text{ m}^{-1}$ et $D = 1,6$.

E3. $A = 1$, $B = 4 \text{ m}$, $C = 0$ et $D = 1$.

E4. 1,5.

E6. 1,33.

E7. $A = 1 - P_1 e/n$, $B = e/n$, $C = -P_1$ et $D = 1$.

E8. (a) positive. (b) $n_{\text{entrée}} = 1,55$. (c) Les deux points nodaux sont confondus et se trouvent à une distance 2,2 cm à gauche des plans principaux.

E9. (a) $f' = -12$ cm. (b) Voir la figure ci-dessous.

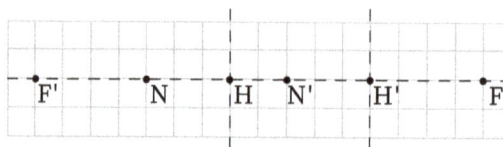

E10. (a) Voir la figure ci-dessous.

(b) $x = -3$ cm, $f = f' = 6$ cm et donc $x' = -12$ cm.
(c) $p = 3$ cm, $f = 6$ cm et donc $p' = -6$ cm.
(d) $g = 2$.

E11. (a) Voir la figure ci-dessous.

(b) $x = -3$ cm, $f = f' = -3$ cm et donc $x' = -3$ cm.
(c) $p = -6$ cm, $f = -3$ cm et donc $p' = -6$ cm.
(d) $g = -1$.

E12. (a) 1,2.
(b) $q = -2$ cm, $r = 8$ cm, $s = 7$ cm.
(c) $q' = 3$ cm, $r' = 2$ cm, $s' = 3$ cm.
(d) $d' = 6{,}33$ cm.
(e) $y' = -2$ cm.

E13. (a) 0. (b) 0,397 δ.

E14. (a) $q = -f_1/2 = -3$ cm et $r = f_1 = 6$ cm.
(b) $q' = f_1/6 = 1$ cm et $r' = f_1/3 = 2$ cm.
(c) $f = f_1/2 = 3$ cm.

E15. (a) $q = f_1/4 = 1{,}5$ cm et $r = f_1/2 = 3$ cm.
(b) $q' = f_1/4 = 1{,}5$ cm et $r' = f_1/2 = 3$ cm.
(c) $f = 3f_1/4 = 4{,}5$ cm.

E16. (a) 0,968 mm. Le foyer image de l'œil se trouve devant la rétine. (b) −2,58 δ.

E17. (a) 45,4 cm à droite du sommet cornéen, donc le PR se trouve derrière l'œil. (b) +2,20 δ.

Problèmes

P1. $A = 1$, $B = 0$, $C = -2/R$ et $D = 1$.

P4. Si $n_{entrée} = n_{sortie}$, on a $\theta_1 = \theta_2$, c'est-à-dire que le rayon traverse le système sans être dévié. Il doit en être ainsi, puisque, lorsque $n_{entrée} = n_{sortie}$, les points principaux objet et image deviennent confondus avec les points nodaux objet et image, respectivement. Or, par définition, un rayon qui tombe sur le point nodal objet ressort bel et bien du système par le point nodal image sans être dévié.

P5. (b) $p' = f$. Le plan de sortie est dans le plan focal image, comme mentionné à la question Q9.
(c) $p = f$. Le plan d'entrée est dans le plan focal objet, comme mentionné à la question Q10.
(d) On a $B = 0$ lorsque :

$$p' + p = \frac{pp'}{f} \quad \Rightarrow \quad \frac{1}{p} + \frac{1}{p'} = \frac{1}{f} \ .$$

(La deuxième égalité a été obtenue en divisant par pp' les deux membres de la première.) On reconnaît l'équation de conjugaison pour une lentille mince. Ainsi, on interprète p comme la distance objet et p' comme la distance image. L'objet est donc dans le plan d'entrée et l'image est dans le plan de sortie, comme mentionné à la question Q11 (voir aussi la section 8.3.1). Le grandissement transversal est bien donné par l'élément A :

$$A = 1 - \frac{p'}{f} = 1 - p'\left(\frac{1}{f}\right) = 1 - p'\left(\frac{1}{p} + \frac{1}{p'}\right) = -\frac{p'}{p} \ .$$

P6. Aucune. La formule des opticiens (dans laquelle l'épaisseur de la lentille est négligée) est $P = P_1 + P_2$; or, ici on a $P_2 = 0$, puisque la face 2 de cette lentille plan convexe est plane. Donc, la puissance calculée en négligeant l'épaisseur de la lentille est $P = P_1$. La formule de Gullstrand (qui tient compte de l'épaisseur e de la lentille) est $P = P_1 + P_2 - eP_1P_2/n$. Puisque $P_2 = 0$, elle se réduit à $P = P_1$, tout comme dans le cas de la formule des opticiens. Les deux calculs conduisent au même résultat. (Cela ne veut pas dire qu'une lentille hémisphérique se comporte comme une lentille mince : en particulier, ses plans principaux et ses points nodaux ne sont pas confondus, contrairement à la lentille mince.)

P7. Épaisseur nulle ($e = 0$) et épaisseur correspondant au diamètre d'une sphère de rayon R ($e = 2R$). Les points nodaux sont confondus si le rayon lumineux incident dirigé vers le point nodal émerge du système sans subir de déplacement latéral. Ces résultats peuvent facilement être interprétés schématiquement (figure ci-dessous).

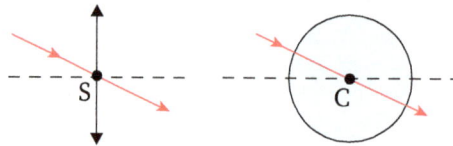

Lorsque $e = 0$, il s'agit d'une lentille mince entourée d'air où les points nodaux correspondent tous les deux au sommet S : un rayon passant par ce point « voit » une lame à faces parallèles d'épaisseur négligeable et ne subit donc aucune déviation ni déplacement latéral (voir les sections 4.3.1 et 7.2.1). Lorsque $e = 2R$, il s'agit d'une sphère de verre où les points nodaux correspondent tous les deux au centre de courbure C commun aux deux dioptres : le rayon dirigé vers ce point n'est pas dévié, car il arrive à incidence normale sur chacune des deux faces de la sphère.

Annexes

En sciences, l'utilisation des mathématiques est fort utile et pratiquement indispensable. S'il fallait écrire toutes les relations entre les quantités physiques en mots seulement, ce livre serait beaucoup plus volumineux! Par exemple, la distance objet p et la distance image p' par rapport à une lentille mince sont reliées par la longueur focale f de la lentille par l'équation $1/p + 1/p' = 1/f$. Si l'on cherche la distance image p', il faudrait dire en mots que la distance image correspond à l'inverse de la différence entre l'inverse de la longueur focale de la lentille et de l'inverse de la distance objet… Plus simple d'écrire $p' = (1/f - 1/p)^{-1}$, non? Il est donc essentiel de maitriser le langage mathématique et de manipuler adéquatement les équations algébriques. Dans l'annexe A, quelques notions mathématiques sont rappelées et des exercices de perfectionnement en mathématiques sont proposés. Dans l'annexe B, une révision des concepts de base de l'optique géométrique est fournie sous la forme de questions et d'un exercice récapitulatif.

Annexe A – Rappels mathématiques

Cette annexe fournit quelques rappels sur des notions mathématiques de base, qui sont couramment utilisées dans cet ouvrage. Dans plusieurs cas, des exemples concrets accompagnent les définitions et les théorèmes. Aussi, des rubriques « Testez votre compréhension », des questions et des exercices permettent à l'étudiant de vérifier s'il est capable d'utiliser adéquatement les outils mathématiques présentés. Les thèmes abordés sont les suivants : la géométrie plane, la définition de l'angle en radians, la trigonométrie, les équations, les systèmes d'équations, la pente d'une droite et l'équation quadratique.

Géométrie plane

Considérons deux droites parallèles et une droite oblique qui les coupe (figure ci-dessous). Les angles illustrés sont tous égaux : $\alpha = \beta = \gamma$. En effet,

- les angles α et β sont égaux, car ils sont alternes-internes;
- les angles α et γ sont égaux, car ce sont des angles correspondants;
- les angles β et γ sont égaux, car ils sont opposés par le sommet.

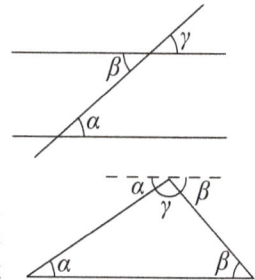

La somme des angles intérieurs dans un triangle quelconque est égale à 180°. Dans le triangle illustré ci-contre, on a donc la relation : $\alpha + \beta + \gamma = 180°$. En effet, les deux angles alternes-internes α sont égaux et les deux angles alternes-internes β le sont aussi. Puisque les angles α, β et γ dans le haut du schéma forment ensemble un angle plat, leur somme vaut 180°.

Deux angles sont dits *complémentaires* si leur somme vaut 90°; deux angles sont dits *supplémentaires* si leur somme vaut 180°. On représente souvent schématiquement un angle *droit* (un angle de 90°) avec un petit carré au lieu d'un arc de cercle (voir la figure ci-contre).

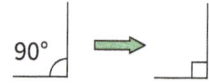

Testez votre compréhension A.1	Somme des angles dans un triangle

À partir du triangle ci-dessous (il n'est pas à l'échelle), donnez la valeur de l'angle φ.

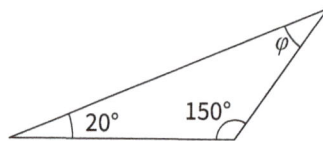

Angle en radians

Le radian est une unité de mesure d'angle définie comme suit : un angle de 1 rad intercepte, sur la circonférence d'un cercle, un arc d'une longueur égale au rayon du cercle. Considérons un secteur circulaire, formé par deux segments de droite qui correspondent à deux rayons d'un cercle de rayon R (figure ci-dessous).

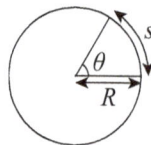

La valeur de l'angle en radians est le rapport entre la longueur s de l'arc de cercle intercepté par les droites et le rayon R :

$$\theta = \frac{s}{R}.$$

La circonférence d'un cercle vaut $2\pi R$ où $\pi = 3{,}141\,592\ldots$ Par conséquent, l'angle d'un tour complet est 2π rad ($\theta = 2\pi R/R$). Par définition de l'angle en degrés, un tour complet correspond à 360°. Donc, on a $360° = 2\pi$ rad, ce qui fournit le facteur de conversion suivant entre un angle exprimé en degrés et l'angle exprimé en radians :

$$\theta_{(rad)} = \frac{\pi \text{ rad}}{180°}\theta_{(deg)} .$$

Testez votre compréhension A.2	Angles en radians

Exprimez les angles suivants en radians : (a) 180°; (b) 90°; (c) 35°; (d) 1°. (e) À combien de degrés correspond un angle de 1 rad?

Trigonométrie

Un triangle rectangle est un triangle dont l'un de ses angles est égal à 90°. Considérons un autre de ses angles, l'angle θ illustré ci-dessous.

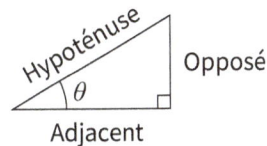

On peut caractériser les trois côtés du triangle en fonction de cet angle θ : le côté adjacent à l'angle, le côté opposé à l'angle et le côté le plus long des trois, appelé l'hypoténuse. Trois des fonctions trigonométriques de l'angle θ sont :

$$\sin\theta = \frac{\text{opposé}}{\text{hypoténuse}} \quad , \quad \cos\theta = \frac{\text{adjacent}}{\text{hypoténuse}} \quad \text{et} \quad \tan\theta = \frac{\text{opposé}}{\text{adjacent}} = \frac{\sin\theta}{\cos\theta} .$$

À l'aide du triangle rectangle ci-dessous, en se rappelant que la somme des angles intérieurs dans un triangle vaut 180°, on peut déduire les identités trigonométriques suivantes :

$$\sin(90° - \theta) = \cos\theta \quad \text{et} \quad \cos(90° - \theta) = \sin\theta .$$

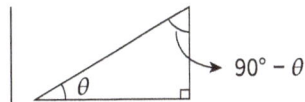

Attention!	Calculatrice en mode degrés ou radians

Supposons qu'on veuille calculer sin(5) avec notre calculatrice. Sinus de 5 quoi? 5 degrés ou 5 radians? La calculatrice ne le sait pas : il faut donc le lui spécifier. S'il s'agit de 5 degrés, on met la calculatrice en mode « DEG ». Si elle était en mode « RAD », la calculatrice calculerait le sinus de 5 radians, ce qui n'est pas la même chose (5 rad = 286° environ) !

Testez votre compréhension A.3	Angles en radians

En référant au triangle rectangle suivant, déterminez les quantités suivantes :
(a) $\sin\theta$; (b) $\cos\theta$; (c) $\tan\theta$; (d) θ.

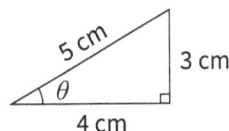

Théorème de Pythagore

Soit un triangle rectangle. Les deux côtés adjacents à l'angle droit se nomment cathètes. Le théorème de Pythagore établit le lien entre les longueurs a et b des cathètes et la longueur c de l'hypoténuse (voir la figure ci-contre) :

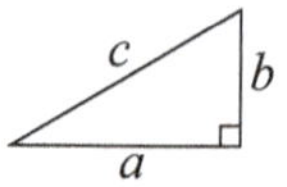

$$c^2 = a^2 + b^2 .$$

Équations

La règle d'or qu'il faut toujours suivre en manipulant une équation est la suivante : on fait la même opération de chaque côté du signe d'égalité pour préserver l'égalité.

E

Exemple A.1	Isoler une variable dans une équation

Que vaut x dans l'équation suivante : $2x^2 + 3 = 11$?

Solution

On soustrait d'abord 3 des deux membres de l'équation :

$$2x^2 + 3 - 3 = 11 - 3 \implies 2x^2 = 8 .$$

On divise ensuite par 2 les deux membres de l'équation :

$$\frac{2x^2}{2} = \frac{8}{2} \implies x^2 = 4 .$$

On prend finalement la racine carrée des deux membres de l'équation :

$$\sqrt{x^2} = \pm\sqrt{4} \implies x = \pm 2 .$$

La valeur de x qui vérifie l'équation de départ est donc $x = 2$ ou $x = -2$.

→

Testez votre compréhension A.4	Isoler une variable

Que vaut x dans l'équation suivante : $\dfrac{1}{5x+1} + 7 = 3$?

Système d'équations

Le principe de base pour trouver la solution d'un système de deux équations est le suivant : on isole une inconnue dans l'une des équations et on substitue l'expression obtenue dans l'autre équation.

E

Exemple A.2	Trouver la solution d'un système de deux équations

Que valent x et y dans le système d'équations suivant : $2x + 3y = 8$ et $x - 2y = 11$?

Solution

On peut choisir d'isoler d'abord x dans la deuxième équation du système :

$$x = 11 + 2y .$$

On remplace ensuite cette expression de x dans la première équation du système :

$$2(11 + 2y) + 3y = 8 \implies 22 + 4y + 3y = 8 .$$

Il ne reste plus qu'à isoler la seule inconnue y de l'équation résultante :

$$22 + 7y = 8 \implies 7y = -14 \implies y = -2 .$$

Maintenant que y est connu, il suffit de remplacer sa valeur dans l'expression de x pour obtenir la valeur de x :

$$x = 11 + 2(-2) = 11 - 4 = 7 \quad .$$

La solution au système d'équations est donc $x = 7$ et $y = -2$ (vérifiez qu'en substituant ces valeurs dans les deux équations, elles sont simultanément satisfaites).

Testez votre compréhension A.5	Système de deux équations

Que valent x et y dans le système d'équations suivant : $\dfrac{1}{x} + \dfrac{1}{y} = \dfrac{1}{3}$ et $\dfrac{y}{x} = -3$?

Graphique linéaire

L'équation d'une droite (graphique ci-dessous) a la forme générale suivante : $y = mx + b$, où y est la variable dépendante, x est la variable indépendante, m est la pente de la droite et b est l'ordonnée à l'origine de la droite.

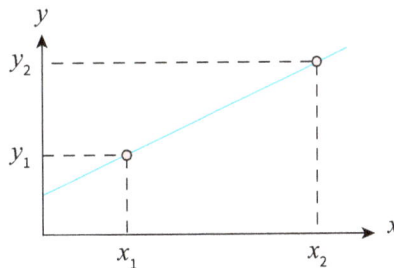

La valeur de l'ordonnée à l'origine est simplement la valeur de y lorsque $x = 0$. Considérons que deux points appartenant à la droite sont connus et que leurs coordonnées sont (x_1, y_1) et (x_2, y_2). Pour trouver la pente, on évalue l'équation de la droite à ces deux points connus (x_1, y_1) et (x_2, y_2), ce qui donne deux équations :

$$y_1 = mx_1 + b \quad \text{et} \quad y_2 = mx_2 + b \quad .$$

Si on isole b dans la première équation et qu'on substitue cette expression pour b dans la seconde équation, on obtient $y_2 = mx_2 + y_1 - mx_1$. En isolant la pente m dans l'équation précédente, on trouve l'expression générale donnant la pente de la droite :

$$m = \frac{y_2 - y_1}{x_2 - x_1} \quad .$$

Testez votre compréhension A.6	Analyse graphique linéaire

Quelle est l'équation de la droite illustrée dans le graphique ci-dessous?

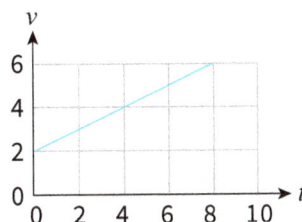

Équation quadratique

La forme générale d'une équation quadratique est :

$$ax^2 + bx + c = 0 \quad ,$$

où x est une quantité inconnue et où a, b et c sont des constantes appelées coefficients de l'équation quadratique. Une telle équation admet deux solutions, notées x_+ et x_-, qui sont données par les formules suivantes :

$$x_+ = \frac{-b + \sqrt{b^2 - 4ac}}{2a} \quad \text{et} \quad x_- = \frac{-b - \sqrt{b^2 - 4ac}}{2a} \quad .$$

Si $b^2 = 4ac$, il n'existe qu'une seule solution et si $b^2 < 4ac$, il n'existe aucune solution (réelle).

E

Exemple A.3	Solution à une équation quadratique

Que vaut x dans l'équation suivante?

$$\frac{1}{5x} + \frac{1}{x-3} = \frac{1}{5}$$

Solution

Mettons d'abord le membre de gauche de l'équation au même dénominateur :

$$\frac{(x-3) + (5x)}{(5x)(x-3)} = \frac{1}{5} \quad \Rightarrow \quad \frac{6x-3}{5x^2 - 15x} = \frac{1}{5} \quad .$$

Multiplions les deux membres de l'équation par l'expression $5x^2 - 15x$:

$$6x - 3 = \tfrac{1}{5}(5x^2 - 15x) \quad \Rightarrow \quad 6x - 3 = x^2 - 3x \quad .$$

Exprimons cette dernière expression sous la forme standard d'une équation quadratique :

$$x^2 - 9x + 3 = 0 \quad .$$

Les coefficients de l'équation quadratique obtenue sont $a = 1$, $b = -9$ et $c = 3$. Les solutions à l'équation sont donc :

$$x_+ = \frac{-(-9) + \sqrt{(-9)^2 - 4(1)(3)}}{2(1)} = \frac{9 + \sqrt{69}}{2} = 8,65 \quad \text{et} \quad x_- = \frac{-(-9) - \sqrt{(-9)^2 - 4(1)(3)}}{2(1)} = \frac{9 - \sqrt{69}}{2} = 0,347 \quad .$$

Testez votre compréhension A.7	Équation quadratique

Sans utiliser la formule quadratique, déterminez les valeurs de x qui solutionnent l'équation suivante :

$$2x^2 - 4x = 0 \quad .$$

Questions

Q1. En référant à la figure ci-dessous, comment sont appelées les paires d'angles suivantes : (a) α et β; (b) α et γ; (c) β et γ?

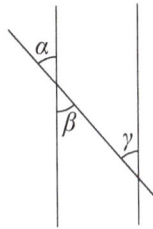

Q2. Sur la figure ci-dessus, les deux droites verticales sont parallèles et β égale 30°. (a) Que vaut α? (b) Que vaut γ?

Q3. Que vaut la somme des angles intérieurs de n'importe quel triangle?

Q4. Définissez en mots ce qu'est (a) un degré; (b) un radian.

Q5. À combien de radians correspond 180°?

Q6. Considérons le triangle rectangle de la figure ci-dessous. Définissez en mots (a) le sinus de θ; (b) le cosinus de θ; (c) la tangente de θ.

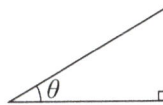

Q7. Énoncez en mots le théorème de Pythagore.

Q8. Une droite dans le plan est entièrement caractérisée par deux paramètres. Comment les appelle-t-on?

Q9. En termes des coordonnées (x_1, y_1) et (x_2, y_2) de deux points appartenant à la droite, quelle est l'équation permettant de calculer la pente m de la droite?

Q10. Quelle est la règle d'or à suivre lorsqu'on manipule une équation algébrique?

Exercices

Géométrie plane

E1. Un rayon lumineux horizontal arrive avec un angle d'incidence $\beta = 36°$ sur un miroir sphérique défini par son centre de courbure C (voir la figure ci-dessous).

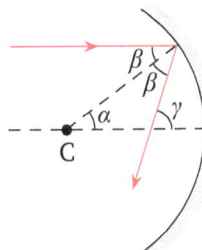

  a) Que vaut l'angle α sur la figure ci-dessus?

  b) Que vaut l'angle γ entre l'horizontale et le rayon réfléchi?

E2.   Deux miroirs plans, M_1 et M_2, font un angle de 130° entre eux. Un rayon lumineux arrive sur M_1 avec un angle de 60° par rapport à la normale à M_1; le rayon est alors réfléchi par le miroir M_1, puis par le miroir M_2, comme l'illustre la figure ci-dessous.

   a)   Que vaut l'angle θ (lequel est mesuré par rapport à la normale au miroir M_2)?

   b)   Que vaut l'angle δ, qu'on appelle l'angle de déviation?

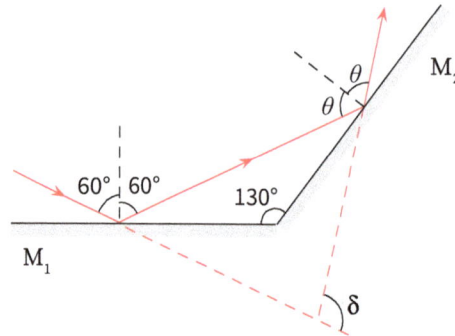

E3.   Un rayon lumineux traverse un prisme selon la trajectoire décrite à la figure ci-dessous.

   a)   Que vaut l'angle A, qu'on appelle l'angle d'arête du prisme?

   b)   Que vaut l'angle δ, qu'on appelle l'angle de déviation?

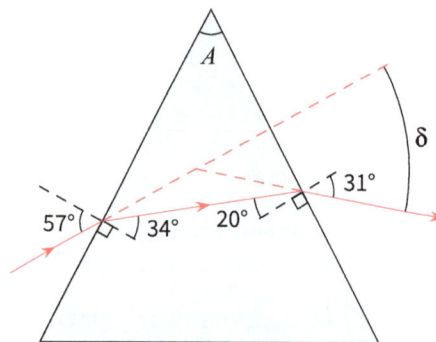

Angle en radians

E4.   Convertissez les angles suivants en radians : (a) 36°; (b) 21°; (c) 0,5°; (d) 87°.

E5.   Convertissez les angles suivants en degrés : (a) 2π rad; (b) $\pi/6$ rad; (c) 0,3 rad; (d) 0,01 rad.

Trigonométrie et théorème de Pythagore

E6.   Calculez (a) sin(4°); (b) sin(4 rad).

E7.   Calculez (a) cos(60°); (b) sin(30°). (c) À l'aide du schéma d'un triangle rectangle, expliquez pourquoi les deux résultats sont égaux.

E8.   Considérons le triangle de la figure ci-dessous. (a) Que vaut $\sin\theta$? (b) Que vaut x? (c) Que vaut $\cos\theta$? (d) Que vaut $\tan\varphi$? (e) Que vaut φ?

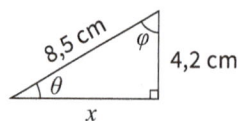

E9. Que vaut θ si (a) $\sin\theta = 0{,}139$; (b) $\cos\theta = 0{,}966$?

E10. Choisissez un angle quelconque qu'on appellera θ. Calculez $\sin\theta$ et $\cos\theta$. Que vaut $(\sin\theta)^2 + (\cos\theta)^2$? Ce résultat dépend-il de l'angle que vous avez choisi?

E11. Calculez $\sin 1°$ avec six chiffres après la virgule. Puis, convertissez $1°$ en radian avec six chiffres après la virgule. Comment se compare $\sin 1°$ avec $1°$ exprimé en radians?

E12. Refaites l'exercice précédent avec la tangente de $1°$.

Équations et systèmes d'équations

E13. Isolez p dans les équations suivantes :

a) $2p + 5 = -3$

b) $\dfrac{p}{3} + \dfrac{1}{6} = \dfrac{1}{12}$

c) $\dfrac{1}{p} + \dfrac{1}{4} = \dfrac{1}{8}$

d) $\dfrac{1}{p} - \dfrac{2}{3p} = \dfrac{1}{7}$

E14. Déterminez les valeurs de x et y si :

a) $2x + 7y = 5$ et $x + y = 10$

b) $\dfrac{y}{x} = 12$ et $2x - y = 5$

c) $\dfrac{1}{x} + \dfrac{1}{y} = \dfrac{1}{5}$ et $\dfrac{y}{x} = -4$

d) $\dfrac{3y}{x} - 3 = \dfrac{y}{10}$ et $\dfrac{1}{x} = \dfrac{6}{y}$

E15. Isolez z dans les équations suivantes :

a) $z^2 + 7z = 0$

b) $4z^2 - 5z - 23 = 0$

c) $2z + \dfrac{1}{3z} = -5$

d) $\dfrac{1}{z} + \dfrac{1}{9-z} = \dfrac{1}{2}$

Graphique linéaire

E16. De la droite décrite par l'équation $y = -1/2 - 4x/3$, que valent (a) la pente; (b) l'ordonnée à l'origine?

E17. Dans le graphique ci-dessous, déterminez (a) la pente; (b) l'ordonnée à l'origine de la droite.

E18. Faites le graphique de la droite donnée par l'équation $y = -2 + 0{,}6x$.

Réponses aux Tests de compréhension

A.1 $\varphi = 180° - 20° - 150° = 10°$

A.2   (a) π rad. (b) $\pi/2$ rad. (c) 0,611 rad. (d) 0,0175 rad. (e) 57,3°.

A.3   (a) 0,6. (b) 0,8. (c) 0,75. (d) 36,9°.

A.4 $x = -1/4$.

A.5 $x = 2$ et $y = -6$.

A.6 $v = t/2+2$

A.7 $x = 0$ et $x = 2$.

Réponses aux Questions et aux Exercices

Questions

Q1.   (a) Angles opposés par le sommet. (b) Angles correspondants. (c) Angles alternes-internes.

Q2.   (a) 30°. (b) 30°.

Q3.   180°.

Q4.   (a) Le degré est une unité de mesure d'angle plan correspondant au 1/360ᵉ d'une rotation complète. (b) Un radian est l'angle qui intercepte un arc de cercle d'une longueur égale au rayon de ce cercle.

Q5. π radians.

Q6.   (a) Le sinus d'un angle dans un triangle rectangle est égal au rapport entre la longueur du côté opposé à cet angle et la longueur de l'hypoténuse.
(b) Le cosinus d'un angle dans un triangle rectangle est égal au rapport entre la longueur du côté adjacent à cet angle et la longueur de l'hypoténuse.
(c) La tangente d'un angle dans un triangle rectangle est égal au rapport entre la longueur du côté opposé à cet angle et la longueur du côté adjacent à cet angle.

Q7.   Le carré de la longueur de l'hypoténuse d'un triangle rectangle équivaut à la somme des carrés des longueurs des deux cathètes du triangle.

Q8.   La pente et l'ordonnée à l'origine.

Q9. $m = (y_2 - y_1)/(x_2 - x_1)$.

Q10. Il faut toujours exécuter la même opération sur chacun des deux membres de l'équation pour préserver l'égalité.

Exercices

E1.   (a) $\alpha = 36°$, car α et β sont alternes-internes. (b) $\gamma = 72°$, car γ et 2β sont alternes-internes.

E2.   (a) 70°. (b) 100°.

E3.   (a) 54°. (b) 34°.

E4.   (a) 0,6283 rad. (b) 0,3665 rad. (c) 0,008 727 rad. (d) 1,518 rad.

E5.   (a) 360°. (b) 30°. (c) 17,19°. (d) 0,5796°.

E6. (a) 0,069 76. (b) −0,7568.

E7. (a) 0,5. (b) 0,5. (c) Le côté adjacent à l'angle de 60° correspond au côté opposé à l'angle de 30° : le cosinus de 60° et le sinus de 30° correspondent donc aux mêmes rapports de longueurs.

E8. (a) 0,4941. (b) 7,39 cm. (c) 0,8694. (d) 1,760. (e) 60,4°.

E9. (a) 8°. (b) 15°.

E10. $(\sin\theta)^2 + (\cos\theta)^2 = 1$. Ce résultat est indépendant de l'angle θ.

E11. $\sin 1° = 0,017\,452$. $1° = 0,017\,453$ rad. Les valeurs numériques sont pratiquement identiques : l'écart relatif n'est que de 0,005 %!

E12. $\tan 1° = 0,017\,455$. $1° = 0,017\,453$ rad. Les valeurs numériques sont très similaires : l'écart relatif n'est que de 0,01 %.

E13. (a) −4. (b) −1/4. (c) −8. (d) 7/3.

E14. (a) $x = 13$ et $y = -3$. (b) $x = -1/2$ et $y = -6$. (c) $x = 15/4$ et $y = -15$. (d) $x = 25$ et $y = 150$.

E15. (a) $z_1 = 0$ et $z_2 = -7$. (b) $z_1 = 3,10$ et $z_2 = -1,85$. (c) $z_1 = -0,0686$ et $z_2 = -2,431$. (d) $z_1 = 3$ et $z_2 = 6$.

E16. (a) −4/3. (b) −1/2.

E17. (a) −20/3. (b) 95/3.

E18.

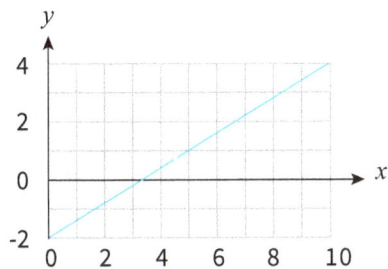

Annexe B – Révision de l'optique géométrique

Cette annexe fournit une révision des notions essentielles en lien avec l'optique géométrique. D'abord, une révision des définitions fondamentales, sous forme de questions, est présentée ci-dessous. Ensuite, un exercice récapitulatif sur les notions de base en imagerie avec des lentilles minces est suggéré.

Définitions

1. Qu'est-ce qu'un système optique?

2. Pour un système optique donné,

    a) comment définit-on l'objet?

    b) comment définit-on l'image?

3. Qu'est-ce qui définit

    a) un objet réel?

    b) un objet virtuel?

    c) une image réelle?

    d) une image virtuelle?

4. Quelle est la convention de signes pour la distance objet (p) et la distance image (p')?

5. Expliquez en quoi l'énoncé suivant est vrai : « L'image formée par un premier élément optique devient l'objet pour le deuxième élément. » Pour ce faire, aidez-vous du schéma ci-dessous.

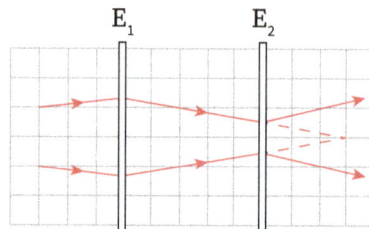

6. Quelle est la convention de signes pour le rayon de courbure d'un dioptre sphérique?

7. Pour un système optique donné,

    a) comment définit-on le foyer objet?

    b) comment définit-on le foyer image?

8. Quelle est la convention de signes pour la longueur focale d'une lentille mince baignant dans l'air?

9. Comment définit-on l'axe optique d'un faisceau de lumière?

10. Comment définit-on l'axe principal d'une lentille?

11. Qu'est-ce que l'approximation paraxiale?

12. Schématisez un exemple dans lequel :

    a) un faisceau de lumière non paraxial rencontre un système optique à incidence normale;

    b) un faisceau de lumière paraxial rencontre un système optique à incidence oblique.

Exercice récapitulatif

Comme l'illustre le schéma ci-dessous, des rayons lumineux sont déviés par quatre lentilles minces L_1, L_2, L_3 et L_4 successives, toutes entourées d'air. La dimension horizontale des carrés du quadrillage est 1 cm.

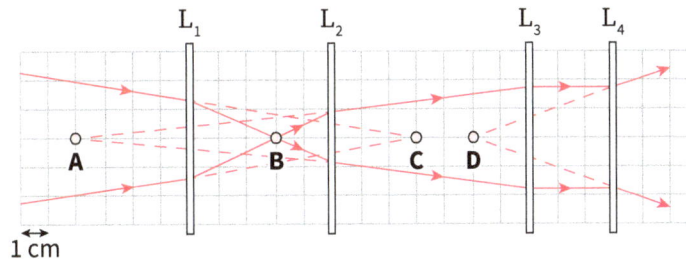

a)   Vrai ou faux? Le point **A** joue le rôle de l'objet pour la lentille L_1. Justifiez votre réponse.

b)   Déterminez le rôle (objet ou image) et la nature (réelle ou virtuelle) du point **C**, en précisant pour quelle lentille. Justifiez votre réponse.

c)   L'image formée par la lentille L_1 est-elle réelle ou virtuelle? Justifiez votre réponse.

d)   Quelles sont les distances objet et image pour la lentille L_2? Respectez la convention de signes.

e)   L'objet pour la lentille L_3 est-il réel ou virtuel? Justifiez votre réponse.

f)   Où l'image formée par la lentille L_3 est-elle située? Expliquez.

g)   Quelle est la distance objet pour la lentille L_4?

h)   Déterminez le rôle (objet ou image) et la nature (réelle ou virtuelle) du point **D**, en précisant pour quelle lentille.

i)   Déterminez les rôles (objet ou image) et les natures (réelle ou virtuelle) du point **B**, en précisant pour quelles lentilles.

j)   La lentille L_2 est-elle convergente ou divergente? Justifiez votre réponse.

k)   La lentille L_4 est-elle convergente ou divergente? Justifiez votre réponse.

l)   En utilisant l'équation de conjugaison pour les lentilles minces, déterminez la longueur focale des lentilles L_1 et L_2.

m)   Les points **A** et **D** correspondent, entre autres, à des foyers. Pour chacun de ces points, précisez s'il s'agit d'un foyer objet ou d'un foyer image, en précisant pour quelle lentille.

n)   Sachant que la lentille L_3 est un ménisque convergent et que le rayon de courbure du dioptre sphérique de gauche est positif, quel est le signe du rayon de courbure du dioptre sphérique de droite? Justifiez votre réponse.

o)   Sachant que la lentille L_4 est biconcave, quel est le signe du rayon de courbure du dioptre sphérique de gauche? Justifiez votre réponse.

Bibliographie

Bernard Yelle, *Éléments d'optique géométrique et ophtalmique (2ᵉ édition)*, CCDMD (2008).

Bernard Yelle, *Optique ophtalmique et instrumentation (3ᵉ édition)*, CCDMD (2017).

Harris Benson, *Physique 3 – Ondes, optique et physique moderne (5ᵉ édition)*, ERPI (2015).

René Lafrance, *Physique 3 – Ondes, optique et physique moderne*, Chenelière Éducation (2014).

Raymond A. Serway et John W. Jewett, Jr., *Physique tome 3 – Ondes, optique et physique moderne*, Modulo (2013).

Marc Séguin, *Physique XXI, tome C – Ondes, optique et physique moderne*, ERPI (2010).

Eugene Hecht, *Physique – Ondes, optique et physique moderne*, Thomson Groupe Modulo (2006).

André Auger et Carol Ouellet, *Vibration, ondes, optique et physique moderne (2ᵉ édition)*, Les éditions Le Griffon d'argile (1998).

Douglas C. Giancoli, *Ondes, optique et physique moderne*, Centre éducatif et culturel inc. (1993).

Frank L. Pedrotti, S.J. Leno S. Pedrotti, *Introduction to optics, 2nd edition*, Prentice Hall, chapitre 4, (1993).

Eugene Hecht, *Optics* (4th edition), Addison Wesley (2002), chapitres 4 et 5.

Anthony E. Seigman, *Lasers*, University Science Books (1986), chapitre 15.

Miles V. Klein and Thomas E. Furtak, *Optics*, 2nd edition, Wiley (1986), chapitre 3.

K. D. Möller, *Optics*, University Science Books (1988), chapitre 1.

Bernard Maitte, *Une histoire de la lumière, De Platon au photon*, Éditions du Seuil (2015).

Aide-mémoire

Cet aide-mémoire fournit les équations de base établies dans cet ouvrage.

Réflexion et miroirs plans	Miroirs sphériques
$\theta' = \theta$ $p' = -p$ $\beta = 2\alpha$ $\delta = 360° - 2\alpha$	$f = \dfrac{R}{2}$ $\dfrac{1}{p} + \dfrac{1}{p'} = \dfrac{1}{f}$ et $xx' = f^2$ $g = \dfrac{y'}{y} = -\dfrac{p'}{p}$ et $g_L = \dfrac{z'}{z} = g^2$

Réfraction et dioptres plans	Prismes
$n = c/v$ où $c = 3{,}00 \times 10^8$ m/s $n_1 \sin\theta_1 = n_2 \sin\theta_2$ $p' = -\dfrac{n_2}{n_1}p$ et $g_L = \dfrac{z'}{z} = \dfrac{n_2}{n_1}$ $d_\ell = e\dfrac{\sin(\theta_1 - \theta_2)}{\cos\theta_2}$ $d_\ell \approx e\left(\dfrac{n-1}{n}\right)\theta_1$ où θ_1 en radians $d_a = \left(\dfrac{n-1}{n}\right)e$	$\delta = \theta_1 + \theta'_2 - A$ $\delta \approx (n-1)A$ (petits angles) $\Delta = 100\tan\delta$

Dioptres sphériques	Lentilles minces
$P = \dfrac{n_2 - n_1}{R}$	Cas particulier des lentilles entourées d'air :
$R = \dfrac{r^2 + s^2}{2|s|}$	$P = \dfrac{1}{f} = (n-1)\left(\dfrac{1}{R_1} - \dfrac{1}{R_2}\right)$
$\dfrac{n_1}{p} + \dfrac{n_2}{p'} = \dfrac{n_2 - n_1}{R}$	$\dfrac{1}{p} + \dfrac{1}{p'} = \dfrac{1}{f}$ et $xx' = f^2$
$f = \dfrac{n_1 R}{n_2 - n_1}$ et $f' = \dfrac{n_2 R}{n_2 - n_1}$	$g = \dfrac{y'}{y} = -\dfrac{p'}{p}$ et $g_L = \dfrac{z'}{z} = g^2$
$xx' = ff'$	$\dfrac{1}{f} = \dfrac{1}{f_1} + \dfrac{1}{f_2} + \ldots + \dfrac{1}{f_N}$
$g = \dfrac{y'}{y} = -\dfrac{n_1 p'}{n_2 p}$ et $g_L = \dfrac{z'}{z} = \dfrac{n_2}{n_1} g^2$	$\Delta = x|P|$
	Cas général :
	$P = \dfrac{n_1}{f} = \dfrac{n_2}{f'} = \dfrac{n - n_1}{R_1} + \dfrac{n_2 - n}{R_2}$
	$\dfrac{n_1}{p} + \dfrac{n_2}{p'} = P$ et $xx' = ff'$
	$g = \dfrac{y'}{y} = -\dfrac{n_1 p'}{n_2 p}$ et $g_L = \dfrac{z'}{z} = \dfrac{n_2}{n_1} g^2$

Méthode des éléments ABCD	Lentille épaisse et œil au repos

Méthode des éléments ABCD

$$y' = Ay + B\alpha \quad \text{avec} \quad AD - BC = \frac{n_{\text{entrée}}}{n_{\text{sortie}}}$$
$$\alpha' = Cy + D\alpha$$

Propagation libre :

$$A = 1, \qquad B = L, \qquad C = 0, \qquad D = 1$$

Dioptre sphérique :

$$A = 1, \qquad B = 0, \qquad C = -\frac{P}{n_2}, \qquad D = \frac{n_1}{n_2}$$

Lentille mince :

$$A = 1, \qquad B = 0, \qquad C = -\frac{1}{f}, \qquad D = 1$$

Longueurs focales et puissances :

$$f' = -\frac{1}{C} \quad \text{et} \quad f = -\frac{n_{\text{entrée}}}{n_{\text{sortie}} C}$$

$$P = -n_{\text{sortie}} C = \frac{n_{\text{entrée}}}{f} = \frac{n_{\text{sortie}}}{f'}$$

Position des points cardinaux :

$$q = -\frac{D}{C} \quad \text{et} \quad q' = -\frac{A}{C}$$

$$r = \frac{1}{C}\left(D - \frac{n_{\text{entrée}}}{n_{\text{sortie}}}\right) \quad \text{et} \quad r' = \frac{A-1}{C}$$

$$s = \frac{D-1}{C} \quad \text{et} \quad s' = \frac{1}{C}\left(A - \frac{n_{\text{entrée}}}{n_{\text{sortie}}}\right)$$

Imagerie :

$$d' = -\frac{Ad + B}{Cd + D} \quad , \quad \frac{n_{\text{entrée}}}{p} + \frac{n_{\text{sortie}}}{p'} = P \quad \text{et} \quad xx' = ff'$$

$$g = \frac{y'}{y} = \frac{n_{\text{entrée}}/n_{\text{sortie}}}{Cd + D} = Cd' + A = -\frac{n_{\text{entrée}} p'}{n_{\text{sortie}} p}$$

$$g_L = \frac{z'}{z} = \frac{n_{\text{sortie}}}{n_{\text{entrée}}} g^2$$

Lentille épaisse et œil au repos

Éléments ABCD de la lentille épaisse :

$$A = 1 - \frac{P_1 e}{n}$$

$$B = \frac{n_1 e}{n}$$

$$C = -\frac{P_1}{n_2} - \frac{P_2}{n_2} + \frac{P_1 P_2 e}{n_2 n}$$

$$D = \frac{n_1}{n_2} - \frac{P_2 n_1 e}{n_2 n}$$

Formule de Gullstrand :

$$P = P_1 + P_2 - \frac{e}{n} P_1 P_2$$

$$P_1 = \frac{n - n_1}{R_1} \quad \text{et} \quad P_2 = \frac{n_2 - n}{R_2}$$

$$f = \frac{n_1}{P} \quad \text{et} \quad f' = \frac{n_2}{P}$$

Points cardinaux d'une lentille épaisse :

$$q = \frac{1}{P}\left(n_1 - \frac{n_1 P_2 e}{n}\right) \quad \text{et} \quad q' = \frac{1}{P}\left(n_2 - \frac{n_2 P_1 e}{n}\right)$$

$$r = \frac{n_1 P_2 e}{nP} \quad \text{et} \quad r' = \frac{n_2 P_1 e}{nP}$$

$$s = \frac{1}{P}\left(n_2 - n_1 + \frac{n_1 P_2 e}{n}\right) \quad \text{et} \quad s' = \frac{1}{P}\left(n_1 - n_2 + \frac{n_2 P_1 e}{n}\right)$$

Éléments ABCD de l'œil au repos :

$$A = 0{,}745$$
$$B = 5{,}45 \text{ mm}$$
$$C = -0{,}0449 \text{ mm}^{-1}$$
$$D = 0{,}677$$

avec $n_{\text{entrée}} = 1$ et $n_{\text{sortie}} = 1{,}336$